海派时尚流行趋势研究

刘晓刚　顾　雯　著

東華大學出版社
·上海·

图书在版编目(CIP)数据

海派时尚流行趋势研究/刘晓刚，顾雯著.—上海：东华大学出版社，2018.11

ISBN 978-7-5669-1491-0

Ⅰ.①海… Ⅱ.①刘… ②顾… Ⅲ.①服饰文化—研究—中国 Ⅳ.①TS941.12

中国版本图书馆 CIP 数据核字(2018)第 243030 号

责任编辑 徐建红

封面设计 Callen

海派时尚流行趋势研究

HAIPAI SHISHANG LIUXING QUSHI YANJIU

刘晓刚 顾 雯 著

出　　版：东华大学出版社(地址：上海市延安西路 1882 号　邮政编码：200051)
本社网址：dhupress.dhu.edu.cn
天猫旗舰店：http://dhdx.tmall.com
营销中心：021-62193056　62373056　62379558
印　　刷：苏州望电印刷有限公司
开　　本：889 mm×1194 mm　1/16
印　　张：20
字　　数：700 千字
版　　次：2018 年 11 月第 1 版
印　　次：2018 年 11 月第 1 次印刷
书　　号：ISBN 978-7-5669-1491-0
定　　价：98.00 元

本书撰稿人员名单

刘晓刚

顾　雯

段　然

幸　雪

王臻頔

李　浩

崔　彦

张丝语

目录

心属下各知识研发平台的首席研究员担纲。国内学术界针对海派文化的研究为数不少，也有相关著作面市。关于海派时尚的研究则十分鲜见，著作甚微。至于系统论述海派时尚的研究则尚无先例，因此，可以说本系列丛书填补了这一领域的空白。

东华大学　副校长

海派时尚设计及价值创造协同创新中心　理事长

序

海派时尚系列丛书是一套由海派时尚设计及价值创造协同创新中心（以下简称海派时尚中心）策划和撰写的理论书籍。

海派时尚中心是由上海市教委资助，依托相关高校建设的协同创新中心之一。中心对接时尚产业领域，面对时尚之都建设的关键问题，充分发挥东华大学在国际时尚领域以及中国纺织服装行业的影响力，构建时尚产业权威智库、时尚信息发布基地、时尚产品开发基地、时尚人才培育基地，以提升产业创新能力需要为工作重心，在产业发展战略、流行趋势发布、产品设计创新、时尚品牌策划、营销渠道建设等方面，整合现有的行业、产业以及国内外专业信息资源，借助环东华时尚创意产业集聚区的综合优势，为政府决策提供开创性睿智见解，为时尚产业提供引领性解决方案。

由于特殊的政治、文化、经济、地理、人群等时代因素，历史上的上海及周边地区集聚了一股有别于其他地区的特殊的人文气质和社会力量，形成了影响深远的海派文化一说，是价值丰富而宝贵的社会财富。海派时尚中心聚焦具有当代海派文化特征的时尚产业，提出符合当下社会发展趋势的“新海派”概念，也即具有新时代海派时尚价值观的产业集群，开展相应的学术研究和知识服务。

出于海派时尚中心自身建设的需要，为了理清用于指导实践的海派时尚理论问题，本系列丛书围绕时尚产业链特征，以“人身时尚”为主要研究对象，分为《海派时尚流行趋势研究》《海派时尚营销环境与管理》《海派时尚产业理论与实务》《海派时尚产品概论》等。时尚是文化这一“人类社会创造的物质财富和精神财富总和”的一部分，时尚的价值通过融入品牌并在市场上的表现得以发挥出来，而品牌的竞争本质上是文化的竞争。因此，出版本系列丛书的意图包含几个方面：从海派时尚的文化源头开始，寻找海派文化生存的基因和海派时尚发展的脉络；从时尚产业布局的战略高度，理清影响产业发展的重大理论问题和实践问题；结合实践经验，从方法论角度对海派时尚流行趋势的研究范围、信息渠道、预测方法和结果发布展开论述，指出海派时尚的未来市场走势；针对具有海派文化气质的时尚产品开发的规律、方法、要点，指出和引领海派时尚产品设计的方向和路径；结合上海及周边主要商业地区的市场环境特征，论述具有海派时尚特征的品牌营销的视角、方法和渠道。

本系列丛书从策划到出版，用了几年时间，每部专著的作者都由海派时尚中

第一章

绪论——海派时尚流行趋势探究

进入21世纪，上海服饰时尚已经完全国际化，上海人的衣着风格融汇了国内外各种服装风格，使得海派时尚的面貌日益丰富，并且在某种程度上具有引领中国时尚潮流的地位和作用。而时尚文化是上海经济发展的内在需要，对上海经济增长点的形成起到关键作用。因此海派时尚流行趋势的内涵与特性格外值得关注。本章第一节将对海派流行时尚的相关术语进行界定，再用通论的方式，梳理海派时尚流行趋势的脉络，讨论一百多年来海派的时尚形象、时尚单品、流行的传导与新海派时尚的地位和特征；第二节论述海派时尚的价值评判，考察海派时尚流行趋势分级的可能性；第三节结合实际情况，总结目前海派时尚流行趋势预测的内容与方法、是否有需要强化或弱化的元素，以及海派时尚流行趋势预测的学科建设展望。

第一节　海派范畴下本土特色时尚的基因

有关海派的相关词汇似乎是一个“耳熟”但不能详的概念。人们往往习惯用“海纳百川，兼容并蓄”来套用海派时尚的特点，“海派”被演绎成了一个外延极其广泛，同时又无法摆脱地域色彩的词汇。用这样一种统一而泛化的说法并不能很好地揭示与其相关的产业特点，海派时尚与流行预测领域就是如此。哪些元素和服饰代表了海派时尚？海派时尚有没有标志性的色彩？海派时尚与国际时尚或京派时尚相区别的标准在哪里？要清晰地回答这些问题，需要回到历史的视野中，看看至今一百多年来的时间里，海派时尚是如何兴起的，又经历了何种变化。准确地界定海派时尚的概念与特点，也是以其为基础开展各种时尚研究与预测的重要基础。

一、海纳百川：海派时尚的特质与特性

（一）什么是海派风貌

海派这一概念，至今尚没有统一的界定。考“海派”得名之始，发端于绘画与戏剧这两种艺术形式，原指19世纪末寓于上海，兼具同乡关系的画师群体组合。这批画匠不囿于法度，力图摆脱旧格、突破传统，借鉴吸收西方的艺术，被称为“海上画派”，这在当时是一个贬义的概念。京剧界则是“海派”的另一源头，海派京剧艺术风格标新立异，为迎合商品意识潮流，以市民的情趣与喜好为评判准绳，为正统文化所不齿。后来这个概念推而广之，“海派”逐渐逾出专业限制，转引至城市生活的诸多方面，成为有关上海的一个形容词。20世纪30年代的“京海争论”虽然将人们对海派的思索引向深入，却并未挖掘出海派的本质及根源，对海派的定义也是仁者见仁、智者见智。

海派与京派作为两种风格独特且有着很大差别的流派，象征着上海与北京两种风格迥异的文化。京派通常与北方、官政、传统相关联，海派则是商业的、市民化的、

中西结合的产物。事实上，“南与北”“政与商”“保守与开放”一直属于历史上由来已久的地域文化比较范畴。据地理学界的考证，如今上海市的大部分地区，在六千多年以前还是一片大海，直至渔民不断围海造地，才渐渐发展出两个小渔村。可以说，在开埠之前，上海一直是个普通的沿海县城，既不是穷乡僻壤也不是名城重镇。不过海派在近代最先适应与吸收了西方的工商文化，当商品经济发展到一定程度之时，即形成对传统京派的挑战和威胁。

究竟何为“海派风貌”？近代社会以来学者对此有各种论述，可谓众说纷纭。本书首先需要重新梳理和界定海派风貌的特色与核心，进而探讨海派独有的优势与相对薄弱的暂时性缺陷，为后续章节海派时尚流行趋势理论体系的建构做铺垫。具体而言，海派风貌有下列特质：

首先，在中国传统格局中，上海地区长期处于主流文化的边缘。这种被边缘化的特点弱化了上海对西方文化的排斥力，加之上海得天独厚的地缘优势，使上海成为一座华洋共居、江海通津的大都市。自20世纪以来，洋服率先从上海进入中国，由于上海传统文化根基本就薄弱，加之报刊的宣传与时尚偶像的引导，人们开始习惯于追逐欧美的前沿时尚，海派服饰渐渐形成了中西合璧的独特表征。在东方与西方时尚相融合的进程中，海派时尚无论是在服饰品种搭配上，还是服装材料的选择、服装款式的设计上，都体现出对西方文化较大的认同感和包容度。例如，最具海派特征的旗袍，就常常与裘皮大衣、西装、绒线衫、丝袜、高跟鞋等西式服饰品种进行搭配。

其次，海派与西方文明在一开始就建立了某种带有“和而不同”意味的共生关系，这背后隐含着海派对现代性与先锋性的执着追求。例如从20世纪20年代起，毛线编织成为上海女性推崇的时髦之物，究其原因，除了保暖这种功能性因素外，毛衫颜色选择范围广，编织的花样、款式多，穿着毛衫走在街上与众不同，从而产生心理满足感。海派时尚亦十分注重色彩的搭配与选择，一般而言，男性惯常穿素雅的服装，而女性喜欢艳丽的色彩，但是为了追求个性化的穿着，上海人往往会突发奇想，反其道行之。像20世纪40年代，当大家都穿暗色服装时，不少上海男人就爱穿红色的衣服，展示一种与众不同的穿衣风格；与此相对的，时髦的女性则常穿淡雅的衣服，不喜欢“人云亦云”的穿衣风格。对于服装款式，上海人亦有独到见解，20世纪90年代上海地区流行过自己买布做衣服的风气。不论是大街小巷的裁缝铺，还是制衣公司、精品店里的度身定制，生意都很红火。究其原因，主要有两点：其一，经济实惠。上海人厌倦了攀比穿名牌，且服装利润越来越高，标价超出一般工薪阶层消费水平。其二，体现个性。上海人穿着打扮讲究个性化，挑选适合自己的款式、面料、色彩，更能体现自己的个人特质且避免撞衫。而到如今，海派服装呈现多样性，无论是色彩还是款式，都五彩缤纷。不仅如此，还出现了反季节穿衣、内衣外穿、中性化等风潮。可见，面对现代性，如马克思、恩格斯所言“一切坚固的东西都烟消云散了”，无论是服装色彩上的求新求异，还是款式上的引领国内时尚潮流，亦或是服装制作工艺上的定制热潮，都与海派时尚趋时求新的特点相表里。

其三，海派时尚还充满了浓郁的商业色彩与市民趣味。海派的兴起、衰落与复兴，在很大程度上和商业贸易密不可分，20世纪30年代的上海被称为“东方巴黎”，吸引了全球各地的掘金者来此漂泊寄居，移民占城市总人口的比例一度高达85%。而在建国后的一段时期，国内人口流动相对较弱，海派曾一度处于失语的、被挤压的尴尬境地。随着近年来社会经济文化等建设工作的进展，大批国内外各种专业精英汇聚上海，海派又逐渐走出自我封闭的模式。第六次全国人口普查数据显示，2010年居住在上海市的境外人员为20.8万人，居全国第二位，其中就业与商务是境外人员来沪的最主要原因。商业是上海最深入人心的行业，因此上海市民在不同程度上染上了“商人”习气，一切都当作商品来估量其价值，甚至知识和能力也商品化了。许多传统上海人秉持着“会挣不如会算”的原则，在穿着打扮方面精打细算，既要保持体面，又要得到实惠。例如，在经济短缺时期，上海人便是两用衫的忠实拥趸者，两用衫也被称作春秋衫，既可以当外套又可以穿在冬衣里面，通常由经久耐磨的哔叽或的确良等面料缝制而成。这类服装水洗后第二天就焕然一新且不变形而挺括，深得上海人喜爱。在那个年代，对于不耐脏或容易磨损的服装，上海人用护袖来应对。除此之外，“假领头”亦叫“经济领”的发明专利也属于上海人，这几乎可是算是论述海派时尚的经典例子了。海派时尚人士大概是中国最深谙“眼球经济”之重要的一批人，物质匮乏时，既要装得起门面又要“一分钱掰成两爿花”；一旦有些经济基础，就开始讲究生活质量。因此，为了迎合各阶层市民群众的审美趣味，海派时尚多以实用主义为准则，既有富有巧思的“一衣多穿”设计，又不乏小布尔乔亚风格的腔调。

现在说的海派，大多专指带有浓郁上海特质的文化，具有很强的地域性与民族文化特征。如今很多人提到海派时尚就想起老上海的旗袍、月份牌、石库门……海派的特征被僵化，似乎一旦离开上海这座都市，任何事物都称不了海派。从这个意义上讲，上海的服装、媒体、设计师、工匠仿佛有得天独厚的优势，但不见得就是真正的海派时尚。海派，尤其是海派时尚，肇始于传统的海派文化，不过地域绝非是其唯一的标签。在社会日新月异高速发展的今天，有地域与时代局限性的旧海派式微，京派也因为失去对立面而日趋消亡，“新海派”的出现是顺应时代的必然产物。但问题接踵而至，究竟什么样的元素属于海派？如何概括海派风貌？本书认为，海派时尚具有多元包容的思想品格，趋时求新的先锋精神，雅俗共赏的商品意识，这是“新海派”与“旧海派”共有的内在气质。海派文化首先是一种创新型文化，对西方潮流的快速吸收与本土化是海派时尚发展的原动力；其次海派文化也是一种多元性文化，上海人求异心理愈加强烈，服装的搭配组合相较中国其他地区更加自我和随性；再次海派文化更是一种市民性文化，因为中等收入群体白领是上海城市人口的主体，城市里高楼林立，所以现代上海人偏好纯度低的颜色，灰、棕、米色常常是海派时尚的主色调。虽然每年都会推出几样流行色，其中也不乏鲜亮的色彩点缀于都市之中，但风行过后总很快回复平静，其本质是市民与周遭自然、人文环境作用的结果。

（二）什么是海派时尚

时尚是商品化与市场化的社会语境中基于现代化工业发展形成的概念，罗兹·墨菲指出中国的现代化首先在上海出现，现代中国就在这里诞生。因此，上海发展时尚产业可谓占尽先机，提到海派就不能不谈海派时尚了。上海人追逐时尚的风潮由来已久，随着开埠后商业文化的盛行，原本就处于主流文化边缘的上海社会经历了从崇尚节俭到追求时髦奢华的思想转变，颠覆了中国传统的消费观念和特征。当时的《新上海》杂志描述"上海有钱的人最喜欢置备衣服，妇女尤甚""穿了几天，觉得不出风头了，便向箱里一塞"，可见当时时尚潮流更迭之迅速，上海是20世纪初中国的消费先导和时尚中心。而到了21世纪，海派已经完全国际化，上海人的穿着打扮融汇了国内外各种风格，街头的时尚人群成为著名的流动风景。

其实对于大多数人来说，"时尚"一词并不陌生。每天从身边的广告、杂志、电视到互联网无不渲染时尚流行，时尚俨然已经成为引领大众文化的风向标。由于它常常被挂在嘴边，许多人都觉得自己对此多少有些发言权，关于时尚的解释也林林总总不胜其数。《辞海》里说："时尚，一种外表行为模式的流传现象。属于人类行为的文化模式的范畴。其通常表现为在服饰、语言、文艺、宗教等方面的新奇事物往往迅速被人们采用、模仿和推广。目的是表达人们对美好的爱好和欣赏，或借此发泄个人内心被压抑的情绪。"这一说法固然有道理，但随着时代的发展，如今"时尚"这一概念可大可小。从小的角度看，时尚特指服饰的流行；从大的角度说，时尚是一种生活方式和文化现象，服饰、语言、文艺、宗教等行为模式已经不足以概括解释了。

苏联学者曾从广义和狭义的不同角度对生活方式进行定义，依据不同的分类标准，生活方式的分类方法也不同，目前获得较多共识的是人们的生活方式可以分为三个层面：第一个层面是物质生活方式，它是由人们日常生活所需要的物质生活资料的生产方式、交换方式及使用和消费方式等所组成的；第二个层面是社会生活方式，它是由人们之间的交往方式、人际关系、互动方式及风俗习惯等所形成的；第三个层面是文化生活方式，由人们的宗教信仰、文化娱乐、信息交换等所形成。因此我们可以根据时尚与人的紧密程度和流行显现度，将时尚从高到低划分为四个层次：核心层、扩展层、延伸层和放射层（图1-1）。既然时尚的定义已经拓展到思维的层面，广义的时尚常常显示出一种个性解放与精神享受的意义，智能制造是时尚，夜跑与骑行是时尚，甚至大学生自主创业也成为时尚。

"时髦"与"摩登"这两个词与"时尚"很有几分相似。然而时尚并不完全等同于时髦。"时髦"这个词原本是上海人用来形容喜爱乔装打扮的人的贬义词，后来喜欢穿时新衣服的人越来越多，"时髦"也就变得大众化。"摩登"属于音译词，是实打实的舶来品，但在翻译之初就立刻被上海的时尚人士们接受了——因为这种新兴词汇本身就摩登异常，迎合了他们求新求异的心态。20世纪30年代上海有位名媛在时尚杂志上发文指出："女子打扮入时、会讲英文、会跳舞并不算真正的摩登，要配称摩登，至少要有相当的学问，会酬对，并且善管家政才勉强合格。"这有助于我们理解摩登与生活方式之间的关系。时尚可以说是包涵了"时髦"和"摩登"的词汇。总之，无

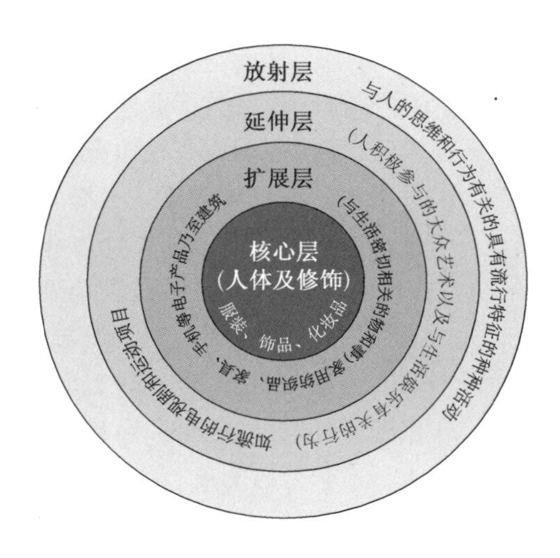

图 1-1
时尚的层次类型和内容

论是“时髦”还是“摩登”,都是一个包罗万象的概念。

海派时尚作为中国近现代时尚文化的典型代表,不仅是上海人引以为豪的标志,也一直在上海城市性格的形成过程中扮演着重要角色。大致来讲,海派时尚并无定式,一切具有海派风貌的时尚都可以称作海派时尚。当然,目前海派时尚讨论的热点则相对比较具体——带有海派艺术风格的时尚,要么直接地运用海派元素,如带有龙凤旗袍盘纽制作工艺、莘庄钩针编织、三林刺绣等传统海派工艺元素的时装;要么交汇中西博采众长自成一套的海派风貌,如老凤祥融合了中国“广帮”“扬帮”和西方艺术风格而设计的海派珠宝。前者着重强调上海文化的影响力,后者对“海派”的运用更加自如、抽象一些。

西方学者的研究始终将时尚与社会联系在一起,康德指出“时尚从本质上来看就是变化无常的生活方式”,美国心理学家 E. A. 罗斯也将时尚视为一种动态的社会心理现象。所以说,海派时尚与海派风貌的特点有千丝万缕的联系,根据前文中海派的特质与各类研究者对时尚的理解,现将海派时尚的特征归结如下:

第一,在市场经济与市民文化氛围中,大众对服饰的渴望是海派时尚发展的内生动力,海派时尚由此形成了一种雅俗共赏的趣味导向。

第二,海洋性移民城市的特性决定了海派时尚拥有强大的包容力。作为“洋为中用”的典范,崇洋是海派时尚风格得以形成和延续的重要原因。

第三,对西方文化具有创新精神。海派时尚对西方服饰不是单纯的“拿来主义”态度,而是创造了以旗袍为代表的“新中装”(New Chinese Style)。

值得注意的是,海派时尚决不仅仅是新,其中也有旧。或者说,在海派时尚中,新与旧、现代与传统是相互交汇、并行不悖的。我们需要承认西方现代文化对潮流的推动作用,但海派时尚也不能一味地只追逐西化的“摩登”。李晓红在《女性的声音——民国时期上海知识女性与大众传媒》一书中提出“在大家都急于与传统划清界限,证明自己是一个摩登现代人的时代,摩登的概念很容易就沦为一个表面的跟风”,对时尚信息的取舍与本土化是海派设计师应该多加思索的问题。

（三）什么是海派流行

许多人将流行与时尚视为可以互换的一对同等概念，认为流行就是时尚，时尚就是流行。其实时尚作为一种新异入时的生活方式，它的起源、风行与城市发展成正比；但当某种潮流被争相模仿渐而人尽皆知时，时尚又无声无息地转移到更加“稀缺”的地方。可以说，时尚一直是走在流行前端的，它始于少数时尚先锋。而且时尚的初衷不是流行，甚至是对抗流行，但往往导向流行；流行是时尚的扩大和发展，同时流行的形成和广为传播也成为时尚的终点。像苹果手机刚进入中国市场，全触屏的设计与当时的主流审美有一些冲突之处，再考虑到价格因素，于是只有一小部分时髦人士在使用。但正因为稀奇，苹果手机受到的关注度有增无减，“苹果”产品带给消费者的心理价值更能帮助消费者实现自我层次的心理归属，简洁大方、辨识度极高的外形，以及特立独行的品牌特征引得潮人趋之若鹜，就是知名品牌的同行，亦是跟风仿效。因此“苹果”引领电子行业数十载，得到了越来越多消费者的认可，如今成为大众化的“街机”，和时尚的关联被大为弱化，只能说使用该品牌的智能手机是当下随处可见的潮流。由此我们可以认为，时尚出于对个性化的追求，流行则意味着从众心理与规模化。流行与时尚都具有短暂、善变的特性，毕竟新颖独特的事物不可能永存，最终还是会从兴起到传播，直至最终消退。

时尚未必会成为流行，但流行一定源自于时尚。很多时尚之物可能难以走进所有人的视野，比如奢侈品时尚，无论它怎么受到关注与追捧，囿于资源与成本，在可以预见的时间内是无法由上而下在各个阶层之中流行起来的。

与海派时尚一样，海派流行也可以从两个角度理解：一种是对具有海派风貌的生活方式的相互追随与仿效，不仅体现在物质生活层面，这种感染与传播也可以是精神上的风气或追求；另一种是在特定社会生活领域（例如服饰、音乐、美术、娱乐、建筑、语言等）里，某种海派行为模式的迅速推广、消亡甚至周而复始的过程。例如潘通公司根据潮流趋势选出的2017年度流行色“草木绿”。植物象征希望，草木绿散发出来的生机让人联想到大自然、远离嘈杂社会环境。作为对动荡的2016年的平静回应，2017年流行色被贴上了“自信的、革新的、安宁的”标签，表达了人们改变生活的普遍渴望。这里的“草木绿”就不仅仅是应用在产品设计上的流行色，也是一种希望与复兴的社会精神表征。

流行一般具有三项特征：①无阶级性和趋附性，能够在不同阶层人群之间流传，并作为寻求社会认同的跨社团交流工具；②时效性和预期变化性，流行对于时尚的追逐使其具有时效性，当流行发展到一定程度，新的时尚产生，流行的传播又会跟着相应改变；③模仿性与暗示性，流行源自从众心理，它的作用是表达人的情绪和心态。

近百年来，海派流行一直是中国都市潮流的代表，它除了具备一般流行的三项特征以外，还有更迭迅速、善于自我否定等特点。纵观历史，海派时尚对于外来产物（无论是国内的还是国际的）一向首先贯彻“拿来主义”原则，并能很快将其融入到自身秩序之中。早在20世纪三四十年代，巴黎的最新款时装不出三个月就会在上海流行起来，上海人对其进行狂热追逐的同时并不排斥传统民族服饰，正如《上海编年史》一书所说“西装东装，汉装满装，应有尽有，庞杂至不可名状”。因此在研究当代海派时尚流行趋势的时候，无需将眼光局限于上海的本土品牌和有限的传统元素，因为这种“画地为牢”的做法反而与开放包容、进取竞争的海派精神相悖。我们应当广泛吸收各方面的流行文化与资讯，坚持传统文化中的人本内核，据此来进行流行预测，让海派时尚永远保持着强大的活力与生命力。

二、曾经沧海：海派时尚的流行脉络与变迁

（一）编年谱：海派时尚的起点与发展

海派时尚是海派文化底蕴下的一种海派美学观的使然，它代表了中国近代以来最具活力的服饰文化，其对中国现代时尚的发展有很强的影响与引领作用。各界学者关于海派发展阶段的划分莫衷一是，有人模仿西方时尚年代的规律将20世纪的一百年以十年为单位进行归纳；有人将海派分为“新海派”和“后海派”，又以20世纪70年代初为分期，将新海派划分成前期新海派与后期新海派。本书在时间维度上根据重大历史事件节点，将海派时尚的发展历程划分为六个部分阐述：

1. 时尚发轫(1900—1910年)

自1843年上海开埠以来，其服饰流行逐渐从传统制式上偏移，形成独有的海派风貌(表1-1)。尤其是从20世纪开始，北市(租界)的面积已经远远大于南市(华界)，租界在上海的地位不断提高，人口与市场经济迅速膨胀，上海很快便成为西学东渐和革命活动的主要阵地，众多演说会、新式学校纷纷出现，舶来文化与传统文化在此相互渗透融合。虽然当时的统治者坚持传统服饰制度，但是民间改易服制的行为越来越常见，特别是深受西方文明影响的留学生等群体，将西方服装文化观念和款式带了进来。1906年清政府曾预备立宪并改革服制，不过未能得到广泛实践。从1900年到辛亥革命的十来年间，随着中国传统文化观念逐渐松动，上海的服饰艺术渐渐形成交汇中西古今、追新求异的海派特色，上海这所城市在中国服装流行中的地位也急剧上升。

(1) 时尚特征与风貌

常变常新的“时髦”成为这个时期海派时尚重要的特征。处于苏浙边缘地带的上海，得近代文明风气之先，在日趋开放的商业氛围中构建了“以衣取人”的观念。龚建培在《月份牌绘画与海派服饰时尚》一文中指出“一衣一服，莫不矜奇斗巧，日出新裁”，这样的风气弥漫在当时上海的各个阶层，无论贫富贵贱总要有一身齐整体面的行头，上海人的社会心态由中国传统的节俭朴素转而重商逐利，看重片刻的华丽新奇。商人与媒体为攫取利益不断推销国外时尚，使上海人充分领略到西方服饰的曲线之美，在半自主的情形下接受了西方服饰体系，建构了中装绣鞋和西装革履竞美的奇特现象(表1-1)。

表 1-1　1900—1910 年服装流行时尚

类别	特点	流行装束	时尚观念
男装	裁剪趋于合体，风格追求精致的同时有女性化倾向	马褂长衫，学生装	渴望新款式和进口面料，对西式服装充满猎奇感
女装	仍保持上衣下裙制，装饰风格先趋繁杂再求简单	传统服装搭配西式配件	

（2）海派时尚的影响力与地位

上海完全左右了中国服饰的流行，成为时尚之都、全国潮流的风向标。然而对于上海如旋风一般的时髦风气，社会舆论褒贬不一，有人提出高档服饰会导致社会道德的沦丧，但这些反对之声无法阻止上海乃至全国人民对时尚的热情。上海以不同于中国其他地区的海派风格，推动和引导了整个中国的服饰潮流轨迹，只要是上海人中意的服装，必然能在其他地方打开市场。

2. 转型与发展（1911—1926 年）

1911 年辛亥革命至 1926 年为海派时尚的转型与发展期。1911 年辛亥革命正式推翻了晚清一系列等级森严的服装制度。1912 年中华民国成立，出台一系列服制条例，明确了西式服装在中国的合法性，且规定中并不排斥传统中式服装，而是提倡改良清代汉族服装。这一时期的海派时装带有十分明显的转型特征，不仅整体上追求奢华，而且在穿着方面有了一定的自我主张，西化与个性成为中华民国前期海派时尚的标签（表 1-2）。

表 1-2　1911—1926 年服装流行时尚

类别	特点	流行装束	时尚观念
男装	西装逐渐普及，马褂依旧是 20 世纪 10 年代时兴的日常服装	马褂、西装	非常注重服装颜色，男性喜欢穿红色的衣服，女性则偏爱淡雅的颜色
女装	经过西化改良的传统服装是主体；讲究奢华，追逐潮流，纽扣花边等不实用的装饰十分流行	短袖纱衫，文明新装	

（1）时尚特征与风貌

中华民国初期，海派时装除了完全西式之外，也有中西合璧的服装样式，而对于社会上靡然成风的追求奢华趋势，赞美、反对之声此起彼伏，表现出这一时期服装的复杂性与多元性。20 世纪 10 年代，马褂和西装革履并行不悖，但是对于中上阶层市民而言，礼帽、手杖、金丝眼镜和西装是“摩登先生”的标准装束；直至 20 世纪 20 年代，穿西装已经成为普通平常的事情。在女装方面，民国初年，受留日留学生的影响，上海青年女性多穿朴素的高领衫袄，下穿简单的长裙或裙裤，时称“文明新装”。20 世纪 20 年代的女子服饰十分大胆华丽，敢领风气之先，但这时候的海派服装更多的是将西式服装单纯地“拿来”，以模仿西方流行为主，并没有很多创新。

（2）海派时尚的影响力与地位

作为远东首屈一指的大都市，上海俨然成为中国在经济、政治、文化、艺术诸领域最具超前性的地区。独一无二的城市气质与城市文化环境也决定了海派服装与外地服装有很大差别，或者也可以说服装成为上海的一种标志。海派服饰在改良中不断发展，不断前进，但同时也不断有各种各样的问题出现，例如上海人为了追求穿着打扮的与众不同，一度流行各式各样的“乱世装”。《申报》描述了“中国人外国装，外国人中国装”“男子装饰像女，女子装饰像男”“妓女效女学生，女学生似妓女”的怪异现象。这种服饰风貌引起了其他地区人的关注与好奇，这一时期上海女性的时装观念与形象已经成为全国女性模仿的榜样。

3. 黄金时代(1927—1948 年)

1927 年至 1948 年间，上海以“东方巴黎”的称号在时尚领域独领风骚，尽管上海不是首都，但是海派文化的地位日益提高，一度在与京派文化的较量中占据上风，这段时期属于海派时尚的黄金时代。凭借地缘优势，上海一跃成为中国最繁荣的商业城市，工商业的发展促进了对外贸易，频繁的对外交流又加速了时尚文化的消费与流转，时尚、经济、文化在这一时期互相推动，走向鼎盛。

（1）时尚特征与风貌

20 世纪 20 年代后期，人们对服装开始有自主的审美要求，不再一味追求将奢华的洋面料堆砌到身上，而是逐渐讲究起不同身材与年龄和服饰的搭配方法。海派服装流行与巴黎几近同步，一旦巴黎发布了最新款式，不出三个月便能在上海找到。难能可贵的是此时海派时尚并非对国外潮流全盘接纳，而是将西方时尚精华吸收后，充盈和丰富海派本土的时装体系。此外，海派服装业还引进了时装的概念，特别是女性服饰尤甚。这一时期的服饰特点可以归结为时尚新奇、更迭迅速、兼蓄中西，传统服饰在市民生活中的影响趋减，流行趋势高度风格化、都市化、精致化、简单化(表 1-3)。

表 1-3　1927—1948 年服装流行时尚

类别	特点	流行装束	时尚观念
男装	中式装扮不再是流行焦点，传统穿配趋向简单；西式男装（西装、运动服、猎装、夹克、晨礼服等）全面兴起	大衣、皮衣、西装	质地做工考究，追求高级定制的面料；讲究色彩搭配；中老年人依旧以花哨为美
女装	传统女装基本绝迹，旗袍取而代之成为最常见的时装，西式女装品类增多	斗篷、风衣、旗袍（多搭配披肩）	

（2）海派时尚的影响力与地位

1930 年至 1940 年初期，海派时尚进入发展的巅峰阶段，拥有强势的流行吸引力和文化影响力，除了引领中国女装流行趋势，还影响到东亚和美国。上海的中式成衣业、时装业、西服业以及其他的相关业态也逐渐具备了现代产业的概念和经营特色，并具有全国领先水平。

■ 小案例

红帮裁缝

上海本帮人提起西服高级定制，几乎无一例外会想到茂名南路——“做西装么去茂名南路呀”。早在19世纪初，上海服装制作业的主体劳动者是民间裁缝，而到了19世纪中期，随着上海租界洋人的不断增多，西式的造型工艺手法由此被引进，传统的缝纫技术受到影响。尤其在20世纪20至40年代，黄浦江边聚集了一批裁缝，其中很多人自幼赴日本学艺，经过多年的严苛训练，技艺炉火纯青，各方名流均以能穿一件他们制作的衣服为荣。由于这些裁缝大多来自宁波的鄞州、奉化一带，上海人便称之为“奉帮裁缝”，因为吴语“奉”“红”同音，所以最终演变为“红帮裁缝”。而不少红帮裁缝都有过去香港闯荡的经历，也让这批裁缝在风格上保留了日式的剪裁，但廓型上更偏向于英式的方正挺括。

4. 理想与革命(1949—1978年)

社会主义建设与改造对上海人的生活和消费产生了重大影响。中华人民共和国成立初期，由于国民经济尚待恢复，人们大多节衣缩食，时尚出现平民化的现象，只有极少部分富裕阶层的人在努力维持时髦的生活。1957年以后，“大跃进”和人民公社化运动造成严重的国民经济比例失调，在社会运动与“破四旧”口号影响下，人们的衣着循规蹈矩且呈现革命化的风尚。

(1) 时尚特征与风貌

这一时期，女性积极参与社会生活，在“妇女能顶半边天”的平等社会环境下，男女通用的服装款式格外流行，如列宁装、人民装、军装等，以此来体现男女都是平等的劳动者。20世纪50年代中期，战后经济逐渐恢复，时装业曾出现过短暂的活跃，花布衬衫、绣花衬衣、花布裙子等平民化新式服装成为流行单品，这是女性穿着上的活跃时期。但在1967—1976年间，由于思想禁锢，海派时尚中最具代表性的旗袍被视为封建残余遭到批判，女装变得愈加单调。男装也以大众化为特色，西装革履被人民装取代(表1-4)。

表1-4 1949—1978年服装流行时尚

类别	特点	流行装束	时尚观念
男装	平民化、理想主义；格调单一，色彩灰暗	“老三装”：中山装、青年装、军便装	以朴素为美
女装	整洁、端庄、干练；旗袍不再作为生活着装	列宁装、苏式连衣裙“布拉吉”[①]、的确良花罩衫	

注：布拉吉是苏联妇女们纯夏季日常服装，20世纪50年代初流传到中国，它不仅好看，而且由于其源自苏联而显现出某种进步意义，因而深受欢迎。

(2) 海派时尚的影响力与地位

1949—1978年间，由于计划经济等原因，海派时尚的开放性基本被侵蚀殆尽，海派时尚已经和国际流行相分离，本土服饰又重新回到封闭、与国际时尚潮流相隔阂的阶段。但海派时尚意识并未消亡，精于衣道的上海人通过服饰的搭配，将朴素的人民装整合出独到的气息。上海依旧是全国服饰的流行中心、生产中心和销售中心，对全国服饰的流行具有引导作用，代表中国服装业和流行时尚的最高水平。

5. 复苏与振兴(1979—1999年)

1979—1999年间上海经历了改革开放，加快经济建设成为政府的主要工作。从1983年开始，“布票”制度逐步取消，市场经济转型进一步促进了海派服装业的发展，服饰渐渐脱离了“文革”的约束，西方时尚文化重新回归人们的生活，就此揭开了新海派服饰时代的序幕。复苏与振兴的20年可以划分成两个部分：20世纪80年代和20世纪90年代。改革开放后的第一个10年内，海派时尚发展尚处于复苏阶段，直至第二个10年，时尚文化才开始快速发展，时尚设计师品牌初步萌芽。

(1) 时尚特征与风貌

随着改革开放的深入，海派服饰的发展逐渐与国际同步，在继承传统要素的基础上融合国际化的潮流，时装的更迭也更加迅速。20世纪80年代，身处较为开放的文化氛围中，上海的“时髦青年”逐渐时兴穿着在当时看来是奇装异服的喇叭裤。紧接着牛仔衣裤、超短裙、T恤衫、西服、风衣、运动服、皮装、羽绒服等服装款式风靡一时，都市时尚男女穿着十分西化。90年代的人们在经历了十多年外来服饰文化的冲击后，再度将目光投向本土服饰，海派时尚将西方服装工艺与东方传统风格融合，前卫而不失端庄。此时个性化的民族元素受到欢迎(表1-5)。

表1-5　1979—1999年服装流行时尚

类别	特点	流行装束	时尚观念
男装	追求方便、轻松和潇洒；“休闲”概念开始将正装与休闲服区分开来	夹克衫、涤盖棉运动服、猎装、薄型西服	个性化、跟风国际潮流；对名牌认知水平逐渐提高；关注如何将着装与自身个性、气质相协调
女装	反季节穿搭；中性化的宽肩设计与V字廓型；	短裙、蝙蝠袖、高腰裤、喇叭裤	

(2) 海派时尚的影响力与地位

在这20年间，作为中国时尚中心，上海的服装业以恢复传统、创新发展为特色，继续在全国保持领先地位。进入90年代后，海派时尚几乎与国际同步。1995年，上海首届国际服装文化节开幕。文化节内容丰富，主要有中外时装设计师发布会、上海国际服装博览会、国际时装学术论坛、流行趋势发布、国际服装设计大赛、国际时装模特大赛等系列内容。文化节每年一届，为上海乃至中国时尚设计师的发展提供了平台，成为推动上海时尚设计师品牌发展的重要力量。

6. 新海派(2000年至今)

21世纪，上海进入快速发展的新海派时期，城市文化建设不断兴起，时尚文化再度受到推崇，众多海派设计师品牌也开始逐步建立并发展起来。上海成为名副其实的国际时尚之都，世界各地时尚文化在此交融。2005 年国家“十一五”文化发展纲要中，对上海的文化发展提出了新要求，指出要积极展开对外文化交流、文化载体多元化传播以及构建文化营销的国际网络。这一目标明确了新世纪上海的文化发展方向，数百家国际品牌进驻上海，海派时尚也因此更加多元化，充满洋派特色。

（1）时尚特征与风貌

这一时期的海派时尚有多元化、群体化、国际化三个特征，时尚流行的传播也从较为缓慢且方向单一的形式变为快速混合形式。人们开始大胆追求服装享受，从品牌到款式，几乎没有什么服装是不敢穿的，也几乎没有什么衣服能让人轻易满足。很多消费者对流行服饰开始产生创意再造的欲望，上海街头出现了各种新的穿衣方式，如将长裤外面套短裙的穿法、短裙当上装的穿法、内衣当外衣的穿法等。值得一提的是，2001 年在上海召开的亚太经济合作组织领导人非正式会议使“唐装”迅速在海内外华人中流行开来。唐装是在传统马褂的基础上，加以西式剪裁和收省，是中西服装结构结合的典范之一。

（2）海派时尚的影响力与地位

近几年，北京、上海不约而同地为城市文化发展进行定位，北京确立建设“有重大影响力的全国文化中心”，上海则以建设“国际文化大都市”来定位，二者都是基于城市的历史资源和发展特点。北京强调中式传统文化的影响，上海强调中外文化互相交流；北京着眼于在世界范围内的中国文化中心，上海着重的是全球文化积聚中心；北京文化更注重传统、政治和民族性，上海则集中于现代、市场和全球性。上海在生活方式、消费观念、时尚风向、先锋意识等诸多方面已经成为中国乃至亚洲最重要的城市。海派时尚则依托鼓励文化创新的社会背景环境，不断加强构建国际化的服装产业。但目前海派时尚品牌想要跻身世界著名品牌的行列还需要很多学习和尝试。

（二）速览：海派流行单品的前世今生

不同时期的海派流行单品各具特色，不胜枚举，例如 20 世纪 10 年代的马甲，20 年代的披风和海虎绒大衣，30 年代的旗袍、西服等多个品类。这些流行单品各有其清晰的发展规律，以下选择几个最有代表性的流行单品详述。

1. 旗袍

旗袍源于旗人之袍，属于少数民族传统服饰。海派旗袍通常指的是出现在 20 世纪 20 年代的上海，并于 30 年代逐步完善形制，具有中西合璧特征的女子服装。20 年代初期为旗袍启蒙时期，从 20 年代后期开始进入旗袍发展的全盛时期，款式更新速度极快，年年有变，数量已从几十种上升到了上百种。被外国人称作中国服饰（Chinesedress）的旗袍实际上就是指 20 世纪 30 年代的旗袍（图 1-2）。20 世纪 40 年代是旗袍巅峰状态的延续并出现简洁干练的现代风采。而到了 20 世纪 50 年代，大陆穿旗袍的女性急剧减少，旗袍被打上政治烙印，从此销声匿迹了几十年。20 世纪 80 年代后，旗袍重新出现在人们的视线中，但却成为某种具有职业象征意义的“制服”(表 1-6)。步入 21 世纪以来,旗袍不论在款式还是功能上都与民国时期的旗袍发生了很大改变。现代旗袍从功能上主要分为三类:其一,旗袍作为礼仪装、职业装、颁奖服等出现在各种公众场合;其二,旗袍作为一种具有民族代表意义的正式礼服出现在各种国际礼仪场合;其三,旗袍作为日常服装出现在现代女性生活之中。

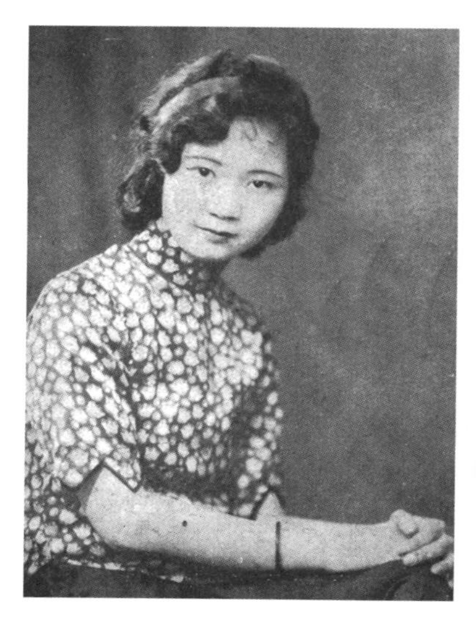

图 1-2
20 世纪 30 年代的旗袍范例

表 1-6 海派旗袍时尚流行年表

时期	年份	特　点	搭配方式
启蒙时期	1920—1926 年	廓型宽大平直,下摆较大,但肩、胸乃至腰部开始呈现合体的趋势;面料较轻薄,多为印花织物,装饰风格较为简约	马甲、罩衫
	1927—1928 年	进一步收腰、提高摆线至小腿中部,廓型呈倒梯形;袖口变小,镶滚趋向于简洁	
鼎盛时期	1929—1930 年	下摆进一步上升至膝盖,外轮廓十分合身,袖口完全仿照西式剪裁;既可做礼服又可做便服	丝袜、高跟皮鞋、首饰
	1931—1937 年	从 1931—1935 年,旗袍下摆越来越低,直至 1935 年达到拖地的极限,之后下摆位置重新上升;袖子由短变长由长变短直至无袖;装饰名目繁多,变化迅速;剪裁方式完全西化,垫肩、拉链、装袖等得到运用	
停滞时期	1938—1941 年	基本保留 20 世纪 30 年代的特点	
衰退时期	1942—1949 年	以简洁实用为主要特色,旗袍部分传统元素常被删去;旗袍的概念变得更为宽泛	披肩
消亡时期	1950—1979 年	在内地,旗袍渐渐退出女性衣柜;大量制作精美的旗袍被销毁	无
复兴时期	1980 年至今	款式简洁、合体,更符合现代人的审美观念和生活习惯	大衣、风衣

2. 中山装

关于中山装的起源说法不一，目前主要有以下三种：一种说法是由日本学生装略加变化而成；另一种说法是1919年孙中山请上海亨利服装店将一套陆军制服改成便装而来；第三种说法认为中山装是由日本铁路制服改制而成，经过多次修改于1923年正式定型。在没有确切资料佐证的情况下，各种观点并行不悖，无论哪一种说法，中山装都是融合了中西服装特征的海派时尚流行单品。

中山装款式的原型汲取了很多西式的裁剪元素，早期以单立领、关闭式立领和开放式的翻领为主，风格鲜明。衣身上多以对襟、装袖、暗兜或四明兜、后背破缝、直线排列七、六或五扣为特点。在之后的几十年发展过程中，中山装的弊端得以改进，整体廓型更加硬挺，款式更具实用性。例如将西式服装常用的暗袋改为对称明兜，符合国人的审美习惯与使用需求。中山装虽然取法于西式服装，基本上可划归至西式服装的谱系，但其款式与欧美的西服却也有明显的不同，一定程度上汲取了传统中式服装的一些要素，如对襟和某些传统的缝纫技艺等。

中山装外观端正、庄严，线条分明，功能性强，兼具美观和实用的双重功能，既有新式国际化服装的美感，同时又符合中国人的传统审美习惯，是新兴、进步思想的标志，而且不受年龄、地域环境、社会阶层的制约，因此在广大民众中广泛普及。20世纪70年代末的“毛式”制服就是中山装的变体，具有简单、实用、朴素、耐穿的特点，可以说中山装一直影响到当代海派服饰的设计(图1-3)。

图1-3 从左到右为20世纪20年代至70年代中山装的演变

3. 学生装

学生装发源于日本，民国时期我国大批留学生前往日本，回国后将日本的文化以及学生装带回国，并在国内学校推广。学生装的结构特点为：四片身结构、装袖、立领、三个暗袋、七个纽扣，也有的只有一个手巾袋，五粒扣或者六粒扣的形制。颜色以黑色为主，也有藏青色、灰色等(图1-4)。虽然学生装采取西式立体结构，却不失东方人的儒雅，符合东方人的审美观，教师、公务员等也经常穿着学生装。中华人民共和国以后的学生装基本上延续了民国时期的特点，主要在20世纪50年代男性学生中流行，之后逐渐被青年装取代。

4. 罩衫

时装罩衫通常在春季、秋季以及夏季寒冷时外出和室内御寒穿着。1910—1920年为罩衫的萌芽和发展期。罩衫在20世纪30年代最为流行，并具有中西合璧的特征(图1-5)。40年代罩衫已全面西化，维瑾在《上海的春装》等书中指出罩衫“大多

图 1-4
学生装款式图

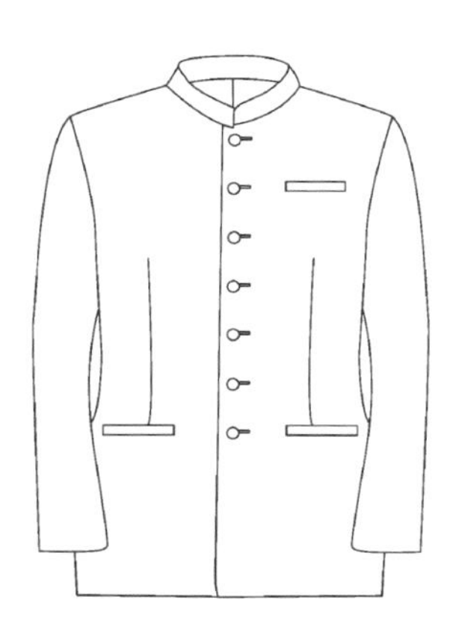
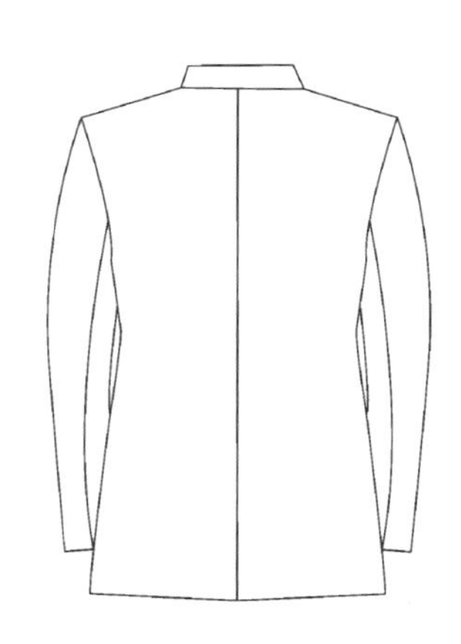

图 1-5
1937 年上海流行的七款时装短罩衫

紧随身体的曲线制裁，宽肩细腰”，“多是模仿欧美妇女的上装而来”。罩衫按照长度分为短罩衫和长罩衫两种，长短罩衫又各有长袖和短袖款式。罩衫属于实用型的单品，直至今天，大街小巷依旧有很多人穿着罩衫。在夏季，短罩衫一方面能够帮助人们抵御阳光，冷气房里又能抵挡寒气的侵入；在冬季，长罩衫通常设计为无领、开口、宽大的式样，不仅方便热时通风，冷时防寒，宽大的下摆走起路来亦有翩翩起舞的美感。

5. 假领头

假领头也称节约领、经济领。20 世纪 60 年代人们习惯在中山装、两用衫的里边穿搭衬衫，露出衣领，因此衬衣的领子成为最易磨损的部位之一。而六七十年代物质相对匮乏，买衣服要布票，几乎没有服饰装饰物出现。假领头保留了平时所穿衣服的领子部位，以及前片、后片和几粒扣子、扣眼，仅留胸围线以上部分，省去衣身和衣袖部分，然后用两根皮筋或者布带连接前后片，方便在穿着时将其套住臂膀以作固定(图 1-6)。这样的假领头穿在外衣里面，露出的部分和穿着一件完整的衬衣具

图 1-6
假领头

有异曲同工之妙，既节省了布料，又可以尽情变换花色，显得体面，满足了人们对款式和美观的追求。当时一些家庭主妇在缝纫机上缝制，经济条件稍好的人则通常会去商店买假领头。假领头的花色种类很多，有衬衫领、毛衣领、勾线领，但凡可以穿在里面的衣服，都可以做成一件假领翻折在衣物外部装饰。

6. 踩脚裤

踩脚裤，也称踏脚裤、健美裤，于20世纪80年代后期风靡大江南北，当时几乎每个中国女人都有一条踩脚裤。由于其采用了含有一定弹力的人造纤维并结合针织加工工艺，因而本身具有很大的弹性。裤型上宽下窄，臀部宽松呈倒三角形，裤脚下还连有带子或直接设计成环状，以便踩在脚下（图1-7）。穿上身后，产生一种整体拉伸感，衬托出女性修长的腿和曲线美，因而成为20世纪末21世纪初中国最受欢迎的裤型，还曾一度有取代直筒裤的趋向。作为当时时髦与流行的象征，几乎所有的女性，不分年龄、身材，不论是学生还是工人，都清一色穿着踩脚裤。多数踩脚裤与浅色帆船胶鞋相搭配，以便露出脚下踩着的松紧带。后来，踩脚裤的材质也变得多种多样，颜色也逐渐丰富起来。自进入21世纪开始，踩脚裤逐渐被人们所遗忘。直至2015年，踩脚裤重回大众视野，不少国外时装品牌推出了类似的单品，时尚博主、穿衣达人们也纷纷重新演绎经典。

图1-7
踩脚裤的基础款式与现代革新

7. 春秋衫

春秋衫也称两用衫，因其主要在春季与秋季穿着而得名。春秋衫是中华人民共和国成立后直至改革开放前上海男女普遍使用的单品。天冷一些的时候可以在春秋衫里加一件衬衫，气温高的天气单穿即可。最经典的春秋衫款式类似于男式衬衫，方领面、无领座，直腰身，衣身上有贴袋、装袖，无后背中缝。整体造型线条流畅合体，外观稳重大方（图1-8）。热衷于时尚的上海人通过廓型、领型、袖型和袖口、口袋、省道等部位的改变以及一些局部的装饰而制作出不同于旁人的式样，渐渐带动全国女性装扮改造春秋衫，使其成为时兴的上衣形式。20世纪50年代，由于物资短缺，上海人还曾流行过可双面穿着的春秋衫，一面为粗毛织物，一面为卡其布，经久耐用。如今两用衫在商场里难觅踪迹，但是双面穿法依旧出现在有些服装款式的设计之中。

图 1-8
春秋衫基础款式

8. 马甲

马甲也称背心、坎肩。中国的马甲是由古代甲胄改进后的产物，由于短小便于活动，多为婢女之穿着。近现代的马甲则是从旗人逐渐向汉族传播，上海人将马甲由中渐西进行改造。男式马甲主要分为立领、对襟的式样，之后又引进了西式纽扣闭合门襟的形式，前襟起初没有口袋，后来为满足实用性发展为二贴袋、三贴袋，较少有两贴袋加胸前暗袋的形式。制作面料主要有丝绸、棉毛织物。女式马甲以立领、大襟为主(图 1-9)。20 世纪 20 年代至 40 年代，上海盛行穿马甲，通常加在旗袍的外面，被称为旗袍马甲，款式各异。

图 1-9
20 世纪初上海女性所着时装马甲

9. 白胶鞋

中华人民共和国成立后至改革开放前，上海男性最常见的穿搭之一便是上着“大翻领”套头针织运动衫，下着白色嵌条运动裤，脚蹬回力牌球鞋(时称“回力鞋”)。白色胶底鞋是当时的时髦单品。这类白胶鞋的品牌除了回力，还有飞跃牌、双星牌、箭牌等，当然，其中最著名的还是回力牌球鞋，它简洁大方的设计和富有个性的红色商标是几代人共同的记忆。回力牌在 1927 年建厂之初原名“八吉”，于 1935 年 4 月正式注册中文“回力”和英文“Warrior”的图案商标，国家篮球队和排球队曾一度将其作为比赛训练用鞋。虽然曾经辉煌，但是近些年来随着各种国际品牌的进入，国内主流运动鞋市场却越来越难见到老牌白胶鞋的身影，与此相反，法国商人帕特里斯·巴斯蒂安(Patrice Bastian)获得了飞跃牌球鞋的经销代理权，并在国外注册了“FEIYUE”商标，飞跃牌胶底鞋在法国团队的改造下重获新生，风靡整个欧洲(图 1-10)。

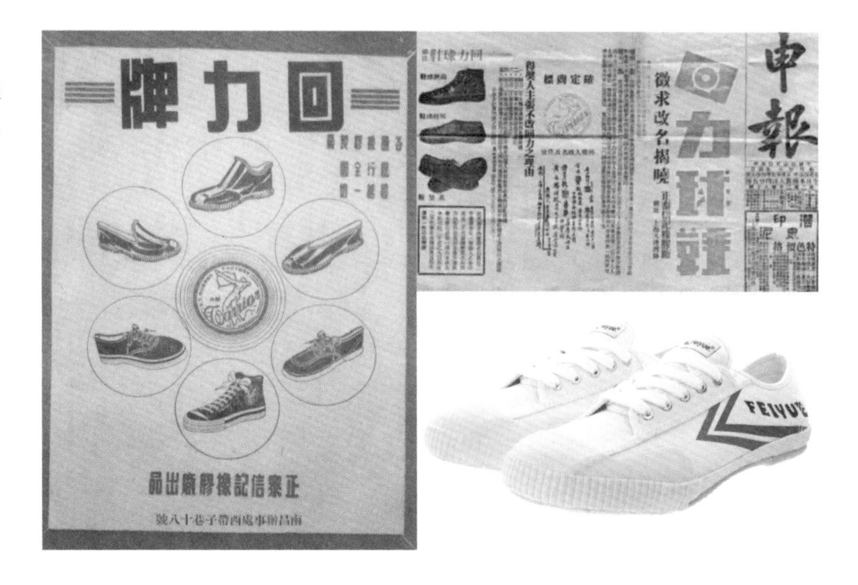

图 1-10
民国时期回力牌广告与 21 世纪飞跃牌球鞋

(三) 风向标：海派时尚领袖的发展历程与特色

1. 先锋人物

(1) 1900—1949 年

海派时尚是随着西方思想的流入以及资本主义经济的发展，以上海为中心形成的一种文化形态。在商业化的浪潮中，摩登属于商人、舞女、名媛、影星、学生以及外侨，时装流行传播主要由上层向下层、由港口城市向内陆城市传递(表 1-7)。

表 1-7　1900—1949 年时尚人群一览

人　群	服饰风格与特色	代表人物
商人	打扮各不相同。作为最早接受西式服装体系的人群之一，对于衣着十分讲究细节，追求“场面”和“派头”	董竹君①
舞女、交际花	装束以华丽新奇取胜，由于收入水平较高，因此在时装上亦投入不菲	薛锦园②
学生、知识分子	以中西合璧装束为主流，不乏纯西式打扮。曾于 20 世纪初引领“文明新装”潮流，后又引发旗袍风潮。女学生形象主要分为两种：华丽的摩登女性和朴素的知识女青年	林徽因③
名媛	衣着相对华丽或简洁，风格亦中亦西，基本与怪异无缘，形象摩登而不失优雅，充满时代女性魅力	唐瑛④
明星	款式新颖，颜色与配饰搭配别致出彩，突出个性	胡蝶⑤

注：① 董竹君，近代企业家，上海锦江饭店创始人。
② 1923 年，沪上交际花薛锦园在旗袍的四周镶上一圈光彩夺目的珍珠花边，让人眼前为之一亮。薛锦园从此名声大噪，而“薛锦园式旗袍”迅即风靡上海滩，新派女性竞相效仿。

③ 林徽因，中国著名建筑师、诗人、作家。

④ 唐瑛，民国名媛，1926 年进入交际圈，生活富足且受过良好教育，时尚品味不俗，后创立“云裳”时装店。

⑤ 胡蝶，中国早期著名演员，着装打扮对当时服饰流行有较大影响。

（2）1949—1978 年

随着社会主义建设和女性的解放，舞女与交际花们因无法跟上时代的步伐而逐渐消失，时装领袖的地位被崛起中不断进取的新女性取而代之。经济体制的改变使得上海成为一座相对封闭的城市，政府工作人员、工人、学生以及部分文艺工作者成为这个时期的海派时尚领袖（表 1-8）。

表 1-8　1949—1978 年时尚人群一览

人　群	服饰风格与特色
政府工作人员	服装以人民装、列宁装为主，风格朴素大方
工人	整洁，注重实用性，两用衫与工装裤受到欢迎
学生	军装、军便装、军大衣，充满革命情结

（3）1978 年至今

改革开放让昔日的“东方巴黎”重新获得生机。城市快速发展的同时受西方时尚影响越来越大，在这样一个非常开放且交流频繁的社会里，时尚领袖的作用在逐渐淡化。时尚变得更加多元化、国际化，单一形象的时尚偶像不复存在。

2. 摩登品牌

海派时尚文化的繁荣依托于不断生长的商品经济。20 世纪之前，中国服装制造业的主要生产者仍是依靠微薄的资金和简单的工具加工衣服的民间裁缝，之后随着中西贸易日渐繁盛，外国各种布料涌入上海，西式缝纫方式也开始流行起来，奉帮裁缝徐继生创办的亨生西服便是其中的典型。与技术一起输入上海的是国外先进的商业理念，在政府的支持下，商标、广告政策逐渐完善，各类海派服饰品牌不断诞生与壮大。

市场经济的发展促进了人们对品牌重要性认识的深入，对品牌的研究也在不断进行。很多学者与机构提出了不同的定义与观点，美国营销学家菲利普·科特勒(Philip Kotler)的说法比较有代表性，他将品牌定义为“一个名称、术语、标记、符号、图案，或者这些因素的组合，用于识别产品的制造商和销售商”。品牌是推动企业持久发展的不竭动力，而服饰企业与人们的生活息息相关，一百年来上海服饰品牌的特征与发展充分反映了海派时尚文化与时代特征的变迁。

（1）服装

上海的时尚潮流可谓日新月异，从 20 世纪初开始，各大本土百货公司、时装公司及时尚杂志不断涌现。以服饰行业为例，上海静安寺路（今南京西路）、同孚路（今石门一路）一带都开有一流的时装公司，其中女装以“云裳”“鸿翔”品牌最具代表性，男装以培罗蒙、亨生、启发和德昌四大西服名店为代表。本书筛选出最有海派特色的七个品牌，见表 1-9。不仅如此，海派时装品牌还培养了一批艺术精湛的从业大师，如当时鸿翔时装公司的创建人金鸿翔、金仪翔，造寸时装公司的创建人张造寸，美云时装公司的负责人丁忠，鸿霞时装公司的负责人曹节等，他们是老上海时装业的领军者、开拓者和核心人物。他们开办时装公司、创立时装协会、发布时装趋势、规范时装行业，使老上海的时装业声誉传遍全球、影响至今。

表 1-9　海派服装品牌一览

品牌/店名	品类	创立时间	发展历程及特色
云裳	女装	1927 年	由上海著名交际名媛唐瑛创办，其产品是民国时期上海女性摩登的榜样。品牌服装设计以中西结合为特色，时髦而不失优雅，充满现代女性的魅力
龙凤	旗袍	1936 年	品牌前身是民国时期的“朱顺兴”裁缝店，集众家之所长，开创了旗袍制作的九大工艺秘技——镶、嵌、滚、宕、绣、绘、镂、盘、雕。凭借精湛的工艺，在上海滩独树一帜。如今，龙凤已发展为中式成衣店，产品风格设计多变，可雍容华贵，亦可自然清新。服装制作精良，各类改良旗袍广受欢迎
鸿翔	女装	1917 年	注重设计，专门雇佣产品设计师与陈列设计师。以“中衣洋化”为特色，融民族传统与现代潮流为一体，时装技艺精湛、造型大方美观、价格经济实惠。创始人善用时装表演与名人效应为品牌增添声誉，曾于 1930 年与美亚绸厂联手进行新品发布时装表演，备受消费者青睐
海螺	服装	1950 年	前身为荣新内衣厂，1966 年更名为上海第二衬衫厂，1993 年经资产重组，定名为“海螺服饰”。专业生产经营各类中高档衬衫、西服、夹克、休闲服等系列产品。其中最受欢迎的单品是海螺牌衬衫，衬衫标准严格、款式新颖、缝制精细
恒源祥	绒线/毛衫	1927 年	第一家店是开设于福州路上的“恒源祥人造丝毛绒线号”，20 世纪 30 年代开始自主生产绒线，从服装零售转型为制造商。改革开放后先是开创了“引厂进店”模式，但品牌识别度有待提高，1998 年开拓了针织、服饰、家纺、绒线四大产业。目前恒源祥一直在探求将中国传统文化中“吉祥喜庆”的纹案应用于产品的开发
培罗蒙	西装	1928 年	作为上海滩四大西服名店之首，培罗蒙凭借技师云集，裁剪手艺高超，诚实笃信，专为外宾、富商绅士服务，一时名声大振，享有“西服王子”的美誉。店铺门面设计高档且富丽堂皇，刺激着顾客的消费欲望
亨生	西装	1929 年	长期以来一直延续着高档西服、礼服手工制造和定做的经营传统，目前经营种类已扩展至羊毛衫、衬衫、夹克、领带等男士服饰用品。亨生裁缝技艺是“红帮裁缝”的精华和代表，产品质量上乘，做工精细，但是款式比较保守，中规中矩，不符合年轻消费者追求时尚多变的消费理念

（2）鞋帽配饰

海派鞋业发展分为皮鞋和布鞋两大类。早期的鞋业并没有固定的店铺用以经营，一般由鞋匠走街串巷售卖布鞋、雨鞋等，20 世纪 30 年代小花园（今浙江路和广东路附近）一带形成女鞋市场，商号一度多达 56 家，所售鞋袜均款式新颖、花样繁多。20 世纪 70 年代，鞋的款式、花色十分单调。20 世纪 80 年代后，上海鞋类品牌突飞猛进，款式多、变化快，且新工艺和新材料成为消费者追逐的热点。与鞋类相对的帽业在过去并不算独立的行业，一般和其他货品一起在杂货店销售，但大都品类齐全，制造精良，大多以手工编织缝制为主（表 1-10）。

表 1-10　海派鞋帽配饰品牌一览

品牌/店名	品类	创立时间	发展历程及特色
小花园	女鞋	约 1900 年	“小花园”是民国时期上海两条鞋店街的统称。专门销售最新潮、最精良的时装女鞋。目标顾客群体以中上层阶级妇女与舞女为主，不二价、推陈出新是小花园女鞋最大的特点。解放后至今，小花园（浙江路和广东路附近）地区仍集中着一批手工制鞋高手
回力	胶鞋	1927 年	回力一直被视为中国最早的时尚胶底鞋品牌。在 20 世纪 70 年代，凭借优秀的产品质量和时尚的设计，回力鞋几乎是运动休闲鞋类的唯一象征，设计风格简洁。21 世纪后，由于行业饱和以及外来品牌的竞争，回力曾一度停产。如今，回力鞋在怀旧复古情怀的推动下又成为国内外潮人争相购买的时尚单品
飞跃	胶鞋	1959 年	前身是解放鞋，设计朴素大方，白鞋身、黄胶底、红蓝双箭头和“FEIYUE”的拼音字母为其最经典的形象。20 世纪 80 年代的飞跃鞋一度成为学生开展体育运动必备的鞋品。2005 年经过改良的飞跃鞋正式进入法国，并在法国注册了“FEIYUE”商标。飞跃鞋重获新生，目前已有超过 100 个自主设计的款式，成为很多时尚达人的宠儿
盛锡福	帽子	1911 年	帽店老字号，创办初期进口国外草帽机自产自销草帽，信誉远扬，曾摘得东亚草帽之冠的美誉。后续发展皮帽、便帽、缎帽、毡帽等业务，帽庄工艺严格、质量过硬，适时跟随潮流引进西方各类英、法、美式呢帽。目前“盛锡福”注册为商标，产品涵盖时装帽、针织帽、皮帽、皮革帽、便帽、孩童帽、草帽七大类，共计三千多个品种，其中手工成本高的水獭皮帽，是品牌的主打产品
吴良材	眼镜	1806 年	中国眼镜行业的开山鼻祖。所售眼镜以产品精良、广度准、款式时尚而行销于市。品牌前期以纯手工自制加工为主，1948 年首创“亚氏”无形眼镜；品牌中期，因为建国后公私合营而被收归国有，在制镜科技上取得了许多成果；改革开放后在技术创新的基础上扩大店铺规模与市场占有率

（3）化妆品

20 世纪初期上海的化妆品基本以舶来的洋货为主，并且主要产品都是针对女性消费者的美发品、护肤品以及日化用品，直至 20 世纪二三十年代，国货化妆品才逐渐开始占据一部分市场份额（表 1-11）。在那个时期的上海，以追求轮廓鲜明的西式妆容为时尚，许多本土品牌为迎合人们崇洋媚外的心理，将产品包装与品牌名称设计得洋气又时髦，如 TDCO 牌化妆品、维纳斯（Venus）化妆品等，从另一方面也显示出海派时尚品牌很早就有了前卫的品牌经营理念。

表 1-11　海派化妆品品牌一览

品牌	代表产品	创立时间	发展历程及特色
双妹	花露水、粉嫩膏	1898 年	广生行公司出品，是最早走向国际的品牌之一。1915 年参加美国巴拿马外国博览，粉嫩膏摘得金牌。传统包装设计以老上海月份牌为主要风格，2010 年后，隶属于上海家化的双妹牌对品牌进行了重新包装升级，以深厚的历史底蕴，在高端美妆界占据一席之地（图 1-11）
百雀羚	冷霜	1931 年	曾以“东方美韵，护肤精品”口号热销亚洲。在 20 世纪 80 年代之前一直是国人的首选护肤品，其香味独特且品牌辨识度高。阮玲玉、周璇甚至宋氏三姐妹及驻华使节夫人之间也推崇使用代表东方时尚的百雀羚。改革开放后百雀羚受到国际名牌化妆品的夹击，如今在复古风潮和品牌形象重塑的推动下销量回升
雅霜	雪花膏	1917 年	号称“国货化妆品中之老前辈”，引进德国和印度的名贵香料研制出的“雅霜”牌雪花膏早先由大陆药方化妆部生产，在国货运动年打败英国的“白玉霜”雪花膏
三花牌	头蜡	1926 年	三花口碑最好的产品为艳发霜及发油，品牌 20 世纪 30 年代的广告强调女子头发以黑、光洁、卷曲、芳香为时髦。不仅如此，美发对摩登男士的意义同样重要，光整柔顺的头发是身份的象征，为迎合消费者需求，公司还投放了一系列针对男子与儿童的广告

不得不承认，在经济政策环境发生变化时，很多海派时尚品牌由于缺乏竞争意识、自身能力不足、战略不合理等因素，品牌被边缘化、进入衰退期甚至已经离开消费者的视野，这是市场经济下企业竞争的自然结果。近几年城市急速发展，怀旧成为现代人时尚生活中的主题之一，部分品牌在传统海派文化的基础上进行技术创新与文化创新而走出了困局。但是新海派时尚文化难以超越 20 世纪三四十年代最辉煌的时期，海派摩登品牌的创新之路依旧很长。

3. 时尚报刊

海派时尚需要本地传媒的传播与推动，捕捉海派时尚文化生活的独特之美，表 1-12 例举了六份具有代表性的杂志。20 世纪 10 年代至 40 年代，上海文化与经济的繁荣为报刊等纸媒发展提供了优越的条件。时尚报刊让市民更快地了解流行趋势：女性根据报刊中宣传的新女性形象打扮自己，或者通过报刊了解国外

图 1-11
双妹进行品牌优化改造后，依然采用双生姐妹花商标设计思路

表 1-12　海派时尚杂志一览

报刊名称	定位	出版时期	信息载体特征
《玲珑》	女性时尚期刊	1931—1937 年	专注于女性时尚生活，记载零碎的生活轶事、明星花边新闻，在内容取材上体现出近代小报特征。杂志声称以“增进妇女优美生活，提倡社会高尚娱乐”为办刊宗旨。《玲珑》宣扬男女平等，致力于塑造理想中完美、新型的女性形象，在都市中等收入群体知识分子群体中广受好评
《良友》	综合性画报	1926—1941 年，1954—1968 年	不仅登载国际国内军事、政治以及经济建设新闻图片，还介绍国内外文化艺术、各地风土人情、时事动态。此外还大量刊载时下流行的各种服装款式、发型，并向社会征集广告
《紫罗兰》	都市时尚期刊	1925—1930 年，1943—1945 年	重视“图画”的阅读功能和作用，更开创了在杂志中设画报的先例，首创“紫罗兰画报”专栏，即在相片和图画中插入相应的文字，图文并茂、相得益彰
《上海画报》	综合性新闻画报	1925—1933 年	内容包括新闻时事、人物肖像、绘画书法、漫画摄影、小品文字、轶事、掌故、诗词、小说连载和电影广告等，题材广泛，内容丰富，时尚叙事风格强烈
《妇女杂志》	妇女刊物	1915—1931 年	中国妇女报刊史上第一份历史最久的大型刊物。报道国内外妇女名人及全国妇女生活，介绍家庭生活方面的新知识。由于创刊时间较早，和上海其他作为服饰信息载体的中文报刊相比，《妇女杂志》的观点比较保守

续表

报刊名称	定位	出版时期	信息载体特征
《外滩画报》	综合性 新闻周报	2002—2016 年	以都市新兴中等收入群体为读者对象，以鲜明的海派风格、国际视野、时尚品味和创新精神为特征，以高端综合性周报为目标定位。范围涵盖了政治、社会、文化、艺术、体育、潮流、时尚等各个方面

时尚资讯。可以说，时尚报刊不仅是海派时尚的传播桥梁，还在同时推动了自身的发展。据 1936 年统计，全国有出版物 1 518 家，如《玲珑》《良友》等以时尚讯息为主要内容的报刊数量在百种以上。有的报刊面向时尚青年，有的则服务于摩登女性，大部分报刊在 20 世纪 40 年代后休刊。近年来，随着传统纸媒日渐式微，现存的主流时尚报刊内容同质化且空泛，具有鲜明海派风格的时尚报刊屈指可数。2002 年于上海创刊的综合性周报《外滩画报》是曾经比较有代表性的海派时尚报刊，但是历数次改版，最终于 2016 年正式休刊，旗下的数字媒体“新外滩”继续运营公众号。

三、河海不择细流：新海派时尚视野下的时代特点

（一）跨域：国际趋同与本土化的融合

海派时尚之所以能够成为打破传统的先驱就是因为它具有开放这一本质内涵。从近代开始上海就是一个开放并充满创造力的城市，开明的社会风气延续至今，海派时尚从不会故步自封，而是注重在吸收外来流行文化的同时不断更新海派服饰观念，改良服装形制，使之更有时代的风貌。例如，西方的立体裁剪与中式款式被海派服装吸收融合，西式的收腰、装袖、肩斜、垫肩等工艺设计细节在很多经典的中装款式中被广泛采用。因此海派服饰无论何时都是时尚的领军者，开放与国际化成就了海派时尚，同时令其保持长久的生命力。

（二）跨代：海派传统与新时代的融合

传统与现代的碰撞是海派时尚发展的原动力。从 20 世纪 20 年代开始，随着商品经济的迅速发展，西方文化的不断输入，民主改革思想的深入影响，上海逐渐在海派文化的熏陶下出现了追新求异的社会现象。“求异”使得新奇和个性逐渐成为上海人对着装的普遍要求，也正是这一点让现代与传统的融合，成为海派服饰从古到今的发展过程中的主旋律，贯穿于新旧海派服饰各个细节的设计之中。例如，传统海派旗袍拥有着独特的东方韵味和灵气，想要将海派旗袍继续延续并发扬光大，就不能仅仅追求复古和机械性的复制，而是要积极地将传统旗袍的设计元素与现代化都市的快节奏紧密融合。现代海派旗袍的创新需要将设计元素进行分类重组，并融入新的现代流行元素，用现代形式赋予其新的内容与诠释。将海派旗袍设计元素进行现代化创新，是促进海派旗袍走向国际舞台的最好方法。

■ 小案例

新　天　地

由香港瑞安集团开发的新天地位于上海市中心，是一个以石库门建筑为基础建设成的休闲步行街，集餐饮、商业、娱乐、文化于一体，是21世纪初海派商业和时尚娱乐的文化象征。这片占地3万平方米的建筑群保留了当年的砖墙顶，里面却是典型的欧美时尚风格，是一个非常现代的休闲场所，令游人仿佛通过时光隧道在老上海与新世纪之间穿梭。新天地在规划改造中大胆提出了修旧如旧的理念，这个理念的提出在当时国内具有示范意义。同时这股怀旧风也引发了一场争论：新天地中蕴含的“旧”是不是原汁原味的？其实怀旧是一种态度，新天地不可能完全恢复旧貌，也无需完全恢复旧貌，怀旧中的创新因素使这块土地生生不息，海派文化正是通过对传统的不断传承与改进而积累起来的。

（三）跨界：时尚、文化与科技的融合

海派时尚兼容并蓄的文化精髓除了体现在中与西、新与旧的碰撞融合外，还体现在时尚、文化与科技的融合。尽管时装行业并未处于新科技发展的前沿，但时尚产品的创意、研发、生产、推广与运用处处离不开科技的支撑。深厚的海派文化底蕴也是孕育海派流行，推动新创意和新时尚发展的重要因素。文化为科技提供源源不断的创新素材，丰富了科技产品的内涵，科技提升了文化产品的价值和品质，最终共同推动了传统时尚产业的更新升级，促进新海派服装业的形成发展，满足人们日益增长的个性化、多元化、差异化的时装消费需求。可以说，科技与文化融合既是目的也是手段，但二者并不只是简单地做加法，而是要形成“$1+1>2$”的叠加效应，高科技理念注入时尚文化产品，将时尚以新颖、环保的形式表现出来，使产品具有独特的创新价值，迎合了消费者追求卓越、求新求变的心理需要。从海派时尚产业的现实状况来看，越来越多的海派时尚老字号品牌，不仅包含传统与现代、国内与国外的时尚元素，还包含了对国际领先科技的吸收与应用，如纳米科技、环保材料的引入，可穿戴智能技术、虚拟现实（VR）与增强现实（AR）技术的应用。

第二节　尚待挖掘的海派时尚流行趋势

纵观百余年间海派时尚发展历程可知，时尚产业得益于日益扩大的服装商品经济。英国作家、时尚历史学家詹姆士·莱佛（James Laver）曾提出过一个流行趋势演变的时间轴：某种趋势风行之时是时髦的；在此一年前，则被认为是大胆的；20年后，则变成荒谬的；而在50年后，这种趋势可能又会悄然流行起来。近年来，随着信息技术的发展和社交媒体的普及，新的流行元素不断生发，一条名人的社交媒体动态就能让某件时尚单品迅速走红，如今的流行趋势正在产生并消亡于一个节奏极快、

日益躁动的环境中。在这种大环境下，海派时尚流行趋势是否还具有存在的价值？它在市场经济中扮演的角色是怎样的？如何将海派时尚流行趋势进行分级？本节重点阐述新时期海派时尚与流行趋势的定位与未来发展前景。

一、开放边界与精准内涵：什么是海派时尚流行趋势

“流行”是指某件事物风行一时并广泛传播于社会大众之中的现象。据专家统计，人们对流行风尚的认知中，把服饰与流行联系在一起的比例高达83%，其他领域的比例相对较小。而服装的流行文化是在一定时期内，在民众中普遍传播，并经由社会特定领域内某种力量的推动而在周期内迅速起落的特殊文化。时尚流行文化作为现代重要的社会文化现象之一，不仅具有普遍性，还具有一般性和渗透性。一般而言，时尚被大众接受之前，往往有一小部分人早已乐在其中，而所谓的时尚流行趋势就是指在一个时期内某一群体在衣着方面的共性特征，并且即将会通过一定传播轨迹扩散至其他社会群体。形成“趋势”有两个必备要素：一是要有一定规模的活跃人群；二是流行特征具备共性。

海派时尚流行趋势顾名思义，是指具有海派风貌特征的时尚在一定时间内流行变化的方向。根据对“时尚”界定的不同，广义而论，海派时尚流行趋势指一切与海派时尚文化生活相关的流行动向，例如服饰家纺、美容美发、建筑、影视媒体等产业；从狭义的角度来说，海派时尚流行趋势特指海派服饰的潮流动向。

二、角色、天平与挑战：海派时尚流行趋势的价值评判

（一）角色：海派时尚流行趋势的角色定位

海派时尚流行趋势是中国本土时装市场生命力的主要来源。随着社会经济的快速发展，人们对服装的消费意识不断更新，市场趋于饱和、竞争日益激烈。在这种情况下，服装流行趋势的预测尤为重要。正如法国社会学家让·鲍德里亚（Jean Baudrillar）所指出的：“流行，作为政治经济学的当代表演，如同市场一样，是一种普遍的形式。”时尚流行趋势能帮助服装品牌制定较为详细可靠的产品开发计划，包括确定下一季度的产品风格、颜色、品类、款式以及面辅料等，有效的趋势预测能够帮助服装公司在市场竞争中占据一席之地。不仅如此，流行趋势对消费者的购买行为也具有导向作用，且有利于整个服装行业的发展。《上海创意与设计产业发展“十三五”规划》指出，做优时尚创意是“十三五”发展的主要任务之一，是上海时尚产业发展和时尚之都建设的灵魂和引擎，是上海经济转型升级和供给侧结构优化的重要抓手。政府着力建设设计之都、时尚之都和品牌之都，以期在发展创意设计产业布局的同时提高城市的国际认同度和综合影响力。目前市场上有各种类型的趋势服务商，作为盈利性的趋势研究与预测机构，它们为客户有偿提供趋势手稿、潮流讯息报告等资料。

服装流行趋势预测公司和服装公司往往关系密切，除了国外一些老牌的趋势机构，我国的服装公司也会选择本土流行趋势服务商。比较常见的有POP服饰流行前

线、蝶讯网、热点趋势、看潮网，它们的线上服务主要包涵时装发布会资料、品牌分析、在线趋势分析、零售分析、订货会分析、设计师品牌分析、街拍资讯等。线下服务则包括服装趋势手册、流行趋势系列课程培训、国外买手店考察等。

目前国内的服装流行趋势服务商存在同质化的问题，很多线上的流行趋势分析报告与国外知名的趋势预测机构所发布的报告大同小异，而网站内提供的街拍图也大多来自国外知名图片分享网站照片墙（Instagram）、汤博乐（Tumblr）等。这就意味着，国内服装企业往往是花费较少的成本购买了滞后且缩水版的国外服装流行趋势。本土服装品牌，尤其是海派时装品牌，如果一味盲目紧跟国际时尚流行趋势，则很有可能打着国际时尚的旗号实则内容空泛、同质、设计如出一辙，从而导致相似的面料和相似的款式，如果不看商标难以辨认一件服装究竟属于哪个品牌。品牌辨识度与回忆度与品牌资产和品牌价值成正相关关系，由此可见海派时尚流行趋势存在的重要性与必要性。

（二）天平：海派时尚流行趋势对商业决策的关键影响

准确把握海派时尚流行趋势可以使服装品牌更具竞争力。企业需要清醒地意识到流行趋势对指导产品研发的重要意义，合理运用流行趋势能够逐步提升品牌价值，强化品牌联想，巩固市场占有率，最终进一步把握设计方向、优化产品结构。国内许多服装企业一味地向贴牌厂采购、模仿和抄袭国际品牌，造成产品附加值不高，效益低下，品牌形象不佳，无法形成市场竞争力。改变原有开发模式就需要企业更多关注时尚流行趋势预测，有效分析流行信息，再结合品牌定位，有针对性地开发产品。一旦产品被消费者认可、占有率达到一定比例，在众多同类品牌中独树一帜，品牌的市场价值就此产生，品牌将从流行趋势的追随者变为时尚的引导者。

同其他工业产品相对比，时装产品不仅生命周期短暂，而且受流行趋势影响明显，目前现有的产品工程设计模块对服装这个品类而言不完全适用。马克·塔盖特（Mark Tungate）认为现阶段服装品牌的竞争从高级时装进入高街时尚，服装的新品开发需要买手、设计师将流行趋势进行转化与翻译，快速地推出风格鲜明的服装款式，而流行趋势的收集又需要根据品牌风格以及客户群进行具体挖掘与整理。近年来怀旧风潮使过去许多被淹没的文化因素重新浮现，海派一时之间成为频频诉诸报端的热门话题。海派本土品牌希望在与国外大牌的竞争中凭借海派优势独占高地；国外品牌需要分析本土流行趋势来针对特定市场制定采购、设计以及宣传方案，由此可见海派时尚流行趋势在服装品牌商业决策中的关键影响。

海派时尚流行趋势固有的海派文化属性有助于本土服装品牌形象的建设，从而达到商业利益最大化。目前国内服装品牌对流行趋势的使用主要停留在借鉴设计款式、面料样式、细节造型的层面，流行趋势的作用较为单一、扁平化。究其原因，一方面是因为自媒体时代流行趋势千变万化，服装企业亟须快速捕捉最新、最准确的流行趋势，进而优化设计研发流程，提高产品的更迭速度；另一方面，趋势服务商为迎合市场需求，除了不断更新大量的发布会、订货会资讯以及一些较为简单的趋势

■ 小案例

亨生西服

由奉帮裁缝徐继生创办的亨生西服已经有多年的历史了，是产销一体的上海老字号西服。在改革开放以后，商务男装的需求激增，成衣业以迅猛的势头进行发展与革新，带动了行业内部的激烈竞争，也让传统的亨生西服经营遇冷，面临极大的挑战与困境。20 世纪 90 年代，争夺市场无果的亨生西服最终无力回天，从辉煌时期转入低潮阶段；到了 2005 年，亨生西服几乎已淡出成衣业，仅余 60 名员工，年收入也只有 393 万元，利润更是降至 17.7 万元。

时代的发展带动了人们观念的变化，人们对商务男装的需求样式也变得多样化，不再拘泥于传统单一的西服与衬衫。具有与时俱进眼光的企业往往更吃香，福建和浙江地区涌现的大批民营男装企业便属此类，它们迅速占领了中低端市场，并通过逐渐的运营发展成为时代的主流男装品牌。亨生西服的传统手艺成衣虽然做工精细，质量上乘，但款式相对保守，无法博得年轻消费者的关注；再者亨生西服往往依靠师徒代代相传的方式来传承手艺，在技术上无法形成创新与进一步发展，这样也使得它逐渐失去了市场竞争力，甚至慢慢被边缘化。亨生西服的突破点在于与时俱进的创新发展，若能在坚持本身传统手艺的优势下，结合流行时尚元素，以差异化产品来服务于不同的消费群体，就有可能摆脱困境。

分析报告以外，出于对自身效益的考虑，更愿意设立一些线下的趋势宣讲与游学服务。目前在国内，只有海派时尚设计及价值创造协同创新中心自 2013 年起每年发布并推广“海派时尚”流行趋势，但是该机构对于海派时尚流行趋势的落地与成果转化尚待加强。但事实上，运用趋势的路径未必只有款式设计。海派时尚流行趋势可以凭借其独特的地域文化与内在精神，跳出服装款式、色彩、面料的范围，不断扩展延伸，如运用在陈列、品牌视觉风格设计等外延领域。

（三）挑战：从预见到创造再到引领的趋势价值提升

与欧美国家的流行趋势预测不同，基于时代与历史因素，海派时尚流行趋势预测面临种种挑战。

其一，许多传统海派元素的缺失与被遗忘导致海派时尚流行趋势预测具有一定的局限性。服装在时尚产业中占有很大比重。因为服装产品具有流行速度快，形式多样的特征，处于带动时尚生活流行趋势的作用，可谓是时尚的主导内容，处于产业核心地位。而服装具有鲜明的时代特性，它是随着政治、经济、文化等因素变化而相应改变的一种生活方式，服装流行因此也是一个动态的过程。例如一直在讨论的海派元素，很容易被人理解成民国时期上海服饰中的某个细节，像盘扣、立领或者某个传统纹样，即把海派时尚文化符号化、定格化，这一现象的溯源为西方世界对中国服饰文化意象形而上学的认识。但是民国时期的海派元素已经无法跟随时代的潮流，许多过于浓重的民国风、小资格调都是不合时宜的。因此进行海派时尚流行趋势预测时，应当将最新的流行趋势与海派因子相链接，充分地拥抱历史和现实，让海派时尚流行趋势多元化的同时又包含海派时尚文化特征，并且这里的文化特征并不是某种既定的文化符号。

其二，海派时尚历史较短、有过断层，导致海派时尚的周期性特征不明显。海派服饰的变迁速度依据时代变迁呈现涨落式起伏，具体而言，时代的政治、经济等外在因素影响着时尚潮流，并且这股影响力不完全是正面的。例如，20 世纪六七十年代，海派时尚长时间处于停滞衰退状态；21 世纪海派时尚又开始急速向怀旧靠拢，显示出当代海派时尚文化的过度焦虑与不自信，这些极端的转变都不利于海派时尚流行周期的归纳与分析。因此在进行趋势预测的时候，需要相关从业者在海派文化的基础上创造一些新的时尚元素，通过融会贯通获得创新的基础，通过超越传统实现新海派时尚的复兴。

其三，海派时尚特有的人本属性决定了它特殊的传播方式。传播导致流行，没有传播就没有流行。许多传播理论都曾形象描绘过时尚流行趋势的传播轨迹——生产商们受到利益驱动，从而迅速复制模仿上层社会正在流行的服装风格，同时通过制定与大众消费结构相匹配的定价策略来盈利。不久之后，上层社会发现了该风格的泛滥进而快速地摒弃了这种风格，开始寻找下一个流行点。根据本章第一节提到的内容不难发现，在海派时尚史上，这一理论难以得到完全的印证。除去 20 世纪六七十年代这一特殊时期，长期以来，市民阶层一直是引领海派时尚流行的重要群体。在以“人”为本、市民气息浓厚的上海社会里，市民既是城市主体，又是时尚文化的主体，某种意义上，它决定了海派时尚文化的走向。因此无论怎样定位海派时尚流行趋势，一旦离开了“市民”这个大前提，仅仅将趋势锁定在少数社会精英群体之中，那么所谓的海派时尚一定是不全面的、空洞的。

三、从需求出发：海派时尚流行趋势分级的可能

（一）海派时尚流行大趋势：所有流行点的源头

海派时尚流行大趋势是从海派大文化、大事件的层面介绍未来的海派潮流，时尚流行大趋势通常包涵政治经济、文化科技、自然环境三个方面。

首先，在时尚流行传播的过程当中，社会经济实力起着直接支撑的作用。当商品经济发展衰退时，人们注意力集中于解决物质匮乏的问题，服装业随之不景气，时尚流行也将处于停滞状态。20 世纪 20 年代宾州大学华顿商学院经济学家乔治·泰勒曾提出过“裙边理论”——“女人裙子越短，经济越繁荣；裙子越长，经济越萧条”，理由是经济增长时，女人会穿短裙，因为她们要炫耀里面的长丝袜；当经济不景气时，女人买不起丝袜，只好把裙边放长，来掩饰没有穿长丝袜的窘迫。虽然依据如今的经济发展水平，是否买得起丝袜而决定裙子的长短已经没有意义，但是后来一些经济学家多次将美国股票指数与女性裙子的长度进行实证研究，均得出了显著相关性，可见区域经济发展状况和服装流行的现状有一定关联度。要想预测时尚未来的流行走向，首先需要了解社会政治经济的大背景，才能做到有脉络可循，提高预测的

准确率。

其次，海派时尚流行大趋势包含了文化科技与自然环境的最新讯息（图 1-12），这有助于时尚相关从业人员从更高更广的角度找到未来几年内流行趋势的走向与端倪。许多服装企业的设计师，工作与日常生活中接触到的都是服装款式、面料讯息，无论是视角还是思维模式都有种种局限性。要想设计出好的产品，设计师的想法一定要跟上社会的发展。普通的流行趋势手册对各个服装品牌的款式、面料、色彩具有指导性，仅仅依赖这些专项报告只会人云亦云，设计师需要自己对流行趋势进行心灵感悟。社会环境错综复杂，其中夹杂着大量的科技、文化、时事等影响因素，流行的产生是以社会大背景为前提的，艺术家通过敏锐的观察力与创造力创作出的作品具有极强的影响力，是因其顺应了潮流趋势，而不是凭空想象臆造的。时装的设计、趋势的预测也与科技进步密不可分，例如新开发的有利于环保的天然纤维、再生纤维素纤维、再生环保纤维，以及各类抗菌材料、吸湿快干材料、防紫外线材料、高弹材料、高强材料等，都因为其优越的功能性、先进的科技感受到追捧，成为时尚流行趋势的重点之一。

图 1-12
2015/2016 秋冬海派时尚流行趋势首先用一定的篇幅介绍海派文化艺术、科学技术、社会环境等内容，图中为与海派自然风格相关的大艺术

（二）海派时尚流行趋势分册：细分市场的延伸需求

在大趋势手册的前提下，可以针对细分产品市场推出一系列海派时尚流行趋势分册：女装流行趋势手册、男装流行趋势手册、面料流行趋势手册、鞋履流行趋势手册、箱包流行趋势手册、旗袍流行趋势手册、图形与色彩流行趋势手册等。从某种意义上讲，流行趋势预测是为市场服务的，而市场是由具有消费能力的人组成，不同的人因其年龄、性别、职业、经济、文化、宗教信仰背景的差别而有不同的消费与审美特点，同时参考职业、收入、消费等指数，可以将组成社会大系统的不同人群分成不同的阶层。一般而言，流行时尚的形成需要数量可观的拥趸，被学者称为“易感人群”，主要包括女性消费者群体、社会富裕阶层群体和青少年群体，他们是时尚文化的主

体。制定海派时尚流行趋势预测如果没有明确受众人群的具体定位，仅仅是以时尚产品品类进行划分，那么一般以“易感人群”为主要对象。

（三）海派时尚流行趋势分册：定制时代的独特产物

在定制时代，流行趋势对时装品牌的发展具有重要意义。一个品牌的成功与其格调和定位密切相关，包括产品的风格定位、价格定位、年龄定位以及地域定位。在明确自身定位的情况下，品牌想要在流行浪潮中屹立不倒，需要去融合时尚流行趋势与品牌风格特点，而不是盲目跟随所谓的国际流行趋势。很多本土品牌没有专门的流行趋势预测队伍，信息管理方法和流程也不是很完善，在获得最新的国际流行趋势报告后，不懂得如何应用于产品开发，如果直接将国际流行趋势手册上的款式直接应用于生产，则极有可能因水土不服会滞销。国内市场对国际流行趋势的消化吸收存在一定的滞后性，所以针对具体品牌进行海派时尚流行趋势预测的定制需求逐年递增。

第三节　围绕海派时尚展开的流行趋势预测研究

流行在当下瞬息万变，而服装消费趋于饱和，市场竞争也日益激烈，准确及时的流行趋势预测可以让企业规避风险，在激烈的竞争中把握先机占取主动优势。因此无论是经典的还是年轻的、中庸的还是前卫的品牌都必须顺应市场潮流的变化，可见海派时尚流行趋势研究的重要性。然而目前的海派时尚流行趋势预测体系还不够完善，存在未能与品牌有效结合、预测方法单一、缺乏系统结构与数据支持等问题。本节主要分为两部分讨论海派时尚流行趋势预测：第一部分主要概述当前海派时尚流行趋势的预测内容与方法。重点针对“海派时尚”的特点，就流行趋势预测存在的问题提出亟待强化的模块；第二部分尝试将海派时尚流行趋势预测置于科学的学术体系之中，对时尚流行趋势预测学进行学科建设与知识规划。

一、打破一脉相承：海派时尚语义下的流行趋势预测内容分析

（一）流行趋势的“海派时尚”表征

与国际上一些知名机构发布的流行趋势相比，海派时尚流行趋势既链接传统又根植于当代，随着海派文化的发展而发展。“流行”从 20 世纪 80 年代开始就成为一个热门词汇，尤其对上海人而言，追求时髦已经成为构建美好生活的重要环节。而海派时尚流行趋势受地域文化影响，具有如下特质：

1. 开放自由

上海人在面对服饰潮流更迭时更重视个性发挥的自由度。因此在国外的流行样式传播至本土后，海派时尚常常以创意再造的方式将改良后符合海派审美趣味的流行内容向周边辐射。在时尚流行趋势全球化的大环境下，西方时尚风潮的进驻是必然现象，但是如果得不到上海人的认同、吸收和引用，海派时尚流行就不

会产生。

2. 实用主义

尽管艺术在海派时尚流行中的地位日渐提高，但是海派时尚具有的实用主义特质并没有因此消失。

3. 创新求变

海派时尚的发生，起初是上海对20世纪初社会剧烈变革的反应，而今天，海派时尚流行趋势的发展，也就是上海这座国际性大都市创新能力的体现。海派时尚流行趋势需要通过对传统元素的继承与对西方文化的借鉴，使流行元素具有全新的内涵。这样的创新才能够牵动整个国家乃至世界时尚潮流的神经，让大众市场对海派时尚流行趋势产生前所未有的渴望。

（二）海派视角下的预测内容

根据市场进行产品定位，确定服装产品的类别及档次是海派时尚流行趋势预测之前的首要工作内容。一般而言，服装品牌可以从几个方面进行分类。按主题风格分类，即在同一年龄层内品牌所具有的风格定位，大致包括休闲品牌、职业品牌、运动品牌等几个类型；按性别年龄分类，包括男装品牌、女装品牌、童装品牌等；按产品价格区分，主要包括高档品牌、中档品牌、低档品牌几个档次；按照服装设计及加工的特点可以分为高级时装、高级成衣以及普通成衣。其他的分类方法还包括以销售方式、企业类型分类等。这些服装品牌拥有不同的市场定位和产品风格形象设定，流行趋势手册的使用方式也不尽相同，因此流行趋势预测信息在针对不同品牌时的表达方式就会有所取舍。例如对于女装流行趋势预测而言，流行趋势手册的目标对象是女装品牌，其诉求通常是通过流行趋势手册准确及时地制定设计方案，那么该手册就会侧重于对具体服装款式图的设计，用较少的篇幅解释灵感源以及背景故事。同理可知，针对礼服的流行趋势手册则更多呈现各式礼服的效果图；面料流行趋势手册关注如何有效地指导服装企业使用最新的面料，帮助面料企业打开更多市场渠道，因此手册的内容将着重强调面料信息、面料与款式配伍的方案。表1-14是综合服装风格与品类总结出的本土市场常见的流行趋势预测手册。

表1-14　海派时尚流行趋势手册分类一览

类别	色彩	材质/织物	细节	产品设计/造型
大趋势	色彩与面料流行趋势预测			—
成熟女装	女装色彩流行趋势预测	女装面料流行趋势预测	女装图案工艺流行趋势预测	女装流行趋势预测
成熟男装	男装色彩流行趋势预测	男装面料流行趋势预测	男装图案工艺流行趋势预测	男装流行趋势预测
休闲男装	—	—	—	休闲男装流行趋势预测
青年男装	—	—	—	青年男装流行趋势预测

续表

类别	色彩	材质/织物	细节	产品设计/造型
休闲女装	—	—	—	休闲女装流行趋势预测
少淑女装	—	—	—	少淑女装流行趋势预测
年轻女装	—	—	—	年轻女装流行趋势预测
女童装	童装色彩流行趋势预测	童装面料流行趋势预测	女童图案流行趋势预测	童装流行趋势预测
男童装			男童图案流行趋势预测	
运动装	运动装色彩流行趋势预测	运动装面料流行趋势预测	—	运动装流行趋势预测
内衣、泳衣	—	—	—	内衣、泳衣流行趋势预测
旗袍、中装	—	旗袍、中装面料流行趋势预测	—	旗袍、中装流行趋势预测
职业服	职业服色彩与面料流行趋势预测	—	职业服流行趋势预测	
牛仔服	—	—	—	牛仔服流行趋势预测
针织服装	—	—	—	针织服装流行趋势预测
皮草、皮革	—	—	—	皮草、皮革流行趋势预测
鞋品	鞋品及配饰核心色彩流行趋势预测	鞋品:皮质、纺织面料流行趋势预测	—	鞋品流行趋势预测
配饰		—	—	配饰流行趋势预测
美妆	—	—	—	美妆流行趋势预测

与其他流行趋势预测手册不同的是，海派时尚流行趋势手册增加了“旗袍与中装”的类别。旗袍不仅体现我国女性传统的服饰美，还一度是上海的时尚风尚标，其亦中亦西的设计是海派时尚文化的典型代表。自从20世纪80年代后，许多本土时装设计师尝试再现旗袍的辉煌，他们的努力虽有一定的效果，但总体上并不十分成功，一直尚未出现超越海派20世纪全盛时期的设计。今天的海派旗袍时尚流行趋势预测，将重新审视日趋狭隘的怀旧文化，对传统海派设计元素进行分类重组，结合时代前瞻背景，积极与现代化快节奏的都市生活紧密融合，使旗袍品牌在流行趋势手册的指导下走出一片新的天地。

最后值得注意的是，海派时尚在保持实用精致的海派特色的同时不断走向多样化的群体细分，其中白领阶层逐渐成为海派时尚的中坚力量。根据米尔斯的定义，白领是依附于庞大机构，专事非直接生产性的行政管理工作与技术服务，靠知识与技术谋生，领取较稳定且丰厚的年薪或月俸的人群。改革开放后，越来越多的外企来到上海，白领群体具有较高的文化素养，经常接触国外时尚讯息，有较好的购买能力，并且大部分人对时尚充满热情。他们是最早消费国际时尚类品牌的群体之一，服饰装扮新颖而不怪异，追求精致和体面。而流行趋势预测的一个重要环节，就是把时尚的活跃分子识别出来，并且密切关注他们的选择。对于现代海派时尚流行趋势预测来说，白领阶层是预测专家首先需要关注的人群。

二、从未来到未来学：海派时尚流行趋势预测的学科升级

海派时尚流行趋势预测学，顾名思义是一门以预测海派时尚流行趋势作为研究对象的学科。目前海派时尚流行趋势预测刚开始起步不久，进行学科化整合的条件尚未成熟。但是时尚流行趋势预测对社会发展的重要性日益显露，而传统的专家直观预测法具有较大的不确定性和主观因素，所以时装业内发出了要求加强流行趋势预测理论和方法论研究的声音，可见建设海派时尚流行趋势预测学是行业发展需求所趋和社会历史发展的必然结果。

（一）异派同源：海派时尚流行趋势预测与未来学

海派时尚流行趋势预测本质上是依据过去与现在去预见未来，从而做出最有利的决策，这是未来学的基本研究任务之一。20 世纪 40 年代，德国学者弗勒希特海姆（Ossip K. Flechtheim）率先创造和使用了"未来学"一词，未来学旨在对未来进行科学研究，以便能预测和控制未来发展。如今未来学已经成为一门以现代科学的理论和方法论（信息论、系统论、控制论等）为基础，拥有一套科学预测技术和方法的新兴学科。现代未来学研究领域主要集中在社会预测、科学预测、技术预测、经济预测、军事预测五个方面（图 1-13）。海派时尚流行趋势预测需要吸纳社会政治、经济文化、科学技术等多方面的信息与资源，参考维度横跨社会、科学、经济、技术四个大方向，属于综合性研究行为。很显然，海派时尚流行趋势预测属于未来学的范畴。

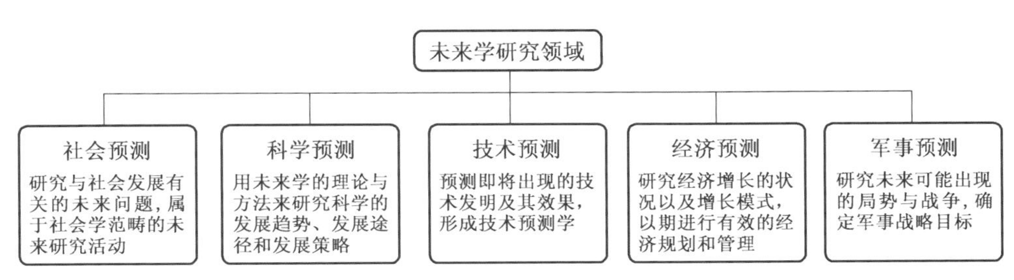

图 1-13
未来学研究领域

未来学之所以能成为一门独立的学科，是因为它除了研究对象符合要求外，还具备另外两个条件：一是科学的理论基础，二是科学的研究方法。具备以上三点之后，未来学便能够科学地、准确地预测未来的各类研究活动，为人类提供决策服务、获取尽可能大的经济利益，促进科学技术的发展。海派时尚流行趋势预测属于未来学的一个分支，以海派男装色彩流行趋势预测为例，当我们以系统论、控制论、信息论为基础，运用时间序列、灰色系统等方法对海派时尚信息进行定性、定量或定时的分析与研究，最后与感性的判断相结合，所得出的决策意见相对于传统的感性决策法，能够较大程度地避免专家的个人偏见，促进预测团队从更加理性、客观的角度制

定流行趋势主题并加以分析，在提高流行趋势预测的准确度的同时促进信息科学、形态学、色彩学、心理学等交叉学科的发展进步。

（二）破旧立新：新海派时期的流行趋势预测学科升级

学科是某一研究领域发展到一定程度的制度化结果。海派时尚流行趋势预测学科的主旨是研究如何准确有效地预测海派时尚流行趋势，揭示服装流行趋势预测不同于其他自然预测的特殊规律与方法，将海派时尚流行趋势预测的方法总结并提升到广义的理论层面，吸纳相关学科的原理于海派时尚流行趋势预测流程之中，构筑起系统的海派时尚流行趋势预测体系。

学科升级首先需要厘清海派时尚流行趋势预测的学科结构。学科结构可以理解为：基于一定的标准，揭示学科系统的内在关系，并用符合逻辑的层次结构对其进行分类与表述。海派时尚流行趋势预测作为一个应用性很强的综合性交叉学科，可以分为基础理论与实际应用两个层次，其中基础理论又包括学科方法论和学科基本原理。在明确这门综合性学科结构的分层后，海派时尚流行趋势预测的相关研究领域势必要形成基础理论的支撑体系，并且该体系应该是一个随着科学发展而发展的动态开放体系。例如，我国传统的流行趋势预测以业内特定专家定性预测的方式为主，中国流行色协会每年都会参加国际流行色委员会会议，并在北京、上海、广州等大城市进行调研，同时参考在国内时尚领域具有一定影响力的网站、发布会、展会、媒体、品牌，甚至有影响力的时尚明星作为灵感来源，专家依据以上信息进行感性判断并提出下一季度中国的流行色，为国内时尚行业提供参考和指导。在过去，这种流行趋势预测方法虽然存在许多局限性但依旧占主导地位。因此需要相应地着重开拓并构建以时尚艺术洞察与审美为中心的海派时尚流行趋势预测学科。如今随着互联网的发展和时尚博主的普及，消费者的需求有了新的表达平台，本土流行元素不断被催生，一条名人的社交动态，就能让某个单品、造型、款式迅速走红。在21世纪新海派时代背景下，海派服装流行趋势正产生并消亡于一个节奏极快、日益躁动的社会环境中，传统的预测方法已经无法跟上瞬息万变的时尚节拍。在此基础上，海派时尚流行趋势预测学科又需要围绕着数据挖掘与分析、市场传播与推广等相关领域进行学科结构与内容的更新。

（三）砥砺前行：建设海派时尚流行趋势预测学科的优势与难点

建设海派时尚流行趋势预测学科有利于推进中国时尚流行趋势预测研究的规范化、科学化和系统化进程。未来学的许多理论和方法论值得流行趋势机构与相关从业人员去学习、借鉴，大数据时代下专业的流行趋势预测流程势必要将主观与客观相结合。而感性与理性情报的收集，以及对以上两种维度下信息的量化与分析是整个预测系统最基础也是最重要的一环。然后依据系统流程，由专家团队根据数学分析的可视化结果，确定合适的预测方案，最终在预测的实用性、准确性等标准下对该决策进行验证预评估，完成一个不断上升的海派时尚流行趋势预测良性闭环，推进预测的效率。

可能面临的难点：一是现代的海派时尚流行趋势预测需要专业性的技术人才。

未来学的研究方法，大多来自其他领域，例如回归分析、系统动态分析、脚本法（前景方案）。而业内传统的流行趋势预测工作者通常要求有一定的行业知识、时尚联想力、洞察感知力，在应用数学方法进行数据分析和预测等方面还略显薄弱。二是海派时尚流行趋势无法做到与服装或面料企业进行有效的对接。针对行业制作的流行趋势预测手册或报告虽然广泛且全面，但是缺乏针对性，参考实践的价值不高。不同品牌需要的流行点与流行元素即使有重合的地方，但也需要根据各个品牌的市场定位、品牌形象等要素进行细化，并且行业流行趋势报告中常常出现的社会背景、灵感故事方面的则需要让出篇幅介绍服装款式或面料纹样的特征与开发方向等方面内容，真正做到理论、艺术、市场的有机融合。

参考文献

[1] 曹丽华,乔何.书法美学资料选注[M].西安:陕西人民出版社,2008.
[2] 俞剑华.中国绘画史(下册)[M].上海:商务印书馆,1937.
[3] 徐珂.清稗类抄·戏剧类(第11册)[M].北京:中华书局,1984.
[4] 陈建新.论鲁迅对海派文化的批判[J].中国现代文学研究丛刊,1997,(2):127-141.
[5] 胡喜根.海派时尚[M].上海:文汇出版社,2009.
[6] 张鸿雁.上海文化核心价值的缺失批判与"新海派文化"的建构研究——上海城市发展与规划战略纠谬与创新[J].中国名城,2011,(2):8-16.
[7] 邹依仁.旧上海人口变迁的研究[M].上海:上海人民出版社,1980.
[8] 徐孝纯,马华.服饰文化之窥见[J].北京纺织,1992,(1):10-16.
[9] 李雷.审美现代性与都市唯美风——"海派唯美主义"思想研究[M].北京:文化艺术出版社,2013.
[10] 佚名.上海颜色问题[J].新上海,1925,(3):13.
[11] 高惠珠.海派:源流与特征[J].上海师范大学学报:哲学社会科学版,1995,(2):56-67.
[12] 马克思,恩格斯.马克思恩格斯选集(第1卷)[M].北京:人民出版社,1972.
[13] 胡朴安.中华全国风俗志(下编)[M].石家庄:河北人民出版社,1986.
[14] 周葱秀.关于"京派""海派"的论争与鲁迅的批评[J].鲁迅研究月刊,1997,(12):10-17.
[15] 李伦新.海派文化的兴盛与特色:第六届海派文化学术研讨会论文集[M].上海:文汇出版社,2008.
[16] 罗兹·墨菲.上海——现代中国的钥匙[M].上海:上海人民出版社,1986.
[17] 夏征农等.辞海[M].上海:上海辞书出版社,1999.
[18] 胡玉兰.真正的摩登女子[J].玲珑,1933,(20):937.
[19] 李秋零.康德著作全集(第7卷:学科之争实用人类学)[M].北京:中国人民大学出版社,2008.
[20] 李晓红.女性的声音——民国时期上海知识女性与大众传媒[M].上海:学林出版社,2008.
[21] 王伟光.社会生活方式论[M].南京:江苏人民出版社,1988.
[22] 熊月之,周武.上海编年史[M].上海:上海书店出版社,2009.
[23] 刘惠吾.上海近代史[M].上海:华东师范大学出版社,1985.
[24] 龚建培.月份牌绘画与海派服饰时尚[J].民族艺术研究,2011,24(5):141.
[25] 徐龙华.上海服装文化史[M].上海:东方出版中心,2010.
[26] 宗朱.上海之绸缎业[N].申报,1916-1-5(9).
[27] 刘业雄.春花秋月何时了:盘点上海时尚[M].上海:上海人民出版社,2004.
[28] 劣僧.改良[N].申报,1912-3-20.
[29] 佚名.梦游新民国[N].申报,1912-9-14.
[30] 路云亭.论海派文化[J].山西大学师范学院学报,1999,(3):39-46.
[31] 李霞.女子与缝纫[J].玲珑,1931,1(8):257.
[32] 仲华.现代妇女的时装热[J].妇女杂志,1930,16:12.
[33] 方洁.探究海派服饰变迁规律[J].武汉纺织大学学报,2011,(5):14-17.

[34] 李玮琦.区域环境对上海时尚设计师品牌的影响[D].上海:华东师范大学,2013.
[35] 卞向阳.中国近代海派服装史[M].上海:东华大学出版社,2014.
[36] 李晓君.追溯海派服饰源流"上海摩登——海派服饰时尚展"举行[J].上海工艺美术,2014,(2):114-115.
[37] 陈霞.当代中国风格服饰探究[D].西安:西安美术学院,2015.
[38] 胡琳琳.汉族城市女性服饰的变化(1966—2008)[D].合肥:安徽大学,2012.
[39] 黄昌勇."怀旧"及新海派文化的崛起[N].文学报,2012-09-20(016).
[40] 马元浩.海派旗袍100年[J].创意设计源,2011,(3):58-63.
[41] 庄立新."海派旗袍"造型与结构的变迁[J].丝绸,2008,(9):50-52.
[42] 竺小恩.中国服饰变革史论[M].北京:中国戏剧出版社,2008.
[43] 陈高华,徐吉军.中国服饰通史[M].宁波:宁波出版社,2001.
[44] 赵芳.西服东渐[D].呼和浩特:内蒙古师范大学,2013.
[45] 维瑾.上海的春装[J].妇女与家庭(上海),1947,(6):37.
[46] 李昭庆.老上海时装研究(1910—1940s)[D].上海:上海戏剧学院,2015.
[47] 李小颖,温惠子,杨静逸.中国服装回眸:一跃时尚三十旋[J].中国制衣,2008,(4):16-19.
[48] 李艳艳.20世纪80年代上海妇女服饰流行[D].上海:东华大学,2002.
[49] 佚名.上海纶丰织造厂价目表[J].华洋月报,1935,2(1):28.
[50] 佚名.妇女装束之进化[J].文化艺术月刊,1931,2:37.
[51] 陈万丰.中国红帮裁缝发展史(上海卷)[M].上海:东华大学出版社,2007.
[52] 菲利普·科特勒,凯文·凯勒.营销管理[M].梅清豪,译.上海:上海人民出版社,2006.
[53] 张瑾.上海服装行业老字号品牌创新策略研究[D].上海:华东师范大学,2015.
[54] 荀洁,徐国源.我国当代时尚文化特性探析[J].科学经济社会,2014,(3):185-188.
[55] 郁嘉.海派旗袍百年传奇的文化匠心——龙凤旗袍的故事[J].上海质量,2016,(9):52-53.
[56] 卞向阳.百年时尚——海派时装变迁[M].上海:东华大学出版社,2014.
[57] 胡远杰.独一无二的小花园女鞋店[J].上海档案,1987,(3):44.
[58] 王萌.老国货回力"回潮"原因探析[J].企业研究,2011,(14):30-31.
[59] 和风.没有创新,就没有老字号的今天[J].上海质量,2008,(4):46-50.
[60] 尤嵩.1927—1937年上海民族日化品牌的形象设计与传播研究[D].上海:华东师范大学,2014.
[61] 薛宁.海派女装纹样研究(1927—1937)[D].南京:南京艺术学院,2013.
[62] 何楠.《玲珑》杂志中的30年代都市女性生活[D].长春:吉林大学,2010.
[63] 刘永昶.作为时代图像志的《良友画报》[D].武汉:华中科技大学,2007.
[64] 博玫.《紫罗兰》(1925—1930)的"时尚叙事"[D].上海:复旦大学,2004.
[65] 张依盟.近代上海的图文写真:《上海画报》研究[D].山东大学,2016.
[66] 方洁,张竞琼.新旧海派服饰共同的精神内涵探析[J].丝绸,2008,(1):50-52.
[67] 蔡丰明.上海都市风俗[M].上海:学林出版社,2001.
[68] 环球编辑部.图画日报[M].第五册.上海:古籍出版社,1999.
[69] 马玉儒,刘舒婷.海派旗袍现代设计元素分类及创新[J].纺织科技进展,2014,(4):66-69.
[70] 崔木花.文化与科技融合:内涵、机理、模式及路径探讨[J].科学管理研究,2015,(2):

36-39.
[71] 颜莉.时尚产业组织模块化价值创新能力评价研究[D].上海:东华大学,2013.
[72] 陈欣.流行趋势信息在毛纺面料产品研发中的应用[C].全国毛纺年会.2012:57-59.
[73] 梅玫.服装的流行传播与推广模式的研究[D].天津:天津工业大学,2008.
[74] 张广崑.市民性:上海文化的主色调[J].上海大学学报:社会科学版,1997,(06):5-11.
[75] 李峻.基于产品平台的品牌服装协同设计研究[D].上海:东华大学,2013.
[76] 殷大晴.品牌服装流行元素的解析与研究[D].西安:西安工程大学,2013.
[77] 张倩,王旭,赵霞,等.流行趋势,行业人都关注[J].纺织服装周刊,2010,(7):32-34.
[78] 庞青山.大学学科结构与学科制度研究[D].上海:华东师范大学,2004.
[79] 阎耀军.社会预测学:社会学中势在必建的分支学科[J].理论与现代化,2003,(2):42-47.
[80] 冯花兰.市场调研与预测[M].北京:中国铁道出版社,2013.
[81] 杨桂菊.战略创业视角的老字号企业持续成长路径——基于恒源祥的探索性案例分析[J].经济管理,2013,(5):52-62.

第二章

海派时尚流行趋势的引爆、流行机理与表现

服装生命周期的特征使流行的发展有脉络可寻，因而具有可预测性。本章剖析的多种海派时尚流行趋势经过长时间演进，已经成为固有模式，为主流社会所认可。通过探析引发海派潮流的人，海派潮流频现的地点，追溯海派潮流出现和壮大的线索，发现海派时尚流行趋势背后隐藏的规律及对流行趋势进行系统分析的方法，目的在于为读者提供一些分析和预测思路，帮助判断新出现的海派流行元素是一种真正的流行趋势，抑或只是昙花一现的风尚而已。

强烈的个人表现主义和对差异化的需求是海派时尚新潮流创造的原动力，开放的国际环境及对多种文化的包容性培育了上海创意生长的良性土壤，让海派时尚流行风格的变化从一个极端摆向另一个极端，周而复始，螺旋上升，但其标新立异、西化程度高且具有浓厚的商业气息的特点，奢华、精致、优雅、时髦的外部呈现始终如一。随着上海市场散发的"磁力"越来越大，收入及人口方面的根本性改变正在重塑上海的消费格局，独立海派设计师品牌拥有了极为忠实的消费者。海派时尚流行趋势预测方式也转变为对社会、经济、各种商业、人口、消费以及新技术、新社会现象观念等广泛的调研和对发展趋势全方位测估基础上的多元化方式，折射出大众传播的扩展以及随之而来的消费者的日趋成熟。

第一节　海派时尚流行趋势预测的相关对象

海派时尚流行趋势变幻莫测，要做预测需要首先确定是"谁"引发了海派时尚流行趋势，即关注那些创造新元素或是能提出创新风格的人，才能进一步确定正在流行"什么"以及"什么"将成为下一波时尚潮流。尽管对于大多数消费者来说，流行趋势是玄妙又虚幻的概念，是品牌的商业策划和炒作，也是变相引导消费的新方式；这些流行趋势预测内容抽象又难理解，很少有发布者会详细陈述它们如何而来，受谁影响，为谁服务；流行趋势预测专家们看似以肯定的姿态给大家直接描摹了一个未来的流行蓝图，但在所有流行趋势内容发布的背后，都凝结着经验、判断以及依托数据统计做出的大胆猜想。海派时尚流行趋势预测也是如此。当然，在国际时尚与本土消费博弈又协作的过程中，海派潮流的引爆与表现会有其独特的特点。

一、引爆者：谁左右了海派时尚流行趋势

20 世纪 90 年代初，趋势社会学家亨利克·维加尔德(Henrik Vejlgaard)确定了一种"菱形趋势模型"来描述时尚潮流的衰退和流向，模型将潮流创造者和革新反对派以外的受众分为六类：潮流引领者、潮流追随者、早期主流、主流、晚期主流和保守派，见图 2-1。该模型是一个复杂过程的简单体现，流行趋势是一个在潮流引领者和主流大众之间依次传递的过程，在潮流塑造过程中首先需要足够类别的包括艺术家、名人等在内的潮流引领者，潮流引领者们接受了某种新款式，那么这种新款式才能为更多人所熟知——首先潮流追随者们会细心观察这种新风格并随之效仿。不同于潮流引领者和追随者的渴望变化和标新立异，对于某种新玩意儿，主流大众往

往需要观察成千上万遍才会投身其中，当主流文化群体开始观察进而逐步接受这种新风格之后，马上就开始从主流群体向保守群体过渡，所以除非某种产品或设计能够持续创新，否则人们对它的兴趣度会逐步降低甚至消失。需要注意的是，在这个菱形模型图中传播和改变的只有风格，而非人群，每类人群的性格在基本定型之后，就不会轻易发生改变，这是几十年来科学家通过对相同人群的持续观察得出的结论，这可以帮助我们理解为什么上海老克勒在年老之后还依然保持着当年的风格。上海老克勒来自 Old Clerk（老职员）的音译，特指 20 世纪二三十年代生活在老上海的白领阶层，他们深受西方文化影响，风衣、礼帽、三件套西装是他们的标配，这种土洋结合的海派风格独树一帜。

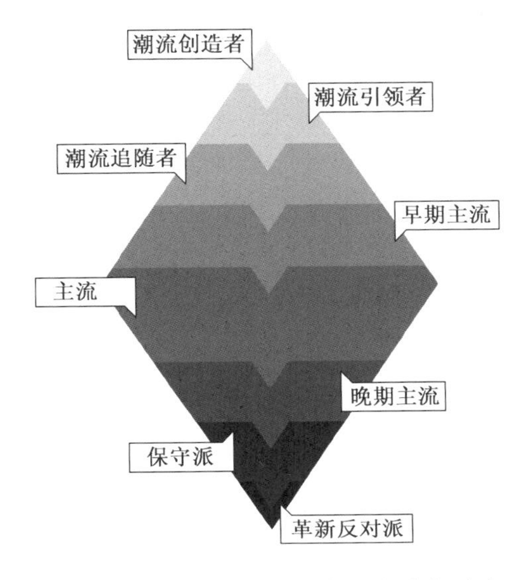

图 2-1
时尚流行趋势传播菱形模型

（一）权威崇拜：外来的和尚好念经

长期以来，受经济地位、主流价值取向的影响，美国与西欧往往控制并主宰了时尚话语权，五大时尚中心的地位牢不可破，其发布的新产品，推出的新概念很容易受到认可与跟风。这些地区同时针对市场实际需求延伸出信息统计、资源管理等许多应用性很强的边缘学科为国际权威机构提供了更多应用型专业人才，西方老牌时尚之都的流行趋势预测机构、国际大牌及亨利克·维加尔德“菱形趋势模型”里的潮流引领者，包括设计师、艺术家、富人、名人等对国内时尚行业依然具有决定性影响，国内时尚行业在时尚话语权上的影响力依然非常有限。

随着我国服装产业经济的高速发展，消费群体愈加成熟与庞大，国外流行趋势预测机构对中国市场愈加重视，从市场调研试水开始到为本土时尚企业提供个案服务，加上时尚圈长久以来的“媚外”情结，WGSN 等国外权威流行趋势服务机构在本土时尚行业开疆拓土。通过对古今、纳薇、素然等数十个海派时尚品牌调研发现，在产品企划和设计开发阶段对潘通色卡应用率达到 100%，半数以上订阅了 WGSN 等国际权威机构信息服务，四分之三订阅了蝶讯、POP 等本土时尚流行趋势预测机构服务。WGSN 等国外流行趋势预测机构研究以其权威性，并且能够提供线上订阅服务和专业个案咨询服务，抢滩中国市场异常顺利，广受国内企业追捧。发源于广州的蝶讯客户多为大众品牌服装企业，海派设计师品牌使用发源于上海的 POP 居多，但因为国内企业对国外流行趋势预测权威机构的“媚外”心理，加之国内流行趋势预测机构虽然本土作战，但与本土市场和品牌文化并没有很好地融合，在流行趋势服务市场占有率并不高。国际与国内主要时尚流行趋势预测与发布机构，见表 2-1。

表 2-1 国际与本土时尚流行趋势预测与发布机构一览

预测机构	国家	建立时间	主要内容及特色
潘通公司（Pantone）	美国	1963	全球闻名的色彩开发和研究权威机构，中国目前是潘通继美国后的全球第二大市场，但在中国主要以色卡服务为主，对流行趋势潮流推动作用有限
贝可莱尔（Peclers）	法国	1970	时尚咨询与色彩流行趋势调查公司，每年出版流行趋势预测报告，现在更侧重为企业进行企划定位和个案服务
Promostyle	法国	1966	流行分析和咨询公司，每季发布设计风格流行趋势手稿，在休闲装与男装流行趋势预测上最权威
Carlin	法国	1937	时尚流行趋势研发与整体性企划顾问公司，每季度发布趋势手稿，主导着每年的内衣流行趋势走向
WGSN	英国	1998	在线时尚流行趋势预测和分析的权威机构，提供的内容包括全球时装秀场图片，服装橱窗陈列图片、专业热点新闻报道，以及对面料、色彩、造型款式的流行趋势预测和分析等，致力于提供线上订阅服务和专业个案咨询服务
蝶讯服装网	中国	2005	时尚产业互联网综合服务提供商，全面提供包括流行趋势手稿、全球最新时装秀等在内的各类服装设计资源资讯，虽然针对性不强，但是提供当前市场爆款跟踪等迎合本土企业所需的流行趋势预测服务，因此在本土服装企业中非常受欢迎
POP 服装趋势	中国	2004	提供服装、箱包、鞋子、首饰、家纺等设计所需流行资讯，包括海量流行趋势预测分析报告、款式素材、设计手稿等，是行业内服务较全面的时尚资讯平台
WOW-TREND 热点趋势	中国	2014	多维度为客户提供设计、营销和服装生产等各领域的第一手信息，所有面料流行趋势预测根据市场需求提供小样参考，并有订货会板块，深受本土企业欢迎
西蔓色彩	中国	1998	服装、鞋履及配饰流行趋势预测
Weartrends	中国	2005	为服装公司达到经营目标制定感性思维与理性框架相结合的商品运营计划
中国流行色协会	中国	1982	中国色彩事业建设的主要力量和时尚前沿指导机构，服务领域涉及纺织、服装、家居、装饰、工业产品、汽车、建筑与环境色彩、涂料及化妆品等相关行业
海派时尚设计及价值创造协同创新中心	中国	2013	通过网站、出版物、展会、发布会等全终端形式对外推广，建立海派品牌与设计师资源数据库，在海派时尚流行趋势预测和海派知识服务平台等方面完成基础构建

尤其是国际顶级品牌在细分商业市场有着举足轻重的权威地位，本土市场滞后国际时尚市场的时间差也使本土品牌对同类国际品牌设计元素的“借鉴”成为可能，例如，占据世界高档商务男装市场30%以上份额的意大利奢侈品牌杰尼亚（Zegna）就是商务男装市场绝对的流行风向标（表2-2）。

表2-2 国际顶级品牌在细分市场对流行趋势的引领作用

市场类别	代表	引领的风尚
休闲服装	Poloby Ralph Lauren、Ralph Lauren等	体现贵族般的悠闲生活，流露自由舒适而内敛的经典气息
商务男装	Hugo Boss、Zegna、Giorgio Armani、Tom Ford等	为成功人士塑造专业形象，不鼓吹设计师风格，完全以强力放送阳刚味十足的广告形象，传达一种大众化的男性服装风格
少淑女装	Miumiu、Red Valentino等	通常为大牌副线品牌，风格轻灵简约，配上可爱的图案，擦褪品牌主线的成熟韵味，为童心未泯的女性提供可爱又可穿性高的衣服
成熟女装	Chanel、Dior、Prada等	全球时尚风向标，例如Chanel在20世纪40年代成功地将“五花大绑”的女装推向简单、舒适的设计，并始终保持高雅、简洁、精美的风格；Dior的晚礼服设计一扫二战后女装保守呆板的线条，让法国及西方世界为之轰动；Prada的服装擅长运用大量色彩，并充满想像力地采用各种材料，让艺术感极强的意大利时装更加前卫
快时尚	ZARA、H&M、GAP等	灵敏供应链

■ 小案例

著名在线时尚流行趋势预测和分析服务提供商WGSN

WGSN是英国在线时尚流行趋势预测和分析服务提供商，针对时尚创意产业，提供市场顶尖的流行趋势预测、设计验证众筹和大数据零售分析服务。自2002年以来WGSN集团一直活跃在中国市场，并于2011年率先推出中国网站，在上海设立办事处针对中国市场提供特别内容，目前已为中国450多家公司提供服务，拥有超过6 000家用户，在过去的3年内，其利润平均增长率达到了39%，服务续订率高达90%。而亚太地区，尤其是中国区市场的开拓是WGSN得以迅速发展的重要动力之一。公司旗下有150名创作和编辑人员经常走访全球各大城市，并与遍及世界各地的资深专题作者、摄影师、研究员、分析员以及潮流观察员组成强大的工作网络，紧贴追踪新近开张的时装名店、设计师、时尚品牌、流行趋势及商业创新等动向。

■ 小案例

多种头衔铸成:陈逸飞

在上海的公众人物中,陈逸飞曾经是与服装艺术关联最为紧密的人物,尽管生前着装通常比较简单,但是他在当时身兼艺术家、文化人和企业家等多重身份,不仅从事油画创作和电影导演和制作,还提倡大视觉艺术,创办的"逸飞"品牌成为上海服装艺术的新标识,其服装品牌和杂志在部分时尚群体中具有较高的美誉度,他的关于服饰时尚的言论和举措时常成为媒体关注的焦点并引起服装界和时髦民众的关注。

(二)市场的威力:本土时尚和个性消费的崛起

一个国家的时尚话语权不是由生产和流通环节而是由消费环节决定的。除了一线大品牌和大明星,消费主体的兴趣点研究对时尚流行趋势走向研究更有借鉴作用,因为并非所有新风格都能成为潮流趋势,每季的展示会和市场上推出的服装新款成千上万,但绝大部分不会被采用,只有少数被大众接受并广泛传播的样式成为流行。上海轻纺工业在民国时期迅速壮大以及对于东南亚等国外贸易的扩展,直接推动了上海服饰时尚的发展,万商之都的商业环境又加速了时尚的消费和流转,服饰的艺术、技术、商业和消费在相互推动中走向鼎盛,在全国乃至整个远东地区的时尚价值链上明显占据高端的地位。据麦肯锡全球研究院(McKinsey Global Institute, MGI)最新研究报告显示,收入及人口方面的根本性改变正在重塑全球消费格局,到2025年中国将成为仅次于日本和美国的全球第三大消费市场。其中,长江三角洲地区的沪、苏、浙三省,文化相近,经济相融,人缘相亲,以全国2.2%的陆地面积、10.4%的人口,创造了全国22.1%的国内生产总值、24.5%的财政收入、28.5%的进出口总额,这里已经成为中国经济、科技、文化最发达的地区之一。

消费者的偏好和生活方式的变化是流行变化的晴雨表。在强烈追求个性的时代,无论是巴黎、伦敦、东京还是上海的设计师,都在努力强调自己的创意设计是独一无二的,同时时尚追随者也把"绝不雷同"的愿望表达得淋漓尽致,各种时装经过糅合、搭配、装饰、复制和颠倒被赋予新的含义——没有清晰可辨的风格,却有着丰富多变的折中与解构。麦肯锡和英国媒体《时装商业评论》(*Business of Fashion*)2017年联合发布《全球时尚行业总结报告》(*The State of Fashion*)认为,受欧洲恐怖袭击等一系列国际因素的负面影响,尽管中国总体经济增长速度放缓,但仍然是时尚品牌最重要和最大的市场,但是中国顾客在支出上变得更加挑剔,愿意把更多钱花在服务和体验上,也正在经历从购买大众产品到更高品质产品的过程。时尚传媒集团最新发布的中国时尚指数白皮书显示,上海时尚类消费群体人均年时尚消费支出领衔中国20大城市消费力排行榜,且在饰品、珠宝、腕表、化妆品、电子产品等多项时尚消费力排行榜上名列第一,代表新富人群的受访者已逐渐脱离盲从大牌的观念,而倾向于选择带有个性设计的时尚品牌。当下的中国时尚消费市场,特别是上海等沿海城市,正逐渐从以大众化商品消费为特征转向个性化消费,高感度消费者逐渐增多,通过沪上人群细分消费特征分析,可知创设个性化服装品牌以满足日益细分的消费群体成为必然趋势，见图 2-2。本土传统品牌面临的困境与互联网带来的消费市场转机见图 2-3。

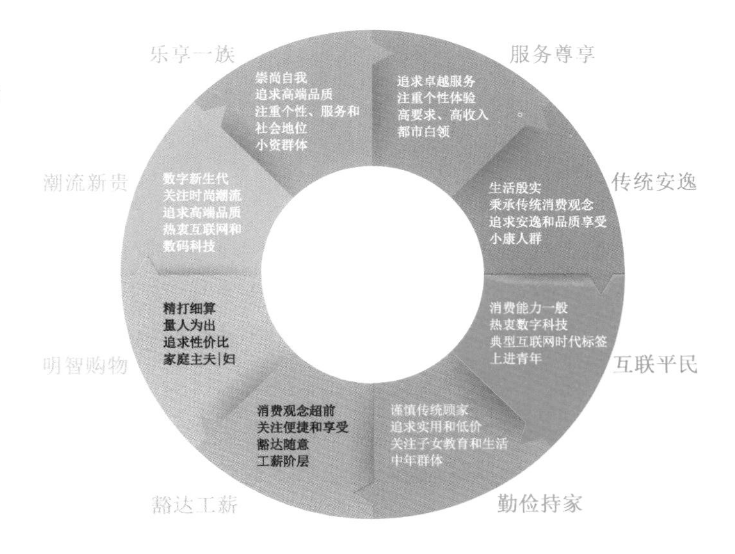

图 2-2
沪上消费人群细分消费特征

“唯我”文化的胜利

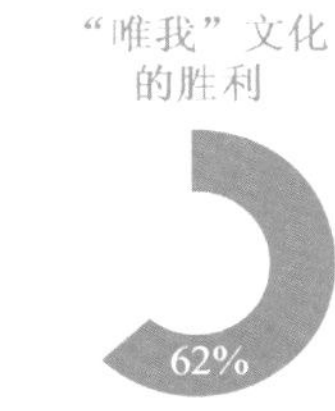

62%的城市消费者都不想和大部分其他消费者购买同样的商品

品牌的困境

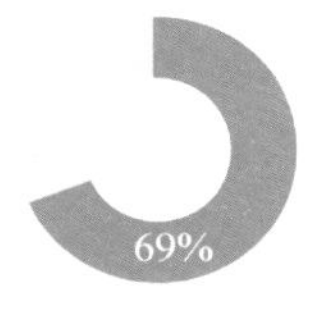

超过2/3的调查受访者都表示愿意尝试新产品

数字化的生活

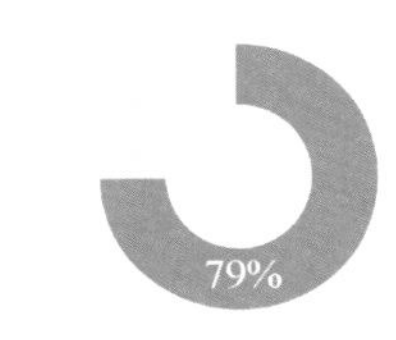

79%的城市消费者热衷于通过社交媒体交流和分享信息

实用为上

52%的城市消费者经常先去实体店试用产品和比较价格，然后再通过网络购买

企业利润率下降

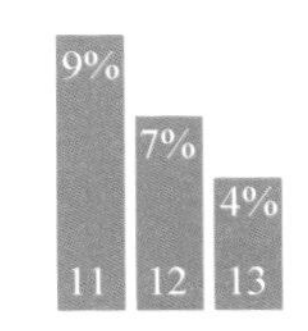

中国日常非耐用消费品、服装类和零售上市公司的平均税前利润率逐年下降

图 2-3
本土消费市场变化趋势

■ **小案例**

素然(ZUCZUG)

素然于 2002 年夏问世于上海。2008 年，品牌由创立初期的个人化设计师(王一扬)品牌，转型为立足于新生活方式的集合式女装设计品牌，明朗、独特而幽默的轻时装定位，以真实的素人来呈现品牌平等放松的形象。品牌的服装专卖店已遍布上海、北京、香港、杭州、成都、哈尔滨等二十余个国内大中型城市，门店数五十余家。在上海地区，素然的直营店主要分布于梅龙镇广场、久光百货、港汇及新天地等中高端购物中心。品牌体现了海派面料精选，制作优良等特点，迎合了海派年轻消费者追求与众不同的心理需求，倾向于通过个人的精神追求和个人喜好来挑选轻奢品。

以王一扬的素然品牌为代表，王海震、何艳、邱昊、张达、李鸿雁、韩璐璐、王汁等一大批海派独立设计师的个性化设计风格让这些海派独立设计师品牌拥有极为忠实的消费者。但问卷调查显示，只有半数消费者听说过上述海派独立设计师品牌，甚至2/3的消费者从未购买过相关设计师品牌。因此，对于海派设计师而言，要更好地了解海派受众消费者，用更准确的消费者需求来规划设计，注重品牌营销推广，用海派文化引导消费，给消费者带来新的价值，形成海派消费潮流，这样才能有市场，从而形成真正的海派品牌。

（三）个人魅力时代：从草根到明星

20世纪以来，随着大规模生产的出现、大众传媒的普及以及上海社会人口结构的变化，20世纪80年代初期，诸如喇叭裤、牛仔裤、超短裙等品类从亚文化群体中滋生，随后在上海民众时尚复苏后的高涨热情中迅速扩散，这样的海派时尚流行传播呈现为典型的向上传递形式，正如《雪崩点》（*The Tipping Point*）一书的作者马尔科姆·格兰特威尔（Malcolm Gladwell）所指出的，新鲜事物总是会在文化的外缘被发现——在创新传播的曲线中，那里是创新者和早期接受者生存的地方。部分服装设计师、时装模特、时尚及生活类媒体工作人员、服装私营业主等不仅着装具有个性，其工作本身就对上海的流行有潜在的影响作用，如中国第一个获得服装硕士学位并举办个人作品专场发布的刘晓刚、作品获联合国教科文组织21世纪设计大赛银奖并在巴黎罗浮宫展示的钱欣、真维斯服装设计大赛金奖获得者张宏、负责Layefe女装设计的王一扬，以及获波尔多国际博览会奥斯卡奖的陈闻等。具有开阔的国际视野、较好的工作职位、良好的衣着品位、娴熟的装扮技巧、敏锐的流行感觉和强烈的着装安全观的从事金融、创意等行业的金领群体，因为其优越的社会地位而备受社会关注，他们的着装也起到时尚榜样的作用。20世纪90年代后期以来，产生了空前的泛文化热点效应，那些站在现代资讯最前沿的年轻人是时尚文化的创造者，博客、播客、维客、威客等网络自媒体是时尚文化的推动者、追随者，品牌、名人、杂志、博主以及终端消费者在社交媒体上互不相让，争先恐后想给何为“in”、何为“out”添上一笔个人色彩，各类网络应用在制造流行、传播流行和引领时尚产业设计方向等各方面起着越来越重要的作用。海派时尚开始成为一个多元的系统，它可以发端于沪上社会的各个角落，并沿着不同的路径、向不同的方向传播和扩散，而不是像纺织服装工业出现之前那样从单一的源头自上而下地从精英阶层“滴落”到大众之中，这种变化直接导致海派时尚流行趋势更加复杂和难以准确预测（表2-3）。

■ 小案例

本土街拍搭配网站ShanghaiExpress

时尚杂志等传统媒体多是单向地教人们解决穿衣搭配，而许多时尚社区网站则注重与用户间双向的、多维的分享，既可以将自己满意的穿衣搭配照片与着装品牌、着装心得分享给他人，也可以分享并评价他人的搭配。网站通过用户的搭配将全世界各个国家、各年龄段消费者、各种职业的不同人群，用各种品牌服装、各种颜色和款式的服装建立联系，让社区中的时尚人士相互分享潮流搭配经验，并对由此收集的服装搭配大数据进行分析，从用户所搭配服装的品牌、款式和穿着频率中寻找流行规律。但关于被包装成街拍的广告是不是真的能提升销量，各方说法不一。意大利时尚集团 Trussardi 首席执行官托马索·图萨迪（Tomaso Trussardi）接受《福布斯》采访时称，跟意见领袖合作可以让信息传播更加有效，无论小众品牌，抑或知名大牌，请博主都能提高曝光率。

国内的街拍是从2010年之后慢慢兴起的，随着 Zara、H&M 等快时尚品牌入驻，街拍开始关注起穿搭。来自上海的街拍网站 ShanghaiExpress 由摄影师张佳音（Roy）创立，随性自然的街拍风格在国内街拍里独树一帜，优雅、精致、特别的海派装束特别受推崇，这个平台成为了一个展示上海滩街头时髦男女的舞台。上海，作为中国最时髦的国际化都市，吸引来自全球的风尚人士，因此在张佳音的作品里60%是外国人。Prada、Louis Vuitton 等国际一线品牌，*ELLE*、*GQ*、*Grazia* 等时装杂志也与张佳音有过街拍合作。未来 ShanghaiExpress 将嫁接线上购物的版块，用来呈现创始人独特的海派审美。

表 2-3　时尚先锋派代表及部分时尚流行趋势预测数据来源代表

类别	国家和地区	代表	引领的风尚
大咖设计师	美国纽约	卡文·克莱恩（Calvin Klein）	将现代、极简、舒适、休闲又不失华丽和优雅气息的现代美式时尚推向全世界
	法国巴黎	迪奥（Dior）	彰显法式高雅与华贵，金色是迪奥品牌最常见的代表色
	日本东京	三宅一生（Issey Miyake）	结构性强烈的独特立体造型开创了服装设计上的解构主义风格，用宣纸、白棉布、针织棉布、亚麻等各式材料创造肌理效果
	中国广东	张肇达	设计作品现代、舒适、华丽、精致而又不失典雅气息
	中国上海	王一扬	将现代艺术与服装完美结合，创立素然品牌，品牌始终呈现平等放松的形象
时尚明星	美国纽约	女神卡卡（Lady Gaga）	用惊人或说是诡异的风格向世人展示了何谓疯，何谓狂的时尚态度
	美国密歇根州	麦当娜（Madonna）	以铂金发色、渔网袜和蕾丝文胸成为了乐坛上热点，每款造型都迅速被粉丝们和评论家们所模仿和热议，影响了当代时尚潮流
	法国瓦尔加桑	伊娜丝·德·拉·弗拉桑热（Ines de la Fressange）	经常采用意想不到的腰带，或者亮色系的围巾和背包，就创造出与众不同的中性西装风格时尚
	韩国首尔	全智贤	引领轻松简单的中性风时尚风格，咬唇妆风靡全亚洲

续表

类别	国家和地区	代表	引领的风尚
时尚明星	中国山东	范冰冰	龙袍、鹤裙等，中国风、场面大、冲击眼球，中国女星在国际红毯上依然多选择诠释中国文化的独特魅力
	中国上海	孙俪	常以清新素雅、简约舒适的海派时尚风格出现
时尚媒体	美国	服饰与美容 *VOGUE*	用敏锐的时尚触角和全球化的视野，精心营造流行与艺术的气质品味，与其说是时尚杂志，不如说是流行的艺术结晶，拥有全世界的时尚读者
	法国	智族 *GQ*	含纳了当下绅士群体的主流生活态度，以"有型有款、智趣不凡"的编辑视角，对现代科学的生活态度与方式做极致展现和诠释，代表了高品质的时尚
	法国	世界时装之苑 *ELLE*	通过对时尚流行趋势的精确选择和分析，传播自信、活力、魅力女性形象
	法国	嘉人 *Marie Claire*	一向以细腻的女性视角、独特的社会报道，展现多元化的潮流生活。以一种浪漫的方式告诉读者这个真实的世界是怎样的，帮助读者达到她梦想中的生活
	法国	时装 *L'OFFICIEL*	版面内容包括时装、美容、旅游、艺术等各类时尚类综合资讯。自 1921 年起，便以独特的视界记录时尚，引领潮流
	日本	*JJ*	时髦、简洁是 *JJ* 推崇的风格
	中国	时尚先生 *Esquire*	引领时尚，关心一切领时代潮流和开风气之先的人与事；致力于宣扬和推广君子式的价值观
	中国	上海服饰	为都市白领女士准备的时尚生活实用指导性杂志，及时传递穿衣打扮的新潮流
潮流博主	美国洛杉矶	琪亚拉·法拉格尼 (Chiara Ferragni)	偏爱用甜美的色彩与硬朗的配饰营造一种柔中带刚的混搭效果，简洁亲切却总有亮点
	美国洛杉矶	朱莉 (Julie Sarinana)	多用纯色的基本款单品，通过鞋、包等饰品的画龙点睛、混搭方式的变化，让搭配看点十足且非常实用
	法国巴黎	珍妮·达玛斯 (Jeanne Damas)	简单的款式但很注重小细节，穿衣风格简约、时尚又不失女人味儿
	中国北京	洪晃	现任《世界都市 iLook》出版人，个人博客在国内有很高的知名度，点击量过亿
	中国上海	Tina 高靓 Vincy 玟夕	海派风貌加时髦街头感

二、引爆对象:谁需要海派时尚流行趋势

(一) 城市:时尚行业不可或缺的独特标签

只有抓住时尚话语权才能在时尚价值链上占据高端,世界五大时尚中心和众多新晋时尚中心的产业定位与发展侧重点具有鲜明的特色,它们的发展路径为中国时尚产业发展与上海设计之都建设提供了经验借鉴,五大时尚之都的潮流要素如表2-4所示。我国其他很多地区也已经意识到了时尚创意产业对城市经济、社会文化、城市建设以及城市形象的积极影响。从整体情况来看,我国的服装产地主要集中在沿海地区和服装集散地周围,广东、浙江是我国服装产业的重地,一直以来在产量和出口方面都位居我国前列,而江苏、山东、上海、福建等地也是我国服装产业的主要聚集地,其中服饰中心、时尚之首当推上海,其国内服饰流行中心的地位从20世纪30年代一直延续到20世纪80年代末。20世纪30年代的上海五方杂居、华洋并处的影响体现在服装上,既保留了本土元素,又借鉴西方元素不断创新,一衣一扣,迅速为全国仿效。所谓"人人都学上海样,学来学去学不像,等到学到三分像,上海已经变了样",这是20世纪三四十年代一首流行的歌谣,形象地反映出上海在当时的国内时尚界占据着中心地位。上海服饰中心的地位于20世纪90年代开始动摇,原因之一在于产业结构的调整,上海纺织服装行业的劳动力从50多万人直降至2万人,遍布市区的纺织厂、服装厂消失殆尽,一批老字号服装品牌淡出人们的记忆,与此同时,广东及江浙地区的服装产业迅速崛起。

时下,当上海准备再建"时尚之都",欲与纽约、伦敦、巴黎、米兰、东京国际五大时尚之都一争天下时,已面临巨大的挑战。当务之急是重振海派时尚文化,只有通过形成和完善海派时尚理论观点,汇聚和培养国际一流的时尚人才和时尚资源,才能带动上海时尚创意产业的发展,这是上海回归时尚中心的前提。基于此背景,海派时尚设计及价值创造协同创新中心自2013年4月起,每年4月、10月与纽约等城市同步发布海派时尚流行趋势(表2-4),以期为上海打造本土时尚话语权,形成独具特色的海派时尚产业奠定基础。

表2-4 时尚之都潮流要素

时尚之都	设计与研发机构	会展业	代表品牌	侧重点
英国伦敦	英国时装协会(BFC)	伦敦时装周、英国伯明翰国际服装服饰博览会、伦敦成衣博览会	Burberry, Alfred, Dunhill, Radley等	注重活力与创意,极具魅力
美国纽约	美国服装设计师协会(CFDA)	纽约时装周	Coach, Calvin Klein, DKNY, Mac Jacobs, Anna Sui等	以美国设计师为主,商业氛围浓

续表

时尚之都	设计与研发机构	会展业	代表品牌	侧重点
法国巴黎	法国时装工业协调委员会(CIM)	巴黎时装周	Chanel, Dior, Hermes, Kenzo 等	殿堂级设计师精英齐聚,主打高级定制
意大利米兰	意大利全国时尚协会(EMI)	米兰时装周、米兰设计周、米兰家具展、米兰国际博览会	Giorgio Armani, Versace, Prada 等	保守、传统,本土设计师参与为主,注重技艺,男装与毛纺业发达
日本东京	东京时尚设计师协会(CFD)	日本时装周	Issey Miyake, Yohji Yamamoto, Bape 等	别致个性
中国上海	海派时尚设计及价值创造协同创新中心	上海国际服装文化节、上海时装周、MODE 服装与服饰展、Labelhood 先锋时装艺术节	培罗蒙,回力,双妹,雅霜,恒源祥,C.J. YAO, Donoratico,River Tooth 等	注重新兴年轻设计师的培养与发展,为具有活力的本土时尚品牌搭建展示平台和产业通路

正如上文所说的,时尚先锋派引领了潮流,时尚追随者的观察和模仿是流行趋势传播的重要方式,那么拥有多样族群,艺术家、明星等创意人群聚集,并且提供众多创意园区、学会、大学等可供创意人群聚集进行思想碰撞和相互借鉴场所的国际大都市,无疑是时尚流行的最佳发源地。因为,文化背景不同的人们融合在一起,提供了一个非常好的观察和模仿的机会。在上海众多创意聚集区,工作室、手作店、酒吧、咖啡馆如雨后春笋般不断涌现,到了夜晚和周末,不同职业、不同肤色的时尚先锋派、时尚追随者们纷至沓来。对于大多数海派时尚流行趋势预测者来说,经常在这个地方出现或有规律地在这里逗留、观察和记录非常重要,正如多伦多大学管理学院商业创意专业的教授理查德·弗罗里达(Richard Florida)在《创意阶层的崛起》(*The Rise of the Creative Class*)一书中认为的那样,正是在像这样的时刻,在这样有着较高程度社会联系存在的地方,各种想法和实际的时尚潮流就出现了。

(二) 品牌:不仅仅是本土各类品牌走向国际的专属需求

准确及时的流行趋势信息可以为企业产品的开发提供方向性的指导、规避风险,从而提升服装品牌的风格魅力,使其在激烈的市场竞争中把握先机占取主动优势。随着竞争环境、消费者偏好、行业结构等因素的变化,海派品牌风格也必须做出相应调整。研究流行信息可以让设计师在了解流行最新动向的同时,也能了解市场和消费者的需要。明确了这些重要的信息,在产品开发中就不难把握产品的方向和内容,不会脱离市场需求大方向的轨道。如前文所述,当主流文化群体开始观察,进而逐步接受新风格之后,流行马上就开始从主流群体向保守群体过渡。所以,除非某种产品或设计能够持续创新，否则人们对它的兴趣度会逐步降低甚至消失，很多品牌和行业都曾经体会到拥有或者失去时尚先锋派这类客户的酸甜苦辣。品牌生命力的前提是具有认知流行、掌握预测手段和应用流行资讯的能力，能够在保持品牌特色文化的框架内，经常对自己的产品进行更新换代。通过对产品开发具体内容、开发要素的分析可以发现产品开发对流行信息的需求贯穿了整个产品开发流程，所以对流行信息的整理运用在品牌产品开发中至关重要，流行信息合理的运用能对品牌具有指导作用。

消费者成熟的时尚思想促使时尚体系发生了巨大变化。以前，时尚体系如同金字塔，顶端是高级定制，接下来是设计师品牌的高级成衣，最底下一大块才是大众零售市场。现在，已经发生了巨大变化，徘徊于这个框架周围的，还有快时尚品牌、线上品牌等众多新兴类别，见图 2-4。高级时装品牌如 CUCCI、Dior 等与年轻新锐设计师合作将时尚推向新的流行，加之大众负担得起的配件与行销手段，使时装界呈现出如摇滚般的娱乐效果。Zara、H&M 以及 Topshop 等快时尚品牌有才华横溢的年轻设计师，他们创造出的服装作品有趣新鲜。不同类别品牌流行趋势作用情况也有很大不同，见图 2-5 及表 2-5。

图 2-4
品牌层级与时尚流行趋势传播关系图

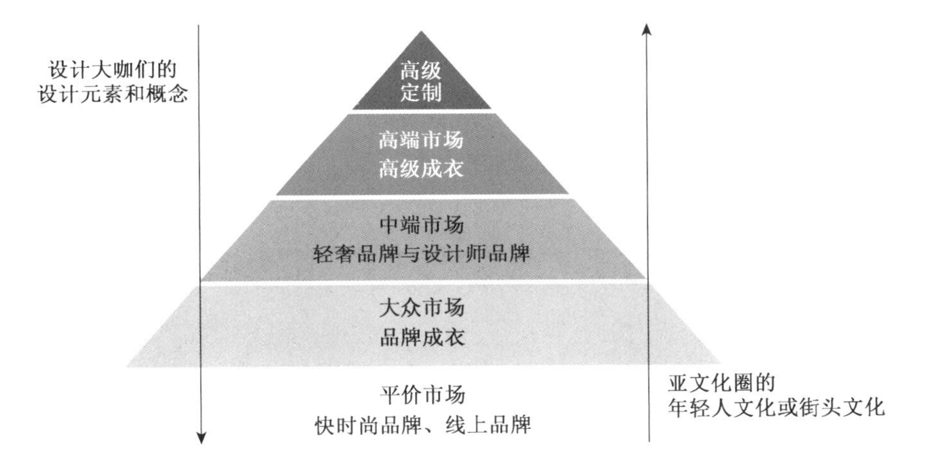

表 2-5　不同类别品牌流行趋势作用情况比较

类别	生产方式	价格	重点消费群	时尚特色	对于流行趋势的诉求点	流行趋势作用机理
高级定制	量身定制、纯手工制作	30 万元以上	皇室、政要、富豪、大明星	极度重视细节与用料	概念、文化	诠释了消费者自己的文化理解和对生活方式的认同，对流行趋势中的生活理念有所借鉴
大规模定制及成衣定制	大规模定制及团体定制	2 000～3 500元	白领、中层阶级	重视产品品质和品位	生活方式、文化内涵	通过回味生活的本真来探寻消费者内心的诉求，既要不断满足消费者更迭频繁的生活，又要满足消费者内心对高品质生活的追求

续表

类别	生产方式	价格	重点消费群	时尚特色	对于流行趋势的诉求点	流行趋势作用机理
高级成衣	结合高级定制的设计与成衣的规格化	7 000 元以上	名流、金领、时尚精英	讲究品牌理念，面料工艺考究	概念、文化、潮流解读	引领时代风尚，影响力广而持久，更关注品牌的完整风格及传承，流行只成为参考的背景，品牌的风格和设计更倾向于保持和适度更新
轻奢品牌与设计师品牌	一线品牌副线、二线品牌、新兴设计师品牌、平价品牌的高端线	2 000～7 000元	现代都市中年轻的中等收入群体	抓住当下流行趋势并个性化	原创设计、跨界交融、时尚单品	这一位置的流行意味着时尚和新奇，绝大多数的新款式都以高价推出，大多数设计者都会在他们的作品中加入一些前卫的创意成分吸引媒体的注意。然而那些乍看显得荒诞、诡异的东西却往往创造出独具内涵的流行趋势
大众成衣品牌	工业化生产线大批量生产	700～2 000元	白领、收入较高的工薪阶层	款式经典，符合主流审美	潮流前沿、单款爆品	适时运用出现主要流行趋势，当季被认同的流行必要条件，就穿着而言很舒适，就投资而言很安全，是市场的主要架构
快时尚品牌	柔性供应链	大牌类似款式价格的1/10	年轻白领	紧跟时尚潮流	流行时尚、时尚讯息、单款爆品	处于上升趋势的成长期。定位于这一区间的品牌时尚而非前沿、流行感十足，而且风险已在导入期得到了积极的反馈
线上品牌	柔性供应链	大牌类似款式价格的1/10	年轻人	紧跟时尚潮流	时尚潮流、单款爆品	最新时尚快速铺货上线

图 2-5
品牌新战略发展方向

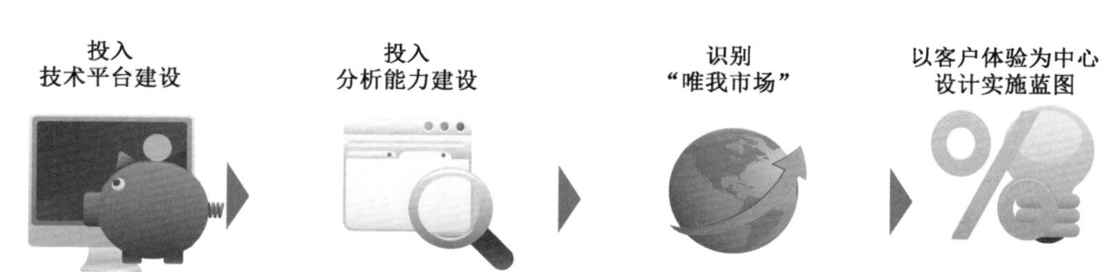

① 高级定制：缔造下一个百年的流行。高级定制服装是量身定制、纯手工制作、极度重视细节与用料等方面的时装。在西方高级定制行业，对男女客户的高级定制服装定义或称谓是有所区别的。女士穿着的高级定制服装叫做 Haute Couture，也就是高级女装，多特指法国高级女装，是由法国高级定制时装协会认定并受法律保

护的命名；而在男装领域，世界公认的则是英国萨维尔街出品的Bespoke（全定制），也就是英式高级定制，是全球政要明星皇室定制服装的首选。高级定制服装的发布会往往传达出许多创新构思，无论夸张有趣，还是极尽奢华，都有可能成为新的流行趋势，影响力广而持久。

② 高级成衣：引领世界潮流。结合高级定制的设计与成衣的规格化，讲究品牌理念，面料考究，在制作工艺、装饰细节上甚至会有一定手工的加入，诠释穿衣人自己对文化和生活方式的认同。面料多采用顶级羊毛、丝绸、棉和各类动物皮毛，以有机为准则，20世纪20年代，当可可·香奈儿在苏格兰北部遇见了威廉·林顿（William Linton）——斜纹软呢面料的发明者，斜纹软呢即成为香奈儿标志性的元素之一，这也是面料力量的最好例证。根据麦肯锡"解读中国"调查，中国消费者拿下全球奢侈品市场20%以上的份额，其中上海消费超过10%，全球90%的国际顶尖品牌已落户上海，上海不同于其他市场的最突出特征就是年纪轻，73%的奢侈品消费者不到45岁，对全球时尚产品的消费正转向理性并更注重个人表达。

③ 轻奢品牌和海派设计师品牌：个性即趋势。主要包括一线品牌副线、二线品牌、新兴设计师品牌、平价品牌的高端线。在经济下行环境下，以"可负担的奢侈品"为突破口，提供有比肩大牌的质感、设计感和营销体验，满足了现代都市中年轻的中等收入群体个性化需求。抓住当下的流行趋势与潮流，业绩增长超过行业平均水平4%以上。在中国，消费文化已经进入不再是用人口学和社会学区分的个性化和族群化时代，特别是在都市中的年轻中等收入群体女性群体，她们需要独特的审美、文化和个性化的风格以及不一样的体验。这类群体今天看起来是小众群体，但是，正是这些小众群体，在界定着新的生活美学和品质消费，同时引领着大众时尚。在上海服装业时尚品牌中，设计师品牌在近年来的发展最为耀眼，在2016年上海时装周的五十多场发布会中，有60%为设计师品牌的作品，为上海服装业的发展注入了新的活力，这些原创设计师品牌就是上海时尚未来赢得世界认可的开始。

20世纪80年代以来，海派服饰日渐跳出中西合璧的传统框架，带有更多元化、商品化的特征，形成了紧跟世界潮流，强调服用功能和个人审美品位的新时代服饰特征。越来越多的上海本土时尚产品，不仅包含上海城市传统与现代的时尚元素，如老弄堂、西式花园洋房、老字号、张爱玲等，还包含了对国际领先科技的吸收与应用，如纳米科技、环保材料的引入。同时许多国际时尚品牌，也逐渐地将上海时尚要素融入其产品设计中，这是继旧海派服饰中西合璧搭配的一种更有设计含量的延续。长乐路、新乐路、泰康路、建国西路等像纽约SOHO区和东京里原宿一样，聚集了one by one、Even Penniless、ESTUNE、insh、衫国演义、THE THING、eno等众多设计师品牌与街头潮流品牌。例如江南布衣，通过对国际时尚潮流趋势的解读，将潮流趋势元素进行重组，与此同时，将本土服装元素，尤其是中国传统元素也加以解构，结合品牌自身的定位，为消费者带来全新的感受。可以说，江南布衣在追逐国际时尚潮流的道路上没有迷失自我，在迎合国际时尚潮流的同时也发挥中国文化元素，坚持用自己的眼光来看世界，用自己的方式演绎了纯真的生活状态。

■ 小案例

例　　外

在当下浮躁激进的服装行业，“例外”觅得的价值洼地，正是被大多数服装品牌企业所抛弃的：在大众市场做小众需求，在快时尚时代做中高端品牌。中国消费者正在经历从符号消费到品位消费，再到文化消费的转变，尤其在以服饰为代表的时尚消费领域，过去很多女性在社会中处于从属地位，时尚消费的动机更多是为了获得社会认同和自我安全感，追随时尚大牌的符号性消费就成为了主流。然而，当女性在社会中的地位和角色越来越多元，越来越多受过良好教育，有着丰富生活阅历和国际化视野的女性消费群体出现，在女性群体中出现了时尚消费的分野，开始出现一群关注自我内心的审美、个性、体验和风格消费的人群，原创设计师品牌就成为这部分消费群体的重要选择，例外正好切中了这部分女性消费群体的消费需求。

其次，例外在设计上抓住了文化的根。品牌带给消费者的意义是文化的根的寻找和表达，这种本源一旦被抓住并变成设计的理念，就能够击中消费者的内心，这就是例外所定义的品牌本质。比如例外自主研发的一款名为针毛的布料，用针将棉绒插到面料中，呈现出一种东方山水画的感觉。服装设计师最重要的是要形成自己的核心竞争力，关注传统文化，用自己独特的设计语言表达出自己对服装的理解和领悟，如果设计师只会简单粗暴地消化照搬国外的理念，不去关注材料和工艺这些需要花精力和时间沉淀的关键元素，就只能是形式主义的东西。

④ 大众成衣品牌：国际流行本土化是第一要务。大众成衣是根据人体身材比例规定出相对标准的尺码，由工业化生产线大批量生产的普通大众服装。需求的小众化、碎片化进一步加剧了国内服装零售商品牌竞争激烈的程度，大众成衣品牌在快时尚和个性化品牌兴起的双重夹击下，全球时尚中端市场增长率低于行业平均水平2%以上，上海本土品牌海螺、南极人等均呈现了明显下滑。为了尽快摆脱服装业的疲软，实现盈利，很多上市服装企业的资本手段有向多元化和跨界发展的特点，在社会化供应链和产品独创等领域深耕，需要流行趋势机构针对企业特点进行系列产品方案策划，通过全渠道生活场景式布局成为新的赢家。英国最大众化的服装品牌Primark即因其低廉的价格以及紧跟时尚的风格引领了欧洲时尚界的“低消费高时尚”的潮流。

■ 小案例

百　　丽

创立于1991年的百丽，前身是鞋类产品代工厂，从20世纪90年代中期开始自建品牌和零售网络，随后生意扩张，其品牌成了大众市场的主导者，在巅峰时期，百丽市值一度超过1 500亿。如果说百丽曾经通过垄断销售渠道而把握了某种流行趋势，如今它显然已失去这种能力。

为耕耘"大众市场",百丽将目标消费人群定位于20岁到40多岁的女性,但这造成其鞋款同质化严重,很容易失宠于追求个性和需求更细分的年轻消费者。在新鞋的开发与设计上,国内传统女鞋品牌一直沿用着一套周期长达半年到一年的既定流程。在该流程基础上,新款鞋子被摆上门店货架,往往已是一年半载之后,在此期间,潮流或早已经历几轮更迭。和快时尚品牌不同,老牌鞋企的设计,多以国外潮流和过往销量反馈作为依据,对设计师或买手创新重视不足。更可怕的是百丽等国内传统鞋类品牌固化的订单机制,习惯于依靠自有工厂或固定供应商联手生产的这些品牌商,在生产前往往已定下巨额订单。没能正确预见消费者喜好的鞋款生产并进入市场后,显然将造成随后的庞大库存。

在下一阶段,百丽将实行线上线下价格一体化,加大O2O业务投入,通过调整定价,去除实体店标价水分,吸引更多用户到实体店消费;同时通过建立客户管理体系,推动实体店和产品数字化转型。对较早进入网络销售平台的百丽而言,转型的关键在于如何平衡线上线下矛盾,让零售环节与电商形成良性互动。对其而言,结合实体零售渠道过往优势,增加产品附加值,如在产品中增加定制、设计、限量等标签,减弱鞋类设计同质化以吸引不同层次消费者都是可以进行的尝试。

⑤ 快时尚品牌:流行"拿来主义"。UR等本土快时尚休闲品牌"一出生"就被放到了一个老牌快时尚品牌环伺的国际化竞争环境里,UR致力于将艺术、创意、文化等元素融入快时尚,无论在时尚度、店铺空间体验、风尚设计与产品的高品质、个性化服务等方面,UR都在试图让消费者获得最高级别的品牌消费体验,这对于当下多变的消费群体而言,是不可或缺的。

⑥ 线上品牌:细分流行。过去人们习惯在网上购买廉价、无实体店销售的服装品牌;而现在,经由海淘和时尚杂志而被人熟悉的精品品牌成了线上时尚消费的主流——越来越多的人习惯将线下逛小店的方式带到线上。众多网店开始品牌化经营,他们为给追求自我个性的黄金消费者提供更多选择在设计风格、板型制作、面料选用方面做足了功课。他们有的坚持中国传统服饰、文艺范、江南风等亚洲特色设计风格吸引消费者,如北冥有渔、汉尚华莲汉服;有的借鉴国外大牌的设计,在板型上下功夫,制作出更符合中国人体型的服装;有的抓住国人对天然面料格外青睐的特点,采用棉、麻、毛、羽绒等面料制作服装,如初棉。

■ 小案例

淘 品 牌

在线上有更多选择的情况下,大品牌则会被无数的、相对来说更专业或者更加细分的小品牌肢解。第一代淘品牌韩都衣舍HSTYLE依托近300个产品小组的高效运行,创造出29个品牌,每年推出3万个新款,每上新一款服装的运营成本为10元,这样的机制让它保持品牌长久的生命力,并成为淘品牌上市第一股。作为没有渠道压力的互联网服装品牌——裂帛，上新周期为15天，非常接近ZARA的“15天神话”，实现了裂帛流苏、褶皱、绣花、大裙摆、拼接、层叠、曲线等民族风格元素快速的更替反应。

⑦ 海派老品牌：焕发新生。海派老品牌反映了近代上海人逐步打破传统穿衣模式采纳西式服饰的过程，从19世纪末至20世纪40年代诞生并繁荣，广泛吸取罗宋派、英美派、日本派、犹太派等各派服饰特点，形成了面料高档、款式新颖、做工精细的海派服饰。其标新立异、西化程度高且具有浓厚的商业气息的特点，与含蓄质朴具有官派特征的京派服饰相区别。首先是中西式服饰品种在搭配上的合璧，其次是西方的贴体立体裁剪与中式款式的合璧，出现了肩斜线和袖窿线，改连袖为装袖，省道的运用更是具有划时代的意义，哔叽等西式毛织物比例大幅增加。上海是中国民族工业发祥地，也是中国近代商标发源地，开设在四川北路8号的“和昌洋服店”是上海第一家成规模的洋服店，此后荣昌祥、培罗蒙、王兴昌等洋服店纷纷开业，上海历史上的老字号大多为前店后场，自产自销。随着西方大工业生产方式和造型工艺渐入上海，上海诞生了近代中国第一家缫丝厂、第一家棉纺厂、第一家针织厂。规模庞大的服装制作业，有力助推了海派服饰的兴盛。根据最新上海市推进老字号品牌发展工作会议发布，沪上服装布料鞋帽业老品牌有30家，依然保持较好经营业绩的较少，仅占20%，海派老品牌纷纷谋求转型发展。通过大数据方式对老字号品牌进行电子商务维度测评结果显示，老字号电商百强中上海占了23家，是最多的城市，其中恒源祥、回力名列老字号电商排行榜第一、第二，其他入围前十位的还包括永久、三枪、凤凰；在拓展国际市场方面，“三枪”收购欧洲品牌，“佰草集”进驻巴黎香榭丽舍大街，“恒源祥”成为全球最大的绒线制造商。

（三）海外：了解中国市场的有效窗口

幅员辽阔的中国市场，各地域和城市间差别巨大，这一直都是外资洋品牌在中国市场拓展时遭遇的一个挑战，本土流行趋势手册一本全知晓，与本土流行趋势机构和品牌合作，无疑是“洋”品牌了解并进入我国本土市场的最快方式。为了“稳准狠”地踩对市场卖点，因地制宜做出符合当地经济消费需求的销售策略，20世纪90年代开始，法国的皮尔·巴尔曼(Pierre Balmain)、意大利的GUCCI以及瑞士的百利(Bally)等著名品牌通常以在上海等国际大都市举办设计作品回顾展或流行趋势发布，试水中国市场，香奈儿的外滩小黑裙展览、迪奥精神的展览让人印象深刻，巴罗克集团等选择与更了解中国国情的本土企业进行合作，自1991年开始，皮尔·卡丹、法国鳄鱼、贝纳通等国际著名服装品牌纷纷进驻上海，标志着国际时尚界的顶级品牌在上海的集体登陆。

雷达表总裁有这样一句话：“你能在上海的商场获得成功，你就能在全球的商场上取得成功。”可见上海这座城市在国际时尚界的地位。在21世纪，一个城市开创和传播潮流的能力与它和世界其他大都市的联通程度有密切关系，航班辐射线形图就像流行趋势在城市和群体之间传递一样，上海作为国际航运中心，理所当然成为流行趋势引领的新起点。根据上海市政府发布统计数据显示，反映国际消费城市能级的重要指标——吸引国际消费和引导境外消费回流的能力，上海市场所散发的“磁力”也越来越大，2016 年 1—11 月上海接待国际旅游入境人数创下新纪录，达 786 万人次。

在设计方面，20 世纪 90 年代开始的东方主义时尚一直延续至今，由西方营销战略展开的中国风格服饰民族化还原论设计在全世界各大品牌遍地开花。西方后现代服饰设计师重要关注点之一过去是旗袍，现在是旗袍，将来还是旗袍，不少的国际著名设计师在海派传统旗袍的基础上再设计，把它演绎得更时尚、更前卫。英国后现代主义设计大师约翰・加里亚诺(John Galliano)曾于 20 世纪 90 年代末为其效力的迪奥公司设计了一款高级女装，这款女装的设计灵感正是源于中国 20 世纪 30 年代的老上海旗袍，法国《时尚》杂志评价说：“在巴黎，约翰・加里亚诺带着观众重温了 20 世纪 20 年代的上海风情，他将旗袍和熊猫等中国元素重新组合，变成了今天依然可以穿的设计。”2017 年一开年，奢侈品品牌就纷纷推出了鸡年珍藏系列，力求在外观造型上迎合中国文化，讨好中国的消费者。不过在中国奢侈品消费群体消费习性愈发复杂，消费主体年轻化和教育程度提升等因素的影响下，消费者的需求和喜好也发生了更改：首先，中国消费者不喜欢设计师误解和曲解中国文化的相关设计，如维多利亚的秘密(Victoria's Secret)在龙年推出龙元素的内衣就不受欢迎；其次，消费者希望这些单品与品牌形象融合传递丰富真实的情感，而不是滥用相类似的元素，比如珑骧(Longchamp)在鸡年特别款采用红色和金色为主色调，再加上卡通鸡的图案，众多消费者表示珑骧推出的这款设计实在是太惊人了，这完全不是品牌的风格。进入中国的国外品牌因此更加注重流行预测与中国本土实际情况的结合，有的在中国投资建厂的同时聘用中国的设计师设计服装，力求生产出适合中国消费者需求的商品，所以适合中国消费者的流行趋势研究就非常必要。

第二节　海派时尚流行趋势背后的核心机理

强烈的个人表现主义和对差异化的需求是海派时尚创造新潮流的原动力，开放的国际环境及对多种文化的包容性造就了上海创意生长的良性土壤，流行几经变迁，但海派时尚标新立异、西化程度高且具有浓厚的商业气息的特点，奢华、精致、优雅、时髦的外部呈现始终如一。流行预测在“二战”后成为一个重要的产业，与工业化大生产和零售业发展相适应，由 20 世纪 60 年代以前的单一趋势导向的垄断局面转变为对社会、经济、商业、人口、消费以及新技术、新社会现象、观念等广泛的调研和对发展趋势全方位测估基础上的多元化方式，也折射出大众传播的扩展以及随之而来的消费者的日趋成熟。

海派时尚在市场环境、社会变迁、文化观念的影响下不断发展，在传统时尚延续与外来时尚涌入导致突变之间的冲突、本土时尚与国际时尚之间的冲突、传统文化与现代文化之间的冲突中不断演化，如图 2-6 所示。但在整体的演化过程中，海派时尚的内核，如包容开放、灵活多样、文雅精致等并没有丢失，这也是海派时尚突围国际时尚潮流最有力的武器。

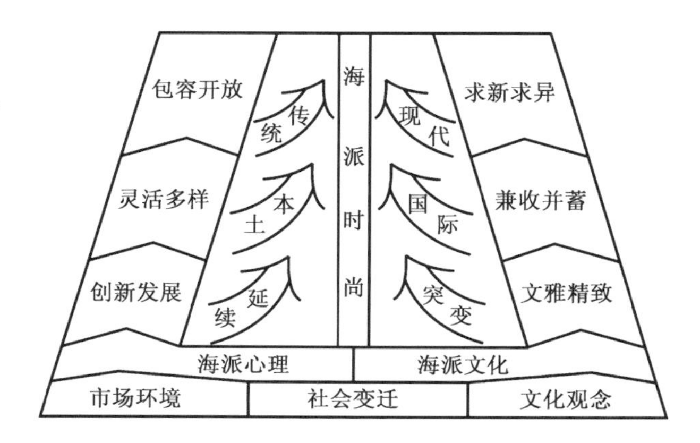

图 2-6
海派时尚流行趋势的演化方式

一、追逐与抛弃：海派时尚流行趋势产生与可持续的原动力

在日常生活中，个体的行为特征都带有唯一性，但群体性的行为特征却有明显的倾向性，这种倾向性表现在人们对某一价值观以及对某一文化现象的认同。从生物进化论的角度来讲，适者生存，人们总是朝着合适的、优越的环境发展，人们一旦发现某些潮流符合自己的价值观或是迎合了自身的表达需求，人们就会对这种风尚趋之若鹜，而那些不符合自身价值观的潮流则会遭到摒弃，这也就是海派时尚流行趋势的表性特征——吸纳与抛弃。

海派时尚产生于中国近代上海地区，时间上的界限为 19 世纪后期至今，空间上是指以上海为中心向周边扩散，凡是接纳海派文化理念的即为海派时尚所覆盖的范围。海派时尚以本土文化为中心，逐渐吸收外来文化，形成自己独有的风格，并与古代风格相区别。由于近代以来政治、经济、文化、社会环境等因素的影响，海派时尚历久弥新，从吸收外来时尚元素开始，到逐步改良本土时尚，到现在的包容创新，海派时尚走过了一条交融探索、开放创新的道路。1840 年之后，上海大量涌入外国人，各式各样的新鲜事物充斥在国人眼前，上海地区的“太太”“小姐”“妓女”们最先接纳外来事物，求新求异的思想淋漓尽致地反映在了服装上。随着上海的逐渐开放，本土文化与外来文化不断交融，新的观点和新的思想让国人为之一振，政治、经济的此消彼长，使得商业利益成为左右经济发展的主要因素，商业精神的支配让人们的观念开始背离传统伦理而趋于现实功利，海派时尚走向了自主创新的道路。

（一）求新求异的海派心理

“崇洋”是上海服饰形成和延续海派风格的重要原因，近代“中学为体，西学为用”的救国方略为人们摆脱传统观念的束缚提供了契机，上海人面对大量输入的西方文化首先表现出较大的认同感和宽容度，开始参照西方审美观念去评判美，这使得社会服饰观念发生了重大变革。“崇洋”成为海派服饰不变的本质特色以及其不断变化的直接推动力。

在民国时期，摩登成为时髦，大家都急于与传统划清界限，证明自己是一个摩登时代的现代人。外来文化的强力冲击使得广大青年急于效仿国外潮流，在青年群体中产生了羊群效应。因此，对于现代的设计师来讲，在创新方面应更多考虑对西方潮流信息的取舍问题，而不是简单地实行“拿来主义”的设计思路，要注重在全球化的摩登潮流中体现民族性这一问题，同时也应注重当代设计界倡导的“回归民族化”的创作思想与理念。

社会变迁、文化差异带来的个体身份认同的危机是导致时尚流行变迁的根源，在外部环境和个体表现之间架起了一座桥梁，而强烈的个人表现主义和对差异化的需求则是新潮流创造的原动力。在法国社会理论家步西雅的“消费即生产”理论建立的符号价值概念体系中，大众是通过所消费的商品等级和享受服务的品牌等级而获得相应社会等级的。18 世纪兴起的浪漫主义，崇尚“自然”和“本真”的人性，主张衣着与外表应该与个人的身份联系起来。迈克·费瑟斯通（Mike Featherstone）认为在 20 世纪早期已经出现了“表演性自我”，并不断向日常生活渗透，导致对如何向别人显示自己尤为感兴趣，在个人幸福与完满的追求中，外表变得越来越重要。随着经济社会不断发展进步，21 世纪的西方社会进入强烈的个人表现主义时代。马斯洛认为：“当人类达到需求层次顶端时，才会渴望获得更多的个人表现空间。”所以从 20 世纪到现在，时尚的变化步伐在不断加速。

上海人经历了百年都市风雨的洗礼而大致完成了自身形象的重新塑造，成为在中国特立独行的城市社区人群，并已经开始展现其特有的精神文化特征，毁誉参半的“上海人”的称谓是这一城市人群的文化符号，而上海融贯中西并自成一体、炫丽多姿且常新常变的服饰，不仅符合上海的社会文化特征，更成为“上海人”的显著标志之一。无论家境贫富与否，总要有一身整齐体面的服饰“行头”，哪怕倾其所有也在所不惜，以至于上海人在外地人看来是“不怕家里起火，只怕身上跌跤”。和中国其他地区相比，民国时期上海的社会群体结构发生了很大的变化，中等收入群体、工厂无产者和都市贫民是三大新生的地位群体，中等收入群体是服饰时尚的主力军，这其中充满活力和创新精神的职业青年群体逐渐凸显出上海人敬业好学、注重个性发展和生活质量的精神特征；女性不仅有新时代家庭妇女的身份，有些还兼有职业女性的双重角色，沉醉和谙熟于都市家庭生活方式的时尚与更新，操持家人和自己的衣着装扮。

（二）包罗万象的海派文化

法国社会科学家雅格·阿塔利（Jacques Attali）指出，城市对世界文化和经济发展产生重要影响并非仅仅因为这些城市具备的军事和经济实力，更因为这些城市带来的新观点和新思想，能够贡献最有影响力的新观点的城市或地区就有可能成为世界文化的摇篮。而多种思想文化的撞击、交汇、融合、吸纳，更易焕发出强烈的创新意识和创新机制，引发新的时尚流行趋势。

百年前，上海开埠后，大量国外移民涌入，出现不同国家的文化。例如，以淮海路为中轴的时尚消费体现的是法国和俄罗斯的文化；而南京路和外滩则侧重英美文化；四川北路侧重日本文化；舟山路附近则多表现为犹太文化和德奥文化。多元文化荟萃让上海的时尚产业在发展之初便具有"兼容并蓄、海纳百川"的特色，中西文化的碰撞让与中国传统文化皆然不同的新东西，包括新阶级、新职业、新技术、新生活、新观念，乃至各种新名词，很多都最先在上海出现，然后再推行到全国，使得上海几乎成为"新文化"或"现代化"的代名词。时至今日，延续了当年的流行文化荟萃的盛况，世界最流行的时尚服饰、高档化妆品、IT 数码产品、高档香水、手表、汽车、珠宝首饰、时尚媒体、影视音乐、卡通漫画、网络游戏等一经出现，转瞬间就会在上海街头流行开来，并且会迅速形成与这些国际时尚和文化风格潮流紧密对接的有上海特色的流行文化。

这种开放的国际环境及对多种文化的包容性，培育了创意生长的良性土壤，为时尚设计人员了解国际服装创意产业发展的流行趋势，借鉴发达国家和地区的先进经验提供了重要基础。美国卡耐基梅隆大学理查德·佛罗里达教授（Richard Florida）的研究表明，创意人才在对区域的选择上有一个"3T"标准，即有创造力的人更喜欢在那些对技术（technology）、才能（talent）和宽松愉悦的环境（tolerance）重视程度很高的城市工作和生活，上海和谐、多元的人居环境无疑将吸引世界各地的创意精英。曾经梅兰芳、周信芳的京剧风靡上海滩，胡蝶的电影、周璇的歌声倾倒众生，西方的爵士乐、装饰艺术（Art Deco）以及诸多文化和艺术也能在上海找到知音，张爱玲心中活色生香的老宅、王安忆笔下"流言传得飞快"的弄堂、《繁花》里的吴侬软语渲染出一个既现代又传统，既摩登又市井的上海。在当时这样的流行文化环境下，张爱玲写出了脍炙人口的《更衣记》，发起"上海时装研究社"的叶浅予之类的美术家笔下也出现了服装设计图和插图，并多次刊登在《良友》《玲珑》等杂志上。现在泰康路田子坊的 160 多家创意企业分别来自 18 个国家和地区，其中，在 780 余位从业者中外籍人士就超过了 80 名。近年来，国际音乐节、艺术节、国际服装周、服装展等创意活动频繁在上海兴办，使上海的创意文化和时尚产业在不断借鉴外来文化的同时创新发展着。

文艺复兴以来，伦敦、巴黎等城市的经济和文化发展影响着世界许多其他地方，从 19 世纪中期开始，这种艺术话语权力中心开始慢慢从欧洲向美国等新兴地区转移，有时尚流行趋势专家预测，上海将毫无悬念地成为未来全球流行文化的新动力和重要的风向标，这些新动力正在创造出新型的时尚市场并改变着国际时尚的商业运作模式。

（三）自主创新的海派时尚

海派时尚看似边界模糊，实际特征清晰，其通过多种文明的交流撞击，从 19 世纪末开始孕育至 20 世纪 40 年代诞生并繁荣至今，流行几经变迁，但海派时尚标新立异、西化程度高且具有浓厚的商业气息的特点及奢华、精致、优雅、时髦的外部呈现始终如一。海派时尚不仅代表着上海这个都市特有的时尚文化,更是一种传承了历史的国际化大都市的气质、现代人的生活样式和跨越时空的文化语境。

近代上海妇女普遍穿着旗袍,但受欧美服装影响,旗袍的式样逐渐变化,如缩短长度、收紧腰身等,发展到20世纪30年代,旗袍款式在传统的基础上广泛吸取西服特点,使之成为一种中西合璧的服装,且不断创新与不断变化。

20世纪50年代至70年代,上海是当时全国的纺织基地也是服饰中心。那个年代,上海服饰简洁、朴素、平实,男装以中山装、列宁装、学生装为主,女装以袄裙居多,衣式悉用对襟、窄袖,服装色彩以蓝、灰色为时尚。20世纪60年代中期,草绿色军服在民间大为流行,不分男女都喜欢穿军服。20世纪70年代女装流行三粒钮式西装领便服和百褶裙。

20世纪80年代上海妇女服饰流行在现代中国服饰史上占有重要地位。改革开放后,服装廓型V型出现,蝙蝠袖开始流行,整体着装出现女装男性化倾向。那时,几乎每年都在北京、西安等大城市推出上海时装展销会。

上海服饰中心的地位于20世纪90年代开始动摇,原因之一在于产业结构的调整,上海纺织服装行业的劳动力从50多万人直降至2万人,遍布市区的纺织厂、服装厂几乎消失殆尽,一批老字号服装品牌逐渐淡出了人们的记忆。与此同时,广东及江浙地区的服装产业迅速崛起,逐渐抢夺了市场话语权。时下,当上海再建时尚之都,欲与纽约、伦敦、巴黎、米兰国际四大时尚之都一争天下时,已面临巨大的挑战,因此,当务之急是重振海派服饰文化。

缺少时尚主张的盲目跟随,是中国品牌成长的大忌,自主服装品牌要在时尚价值链上占有高端效应,必须根植本土文化,在价值观引领上抓住话语权。只有通过形成和完善海派时尚理论观点,汇聚和培养国际一流的时尚人才和时尚资源,才能带动上海时尚创意产业的发展,这是上海建设国际服装时尚中心的前提,也是中国服装时尚品牌做大做强的基础。作为上海市"时尚之都""设计之都"重点项目之一,海派时尚设计及价值创造协同创新中心自2013年4月起,每年4月、10月与纽约等城市同步发布海派时尚流行趋势。越来越多的上海本土时尚产品,不仅包含上海城市传统与现代的时尚元素,如老弄堂、西式花园洋房、老字号、张爱玲等,还包含了对国际领先科技的吸收与应用,如纳米科技、环保材料的引入。同时,许多国际时尚品牌也逐渐将上海时尚要素融入其产品设计中。

二、理性与情感:被集体化的流行共鸣

人们对于自我和真我的本质理解将会带领人们在认知层面到达统一,在行为表现上体现出某一共同的特征,在潮流趋势上体现为时尚意识的趋同性。从马斯洛理论的最高一个层次——自我实现的角度来看,人们大都有实现自我的愿望,往往在一个时尚潮流兴起之后,人们便会认可这种时尚所代表的自我,从而形成人们内心的相互认同,这就是时尚流行的集体化。一种流行趋势往往是那些已经成为主流或是市场上流行多年的风格的升华,一股新潮流在其真正流行开来之前,一定有一个

逐渐升温的过程，如果一种新的创新风格同时在两个行业中流行开来，那么它就很有可能是一种流行趋势。因此，我们需要关注和调查与海派时尚流行相关的所有政治的、经济的、科技的、环境的、文化的、艺术的和伦理的议题，来发现海派时尚流行发生的端倪，更准确地来定义在某个特定时刻引起时尚潮流的首要驱动力以及规律，以此来预测海派时尚流行趋势的未来走向，这样的预测也更具有海派时尚流行的现实意义和社会价值。

在全球一体化浪潮下，海派文化价值出现断层，取而代之的是国际主流文化，年轻一代对国际潮流文化抱以极大的热情。出现这一现象有很多的原因，其一是社会历史的变迁，导致的文化断层及文化的变迁；其二，本土文化缺乏创新和个性，失去了本土文化传承的基因。

（一）社会环境的约束和影响

流行趋势的演进过程其实是人们视觉、听觉、嗅觉、味觉等感觉方面体验到的改变，一定时期内，政治格局、经济发展状况以及爆发战争、新科技的发明等重大的事件都有可能成为刺激流行爆发或消亡，并加速流行变化进程的动因，而文化、艺术、民俗的不断发展以及新的生活方式的出现都会潜移默化地改变人们对流行的偏好，见表 2-6。正如法国作家阿纳托尔·法郎士（Anatole France）所说："假如我到了一个陌生的时代，我会首选一本妇女的时装杂志来看，因为一本时装杂志对时代变迁的把握，比任何哲学家、小说家或学者来得更真切。"

表 2-6　海派时尚流行趋势的影响因素及方式

程度	内容	影响方式	举例说明
一级	政治	政策变化	"一带一路""中国制造 2025""供给侧结构性改革""互联网＋"等国家战略背景等
	经济	兴衰起伏	互联网经济，经济危机等
	科技	进步	新面料研发，云计算大数据技术等
	环境	改善	雾霾等
	文化	潮流变化	中西方新文化思潮等
	生活方式	习惯改变	崇尚健康的健身运动，慢生活等生活方式的改变
二级	地域	习俗	高维度地域对羊毛面料的偏好
	艺术	艺术家作品	海派画家、设计师的作品再度兴起
	宗教	信仰	佛教等
	媒体	传播	自媒体兴起
偶发	战争	突变	第一、二次世界大战服饰风格的变化

通过剖析海派时尚流行趋势各影响因素的作用机理，可以洞见将要出现的海派时尚流行趋势是否能够为目标人群所接受。研究结果表明：政治背景对经典风格和装饰风格具有较高的影响力；经济背景对复古风格具有较高影响力并呈负相关关系，如在经济衰退时期，流行色会朝向明亮、鲜艳和热烈的方向发展，冷色系偏少；科技背景中航天科技与军事科技对服装流行的影响较明显；海派文化背景对海派服装流行风格具有直接指向性，因此海派文化事件对海派服装流行具有直接的作用。

地域和自然环境各异使服装形成和保持了各自的特色。上海作为地处沿海的大都市，气候条件优越，人们更容易接受新的观念并对流行产生推动作用，他们能够及时地获取和把握时尚流行信息，并积极参与到服装潮流中去。在中国南北地域的文化审美差异最明显，京派的服装更加注重整体的气势，大气、随意，这同京派文化是相辅相成的；而海派的服装注重品质，注重细节，整体风格含蓄。不像北京女子对买来的衣服全盘接受，上海女子通常会对服装的细节进行修改，以期达到完美的效果，这种精细也是海派文化的一个折射。

政治背景变幻对海派时尚流行具有较高的影响力，通常与政治稳定度呈正相关趋势。1982—1983年国际流行色协会发布的沙漠色象征着古丝绸之路，中国丝绸协会提出流行“敦煌色”也曾受到重视和欢迎。大国夫人外交往往引发本土品牌服饰热潮，催生了强大的市场效应，使时尚成为表征政治影响的重要力量。因此，这也就不难理解海派时尚流行趋势在20世纪40年代出现时尚潮流断层的现象。

经济兴衰起伏对人们心理的接受程度、产品和色彩的变化频率，特别是时尚色彩的流行，都将产生大的影响。根据马克思在《资本论》中提出的经济周期理论，经济周期有复苏、高涨、衰退、萧条四个阶段，在经济衰退时期，时尚元素退居二线，经典的服装式样和色彩会再度流行，在富足时代，人们则愿意接受各种新鲜事物。改革开放之后，人们生活越来越富足，开始重拾海派传统时尚，但此时发现外面的世界已经发生了快速的变化，国际时尚品牌大量涌进国内，缺乏“市场战斗力”的海派时尚品牌在此时黯然失色。

科技持续进步丰富了纺织服饰材料和工艺，加快了流行资讯传播速度，缩短了流行周期。其中航天科技与军事科技对服装流行的影响较明显，生物科技与信息科技的突破对服装风格的影响不显著。

作为社会文化的服装，受艺术风格、文化潮流影响明显。韩剧《浪漫满屋》的热播使韩国的服装在中国变得非常流行，大量制作韩国风格的服装配上铺天盖地的宣传，就使韩国风格的服饰成了时尚装扮。这种时尚的韩国风格衣服特点很明显：上衣偏肥偏大偏长，下身要修身得体，衣服上有较多的点缀，让服装华丽但不失休闲的感觉（表2-7）。

表 2-7 社会环境对海派时尚流行的影响

时间	影响因素	事件	流行风格和元素
20 世纪 20 年代	政治	北伐革命和妇女解放运动	上海旗袍和巴黎女装一样是直线形的和宽松的，腰节基本忽略；女学生成了时尚的样板，配饰也逐渐从追求奢华转向刻意简洁
20 世纪 20 年代末（一战后）	政治	战后巴黎出现了“小野禽风貌”，有裙裾不齐的时尚	上海旗袍的下摆用蝴蝶褶或者花边装饰，是新女性追求形体展现的遮眼法
20 世纪 30 年代	科技	新生活运动	完全西式裁剪做法的“改良旗袍”，引进西式的肩缝、胸省、装袖；蓝色的阴丹士林棉布；中式服装的使用比例高出西装很多
20 世纪 40 年代	经济	1941 年日本全面占领上海	旗袍以简洁、实用为主要特色，流行变化趋向停顿
20 世纪 50 年代初	政治	中华人民共和国成立初期	纺织女工、劳动模范的衣着形象成为上海社会的装扮楷模，男性以青年装、春秋衫为主，女性以两用衫为主，还有工作服和工装裤
20 世纪 50 年代	政治	中苏友好	以东欧货为时髦，上海流行苏式服装，男子衣着中主要为列宁装、乌克兰衬衫和鸭舌帽(苏联工人帽)，女子衣着中主要为列宁装、“布拉吉”式的连衣裙，苏联式大花布则被广泛用于女装之中
20 世纪 50 年代末	经济	服装改革运动	50 年代末是上海人穿着上活跃的阶段，男子普遍穿上了春秋衫、两用衫、夹克衫、风雪大衣等
20 世纪 60 年代初	经济	三年经济困难时期	旧衣翻新修补、省料套裁等是独特的服饰现象，女式衣服一般都较短，比较合身，没有袖子，领子较小，或者没有领子，设计简单
20 世纪 60 年代	经济	经济恢复时期	中山装、两用衫、夹克衫、节约领(假领)
20 世纪 60 年代末—70 年代初	政治	停滞	特色经营被取消，经营品种单一雷同；蓝、黑、灰“老三色”的中山装、青年装、军便装“老三装”，男女服装之间的区分也越来越微不足道；去除了领章帽徽的军服，将服装进行收腰、加衬领改造体现了上海人的讲究；毛线衣（绒线衫）颜色丰富，以红、蓝、灰、咖啡色调为主；针织运动衫裤深受男女青少年的喜爱，以蓝、红色调为主，还有绿色、咖啡色等；含化纤材料的服装销量大幅增加；白色回力牌球鞋

续表

时间	影响因素	事件	流行风格和元素
20 世纪 70 年代	经济	复苏	东方绸布店(原大方绸布商店)开设衣片柜,以衣片规格齐、花色多而闻名,被消费者称之为"节约柜""方便柜"
20 世纪 70 年代末	文化	香港文化	长方领、绣花紧腰身的衬衫和包屁股的牛仔喇叭裤
20 世纪 80 年代初	文化	追星	电影《红衣少女》让上海满街都是红裙子
20 世纪 80 年代	文化	改革开放	健美裤、蝙蝠袖、涤盖棉和夸张的"V"型外观;培罗蒙、亨生、乐达尔等著名西服店和上海市服装公司所属门市部终日门庭若市
20 世纪 80 年代后期	文化		随着 A 型廓型外观的出现,女装开始向女性化风格回归,上装逐渐由宽松转为贴合身体
1991 年	文化	连续剧《渴望》热播	慧芳衫(女主人公慧芳穿的服装款式)
20 世纪 90 年代	经济	消费人群分化	"休闲"概念的出现使人们开始区分正装和休闲装
21 世纪	环境	工作压力和环境污染	开始向往返璞归真的生活状态和休闲惬意的生活方式,崇尚自然、生态、简约风

(二)市场环境的驱动和引领

只有当产品到达时尚追随者和主流大众手中的时候,流行趋势才算真正形成,市场利益也就有了,因此对于消费者群体、行为、偏好的调查和分析是新产品创造与推广的基础。上海社会科学院社会学研究所公布了 2016 年上海市劳动就业与收入消费民生民意调查报告,过半受访者个人年收入在 5.1~10 万元之间,家庭年收入在 10.1~20 万元之间,可以认为两头小、中间大的橄榄型收入结构已经初步显现。同时,根据国家人口普查资料中有关职业分布的调查数据显示,20 世纪 80 年代上海的中等收入群体占总人口的 1/6,近年这一比例上升到 1/3,改革开放 30 多年间,上海的收入结构由最初的土字形金字塔结构逐步转变为比较标准的、丰满的金字塔形,橄榄型的雏形开始出现。影响上海收入结构的最重要因素是产业结构的变化,预计"十三五"期间,上海创意与设计产业增加值年均增速将高于全市 GDP 年平均增速两个百分点,上海设计之都、时尚之都、品牌之都的国际认同度和综合影响力明显提升(图 2-7)。

从百年前圣约翰大学的教会大学生与洋行职员一道开拓了把追求西洋文化作为体现自我品味和消费水平的新阶段开始,上海日益增长的中等收入群体一直是城市家庭消费支出和消费模式的主导。时至今日,这一群体的上海人普遍被认为生活

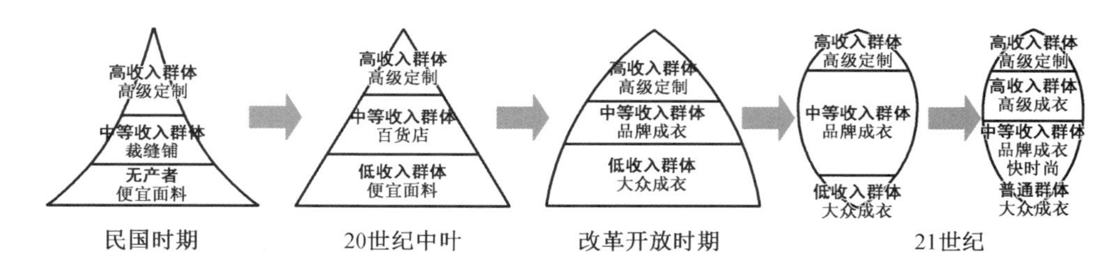

图 2-7
上海百年间时尚消费群体的变化

方式"小资",注重生活细节,有生活情调,在穿着上讲求一定品味,但又不是最流行的服饰,因为要保留自己的个性,在文化消费上表现出一定程度的怀旧心理,老唱片、经典电影、文艺片是他们的最爱,旅行是这个群体的共同爱好。中国城市都在转向个性、多元、品质化的消费结构,《第一财经周刊》在金字招牌调查中发现这种消费类型正在慢慢成为主流趋势——中国年轻人喜欢的品牌正在更新换代,一些原本不太被重视的消费品类受到热捧,大量兼具品质和个性的小众品牌开始崛起。

(三)文化观念的转变和发展

历史上的文化艺术思潮通过对人们的生活方式和流行观念的影响,丰富了流行的表达模式。随着社会文化的多样性发展,服装的各种流行风格占比呈现平均化的趋势。手工艺和工业文明相融合的时期中,装饰风格具有显著的高流行度,这与20世纪二三十年代的装饰艺术运动的发展紧密相连,其次为代表功能主义的经典风格,与德意志工业联盟的发展和包豪斯倡导的设计理念相关。现代主义思潮提倡"形式服从于功能",主张理性主义与减少主义,因此,具有理性特色与功能主义的经典风格在该时期具有最高的流行程度。后工业社会的现代主义设计发展时期,解构主义、波普艺术等具备个性化特色的设计具有突出的表现,因此都市风格与未来风格在这一时期取得重大发展,装饰风格在这一时期也有突出表现,但这一时期的装饰风格不具有过多的古典特色,以具有机械美学的装饰特征为主。文化多元时期的各类服装风格占比相对平均,但由于"无障碍设计"和"全人关怀"思潮的兴起,这一时期追求全方位设计(Universal Design),提倡在最大限度的可能范围内,不分性别、年龄与能力,适合所有人使用方便的环境或产品设计,服装风格偏向于自然风格与装饰风格的融合。自然风格的占比也达到了1910年以来的最高值。

自改革开放以后,全国经济逐渐回暖,老百姓的腰包也鼓了起来,消费观念也有了很大改变,消费者由从前的"只买贵的"转向"只买对的",在全国大宗消费品的服装消费上更是如此。在消费者消费观念转变的前提下,人们更追求高品质的服装,更享受高品质服装带来的高质量生活。全国服装类年交易额从2008年的3 749.09亿元逐年上涨至2015年的7 468.45亿元,年均增长率达到10.63%。综上所述,文化背景对与之相关的服装流行风格有直接促进作用,与此同时,消费者的消费观念随着文化观念的逐步提高以及消费水平的逐步提升也在不断地发生变化,其与社会环境、市场环境共同构成了影响海派时尚流行趋势被集体化的因素。

三、矛盾与抵触:海派时尚流行趋势的自我升级

由于历史上的特殊事件导致的时尚潮流断层现象不一而足,由于此类事件的影响范围之广泛,影响程度之深刻,在时尚流行趋势的发展脉络上起到了决定性的作用,同时也对时尚潮流风尚起到了一定的导引作用。例如,由于清政府在鸦片战争中的惨败,清政府于 1842 年被迫签订《中英南京条约》,开放广州、厦门、福州、宁波、上海五处为通商口岸,上海租界的洋人不断增多,传统裁缝中逐渐分离出了一支专为洋人缝制西式服装的红帮裁缝,西式的造型工艺手法由此被引进。加之西方大工业生产方式的大举涌入,上海服装制作业的生产加工设备也逐渐齐全,电熨斗、缝纫机、吊扇、人台、各种尺寸的穿衣镜、陈列架、蜡人像等在此时都被引进。

海派时尚自产生之日起便一直在繁杂的矛盾与抵触中寻找发展出路,通过对外来新技术与新时尚潮流的改良与吸收,在与传统文化的融合中,在对传统海派时尚的不断创新中持续升级,见图 2-8。传统的海派手工业者对于外来事物并非一开始就敞开怀抱的,毕竟"洋"事物抢夺了他们的饭碗,但随着洋火、洋油、洋装、洋布等不断受到欢迎,这些手工业者逐渐开始模仿,借用洋装的裁剪方式、制作工艺,对传统的制作流程加以改进。与此同时,伴随着国际时尚潮流的冲击与影响,时尚手工业者对海派时尚进行改良与传承,当然,不仅包括对传统海派元素的重塑与运用,还有对传统精湛技艺的传承。因此,海派时尚流行趋势在当今国际时尚潮流的影响下表现为传统海派时尚内涵的升华,即海派新潮流的突围。

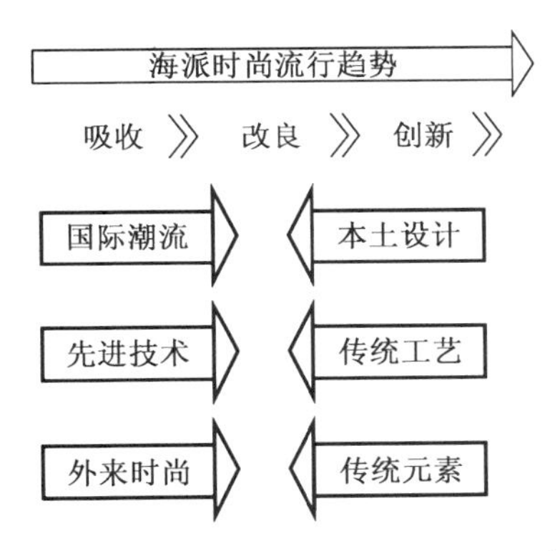

图 2-8
海派时尚流行趋势的自我升级

在通常情况下,服装流行是一种循序渐进的过程,一种讲究流行的边际成长过程,而不是一种流行的突变或革命。引起服装流行突变的因素往往是战争、自然灾害和社会变革等,但是这种引起变革的大历史事件中的每季或每年的流行基本上是在原有流行基础上作局部的、有限的修改,因为对大多数消费者来说,选择新服装会从经济角度考虑,需要同已有的各种服装和配件搭配,通常在两个极端的流行之间存在一系列的过渡环节。

正如社会学家指出的那样:硝烟味一浓,卡其色就会流行;女性味强的流行,是文化颓废期的共同现象。尽管民国时期的中国军阀割据、战乱不止,但是在 1932 年以前,上海受战争的影响不是十分明显,故服饰的变化也不是很明显。1932 年以后,

上海所受到的战争的影响越来越大，战争对于当时上海服饰时尚开始产生影响，形成特殊的战争风貌，主要体现在风格日趋简洁朴素、服饰及装扮式样变化较少、流行进化的速度变慢乃至近乎停顿。战争也带来独特的服饰景象，比如抗战的激情使得很多人尤其是年轻学生加入抵制日货、提倡国货的潮流，用有“爱国布”之称的毛蓝布做的旗袍在抗战初期风行一时，而在抗战结束之初，美国式的夹克类服装也曾变成了时尚。中华人民共和国成立初期，造成着装先是简化进而趋同的原因在于革命时尚的兴起与流行，从 1950 年开始，中国人民的服装起了一种变化，代表新社会的“干部服”、人民装（中山装的变体）成为一种社会地位的最可辨认的标识，而女性服装的对应物则为列宁装（双排扣、翻领，以苏联军装为模板），最早于 20 世纪 40 年代晚期在女性革命者中盛行，50 年代成为城市女干部的标准服装，以蓝色、绿色和灰色为主。南京路及淮海路一带的著名高级西服店、时装店，当时家家都有人民装出售，而且生意较西服等时装好，显然说明了时代转变了，对上海人来说，这种切合时代的选择也能体现出“讲究”和漂亮，在这个意义上，革命风格赋予“上海摩登”以新的涵义。

如今，在互联网的推动下，媒体的信息传播速度大幅加快，时时刻刻都在催生一股股新潮的流行趋势，也使某些流行趋势的生命得以延长，例如华伦天奴（Valentino）的铆钉系列，每个人都认为只会火上一季，但因为时尚博主的“添柴加火”而足足流行了八季之久；另一方面，流行趋势经过数字媒体短时间内的过度曝光，其前卫性便会消失，比如高田贤三（Kenzo）的虎头衫在发布一个月后就销声匿迹了。在现代媒体的传播和引导中，一些社会事件常常可以成为海派时尚流行的诱发因素，并成为服装设计师的灵感来源，新海派时尚在未来仍会面临更多样、更复杂、更具时代特色的挑战和转变需求，也势必在矛盾、抵触与融合创新中不断升级。

第三节　海派时尚流行趋势的表现形式

服装生命周期的特征使流行的发展有脉络可寻，因而具有可预测性。海派时尚流行风格的变化从一个极端摆向另一个极端，周而复始，螺旋上升，这其中主体色调、基本材质类型、廓型等流行的内核变化比较慢，三五年甚至十年为周期，一些具体特征细节即流行的边际则每季都有所变化。随着信息流通技术的加快和生活节奏的变化，海派时尚流行趋势的波动曲线开始疯狂地加速变化，不过变化的频率也会因为信息分散等因素受到限制。以前人们关注的是流行趋势，现在更多关注的却是生活方式，在未来，人人都是时尚的参与者而非仰望者。

一、周而复始：海派时尚潮流钟摆

海派时尚流行风格的变化如钟摆一样，常从一个极端摆向另一个极端，即当某种样式已走向了极端，就可以预测它将向其相反的方向变化，完成一个流行周期，如图 2-9 所示。詹森教授（H·W·Janson）在经典的《艺术发展史》（*History of Art*）一书中指出,“18 世纪 70 年代出现了反洛可可风格,其起源更多是一种对现存流行风格的不满,而非真是一种风格的进化。”在 20 世纪的大多数时间里,服装、家具、汽车和其他设计领域的流行趋势变化都遵循着这一模式。英国作家、时尚历史学家詹姆斯·拉弗(James Laver)对流行趋势的演变列了个简单的时间轴——某种趋势风行之时是时髦的;在一年之前,则被认为是大胆的;20 年之后则变成荒谬的;而在 50 年后,这种趋势又会悄然流行起来,即呈螺旋式循环和渐进式循环流行规律。

但是这种海派时尚流行趋势周而复始的特点,不会完全照搬以前的服装,细节上必然有新变化,所谓经典服装也需不断加入新鲜元素,在不同时代呈现不同的细节特征。设计元素的变化中,主体色调、基本材质类型、廓型等流行的内核变化比较慢,可能三五年甚至十年为周期,一些具体特征细节则可能每季都有所变化。流行是受众受到足够多的视觉冲击和暗示后的心理反馈,这种视觉冲击主要由总体色调、面料的基本材质类型、廓型等整体的外在形态即流行的内核产生,其变化主要受海派社会环境因素的影响,与海派社会经济、政治、文化状态有着密不可分的联系,往往以重大历史事件的发生、文化思潮变化为转机。而具体色相内的纯度、明度变化,面料的视觉肌理、触感及造型性能特征,及服装部件及分割、褶裥、装饰的处理等服装流行的边际的流行周期一般从一季到一两年不等。经营者和消费者更关心海派服装流行的边际,它代表着穿什么才时髦及流行背后的潜在市场销售额(图 2-9)。

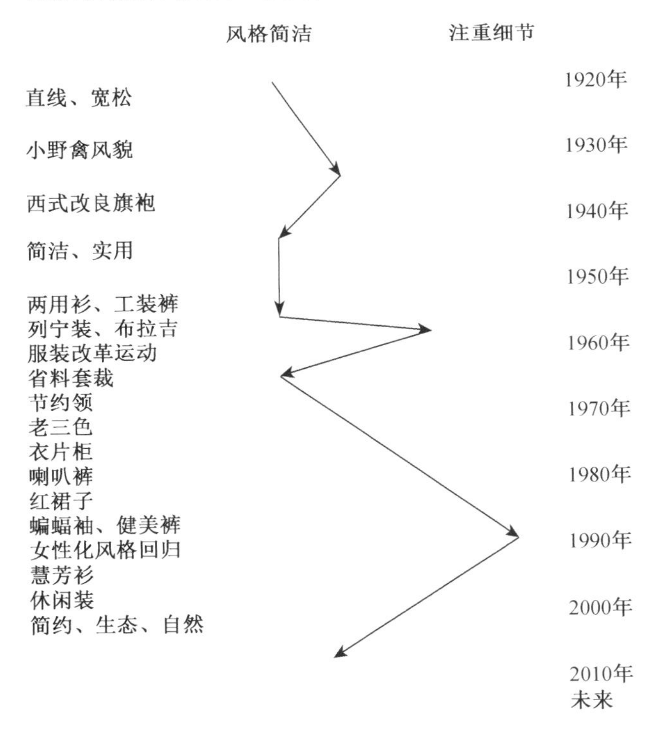

图 2-9
海派时尚的潮流钟摆

20 世纪 20 年代,在京派服饰依然延续中国传统面料服饰繁复之时,老海派服饰在面料运用上已经显现出注重简洁实用的西式风格。受西式服装显露体型、追求简约观念的影响,同时伴随着当时上海滩洋服店的兴起,人们开始使用西方的立体裁剪方法，使服装趋于窄瘦合身，由直线型变为曲线收腰型，出现了肩斜线和袖窿线，改连袖为装袖，省道的运用更是具有划时代的意义。

百年之后由改革开放而催生的新海派服饰处于一个真正开放与繁荣的时代，许多时尚并列地、平行地在流行，消费者根据自己的愿望抑或是流行风潮的强弱在进行多样化的选择，是继旧海派服饰“中西合璧”后的一种延续，只是新海派服饰的“混搭”更加具有设计含量，更加表现为款式“混搭”的无秩序。20 世纪三四十年代在上海十分流行的双排扣风衣，在七八十年代多数已被拉链的款式所代替，但随着快节奏的生活对风衣功能的需要和人们怀旧的情感的再度萌芽，在近几年的海派流行发布上又再度出现了这种款式的身影，并且快速流行起来，取得了复古款式设计的极大成功。苏格兰呢的经典方格图案，在 2005 至 2007 年间的服装中再次大量出现，也正是服装面料图案可重复流行的再次佐证。从 20 世纪 70 年代开始，一群来自日本的设计师以东方人的服饰理念改造了西方服饰，如三宅一生、川久保玲等人，将日本文化中的精髓融入设计，以包缠、纽结、缠绕等设计手法解构了传统西方服饰，创造了一种裁剪接缝少、式样宽松的服饰风格。这就是崇尚解构的日式“街头混搭”风的主要构成方式，并随着中日交流的深入而影响到新海派服饰。此外，20 世纪末，韩国偶像明星和电视剧在中国的热播，带动一股“韩流服饰风格”，这种将韩国本土文化与西方服饰文化合二为一的流派也加入到新海派服饰的源流中，被新海派中青年人广为接受。

关于流行传播的快慢，亨利克 • 维加尔德（Henrik Vejlgaard）认为，越是明显可以被感知被描述的时尚潮流，传播得越快并且更容易被主流大众接受；另一方面，如果一种时尚潮流带有感情因素或者需要非常主观的理解和描述，比如说有机食物或生态运动，那么这种潮流的传播就会相对慢一些，同样，消退得也会相对慢一些，即流行的时间会更长一点。例如，美容时尚潮流从潮流引领者的群体中传到主流群体需要一两年的时间，服装和饰品的时尚潮流需要两三年，而室内设计则需要五到七年，因为装潢的改变高度依赖于全家的集体决策过程，并且费时费力。一般发达国家流行周期要短，而落后地区因为主流和保守派人群占比更多，传播速度慢，因此流行的周期要更长些。时尚流行趋势的传播速度还与一个国家或地区的地域大小有关系，通常中国这样地域辽阔、多元化特征明显的国家传播比较慢，而上海这样的国际化大都市且趋同化明显的地方传播速度会快一些。

在一个流行周期内，流行从潮流引领者依次向潮流追随者、早期主流、主流、晚期主流和保守派中传播的时候，流行就从萌芽期依次进入了发展期、流行期与衰退期，因为在不同人群中的传播速度不同，因此时尚流行不是一条水平线或垂直线，而像钟摆或波浪一样，“一波未平一波又起”。即流行的生命周期理论——引入期阶段是一线顶级品牌的销售黄金期，销量少但服装价格高昂利润率高，登上时尚杂志封面的明星是流行的风向标；成长期阶段采纳者逐渐增加，不同价格的仿制品在市场中出现，快时尚品牌新品上柜，无论实体还是媒体渠道，不断重复的流行信息强化了消费者的直观印象，流行趋势市场化，利润与销售额同期增长；成熟期阶段社会采纳者达到高峰，品牌成衣大规模上市，同一内核的流行趋势在不同市场分众中呈现多样化表现形式，服装销售量最大但竞争激烈，价格开始下滑；当多数人接受流行以至于失去新鲜感时，进入衰退期阶段，厂家不再生产，存货被大幅度降价求售，时尚流行完成了一个循环周期。例如，一般流行色的演变周期为5～7年，包括始发期、上升期、高潮期和消退期四个时期，其中高潮期成为黄金销售期，一般为1～2年。

流行还有一个特点就是渐变，款式由长变短、由松到紧，由简到繁、由繁到简，颜色由浅至深、从深到浅的逐渐变化，只有在发生重大事件或经济动荡时才会进行不同程度的突变。日本流行色研究专家发现，红与蓝同时流行约三年，然后转变为绿与橙又流行了三年，中间约经过一年时间的过渡，流行色在一种色相的基调上或同类色范围发生明度、纯度的变化。例如，1998—2001年绿色都在海派流行色之列，但从明度上有所变化，即从较暗的军绿逐渐演变到明亮的黄绿；2002—2005年，蓝色调到绿松石色调的流行过渡经过了墨水蓝、湖蓝、蓝绿等。

二、疯狂的加速变化：海派时尚流行趋势的波动曲线

一种时尚潮流在菱形趋势模型中传播的速度取决于很多因素，有些因素正在使潮流的传播速度变得越来越快。随着信息流通技术的加快和生活节奏的变化，随着流行的多元和快速化，海派时尚流行周期有缩短的趋势，如表2-8所示。过去，纽约、伦敦、巴黎、米兰四大时装周是所谓主流时尚的发源地，四大时装周约在一个月时间内举办300余场高水平的时装发布会，它们对当年时装流行趋势的预测给时装生产商提供了重要指标，几年后，实际上是好几年后，根据这些预测设计出的服装才会在商店销售，时尚预测行业的这种做法，使海派流行风格的变迁颇为稳定，呈现出季节性规律。但是，ZARA、H&M、GAP、优衣库等快时尚大品牌根据流行趋势日益加快的变迁速度和波动性，结合消费者对新鲜感的持续性需求，拥有一个高度灵敏、数据导向的垂直整合商业模式，已经建立起更加重视反应能力而非预测能力的商业模式，ZARA专卖店内每年都有一万多款崭新的设计上架，Topshop每天都有新产品发布。但是，这种做法并没有创造新的时尚，因为这种时尚元素早已存在。

海派时尚流行趋势要获得更大的潜能和更快的速度，就必须要有足够多的人去关注这种风格和品味，这个世界正在变得日益多元化，媒体也在努力去迎合人们日益多元化的需求，这也就意味着能同时接收到同样信息的不同群体越来越少了，大家喜欢看的不再是同一部好莱坞大片，同样的趋势需要花费更长的时间去影响更多的人，这也使得海派流行趋势要想获得更大的潜能变得难上加难。另外，看到或听到新信息与接纳新的风格和偏好是两码事，人毕竟不是机器，他们不会在别人一声令下迅速做出改变，尤其是处于菱形趋势模型下方的保守人群。即使是海派时尚的先锋派，出于本性对风格的偏好会经常发生变化，但变化的频率也有个上限，因为如果海派风格和偏好变化过于频繁，反而失去了个性（表2-8）。

表 2-8 艺术潮流、海派时尚等形式的演变

艺术形式	发源地	海派时尚表现	起止时间	持续时间
立体派和抽象绘画	苏联/中欧	未被接受	1920 年—1940 年	20 年
抽象表现主义	美国	未被接受	1945 年—1960 年	15 年
波普艺术	美国	20 世纪 80 年代:蝙蝠袖、夸张的 V 型外观	1960 年—1970 年	10 年
概念艺术	美国	未被接受	1965 年—1972 年	7 年

三、复古不复来:海派时尚潮流的独特周期

由于服装的流行期可长可短,社会采纳者的人数不等,海派时尚产品的流行并不完全如服装流行生命周期理论的流行曲线所示,如:经典服装的固执性流行;特定的服装款式经久不衰,无明显的衰退期;而迅速发展也迅速消逝的快潮式流行,从引入期到成熟期的曲线较陡,流行范围一般不大。《卫报》(*The Guardian*)旗下《观察家杂志》(*Observer Magazine*)的策划编辑、时尚记者爱丽丝·费舍尔(Alice Fisher)认为流行趋势形式的改变对高端时装界的挑战最大。为了应对市场的变化,高端服装品牌会推出早春早秋系列、度假系列、胶囊系列、特别跨界合作系列等多个产品线,尽管绝大多数奢侈品牌时装秀仍旧局限于过时的季节性发布周期,但面对当前的流行趋势,却不得不采取行动以求平衡,他们在传统的时尚季期间发布主要的新款产品,在时尚季的空档又推出额外的产品及业务,以保持品牌的新鲜感。在每个季节,我们都能看到 5～10 种甚至更多的季节性风潮,也在时尚杂志上占据了不小的篇幅,但是这样的风潮在其他设计师纷纷效仿或在时尚杂志上停留了一两季之后,就逐渐变得过时了,不论是时尚界人士还是时尚杂志都没有什么兴趣要维持这类风潮的生命力,因为大家都明白,这样的风潮在短短一两季之后,既不能帮助卖出更多的衣服,也不能帮助卖出更多的杂志。

流行趋势变化莫测,不知何时兴起,何时消亡。尽管一些传统时尚预测机构仍旧按季发布预测,但预测方法已发生改变,例如总部设在巴黎的 Peclers,他们首先会预测未来四季的流行趋势,接着对事件进行分析,并且认为预测基础已经不复存在。马克·沃斯(Marc Worth)说:“从前,一群专家在一个房间里开会就能决定两年后流行的颜色的情景在今天不复存在。”和马克一样,巴黎时尚预测机构 NellyRodi 总裁彼埃尔(Pierre Francois Le Louet)宣称他的时尚预测公司并不开展预测业务,因为他认为流行趋势在社交媒体上就能轻易观察到,而且往往是昙花一现,最重要的是打造品牌识别——你是谁? 你和你的竞争对手有什么区别? 相比去商店看看,现在越来越多的人更加倾向于选择刷一下网络社交媒体,这成了一种生活方式,而非流行趋势。以前人们关注的是流行趋势,现在更多关注的却是生活方式,这解释了为什么一些流行趋势寿命较短,而其他一些则继续向前发展,因为有些流行趋势更能体现生活方式的选择和风格,而非炫耀性消费。

部份海派时尚产品并没有像国际流行时尚产品的生命周期那样表现,从引入,

到成长、成熟，再从衰退到再度风行，到再度衰退，而是从中间断开后便直接面临国际时尚品牌产品的强力冲击，因此在流行趋势上将逐渐与国际时尚流行趋势趋同。1998之后，西方价值观的日趋深入，众多国际品牌的涌入，国内服装企业的崛起，使得沪上中产女性时尚有了更为丰富的流行内容，一方面是结合海派风格演变出的"怀旧风""东方热"，迪奥的"中国娃娃"一下子非常流行；另一方面时尚产品在设计上向1970年代西方风格转，西方的怀旧风刮向中国，图案印花、迷幻条子、衬衫式连衣裙、护士制服裙、低腰喇叭裤等，以及明线大口袋、露趾拖鞋、皮绳做的颈链，还有嬉皮士、吉卜赛等与本土文化结合，演绎为海派怀旧潮流。

参考文献

[1] 亨利克·维加尔德.引爆趋势[M].蒋旭峰,刘佳,译.北京:中信出版社,2010.

[2] 上海市统计局.上海市统计年鉴 2016[M].北京:中国统计出版社,2016.

[3] 李天纲.人文上海:市民的空间[M].上海:上海教育出版社,2004.

[4] 李晓红.女性的声音:民国时期上海知识女性与大众传媒[M].上海:学林出版社,2008.

[5] 易中天.读城记[M].上海:上海文艺出版社,1999.

[6] 王宏付.论民国时期叶浅予的服装设计风格[J].装饰,2005,(11):48.

[7] 常丽霞,苗勇,高卫东.国际服装流行色定案特征分析[J].毛纺科技,2016,(4):74-75.

[8] 孙瑞哲.发现与再造——大变革时代下的产业升级[J].纺织导报,2015,(1):12-21.

[9] 刘畅,高长春,高晗.服装时尚产业供应链优化研究——以日本优衣库 SPA 经营模式为例[J].上海:东华大学学报(自然科学版),2015,(5):706-710.

[10] 杨以雄,富泽修身.21 世纪的服装产业:世界发展动向和中国实施战略[M].上海:东华大学出版社.2006.

[11] 徐倩.东华:依托学科特色,助力海派时尚[J].上海教育,2013,(5A):36-38.

[12] 刘元风.各美其美,美美与共——中国服饰文化与现代时尚的交流融合[J].艺术设计研究,2016,(6):7-9.

[13] 李超德.论中国服装流行趋势研究的相关因素[J].丝绸,2007,(6):47-48.

[14] 赵永霞,陈佳,张荫楠.中国纺织创新年会着力描绘纺织产业发展新蓝图[J].纺织导报,2016,(1):10-11.

[15] 刘元风.服装设计学[M].北京:高等教育出版社,2010.

[16] 张激,杨梅.快时尚品牌服装设计机制分析[J].针织工业,2012,(4):57-59.

[17] 何涛,姜宁川,庞霓红.纺织服装产业信息化的供给侧改革[J].纺织导报,2016,(4):84-87.

[18] 刘建丽.供给侧改革与内涵式企业国际化[J].经济管理,2016,(10):14-23.

[19] 刘晓刚,王俊,顾雯.流程·决策·应变——服装设计方法论[M].北京:中国纺织出版社,2009.

[20] 刘晓刚.服装设计元素论[J].东华大学学报(自然科学版).2003,(2):23-26.

[21] 李峻.基于产品平台的品牌服装协同设计研究[D].上海:东华大学,2013.

[22] 曹霄洁.基于时尚知识管理的服装概念设计方法研究[D].上海:东华大学,2013.

[23] 朱光好,魏民.流行趋势预测下的服装企业快速反应系统构建研究[J].纺织导报,2015,(10):116-120.

[24] 阮艳雯,顾雯,顾力文,等.中小服装企业品牌设计开发决策因素分析[J].上海纺织科技,2016,(44):58-61.

[25] 顾雯,杨蓉媚,刘晓刚.服装学概论[M].上海:东华大学出版社,2016.

[26] 李俊,王云仪.服装商品企划学[M].北京:中国纺织出版社,2010.

[27] 刘晓刚.品牌服装设计[M].4 版.上海:东华大学出版社,2015.

[28] 管宁.创意设计:引领经济发展转型升级[J].艺术百家,2015,(3):70-75.

[29] 贺显伟.纺织服装业如何构建快速响应供应链[J].纺织导报,2015,(11):111-112.

[30] 维加尔德,蒋旭峰,刘佳.引爆趋势(剖析潮流成因,预测趋势大未来)[M].北京:中信出版

社,2010.
[31] 郎咸平.模式:案例点评[M].北京:东方出版社,2010.
[32] 菲利普·鲍尔.预知社会:群体行为的内在法则[M].暴永宁,译.北京:当代中国出版社,2010.
[33] 胡觉亮,何秋霞,韩曙光,等.基于改进的BASS模型的服装产品生命周期研究[J].浙江理工大学学报,2010,27(1):69-73.
[34] 卞向阳.中国近现代海派服装史[M].上海:东华大学出版社,2014.

第三章

海派时尚流行趋势预测的前期准备

优质的前期准备能促使项目事半功倍地执行，前期的构思、企划、规则制定决定了项目的开展方向与执行方式，是整个项目操作流程中的重要环节。海派时尚流行趋势预测的前期准备是确保预测工作有序展开和预测质量的基础。流行趋势预测的前期准备主要分为两项内容，一是根据制定的预测规则展开调研，调研的结果是趋势预测的重要依据；二是结合预测需求，分析预测内容和选择预测方法。海派时尚流行趋势预测与其他流行趋势预测相比，由于文化和地域的特殊性，其前期准备也会存在特殊性。本章节依据不同企业对海派时尚流行趋势的需求差异，对海派时尚流行趋势的需求特征进行了梳理，探讨了不同趋势预测方法的适用性，并提出了海派时尚调研对象的合理筛选途径及原则，为海派时尚流行趋势预测的前期准备工作提供一定的理论参考。

第一节 明确海派时尚流行趋势服务对象的需求与动机

随着纺织服装市场的发展，企业呈现出多样化的服务特色。纺织服装市场已不能完全按照传统的一、二、三级结构进行分类，虽然这种形式结构依旧存在，但不少企业呈现出了跨级、动态性的服务特色，如原面料生产商涉足时装行业，部分成衣制造业的企业进军大规模定制等个性化服务行业。因此，海派时尚流行趋势如果以传统的服装行业层级结构的需求作为依据进行预测，势必难以与企业时下的需求准确结合，海派时尚流行趋势预测需要制定新的服务思路，以适应纺织服装行业的转型发展。

一、泾渭分明的分级：来自三级时尚市场的需求

（一）一级起点：原材料制造业

服装的原材料包括纤维、纱线、羽毛、塑料、金属等可用来制造服装及其配件的材料，服装的原材料市场可分为纱线市场、面料市场和辅料市场。所有服装的设计都基于一级市场的产品，因此，一级市场的市场供应将影响整个时尚行业的流行，是时尚行业流行的起点。然而，一级市场对趋势的错误判断也会影响整个时尚行业的态势。由于服装原材料企业面向的客户广泛，其产品的研发需要有的放矢地瞄准时尚行业的引爆因子，并表现出全面而广泛的特色，以满足大众需求为主，特色的小众产品往往通过订货的方式生产，避免过多资源的浪费。这便要求一级市场从宏观的角度对海派时尚流行趋势展开判断，强调产品的风格预测、概念预测、色系预测，而非具体到哪一种针法、哪一种具体花型、哪一种肌理的预测，毕竟客户的精确需求难以估量。具体而言，服装原材料制造业需要了解海派时尚流行的概念导向，海派时尚流行的色系导向和海派时尚流行的风格导向三个层面的信息。

1. 海派时尚流行的概念导向

概念预测也可以理解为主题预测，反映特定时代和地域的生活方式、情感需求

和思维浪潮。“流行概念”的判断是流行趋势预测工作展开的先行步骤，原材料制造业作为时尚流行的起点，对“流行概念”的捕捉和准确预测是极为重要的，“流行概念”决定了市场流行的大方向，也是其他预测内容产生的来源，它没有明确的指向性，适合指导任何时尚产品的开发。例如网红经济的兴起带来了平民化时尚的浪潮，时尚逐渐成为人人可参与的话题，而不只停留在由明星艺人发起时尚潮流的阶段，随着大众创造的时尚文化逐渐发扬光大，跨阶层的时尚艺术表现形式诞生，这便是网红经济时代下的流行新概念。至于跨阶层时尚艺术如何表现，则依据各个领域的设计师的发挥的作用。原材料制造业市场通过对宏观概念的有力预测，确保产品开发大方向无误，为订货商提供正确的产品流向区间，便于整个时尚产业市场良性运营。

“流行概念”依据生活背景事件或社会现象总结而来。根据“流行概念”的来源，可将其分为四类，分别为社会型概念、经济型概念、文化型概念和科技型概念。通过对生活背景的提炼，映射出可能流行的概念，例如科技型概念中，虚拟现实概念的兴起可以转变为“超越本体”“模糊现实”“幻想世界”等时尚概念。这些词汇的涵义较为抽象，趋势概念报告将对此进行详细解读，分解为可操作的设计方针。海派时尚流行概念的说明见表 3-1。

表 3-1　海派时尚流行概念说明

概念类型	概念释义	参考案例(来源 2018 秋冬海派时尚流行趋势)
主题概念	通过对背景事件的提炼总结出的海派时尚流行的总体方向	主题名称：临界点 背景要点示意(社会背景)： 1. 变革优化。2018—2019 年将是中国乃至整个世界在社会格局上新态势的明确之年，特别是中美与欧洲之间的关系，中国的国力发展或超过预期，优化社会问题的方向逐渐清晰 2. 精神溯源。世界不再是表象的时代，纵深的原因与传承的因子更加凸显，中国一大批新兴快速成长的事物将迎来淘汰期与稳定期，慢下来、精细化成为主流 3. 行动主义。多年来国内中等收入群体思想的觉醒，从思考到质疑再到更为积极有效的行动主义，带动整个社会不同层面，产生新的积极的社会风潮 4. 重心转移。欧美的社会危机逐渐加剧，难民问题日益严重，中国的积极发展将促使国际重心朝着东方转移
时尚概念	具有设计性、联想性的海派时尚主题分概念	复兴、灵感、真性、超体
产品概念	直接指导产品设计的概念	浮光掠影、转化传承、旅行日记、神秘事件、本真体验等

一份完整的海派时尚流行趋势概念报告包括背景分析、概念分析和产品概念三个板块(图 3-1)。由于背景是丰富多样的，即使对背景做了四项分类，也不能完全描述所有事件的特性，因此，海派时尚背景的描述每一类别至少有多条表述，每条表述对应若干时尚概念，以树状结构的形式最终提供多方面的产品开发概念建议。

图 3-1
海派时尚流行趋势概念报告结构

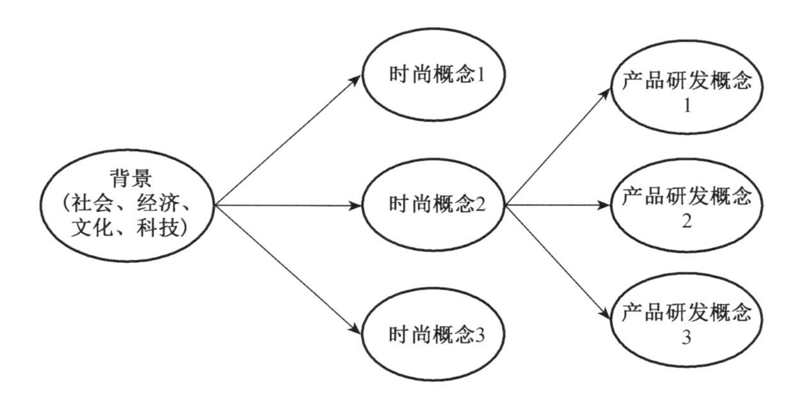

2. 海派时尚流行的色彩导向

在原材料制造业中,相关产品往往没有太多细节变化,例如纱线产业中,除了纱线成分、纱线工艺、纱线色彩、纱线风格外,几乎再无显著的设计特色,色彩作为最直观的视觉因素,因而成为最重要的产品设计要素之一。由于原材料制造市场以大批量的形式为客户提供货品,诸多产品为客户定制,差异性较大,因此,原材料市场在设计产品时,就更需要准确的色系预测进行指导,关注色彩引爆因子及其变化。

原材料市场对海派色彩流行趋势的需求表现在两个方面:一是流行的色彩特征,包括色彩的纯度特征、明度特征和色相特征,通过区间的形式为流行色设定上述三个属性的阈值,或者通过国际标准的色彩编号对典型流行色予以说明;二是对各种流行色的流行强度予以区别和说明,流行强度的说明一直是当代时尚流行趋势预测的薄弱环节,而对色彩流行强度的判断能更好地指导原材料市场进行产品开发,引导企业增加提供极有可能流行的色彩,将原材料供应商与成衣制造商之间的货品接口尽可能完全对应。海派时尚原材料市场色彩的需求层次如图 3-2 所示。

图 3-2
海派时尚原材料市场色彩需求导向

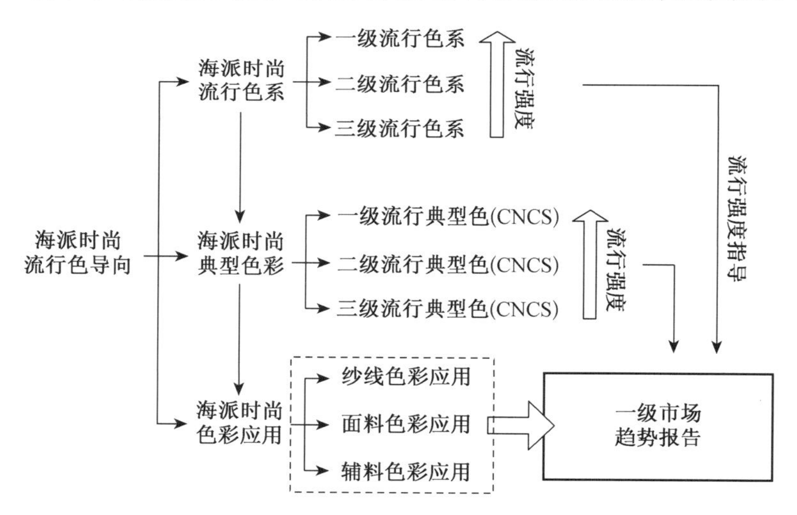

为便于海派时尚原材料制造业与成衣制造业、零售业的良好沟通,海派时尚流行色需要一致性的规范表述。中国纺织信息中心为配合我国纺织行业提升色彩管理水平,从 2001 年开始着手研究色彩的供应链管理,并建设了 CNCS 色彩标准和色彩实验室以对色彩的设计和应用进行研究,对色彩的系统性管理进行探索。

CNCS 色彩体系(图 3-3～图 3-7)是在视觉等色差理论及中国人视觉实验数据的基础上建立的，其色相、明度、纯度的数值差异与实际视觉色差具有很好的一致性，与国际上流行并享誉色彩权威的潘通色卡相比，更符合国内本土海派时尚流行趋势的需要。

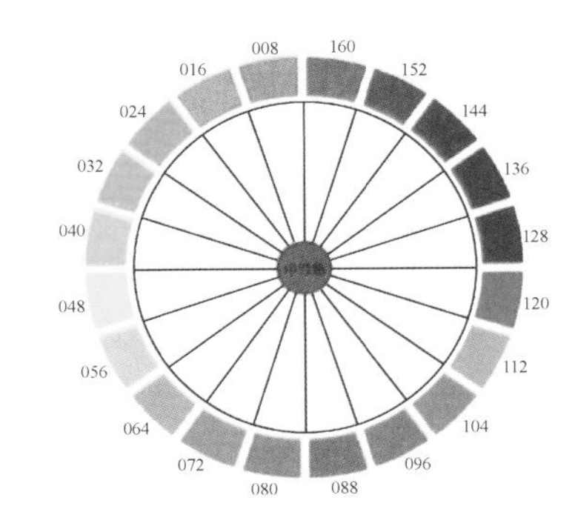

图 3-3
CNCS 色相环

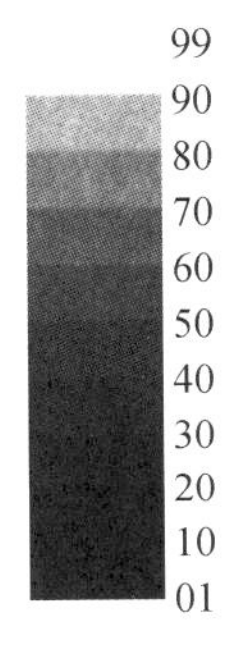

图 3-4
CNCS 明度轴

图 3-5
CNCS 彩度轴

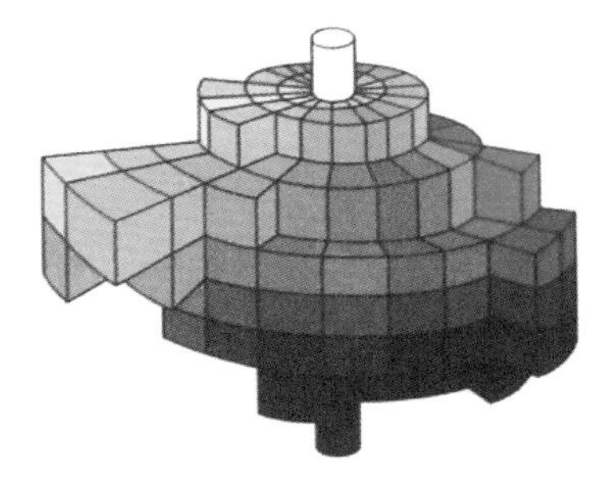

图 3-6
CNCS 色立体

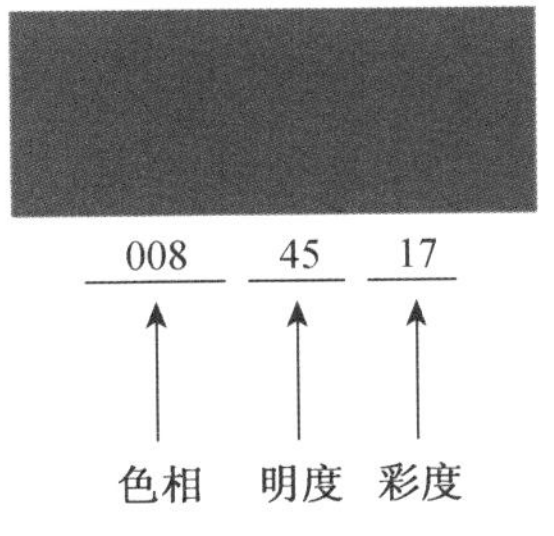

图 3-7
CNCS 编码

3. 海派时尚流行风格导向

风格要素是海派时尚流行预测的核心要素，风格要素的确定将影响其他流行要素的导向。原材料市场是海派时尚流行的起点，而流行风格的确定是进行其他流行要素判断的前提，因此，海派时尚原材料市场对服饰品的风格流行报告极为需要。在海派时尚流行趋势预测中，风格通常和主题相联系，共同打造趋势的核心思想。为便于海派时尚原材料市场对风格流行导向信息的充分利用，海派时尚流行风格流行报告应从风格类型和风格主题两个层面展开介绍，其中的内容除了介绍这些风格及风格主题流行要点外，也需介绍流行强度。流行风格的类型即为现有海派时尚流行风格的四大类（经典、自然、都市、未来），流行主题将流行风格大类具体化，更详细地指导原材料市场的产品开发，例如海派时尚都市风格又可以分为雅痞主题、朋克主题、哥特主题、波普主题等。海派时尚风格导向报告应分为四个版块，分别为风格类型介绍、风格主题介绍、风格主题强度差异说明、风格应用方式说明。表 3-2 为海派时尚流行风格导向的结构示意，关于海派时尚风格主题的说明详见附录 1。

表 3-2　海派时尚风格需求结构示意

版块一：风格类型	版块二：风格主题	版块三：主题强度	版块四：应用方式
经典	复古	●○○○○	以图文并茂的形式说明各个风格可通过哪些设计手法植入到产品中
	浪漫	●●○○○	
	……	●●○○○	
	制式	●○○○○	
自然	乡村	●●●●●	
	环保	●●●●○	
	……	●●●○○	
	民族	●●●○○	
都市	朋克	●●○○○	
	波普	●○○○○	
	……	●●○○○	
	雅痞	●●●○○	
未来	解构	●●●●○	
	现代	●●●○○	
	……	●●●●●	
	宇航	●●○○○	

服装风格的把握依赖于设计师的设计能力、专业素养、个人经验等方面，影响因

素复杂而模糊。由于海派时尚的特殊性，广而泛之地对流行风格的界定并不能适应海派时尚流行的需求，海派时尚流行风格的界定需要结合其本质特性与原材料市场的特性，并在趋势报告中显示各种流行风格的流行强度。现有的海派时尚流行四种风格虽然是基于海派时尚流行特征所总结的稳定流行风格，但是海派时尚是变化和发展的文化，这便要求对海派时尚流行风格的总结不断更新。

（二）二级主体：成衣制造业

成衣制造业作为时尚产业中的关键环节，连接原材料制造业和各级零售业，其产出内容反映了海派时尚流行的各个方面，因此海派时尚成衣制造业也需要针对所有流行要素的解读报告，包括流行款式、流行色彩、流行面料、流行工艺、流行风格。由于在风格层面的需求上，成衣制造业与一级市场相似，下述内容主要对款式、色彩、面料和工艺的流行需求予以介绍。

1. 海派时尚流行款式解读

成衣制造业对服装流行款式的指导需求以系统化和尽可能的详细化为原则，详细的流行款式说明能减少由于设计师个人的偏好带来的企划决策市场偏离。但并非所有的成衣制造业对服装流行款式的报告需求都是一致的，即使生产同一品类的产品，由于品牌定位的差异性，款式趋势报告也存在预测内容的差异。例如，快时尚品牌需要更为丰富的款式，而设计师品牌往往有自己浓郁的文化倾向和款式特征，产品更新速度也不及快时尚品牌，其对流行趋势中款式推荐的需求也次于快时尚品牌。因此，成衣制造业对海派时尚流行趋势的款式需求是多样的，但总体来说，海派时尚流行款式报告在形式上是一定的，下述内容总结了成衣制造业对海派时尚流行趋势的普遍性需求，也是海派时尚流行趋势的款式预测报告的结构形式。图 3-8 为海派时尚流行趋势预测关键单品说明案例。

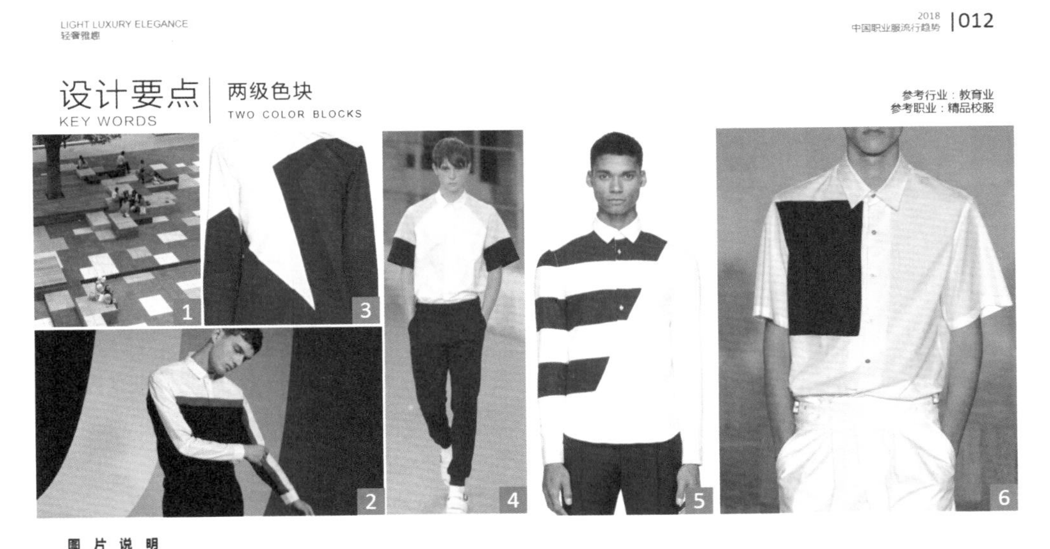

图 3-8
流行趋势预测报告关键单品说明示意图

① 服装品类：不同的服装品类决定了不同的服装款式，因此，对服装品类的明确是海派时尚流行款式预测的前提。品类名称通常作为海派时尚流行趋势款式报告的名称，便于成衣制造业的设计组直接选择对应的报告作为设计指导。

② 共性特征：共性特征便于设计师对流行款式要点的准确认知。并非所有的设计师都能依据零散的款式流行要点进行总结，因此，流行趋势预测报告对款式流行要点共性特征的提取有助于设计师对于流行趋势预测报告的理解，建立宏观上的款式流行概念。

③ 关键单品：关键单品是流行趋势预测者对于可能流行的款式进行构想的结果，由实物参考图、款式图和文字说明构成。关键单品的展示可供设计师直接借鉴，也可作为启发设计师创作的案例。关键单品的页面中需要介绍设计亮点以及创新元素，便于建立设计师对某个设计要点的认知。

2. 海派时尚流行色彩趋势预测解读

与海派时尚原材料市场的色彩趋势预测报告相比，成衣制造业市场的色彩流行趋势预测报告需求指向性更为明显。成衣制造业市场不需要了解色彩流行的区间，而需要了解准确的流行色及其应用方法。海派时尚色彩流行趋势预测报告有下述五项基本内容，也是成衣制造业对于色彩趋势指导的五个需求点。

① 消费群体：不同的消费群体对应的流行色有所差异，例如，男装和女装、年轻女士和中年女士的流行色皆有差异。海派时尚色彩流行趋势预测报告可以消费群体为名称进行命名，如：2018 春夏年轻女装流行色趋势预测报告，便于设计师选取合适的流行趋势预测报告作为设计指导。

② 色彩主题：色彩主题描述色彩流行的总体特色，便于设计师建立对本季度流行色的直观印象。

③ 核心色彩：核心色彩版面中详细介绍色彩及其编号，直接提示设计师将要流行的色彩，便于设计师对色彩的使用，提高工作效率，减少设计师对于相近色选择的困扰。但设计师也可将核心色彩作为设计参考，可依据品牌的特殊性或个人意愿予以调整。

④ 关键色彩说明：该板块为流行色述说了鲜明的故事，关键流行色的故事版并非只是为了增加流行趋势预测报告的艺术性，更多的是便于设计师理解色彩的情感，有助于该色彩的合理应用，仅有编号的色彩说明几乎不能告诉设计师该色彩的使用方法，而如何使用流行色也是成衣制造业对流行色报告的基本需求。

⑤ 流行时间表：服装品牌根据季节变化分多个波段上货，季节是导致色彩流行差异的关键因素，成衣制造业同样需要了解每个时期具体流行的色彩。流行趋势报告中所陈列的色彩是某个季度流行的总和，因此，流行趋势预测报告需要对号入座流行色与时间，满足成衣制造业的波段需求，图 3-9 为流行色主题与时间的关系图。

图 3-9
流行色主题与时间关系图(以2018秋冬海派时尚流行趋势为例)

3. 海派时尚流行面料解读

海派时尚流行面料的解读包括对面料风格、材质、图案的解读，这也是设计师选择面料的基本思路。面料的风格可以理解为面料的柔软度、透明度、悬垂度、光泽度、光滑度；面料的材质为面料的成分及成分比例；面料的图案包括平面图案和肌理图形。成衣制造业对面料的流行需求分为流行要点和流行方式两个层面，即流行什么和如何流行。因此，海派时尚流行面料报告难以用一份报告满足成衣制造业的需求，而是分为印花和图案、工艺、成分等多份不同内容的子报告。

① 印花和图案流行趋势报告：印花和图案流行报告以满足成衣制造业的图案风格、图案类别、图案素材需求为目的，对图案流行的特色进行全面预测。海派时尚印花和图案流行趋势预测报告也是一份面料印花和图案采购指南，从图案的来源、图案的描绘手法多方面定义流行要点，并且突出地表现图案流行的创新点，如"另类兽皮"通过艺术性的手法展示原生态豹纹的美感，"文化融合"将传统民俗图案解构重组，"迷幻午夜"展示郁郁葱葱的夜间植物景观等，以创意的口吻启发设计师设计或选择面料。

② 面料工艺流行趋势报告：面料工艺流行报告以满足成衣制造业的面料工艺正确选择需求为目的，对流行趋势预测的工艺手法予以分析。面料工艺包括刺绣、提花、印花、扎染、蜡染、雕花等手法，这些工艺设计师们早已熟知，面料工艺报告的意义便在于告诉设计师们哪些工艺会流行，以怎样的方式流行，可以通过一份集合面料创意设计与流行导向的综合报告进行解读。

③ 面料纤维流行趋势报告：面料纤维流行趋势预测报告也可以理解为面料成分流行趋势报告。面料成分的选择受季节性影响较大，因此，面料成分流行趋势报告往往提供具有新科技与新视觉的面料，满足成衣制造业获取面料行业新动向的需求，不断地获取新的原材料资源，也是设计师的工作职责。

（三）三级终端：各级零售业

虽然同一品牌不同的门店采购来源一致，但不同的地域、商圈也存在流行的差异，对海派时尚流行趋势的需求也因此存在差异。

1. 高端商圈与海派时尚流行的关联

高端商圈汇聚了国际顶尖的时尚品牌，是奢侈品品牌的聚集地，拥有品质和全面的服务体系，是时尚流行的引领者甚至创造者聚集地。高端商圈的入驻品牌大多参与了国际四大时装周，如古驰、路易·威登、唐纳·卡兰、迪奥、香奈儿、普拉达等国际一线时尚品牌，这些品牌的产品往往影响了国际时尚流行的动向，当之无愧地成为时尚流行趋势的创造者。海派时尚流行趋势与国际流行趋势存在共同性与差异性，海派时尚流行趋势更多地反映长三角地区的本土流行时尚规律，对于高端商圈而言，海派时尚流行趋势报告可提供借鉴的是地域性特色，通过了解海派时尚地域消费喜好，高端品牌可调整自身的配货策略。因此，海派流行时尚对高端商圈零售商的指导意义非常重要，对海派时尚潮流的了解能便于零售商合理地分配市场销售货品、更好地结合地域文化特色发展业绩。

高端商圈所需的海派时尚流行趋势报告分为两个主要层面：一是海派时尚生活概念，其中重点围绕海派社会精英人群中等收入以上群体生活方式展开调研，便于零售商了解海派高端人士的生活特色，从定性的角度建立对其生活方式的基本感受；二是介绍海派时尚流行的视觉元素，分为海派时尚流行色、海派时尚流行款、海派时尚流行面料三个板块。海派时尚流行色包括海派经典色和海派流行色，海派时尚经典色指最能代表海派文化的时尚色彩，流行色指某季度的典型流行色，两种不同类型的色彩呈现便于零售商建立对海派流行色变化规律的认知；海派时尚流行款式中需要结合长三角地区的市场特色讲述某种款式将会流行的原因，避免零售商知其然不知其所以然的问题；海派时尚面料特征介绍中需要介绍长三角地区高端消费者稳定偏好的织物风格类型、图案类型和某季度的流行特色，因为地域文化下的时尚流行具有相对稳定的流行形态。

2. 中端商圈与海派时尚流行的需求

相对高端商圈，中端商圈的受众面积较广，中端商圈的入驻品牌大多为时尚潮流的效仿者，其消费者也基本为时尚潮流的追随者。因此，中端商圈销售的产品特色受高端商圈的影响，这也符合时尚流行至上而下的传播特色，但效仿并不是盲目的，中端商圈同样需要知晓海派时尚的流行特色，把握海派文化的核心价值，以此避免采购偏差的现象。与高端商圈对海派时尚流行趋势报告的需求差异在于，中端商圈需要获取社会中时尚潮流追随者的消费及生活特征，与之相对的海派时尚流行趋势报告也是围绕这类消费群体展开的。

中端商圈所需的海派时尚流行趋势报告同样分为两个基本层面：一是针对中等收入及以下群体生活方式及其市场需求的调研报告；二是与之消费群体相适应的海派时尚流行元素整合，报告内容可以依据国际时尚秀场进行筛选。海派时尚流行元素报告方面，时尚流行色与流行款部分与高端商圈的需求构成一致，差异仅在于目标消费群的审美特征，但中端商圈对海派时尚面料流行的需求较为薄弱，面料需求包括材质流行报告、工艺流行报告和图案流行报告，工艺和材质往往受到成本的约束较多，过多的参考时尚流行趋势难免造成预算的超出，最终并不为这一群体所接受。因此，中端商圈对海派时尚流行视觉元素报告的需求集中在流行色、流行款和流行图案上。

3. 低端商圈与海派时尚流行的需求

与低端商圈对应的是社会低收入群体的消费商圈。这一群体对服饰审美并无太多自己的理解，因此，该阶层消费者对海派时尚流行的理解度不高，甚至并不重视，服装的采购以功能和价格为主要依据。因此，低端商圈对海派时尚流行报告的需求是可有可无的，这取决于其消费者对于时尚文化的态度。

二、跨级需求的出现:海派时尚产业转变带来的特有现象

(一) 原材料制造业跨级的海派时尚流行需求

原材料市场为实现利益的扩大,减少原行业中的竞争压力,实现企业的转型升级,通常会选择"原材料制造业—成衣制造业"的跨级路径,目前,不少原材料制造商选择打造时尚成衣品牌的方式提高自身的价值,扩大收益来源。由于原材料是成衣制造业的主要成分所在,原材料制造商向成衣制造商的转型也有着得天独厚的优势。但这并不意味着此类企业对于海派时尚流行趋势的需求也跟随企业发展路径而转移,由于此类企业存在原材料制造商和成衣制造商的双重身份,它们旗下成衣品牌的设计通常以自身原材料产品为基础,因此,此类企业需要的是兼顾原材料产品和成衣产品的专项海派时尚流行趋势。例如,衬衫面料的生产商打造了时尚衬衫成衣品牌,它便不需要与衬衫产品无关的其他流行趋势报告,海派时尚衬衫流行趋势便属于为该企业度身定制的专项流行趋势报告。

海派时尚专项流行趋势报告兼顾对原材料和成衣的双重内容预测,并且二者的内容存在链接关系,要求最大程度地联系企业产品与海派时尚流行。图 3-10 表述的是原材料制造业跨级的海派时尚需求结构,该结构的特征在于海派成衣产品流行趋势与原材料流行趋势的互补性,海派成衣产品的流行趋势预测需要依据原材料市场的产品作为起点,而原材料市场流行趋势的预测需要依据成衣市场的反馈结果作为依据,成衣市场的销售结果直接对原材料市场的流行趋势进行修正。其中每个环节的具体需求如下:

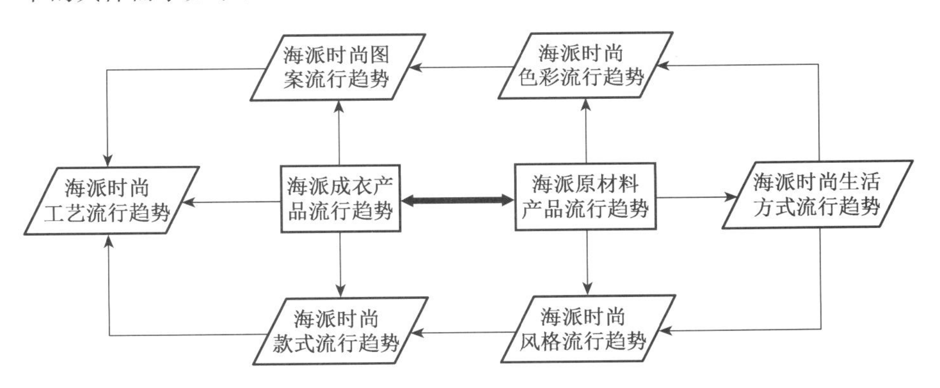

图 3-10 原材料制造业跨级的海派时尚需求结构

1. 海派时尚生活方式流行趋势

海派时尚专项流行趋势报告具有明确的消费主体,例如海派衬衫流行趋势预测报告针对的是长三角地区需要穿着衬衫的人士,他们生活方式所映射的文化概念特征将影响对衬衫面料的偏好。环保主义者注重可回收、零污染、无毒害的健康材料,更侧重选择清新舒适的织物风格和纯净自然的色泽;科技信仰者注重面料的功能性,偏爱"性冷淡"风格的色彩;都市乐潮人注重个性化的创意型面料,酷爱形制大胆的服装及其奔放有序的色彩搭配。海派时尚生活方式的总结即为对某一时期海派时尚生活方式的归纳,探讨衬衫消费群体的生活方式、关注热点,以此作为其他项目预测工作的依据。

2. 海派时尚色彩流行趋势

海派时尚专项流行趋势报告中的色彩分析兼顾原材料和成衣产品的共性需求，成衣制造业要求精准的色彩流行趋势预测说明，原材料制造业的色彩流行趋势预测需求强调区域性，实质上二者并不矛盾。例如衬衫流行趋势预测报告中，首先需介绍衬衫行业流行的色彩区域，再通过与服装流行款的结合说明推荐的流行色彩，确保该项趋势在成衣制造业和原材料制造业两个市场的可使用性。

3. 海派时尚风格流行趋势

海派时尚专项流行趋势报告中的风格分析是针对单品的风格细化分析，在具有稳定的品牌风格情况下，通过系列的设计反映时下的海派时尚风格流行趋势。趋势报告在介绍风格流行状况时，实质上是依据品牌自身状况做出的系列宏观规划。风格流行趋势的预测在原材料产品规划时就已经决定，并与品牌的风格趋势保持一致，连带的关系让企业的两种产品互助销售。

4. 海派时尚工艺流行趋势

海派时尚专项流行趋势报告中的工艺分析分为服装工艺与面料工艺两方面内容，例如休闲单西服采用搭缝、拱针的缝纫工艺和烂花水洗的面料后整理工艺，通过两种工艺的结合分析，完整地指导品牌产品开发。

5. 海派时尚图案流行趋势

海派时尚专项流行趋势报告中的图案分析既可服务于专项产品的图案设计，也能够为企业原材料产品的开发提供指导。事实上，企业最需要的是将海派成衣产品与其自身原材料产品密切结合，而不是为了某项成衣产品的图案再去另外开发面料，造成资源的浪费。因此，海派专项流行趋势报告从一开始就需要考虑两级市场的共性需求，以便于后期资源的互补。

6. 海派时尚款式流行趋势

海派时尚专项流行趋势报告中的款式分析要求对款式进行详细解剖，以衬衫品牌为例，报告中需要描述可能流行的款式细节，并按照一定的特征规律进行分类，为企业设计师提供最新的款式设计思路。

（二）成衣制造业跨级的海派时尚流行需求

成衣制造业的跨级表现在加工生产和品牌运作为一体的企业操作模式，形成“加工—设计—销售”完整的产品生产服务流程和设计作为核心的管理方式。由于运作模式的转型升级，该类企业的盈利重心也发生了转移，如何经营好时尚品牌，实现利润的最大化，成为了跨级成衣制造业的诉求。因此，品牌战略成为了跨级成衣制造业的关注热点，海派时尚流行趋势需要将海派时尚流行要点和品牌的基因文化相结合，寻求适合企业产品优化的趋势要点。与此同时，企业需要根据自身的选址合理布局产品。服装的流行具有显著的地域特色，如长三角地区的跨级成衣制造业需要充分了解该地区的稳定服饰形态喜好，随着品牌的异地加盟及扩建，便需要了解差异化的服饰喜好特征。具体而言，跨级的成衣制造业需要如下特征的海派时尚流行趋势报告。

1. 依托品牌文化的海派时尚流行趋势报告

跨级的成衣制造业通过成衣品牌化运作的模式实现企业优化升级，其所需的海派时尚流行趋势需要密切结合品牌特征，切实服务于产品开发及设计，因此服务于此类企业的海派时尚流行趋势切忌广而泛的流行要点，过于概念化的指导容易产生隔靴搔痒的指导效果，海派时尚流行趋势预测工作者需要依托品牌的文化打造适合该企业使用的流行趋势报告。

服装品牌文化是服装品牌在品质、个性、品味、价值取向等方面同时形成的文化特质，是企业在长期市场经营运作中逐渐积淀形成的一种文化现象，以及它们所代表的利益认知、情感属性、文化传统个性形象等价值观念的总和。服装品牌文化以产品的形式传递给消费者，品牌服装产品本身就是若干视觉要素语言的编辑组合，如服装的商标、吊牌、款式、色彩、材料、细节等元素就是服装设计最基本的“语言”材料。如何将这些元素结合品牌文化，通过海派时尚流行要点进行表达，以便成为适合此类企业趋势报告的核心思路。依据上文内容，成衣制造业的趋势基本需求表现为色彩、款式、面料三方面，跨级的成衣制造业所需的海派时尚流行趋势与品牌文化密切结合，具体而言，即是色彩、款式、面料三者趋势的制定分别与品牌的理念定位、元素定位、风格定位和顾客定位相结合。理念定位指品牌所倡导的精神文化价值导向，例如手工艺精工细作的理念，科技崇拜的未来化理念，环保可持续的健康理念等；元素定位指品牌视觉识别元素的明确，例如香奈儿的山茶花图形、巴宝莉的经典格纹、迪奥的新风尚造型、路易威登的棋盘格图案等视觉元素；风格定位指品牌产品基本调性的确定，包括民族风格、现代风格、怪诞风格、少女风格等，品牌只需应用一种风格作为产品开发的依据即可，过多则干扰品牌视觉元素的识别；顾客定位指品牌对目标消费群的定位，包括消费者年龄、性别、文化程度、生活方式等内容。品牌文化与海派时尚流行趋势的关联如图 3-11 所示，以流行色的预测为例，趋势预测者在制定色彩流行趋势的时候，需要考虑品牌文化的四个表现方面，品牌若注重可持续的环保理念，那么服装的流行色需要在自然温和的色系感觉下做分析，有可能本季度的海派时尚流行鲜艳的色彩，但对鲜艳流行色的分解介绍对该品牌并无实用价值，只有在与品牌理念定位相适应的色彩区间内做流行色分析，才能够真正地指导品牌进行产品开发。同理，款式流行趋势和面料流行趋势的分析内容也需从属于品牌视觉文化的各项因子。

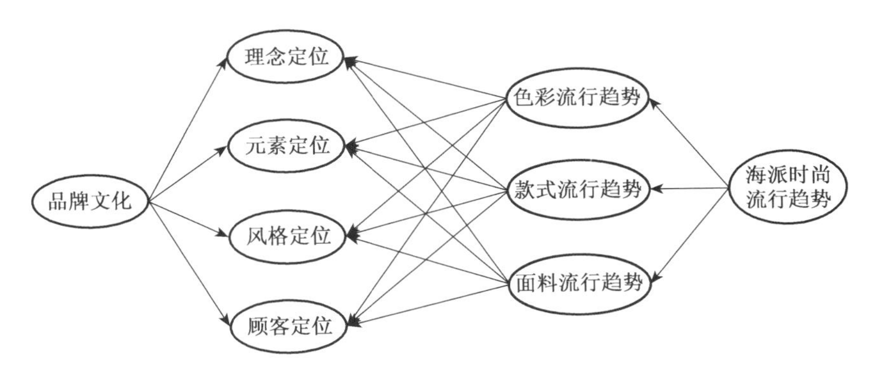

图 3-11
品牌文化与海派时尚流行趋势关联图

2. 依托地域审美的海派时尚流行趋势报告

服装品牌往往是跨地域销售的，品牌在创立之初也许只有一家门店，但随着品牌的发展壮大，多家连锁店将分布于全国各地，这便要求各个门店能结合流行趋势的地域性指导合理地配置货品。海派时尚流行趋势适合策源地在长三角地区的跨级成衣制造企业，海派时尚流行趋势背后的文化内涵和这类企业的文化特征具有共通性，此类企业旗下成衣品牌在发展过程中的跨地域特征需要海派时尚流行趋势合理结合其他城市的文化脉络。这与海派文化并不冲突，海派文化具有广博的包容性，海派文化发展与升级的本质也是在保证其在文化根源不变的基础上，不断顺应时代的变化并与多种文化融合。

我国的城市经济群可分为长三角、珠三角、京津冀、成渝四大基本区域，成衣品牌零售的分布也基本围绕这四个经济群为中心，向四周辐射。成衣品牌需要为各个门店提供基于地域特征的流行趋势作为配货指导，这便要求海派时尚流行趋势与其他三个城市经济群的审美特征相结合，结合方式如下：

京津冀地区是我国的政治文化中心，但在晚清以后，北京从未像上海那样作为一个国际化的商都存在，工商业者和城市平民的生活也从未成为媒体关注的焦点。过长的政治化历史严重遮蔽和剥离了北京作为都市的存在，它的主要身份是高度政治化和符号化的“首都”。以北京为中心发源的京派文化也同样受到儒家文化的影响，强调稳定、控制，同时也宣扬内修，有较浓的“士大夫”味道。京津冀地区的居民热衷于关心时事政治，对时尚信息的关注远少于长三角地区。京津冀地区居民的生活方式可用“正”来归纳，他们不喜爱在非主流的途径上购买服装，偏爱黑色、白色、灰色，简洁大方的服装风格，对淑女甜美、帅气中性、田园乐活的服装风格追求远不及长三角、珠三角、成渝地区。基于地域审美的海派时尚流行趋势报告落实在京津冀地区，主要内容为海派风格和京派风格的结合，当然为保证品牌基因血统的纯正，该报告依旧是基于海派时尚而制定的，只是在关键流行要点的推送上参考京派风格的特征，便于品牌零售商的合理配货。

珠三角地区的历史名城广州的城市特色毫无皇家气象，也不规范在礼仪典章里，而是体现在一系列的矛盾组合中。例如，广州人的务实低调与“饮头啖汤”的开拓精神；广州的边缘性、非主流性与作为近代中国一度的外贸中心和政治中心的地位；广州社会的现代性与民间传统的古风犹存。因此，珠三角居民具有标新立异的开拓创新精神，是中国民主革命的策源地，他们对“另类创意”服装偏好高于其他城市。因此，珠三角地区的海派时尚品牌需要更为大胆与创新的海派时尚流行趋势，趋势报告在制作时务必将大胆创新的部分加以具体说明，以适应珠三角地区的服饰喜好特征。

成渝地区的居民喜好怡然自得的闲适生活，慢节奏的生活方式也促使成渝地区的新品接受速度低于其他城市。长居成渝地区的消费者，偏爱于淑女甜美、田园风情特色的服装，对运动风格和中性风格的喜好度较低；川妹子鲜明的个性也使得靓丽高饱和的色彩受到青睐，而黑白灰色系的喜好度较低。因此，成渝地区的海派时尚品牌需要更为女性化的趋势报告，突出表现女性的浪漫与妖娆，侧重于海派浪漫主义风格、装饰主义风格的导向，对现代风格、后现代风格、未来主义风格等具有中性色彩的风格导向予以弱化，同时侧重于高饱和流行色的解说。

3. 依托流行周期的海派时尚流行趋势报告

服装流行时尚的传播周期是呈正态曲线分布的，如图 3-12。对于服装流行周期的研究开始于 20 世纪 80 年代。流行周期指某一流行时尚从风行一时到最后销声匿迹的全过程。美国色彩学家海巴・比伦提出了流行色周期理论，通过对历史上流行色演变的实际情况进行观察，发现流行色的变化周期包括四个阶段：始发期、上升期、高潮期、消退期。整个周期的过程大致经历 5～7 年，其中高潮期会维持 1～2 年。同时，也有一些学者认为目前色彩的变化速度已经越来越快，服装流行色的周期缩短为 3 年甚至更短。由于各地消费者的审美标准、色彩喜好、经济购买力等要素不同，流行色的周期势必会因为这些差异而有所变化。同样，一个周期内的流行色发展形态也会因上述因素略有差异，基于地域特色的流行要点周期预测也是海派时尚流行趋势的重要内容。

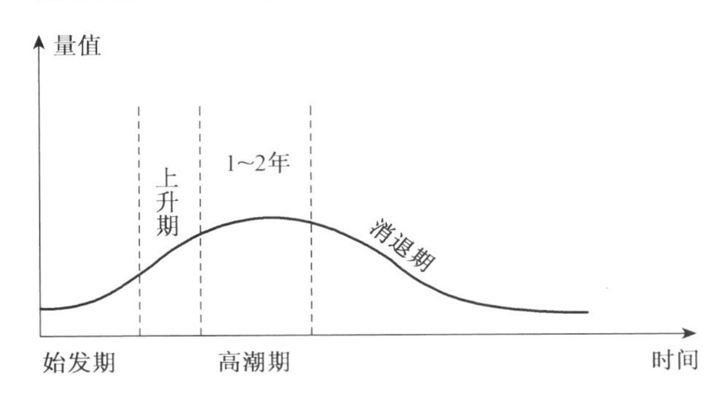

图 3-12
流行色传播周期

何吕锋在《网络女装品牌规划的五大核心要素》一文中指出流行时尚被消费者接受的阶段规律是：赶潮流者约占 2.5%，前期接受者约13.5%，主流消费群体约 34%，后主流消费群体约 34%，拒绝者约 16%。因此，某款服装销量最好的时候其实是在该流行要点开始呈下降趋势的时候。跨级的成衣制造业不仅需要了解流行什么，也需要了解该流行点的流行规律，以免盲目补货造成库存。库存问题的增加与缩减与流行趋势的准确度有着密切关系，也与现有趋势报告在流行要点的周期判断环节相对薄弱有关，而流行时间预测正是服装品牌所需的内容，以此作为服装波段货品设计及生产的依据。总而言之，跨级的成衣制造业需要流行要点的流行曲线，而非仅仅是流行要点的内容解说。

（三）零售业转型升级的海派时尚流行需求

即使电商时代的到来让传统服装零售业遭到了重大打击，但服装零售实体店仍然有着不可替代的优势。电商带来的冲击迫使服装零售业优化升级，在零售业转型过程中，原有的海派时尚流行趋势无论是形式上还是内容上，同样需要转型升级。为促进零售业的转型升级，国务院出台了《关于推动实体零售创新转型的意见》，提出要推动实体零售实现三个转变，即由销售商品向引导生产和创新生活方式转变，由粗放式发展向注重质量效益转变，由分散独立的竞争主体向融合协同新生态转变。落实到服装零售业上，可表现为品牌服装生活馆的建立，高品质服装单品的打造，品牌服装集成销售的三种转型趋势。

1. 品牌服装生活馆与海派时尚流行趋势

为塑造品牌文化的价值理念，提升品牌的形象地位，服装生活馆成为了时下高端品牌青睐的零售实体形式。此类实体店的兴起也标志着时尚服饰品牌的成熟化和系统化，例如，雅莹在嘉兴开设了生活馆，例外在广州开设了概念店，这类实体零售在销售服装的同时更多地把客户带入自身的品牌文化中，通过环境的感染协助客户建立对品牌的认知，培养客户对品牌的情感依赖。事实上，诸多客户选择购买高端产品的原因便在于感受其购物氛围，体验品质服务。生活馆的打造是高端零售实体升级的重要一步，这便也要求海派时尚流行趋势提供更多的设计型理念、故事、情感，而非简单的流行细节、色彩、面料等。品牌服装生活馆需要海派时尚流行趋势提供与实体店地理定位相关的生活方式、流行趋势话题，并以时尚故事的形式感性传达。趋势的内容不仅包括服装流行趋势，也包括服装边缘产品的流行趋势，例如时尚生活物件、装修风格、彩妆造型、美食娱乐等，这也是海派时尚流行趋势中有待开发的内容。

2. 高品质时尚单品的打造与海派时尚流行趋势

电商对实体的冲击实质上是服装零售实体优胜劣汰的过程，并且在这个过程中，强大而优质的零售实体会努力通过技术手段实现自身的品质升级，杜绝不健康的竞争方式，因此，在大批量零售实体倒闭破产的同时也催化了高品质时尚单品的层出不穷，这便要求海派时尚流行趋势以更优质分析、更实用的方式服务于实体零售。当然，这项要求对于趋势预测机构来说也是最困难和最抽象的，更优质的分析意味着预测方法的优化升级，传统的专家预测法可能不能适应实体零售品质升级的需求，如何通过合理的预测模型实现更为精准、指向性更明确的分析，成为趋势预测工作者迫在眉睫的待解决问题。更实用的方式指趋势汇报的形式发生转变，传统的趋势汇报以讲述的方式向企业灌输未来的海派时尚流行要点，大量信息的快速输入难免造成企业零售商的消化不良，为适应高品质时尚单品的打造，海派时尚流行趋势可通过分段解读和更为可视化的形式提供给企业。例如，趋势汇报与企业波段设计的节奏保持一致，并利用图形形态大小的差异表现各个元素的流行强度、周期。海派时尚流行趋势在预测方法和表达方法上的升级是一个漫长的过程，也是当代学者持续探讨的话题，需要在理论与实践相结合的状态下逐步提升。

3. 品牌服装集成销售与海派时尚流行趋势

为提高单个门店的产出以及顾客占有率，品牌服装集成零售店大量出现。品牌服装集成店将不再局限于女装或者某一风格，伴随集成店浪潮的出现，国内零售品牌也将出现，而且随着百货商场渠道的饱和以及品牌商的壮大，会有更多的服装品牌集合店出现。品牌集成店的形式使得某入驻品牌的品牌文化不再通过终端的形式呈现，集成零售品牌自有其陈列方式，因此，品牌文化的塑造需要施加更多的压力于产品本身。对于集成零售店来说，海派时尚流行趋势的作用相对单一的品牌零售店有所扩大，单一零售店由于自身产品的限制，对流行趋势的采纳是有限的，而集成零售店可完全依据权威的流行趋势预测结果开展自己的采购工作，流行趋势也因此得到了价值扩大。品牌服装集成店要求海派时尚流行趋势最客观地展示说明即将流行的要点，并且每个要点的权重无需有差异，集成零售店只需要了解哪些是爆款，哪些是引爆因子即可，无需考虑流行的风格是否统一、色彩是否成系列等品牌设计需要考虑的问题。一般而言，集成零售店中流行款比例将高于单一品牌的零售店，相反，在单一品牌的零售店中，经典款比例通常高于流行款。因此，品牌服装集成店需要海派时尚流行趋势全面地呈现出所有可能流行的要点，有助于体现零售店中时尚流行元素杂而不乱的特征，满足海派时尚消费者欲将珠翠罗绮尽收眼底的心理。

品牌服装集成店以收录成熟的设计师品牌为主。目前，为扶持时尚行业新兴的设计师，协助这些初出茅庐但颇具创意的设计新星完成自己的设计梦想，时尚孵化器也是服装集成品牌的一种形式，只不过孵化器收录的群体是具备市场潜力的设计新生力量。对于这些时尚创意纯净而生动的新生力量，他们的优势在于能够不受设计工作潜移默化的固有规则影响，以纯粹的观念表述至高的创意境界，但也由于其市场经验的匮乏，他们天马行空的设计思绪容易偏离市场发展的轨迹。因此，对于海派时尚孵化器而言，海派时尚流行趋势的指导作用便更为重要了，孵化器不仅需要了解哪些可能成为爆款，也需要系统地了解如何利用海派时尚流行趋势合理地布局和规划产品，引导设计界的新生力量完成他们的产品和创作。

三、动态的需求：海派时尚定制化服务的多样性需求

海派时尚流行趋势同样服务于定制服装品牌，但由于定制品牌需要依据客户的需求设计产品，这便形成了流行趋势应用的复杂性。定制服装基于顾客的个人诉求、体型特征、气质类型，以顾客需求为驱动和导向，依据顾客对设计、裁剪、工艺、服务、价格、销售方式等方面的要求制作属于顾客独享的服装。每个客户均有不同的教育背景、审美喜好、性格特征、身型特征，这便要求定制服装品牌的产品呈现多样性，海派时尚流行趋势也因此需要定制化的服务满足多样性的需求。根据定制程度的差异，定制服装可分为：全定制、半定制、大规模定制，这三种类型的定制对海派时尚流行趋势皆存在不同的需求。

（一）全定制产品与海派时尚流行趋势

全定制指从量体、设计、制板到缝纫的各个环节均按照顾客的需求进行产品开发的模式，因此，全定制产品是完全单量、单裁的产品。全定制产品对海派时尚流行趋势的需求较为薄弱，从客户层面出发考虑的因素较多。为此，海派时尚流行趋势需要对消费者的体型特征、肤色特色、气质特征做详尽分类，对每种特征适合的款式、色彩、面料、工艺、风格予以规划；接下来将海派时尚流行趋势中总结的要点与客户适合的数据相融合，依据客户的意愿和设计师的观点进行筛选，最终

完成定制产品的设计。为满足全定制产品的趋势需求，海派时尚流行趋势需要增改的主要内容在客户稳定消费喜好与适合元素的分析上，这项内容与趋势预测无关，却是基于流行趋势的全定制产品设计的前提，定制产品的设计是建立在客户特征分析和流行趋势分析的双重内容上，以适应客户动态多样化的喜好特征。与海派时尚流行趋势相对应的客户特征分析也是海派文化背景下的客户特征分析，定制化的海派时尚客户消费推荐体系可将客户的体型、肤色、气质特征与适合的海派设计元素相对应（图 3-13），避免因为项目的差异而造成元素筛选时的偏差与错位。

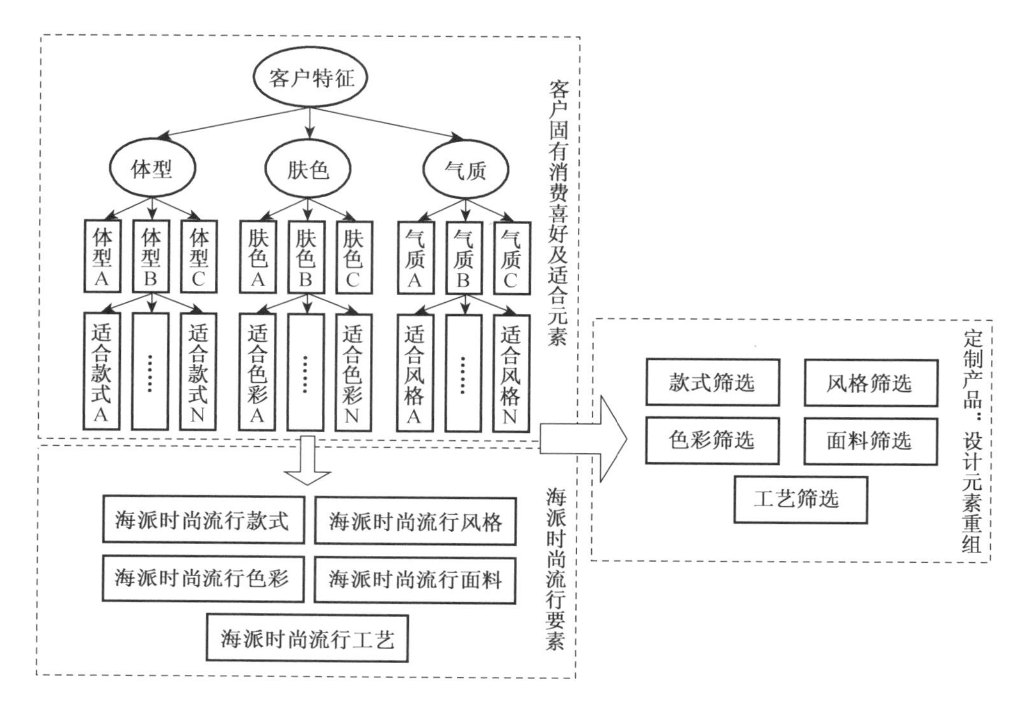

图 3-13
定制化的海派时尚流行趋势应用模式

（二）半定制产品与海派时尚流行趋势

半定制指在依据原有产品的基础上，依据客户需求进行修改定制的形式，客户可参考品牌提供的图片，依据自己的喜好更换面料、修改尺寸、添加图案等。半定制的定制形式介于成衣和全定制之间，相比全定制长达数月的漫长等待，半定制有着近乎成衣的即时性，且价格低于全定制。半定制也是许多时尚大牌青睐的定制形式，如布莱奥尼、伯爵莱利、康纳利、古奇拉利等品牌，他们不做全定制。

半定制产品对海派时尚流行趋势的需求与成衣品牌相似，因为半定制提供的参考样衣本身就是品牌现有的销售产品。但是半定制品牌需要结合流行趋势向客户专业地推荐现有产品的调整策略。因此，在半定制品牌中，海派时尚流行趋势需要准备两种版本，一是为设计师提供的流行要素指导，二是服务于客户挑选的趋势指导。大多数客户在选择修改方案时具有盲目性，他们不知道自己适合什么样的色彩、款式、风格，需要专业的人士引导，客户版海派时尚流行趋势在此变成为客户消费的引导工具，为客户提供便于阅读的海派时尚流行信息，这便要求客户版的海派时尚流行报告具有通俗性，忌过于生僻、专业的术语，以便客户一目了然即可获知流行信息。具体而言，客户版海派时尚流行趋势需要具备如下特征：

1. 以图片为主导

客户消费的目的是为了获取适合自己的服装，而不是为了看懂趋势报告。因此，客户版海派时尚流行趋势尽量避免大段的文字描述，甚至可以用图片代替文字信息，让客户以“看图说话”的形式建立对海派时尚流行要点的认知。当然并非客户版趋势报告就要取消文字内容，文字释义可以关键词的形式出现，通过简洁的词汇让客户一目了然流行要点。

2. 面料信息更为丰富

半定制的产品通常风格、款式都已经确定，客户也是在对该款式认同的情况下选择对此产品进行优化和调整，因此，款式、风格的流行趋势对客户的再设计并无太多指导意义，客户可能依据自己的体型特征要求对袖长、衣长、肩宽进行简单调整，面料和色彩因此成为客户再设计的主要内容。相对于色彩，面料对于绝大多数非纺织行业人士是较大的盲区，无论是在织物纤维的识别还是新型织物的判断上，都会成为客户认知的难点。因此，客户版的海派时尚流行趋势需要花费更多的精力，用简洁明了的方式传达更为丰富的流行面料信息，并通过实物的形式呈现，给予客户直观的感受。

3. 色彩趋势结合面料展示

客户版海派时尚流行趋势在流行色的介绍上，需要结合具体的织物进行展示，激光打印的纸质色彩和数码打印在织物上的色彩存在差异，这是由织物的属性特征决定的，因此，纸质版色彩不能直观的展示织物上的色彩，这就是为什么专业的趋势预测机构会选择布卡分析流行色，而不是市场上最通用的潘通纸质色卡。由于面料质感的不同也会造成色彩显示的差异，最终让客户感觉自己选错了色彩，因此，色彩流行趋势的解读需要和面料版结合设计（图 3-14），在展示面料流行趋势的同时也直观展示了色彩趋势，例如羊绒面料的趋势版块，除了说明羊绒面料的几个流行要点外，也将流行色打印在对应的羊绒面料上，这种方式除了避免色差困扰，也更为简洁地向客户介绍了流行趋势。

（三）大规模定制与海派时尚流行趋势

大规模定制是企业利用现代信息技术、敏捷和柔性的制造过程及组织形式，以接近大批量生产的成本为消费者提供满足其个性化需求的产品和服务，业务流程更倾向于零部件的选择、组合与装配过程。大规模定制的优势在于可充分利用客户的主观能动性，生产制造最大程度符合客户心意的产品，同时降低了产品研发的风险，客户根据企业提供的设计元素进行组装，自己参与设计。由于现有的模块化设计中的设计元素较为基础，难以满足客户个性化的需求，因此，海派时尚流行趋势是以丰富设计零部件为宗旨，为客户提供更多的、个性化的、时尚化的设计参数。与模块化的设计方法相对应，海派时尚流行趋势的呈现也应以模块化的形式，便于海派时尚流行趋势在设计系统中的应用。

图 3-14
流行色与面料展示相结合

1. 海派流行款式信息模块化

模块化的海派款式流行趋势报告将服装款式解剖为领部、袖部、肩部、衣身、分割线、下摆、口袋、袖口等部分，并依据这些模块进行流行度挖掘，最终趋势报告围绕这些模块提炼出流行的要点，作为附加模块提供给客户选择，如图 3-15。

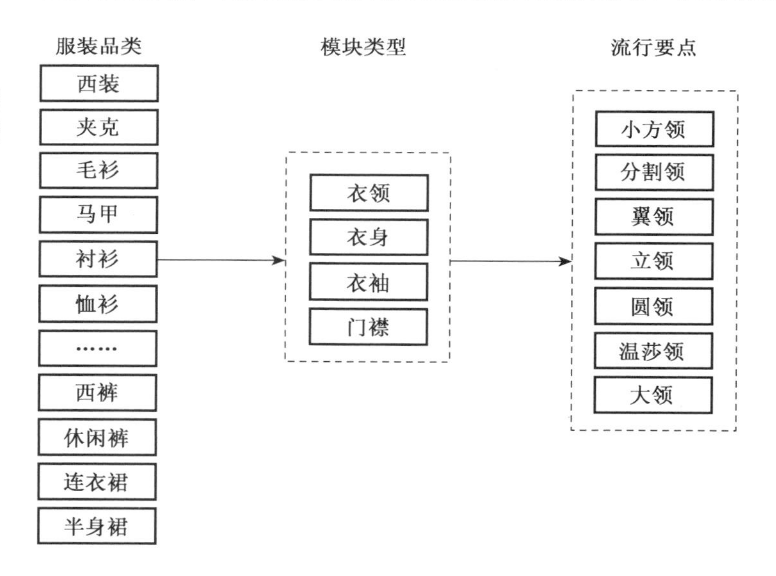

图 3-15
海派流行款式信息模块化分析结构图

流行款式信息的模块化较为容易，大规模定制中的模块化设计大多也是以款式为基础呈现给客户选择的。当海派时尚流行趋势注入到大规模定制品牌的模块化设计后，模块化设计窗口因此呈现出了两个基本版块，一是原有的基础款式模块，二是流行款式版块。这样设计的目的在于让客户明确流行要素有哪些，客户在追求时尚与个性的心理引导下，会更加留意流行元素，而对流行元素的订购容易为企业带来更多的销售机会，这是由流行元素的时效性决定的。

2. 海派流行色彩信息模块化

海派时尚色彩信息的模块化要求与款式模块一致，即客户在挑选款式零部件时也可以选择该零部件的色彩，因此，海派时尚流行趋势在整理色彩流行信息时，尽量不要以单一的色彩版形式介绍，而应采用将款式与色彩搭配相结合的描述方式，如军绿色风衣、卡其色大衣、酒红色半身裙等。由于大多数客户并非设计专业出身，对服装设计配色问题存在不专业性，色彩模块与款式模块相结合的方式可协助客户搭配出更优质的产品方案。

3. 海派流行面料信息模块化

海派时尚流行面料信息的模块化与色彩模块化的方法一致，通过与款式的结合推送对客户选择更有价值的信息。因此，海派时尚流行趋势报告在制作时，需要采用将流行面料与应用款式相结合的描述方式，例如羊绒大衣、天丝衬衫、铜氨丝连衣裙等。由于大多数顾客存在对面料风格、手感等知识的欠缺，海派时尚流行趋势在阐述面料流行趋势时，务必介绍面料的特性，这一点也需要备注在大规模定制的模块化设计系统中，协助客户选择合适的面料。

第二节　找到适合自己的海派时尚流行趋势预测方法

目前，国际上对流行趋势的预测主要分为三种方法。一种是以西欧为代表的，建立在经验基础之上的直觉预测和假想预测；另一种是以日本为代表，建立在市场调研量化基础上的数据预测；第三种是以数学模型和计算机技术相结合的数据预测方法。总体而言，流行趋势可分为定性预测和定量预测，尽管学术界一直在探讨如何提高流行趋势预测的准确度，但并非准确度最高的方法适合所有的企业，传统的趋势预测方法也不能完全否定其价值，在某些情况下，感性的判断甚至更优于理性的定量分析。本章节重点讨论直觉预测、假想预测和数据预测三种预测方法，并分析其适合的机构，为企业对海派时尚流行趋势的应用提供参考。

一、从直觉出发的决策：简单应对混乱的趋势现象

直觉预测法是目前欧美及国内市场上主要的预测方法，根据过去发生的事情进行综合分析后选择流行要素，包括专家会议法和德尔菲预测法，但无论是哪种形式，其本质都是基于专家直觉分析的预测方法。直觉预测法看似存在诸多不可靠的因素，但在趋势预测领域兴盛多年，其背后必然存在科学性和可操作性。

（一）直觉预测的科学性

直觉是一个古老的话题，远在几千年前，古希腊的先哲们就开始谈论它。但直到现代，人们才把这个概念放到科学创造过程中，从科学意义上加以讨论。广

义的直觉大体可以分为三个层次：作为心理现象的直觉，作为认识过程和思维方式的直觉，作为认识结果即知识形态的直觉。直觉思维是人类的一种基本思维方式，它凭借个体独特的直觉能力，根据对事物产生的整体智力图像，直接把握事物的本质和规律。直觉思维常常表现了人的领悟力和创造力，它具有直接性、突发性、非逻辑性、或然性和整体性等特点，是人脑对客观存在的实体、现象、词语符号及其相互关系的一种迅速的识别、直接的理解、综合的判断。海派时尚流行趋势的直觉预测主要表现在基于对海派时尚事物及周边环境认知基础上，通过个体对流行规律的感受，直接产生的流行决策。因此，依靠直觉预测的海派时尚流行并非毫无依据的联想，而是基于客观认知和知识整合后的推测判断，换言之，对时尚事物缺少关注的群体是不可能对时尚流行趋势产生直观判断的。根据认知心理学的相关理论，海派时尚流行趋势的认知需要人们经历对海派时尚知识感知、学习、记忆、思考的过程，其科学性主要表现在对海派时尚知识积累的客观性上。

从知识角度上而言，海派时尚流行趋势的决策过程就是对海派时尚知识的利用过程，是预测者在掌握充分海派时尚信息基础上对信息加工的结果，这与其他趋势预测方法的素材来源是一致的，都是基于客观实在产生判断。西蒙指出："直觉不是神秘的、不可解释的现象，而是一个熟悉的过程，是个体在先前知识经验基础上再认识某事物的过程"，经验和相关知识的积淀对直觉的形成具有根本性作用。海派时尚流行直觉预测通过经验知识展开，经验知识是海派时尚观察者们在长期的实践和总结中得到的行为指南，面对新的海派时尚预测课题，预测者会对所积累的海派时尚知识进行总结学习，并依据自身的经验，重新构造海派时尚知识，因此，海派时尚知识积累得越多，直觉预测便更准确。

（二）直觉预测的适用性

直觉预测的特殊性决定了其特殊的预测价值，集中表现在时效性预测和启发性预测上。这两点特征是任何其他趋势预测法所不能及的，例如趋势预测需要大量的资料和运算模型，按照预测的逻辑性，一份趋势预测报告最多的时间将花在前期调研的工作上，最终以理性的口吻陈述趋势预测结果；而直觉预测法从工作思路、方法到结果完全与之相对，花费短暂的时间，以创造性的口吻描述预测结果。两种预测方法各有利弊，但不可否认直觉预测对于时间紧迫的预测工作和创造性设计的指导意义。

1. 海派时尚流行趋势的快速预测

直觉预测具有直接性、顿悟性的特征，不受固定逻辑方式的束缚，不依赖于严格证明的过程，根据预测专家的总体把握对未来流行趋势予以判断，这种基于专家知识的直觉预测方法适用于时尚流行趋势的快速预测。在现有资源欠缺的情况下，直觉预测法是最好的预测方法。

目前，除了时尚流行趋势预测机构自主开展的趋势研发在时间把握上具有较大的可控性外，以企业需求为导向的时尚流行趋势通常要求快速反应，这便让依据企业需求而展开的趋势市场调研存在不可操控性，直觉预测法因此成为服务于企业趋势预测工作的主要方法，主要表现为专家预测法的应用。简而言之，直觉预测法是在有限时间内适用的预测方法，是在市场调研无法正常完成时最优的预测手段，但这并不意味着直觉预测法比依据逻辑推算的方法差，相反，直觉预测法存在着超精准预测的可能性。

基于直觉预测的速度优势，直觉预测适用于部分快时尚品牌的产品开发。这些快时尚品牌有着自己独特的市场反应机制，能够把市场动向迅速地反映给设计师，使流行爆款在达到强度周期至高点之前能迅速投放市场，这一过程除了依赖于强大的市场数据分析系统外，也依赖于创意总监的直觉推理。创意总监在某个流行元素的萌芽和初始阶段进行产品的研发设计，这一过程并非"无中生有"，而是通过他们敏锐的时尚洞察力迅速地补充产品，并且也只有快时尚品牌能够在极短的时间内完成从产品的研发到市场投放这一过程。

2. 海派时尚流行趋势的启发性预测

直觉预测通常带有神秘的面纱，易被人们误解成为原始的、初级的思维方式，甚至被人们认为是流行预测的最低级方法，这种看法忽视了直觉预测最大的优势，即时尚流行直觉预测的艺术性与创造性特征。直觉预测能够把埋藏在潜意识中的思维成果结合所需要解决的问题释放出来，从而使得问题顿悟似的、超乎想象地解决。海派时尚流行趋势的直觉预测亦复如是，专家预测法往往会带来颇具创造性的惊喜。科学实践证明，直觉思维是人类的一种基本思维方式，它在人类的创新与发展中具有十分特殊的重要意义。

简而言之，直觉预测的方法有助于时尚创新现象的产生，有助于海派时尚设计的新思维发展。即使专家预测法省去了大量的市场调研时间，利用专家长期自我收集和观察的数据建立对未来流行的认知，这并不意味着专家预测法可以在极短的时间内完成预测工作。以海派时尚流行趋势为例，预测内容分为海派时尚信息收集与判断和海派时尚流行趋势报告制作，专家预测法在前期工作上节省了大量时间，但需要花费较多的时间制作趋势报告，感性预测的趋势报告更具有创意性和艺术性，对启发设计师具有良好的作用，能更好地启发设计师完成工作，甚至能让设计师在学习时尚流行趋势后更兴奋地去设计。

因此，基于直觉决策的专家预测法更适合服务于条件有限的创新型企业，特别是极具创意的设计师品牌。创意型设计师具备卓越的想象力，他们偏爱用感性的思路去发掘生活中的趣味现象，并擅长用图形图像的方法呈现自己的设计思路。相反，他们并不能适应纯理性、纯数字的逻辑思维推理即将流行的要点，在创意型设计师的思维方式中，感悟比分析更重要。因此，直觉预测的优势能够适应创意型设计师品牌的工作思路，并且形成优势领域的相互补充、协调与共进。另一方面，创意型设计师品牌通常服务的群体较小，因此企业的规模也不大，财力方面难以支撑其他趋势预测方法的执行，直觉预测对财力的要求较小，能够在较短的时间和有限的物质条件下规划出创意性强的服装流行趋势指导方案，确保时尚创意工作的有序进行。

3. 海派时尚流行趋势的主题性预测

主题性预测存在每类趋势的内容中，是各类海派时尚流行趋势的核心思想。主题性预测可细分为风格主题预测、色彩主题预测和面料主题预测。直觉主题预测有助于把握海派时尚流行的本质和规律，促进海派时尚的系统化发展。直觉思维具有整体性的特征，侧重于从整体上把握和认识事物，而不是拘泥于某个细节展开认知分析。在海派时尚流行趋势预测的过程中，直觉预测也是建立在对海派时尚流行信息的整体认知上展开的判断，预测专家不会刻意去逐一收集每一季发布的琐碎产品特征，而是根据整体印象对流行要点进行定位，倘若一开始便考虑细枝末节的流行要点，则难以把这些要点统一起来，构筑海派时尚流程趋势的大方向。因此，直觉预测法从宏观上建立对海派流行时尚认知的特色是便于把握海派流行的总体特征和流行规律的，其对主流事物的把握能够促使海派流行时尚健康系统地发展。直觉预测同样对海派时尚主题预测具有显著意义，通过趋势预测专家建立宏观上的流行主题后，再结合逻辑性强的数据分析完善趋势报告，是现阶段最合适的预测方式。主题性预测以故事的形式呈现给读者，颇具启发性和创意性。因此，建立在直觉预测基础上的主题性预测，更适合海派时尚的创意型机构，包括空间展示创意机构、服装创意品牌、创意服饰品品牌、创意工艺品品牌等。

（三）直觉预测的基本思路

根据认知心理学的相关理论，直觉预测是建立在对事物感知、学习、记忆、思考的过程上，海派时尚流行趋势的直觉预测同样经历了对海派时尚信息的识别、加工、记忆、推理几个阶段，这也是对事物的认知由知觉转变为知识再到决策判断的过程（图 3-16）。

1. 海派时尚信息识别

海派时尚信息的认知依赖于对视觉、听觉、触觉多方面的感受，并依据加工系统对其进行识别。对感官上记录的信息通常有两种识别方式：一是自下而上的识别方式，这种方式强调的是识别物体的时候刺激的特征是最重要的，具体来说，感官接收器记录环境中的物理刺激，产生了信息之后被传递到知觉系统中更高级和复杂的水平上。二是自上而下的信息识别，强调人们的概念、期望和记忆是如何影响人们识别物体的。视觉加工的最初是通过自下而上的形式，但顷刻之后便开始了自上而下的识别。海派时尚流行趋势预测工作者在大量捕捉和观察海派时尚信息的过程中，实质上也是通过这两种形式对信息予以识别的。在两种识别形式的作用下，感官信息的内容才被界定。因此，直觉预测从信息识别开始便不具备绝对的客观性，而是预测者自上而下整合过的结果，信息材料在面世之初便带有了艺术性与创造性的色彩，但也存在被误解的可能性。

2. 海派时尚信息加工

海派时尚信息加工也可以理解为预测者对海派时尚信息的注意与配置，注意力具有选择性和分散性，通过感官传达的信息是多而混杂的，趋势预测者会把注意力集中于有效的海派时尚信息上，选择性注意优质的海派时尚信息，与此同时注意力

图 3-16
海派时尚直觉预测流程

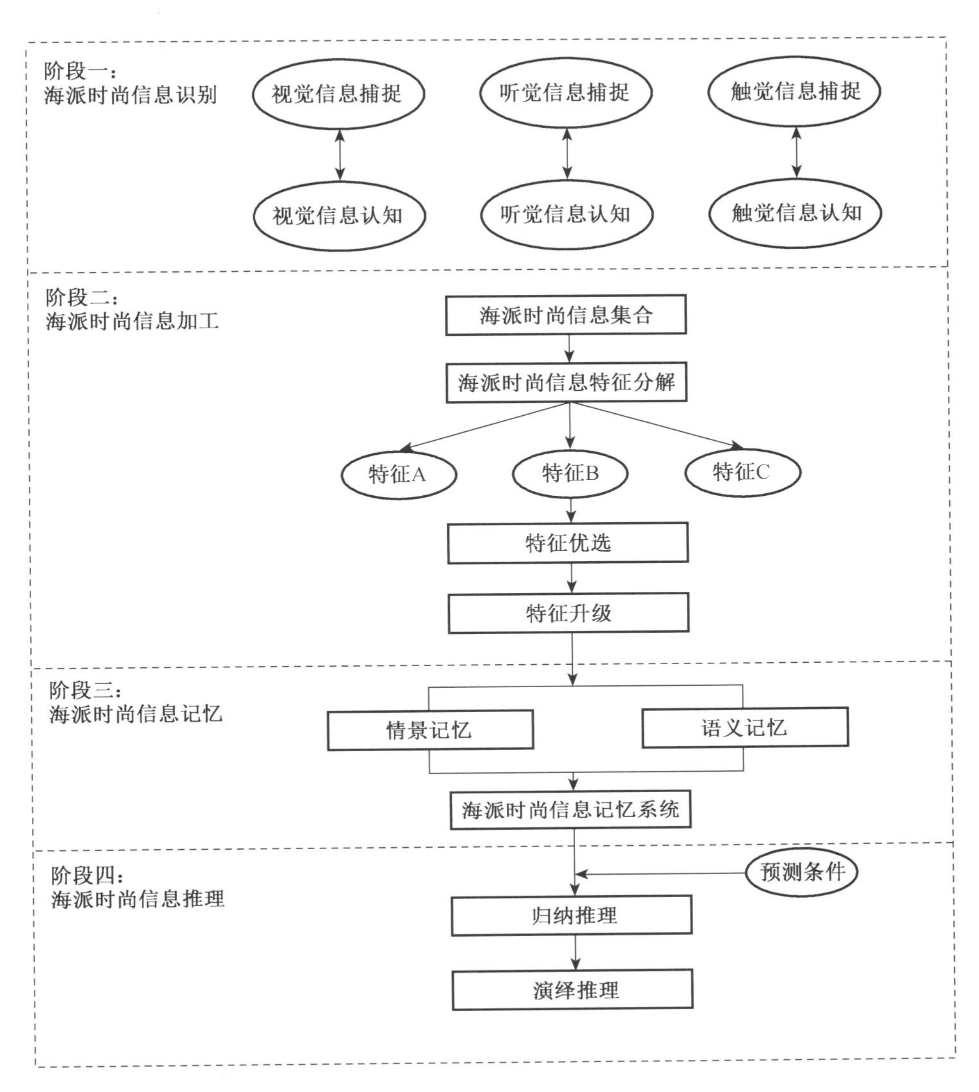

的分散性也会促使观察者注意到不同的海派时尚信息。例如，预测者在观察大批量的时装周图片时，除了注意到色彩的流行特色外也会注意到款式特色、风格特色、面料特色，而不是第一遍只观察色彩特色，第二遍只观察款式特色。海派时尚信息加工过程中分散性注意与选择性注意的集合造成了直觉预测的整体性，从而全面地建立了对流行事物的认知。

3. 海派时尚信息记忆

记忆分为长时记忆和短时记忆，短时记忆多为在某种目的驱动下产生的记忆，海派时尚信息或知识的储存对于趋势预测工作者来说属于长时记忆。长时记忆可以看作是某种心理“百宝箱”“剪贴簿”，海派时尚预测专家一生收集的时尚材料都以某种形式储存在其中，并通过分类原则、编码方式对各种海派时尚信息予以提取。海派时尚信息的记忆可分为情景记忆和语义记忆，情景记忆的组织是时间性的，是人们以某种方式参加过的特定事件的记忆，例如趋势预测者参与和观察过的社会活动、社会事件；语义记忆是人们对一般知识基础信息的记忆，例如趋势预测者对时尚流行色、流行款的知识信息记忆，这些内容共同构建了时尚信息的记忆系统。在长时记忆的海派时尚信息储存与组织过程中，网络模型是最典型的海派时尚知识组织形式。海派时尚语义记忆可以类比为一个概念相互连接的网络，包含节点，以及连接两个接点的指针(图 3-17)。

图 3-17
海派时尚语义网络模型示意

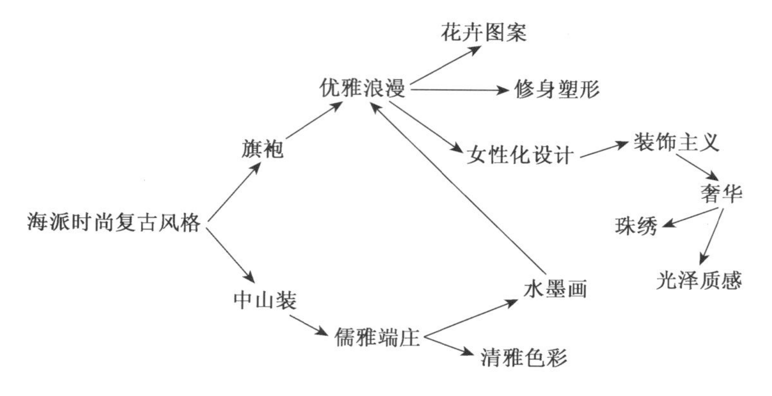

4. 海派时尚信息推理

海派时尚信息的推理分为归纳推理和演绎推理两种形式。归纳推理是指从特殊到一般的信息归纳，例如预测者总结自己对各种零售市场的产品的认知，得到普遍性的海派时尚流行特征及规律的思路；演绎推理则刚好与归纳推理相反，是从一般到特殊的推理方法，例如预测者根据主流的流行趋势去推测各个地域的流行要点的思路。在海派时尚流行趋势预测的直觉分析中，这两种推理方法都有用到，这取决于预测者的知识结构和流行趋势的制作进度。例如在趋势预测之初，预测者会浏览市场及生活信息，并归纳总结海派时尚流行要点，确定主题后，便创造性地影射出可能的流行要点，以演绎推理的形式完成趋势报告。

二、从假想出发的决策：关于海派时尚，创造比预测更重要

创造流行似乎是不切实际的说法，违背趋势的规律必然会导致相应损失，但是对于海派时尚流行，创造其发展轨迹也是必然的。与“大牌造潮流”的现象相似，流行具有自上而下的规律，有效地创造海派时尚流行是对海派时尚体系的保护和优化是促进本土时尚文化良性发展的必要举措。但创造不是盲目的空想，海派时尚流行的创造既不能破坏时尚流行的自然规律，也不能扭曲海派视觉文化，其中“度”的把握是一门学问。

（一）海派时尚流行趋势的创造价值

与其他流行趋势不同，海派时尚流行是基于海派文化的发展而产生的特有现象，因此，海派时尚流行趋势有着弘扬和优化海派文化的根本使命。国际权威时尚流行趋势预测机构发布的全球性流行指南不具备任何文化和地域的束缚，几乎完全依赖于全球主流流行趋势的客观发展，其预测宗旨也是力争对贴近于客观事实的流行判断。随着市场经济的全球化发展，人们所穿着的服饰日趋一致，即使各个品牌

存在依据地域特色进行产品开发的思路，但纵观国内服装市场，依旧未形成具有本土文化特色的时尚产业，究其根本，则是人们对本土文化认知的缺失。海派文化诞生于20世纪初，伴随租界文化的发展，海派文化呈现出显著的文化艺术形态，海派时尚亦复如是，但在后来由于种种原因，海派文化的发展身似浮萍，直到21世纪初，对海派文化的研究、保护和发展才予以重视。海派时尚流行趋势预测项目的设立也是基于对海派时尚文化的保护和发展而提出的，这便决定了海派时尚流行趋势的文化建设宗旨。因此，海派时尚流行趋势的预测工作不能完全依据市场的发展方向予以归纳总结，而应站在海派文化建设的角度，对海派时尚的流行进行引导。

海派时尚除了具有优化海派文化的作用外，还引领了区域时尚产业的建设。近20年来，随着后工业化时代人们对于经济过快发展带来负面作用的反思，使得经济研究的热点逐渐趋向人文性、艺术性，产业经济、区域经济、城市经济理论也逐渐成熟与完善。成熟的区域时尚产业具有鲜明的视觉特征，纵观全球时尚产业的发展，以五大时尚之都为代表，时尚产业均体现出了发展极其迅速、对经济拉动作用强的特点。这些城市的时尚产业组织不仅巧妙地将历史、文化、心理与经济相结合，还以时装周作为契机，将本土的时尚文化和诉求传播到世界各地，从而成为时尚产业发展的风向标。巴黎的时尚产业具有浪漫优雅的风格，伦敦的时尚产业存在传统经典与前卫激进并存的矛盾风格；米兰的时尚产业具有浓郁的手工艺特色；纽约的时尚产业注重实用主义与多元化；东京的时尚产业将东西方元素相结合。时尚产业在时尚之都的发展规律如何，上海时尚产业与五大时尚之都的差距何在，上海如何借鉴其他时尚之都的发展经验来发展本土时尚产业，这都是海派时尚流行趋势着重探讨的问题。从区域时尚产业发展特色的角度考虑，海派时尚流行趋势同样具有引导性作用，为打造属于长三角地区特色的时尚产业，海派时尚需要按照一定的设计模式发展，而不能放任市场对其引导。因此，海派时尚流行趋势除了探讨市场自身的发展轨迹外，也需要科学地对其进行设计和创造。

（二）海派时尚流行趋势的创造主体

海派时尚流行趋势并非趋势预测机构独断专行的结果，只是趋势预测机构将时尚流行信息进行了总结和渲染，于是有了今天看到的种种流行趋势报告。但事实上，海派时尚流行趋势的创造者还包括海派时尚品牌的设计团队以及长三角地区的社会精英们。设计师团队为海派时尚产业提供新鲜的血液，其行为本身便是创新，而社会精英们受到多数社会成员的关注，他们从另一个层面间接创造着海派流行时尚。因此，笔者认为，海派时尚流行趋势的创造主体分为三类：海派时尚流行趋势预测机构、海派时尚设计师团队、海派时尚社会精英。

1. 海派时尚流行趋势预测机构

趋势预测机构是海派时尚流行的主导创造者，趋势预测团队通过对海派时尚市场、国际时尚市场的综合分析，有效地提出海派时尚流行报告，他们的想法和思路直接影响了海派时尚设计师的创作。趋势预测本身就是一种创造行为，对于未来将要发生的海派市场走势无人知晓，现有的时尚流行趋势预测思路只是根据流行规律和社会环境因素综合考虑的推论，是对市场自然发展状态下的流行估算。但不可否认的是，趋势预测机构的决策将会影响海派时尚市场的供应，其合理的创造结果将会推动海派时尚产业的发展。

2. 海派时尚设计师团队

海派时尚设计师团队是海派时尚流行的直接影响者，设计师的工作产出将直接面对市场，消费者所感知的时尚流行信息，从根本上也是来源于各个设计师团队的设计。因此，设计师的创作直接影响了海派流行，成为海派时尚流行的创造者。设计师团队分为多种，根据团队的性质和成员素质，他们对海派时尚的创造能力也是不同的。例如，海派时尚设计师品牌的设计团队通常注重原创产品的开发，他们注重设计的独立性，从生活周边汲取灵感。因此，该设计团队的作品取之于海派文化，用之于海派市场，从产品的原创度而言，设计师品牌的团队有着领先的海派时尚流行创造能力，但是由于海派时尚设计师品牌通常规模不大，受众群体较小，因此对整个海派时尚市场的影响力是有限的。然而，海派快时尚品牌设计师团队注重捕捉市场上潜在的流行要素，具有独到而敏锐的流行判断能力，他们的设计灵感来源于市场，从产品的原创性而言可能不及设计师品牌，但品牌的市场影响力较大，并能和年轻的流行主导群体取得很好的互动，由于其可观的市场影响力，也当之无愧地成为海派时尚流行的创造者。

3. 海派时尚社会精英

海派时尚社会精英由具有较高社会影响力的人群构成，他们通常具有较高的文化素质、经济实力，因此成为人们崇拜和效仿的对象。在电商交易平台上，消费者经常会看到“某某同款”的产品，在此撇开涉及知识产权的相关问题，就火爆的“同款”现象而言，除了产品本身的优质设计外，不难排除名人效应的作用。海派时尚社会精英的穿着打扮，将会对其追随者产生引导性作用，因此，他们可以成为海派时尚的创造者。除了穿着方式的直接影响外，海派时尚社会精英的生活方式也会引导海派文化的发展，从而间接影响海派时尚的发展。但社会精英的举动也不是十全十美的，由于公众人物的身份，迫使他们必须谨言慎行，选择适合自己的着装方式，并非每个社会精英都是时尚的倡导者，因此，创造海派时尚流行的是追求时尚文化的社会精英们，而不是全体社会精英。

（三）海派时尚流行趋势的创造轨迹

正因为海派时尚流行趋势有着优化和建设海派文化的使命和促进长三角地区时尚产业系统化发展的职责，因而在其创造之路上，必须以合理的渠道进行设计和研发。海派时尚流行趋势创造的根本思路为把握文化核心价值，结合国际时尚的特色不断丰富和发展其细节。

1. 基于海派文化的时尚流行趋势创造

基于海派文化的时尚流行趋势创造是在对海派文化细分的基础上，依据典型的文化代表性服饰，结合国际主流时尚流行特征整合而成的形式（图 3-18）。首先，将海派文化进行细分，例如江南文化、租界文化、弄堂文化等文化形式，它们隶属于海派文化，然后对每一种文化形式的代表性服饰进行分析，总结其形制特征；与此同时，另外一个趋势工作小组对国际主流的时尚流行趋势进行挖掘，并分为几个流行主题，总结每个流行主题中的流行色特征和流行面料特征；最后，将海派服装流行形制和国际时尚流行要素汇总，组合形式为：海派服装形制 + 国际色彩（面料）流行要点。服装的形制是一定文化环境下的产物，也是服装的标志性特色，海派时尚服装形制具有典型的东方特色，但这并不意味着当代海派服饰是对传统服装形制的照搬照抄，当代海派时尚服装形制需要结合当代的生活习惯合理改良，形成经典而时尚的新海派风貌。

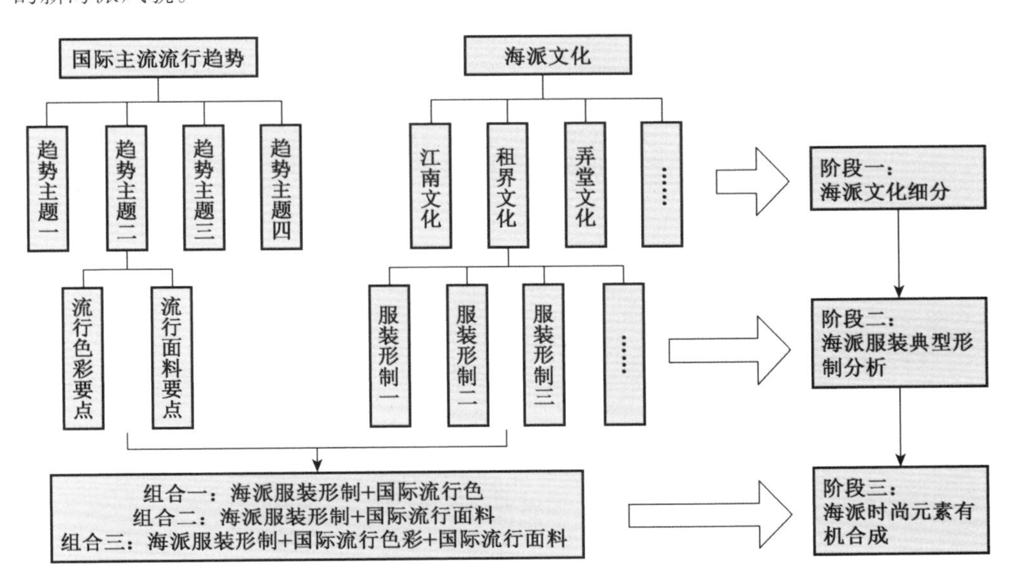

图 3-18
基于海派文化的时尚流行趋势创造流程

2. 基于海派审美模块的流行趋势创造

基于海派审美模块的流行趋势创造是在对长三角地区居民服饰审美喜好特征的基础上，结合国际主流时尚流行特征整合而成的形式。依据服装设计的基本思路，服装设计构成分为款式、色彩、面料、风格四个模块，每个模块内部有更多的零部件设计模块。基于海派审美特征的流行趋势创造主要难度在于对海派稳定服饰消费喜好的研究，也是海派时尚鲜明的设计特色，例如长三角地区居民偏爱灰色系色彩、光泽性面料和自然主义风格的服装，这些元素合理组合将构成具有鲜明特色的海派服装。然而，目前，少有学者对长三角地区稳定的服装外观喜好做研究，而该项研究能准确地描述海派服装的形态问题。趋势工作者对海派稳定服饰消费喜好的研究后，结合国际上的流行要点进行整合，最终从四个组合方式配置海派时尚流行要点（图 3-19）。

与基于海派文化的流行趋势创造方法相比，基于海派审美模块的流行趋势创造更为灵活、多样，但也使得流行要素的视觉特征不够显著。例如，受海派文化辐射的地区偏爱典雅的灰色系，趋势工作者将蓝灰色结合解构主义的后现代风格，并应用光泽感强烈的材料设计一件风衣，在未来主义风格的强烈笼罩下，海派风貌似乎略

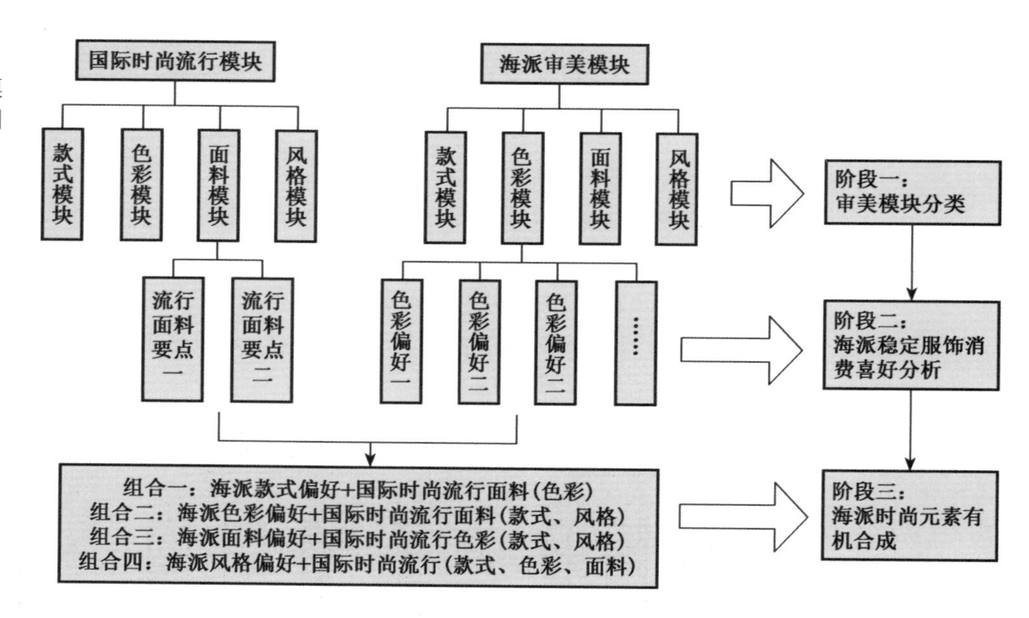

图 3-19
基于海派审美模块的流行趋势创造流程

显单薄。因此，运用此方法创造海派时尚的同时，需注意如何把握与传统海派文化相冲突的元素，合理的构造可实现海派时尚的新风貌，反之则会为海派时尚产业带来迷茫。

三、从数据出发的决策：通过海派时尚信息的理性整合掌握新趋势

从市场数据的角度展开时尚流行预测，是以日本为代表的一些国家偏爱的方法。与直觉预测和假想预测相对，数据预测是完全依赖于流行市场的规律，从数学和逻辑的角度对未知市场进行判断。日本注重色彩市场的分析、调查和统计，是流行色量化预测的先驱。通过大量细致的调查，研究消费者色彩心理变化、喜好和潜在需求，结合流行色发展的规律，获取准确的第一手色彩数据信息，然后进行科学统计与分析得到最后的预测结果。虽然数据预测能够更客观地反映流行规律，但是在报告的启发性上相对较弱。下述内容从预测的适用性、流程和方法三个方面介绍海派时尚数据预测的特征。

（一）海派时尚数据预测的适用性

针对海派时尚数据预测工作量大、投入成本高、预测结果客观但报告的创作启发性较小的特征，笔者认为数据预测的方法更适合快时尚大型服装企业和运动型大型服装企业。

1. 快时尚大型服装企业

在传统的产品设计操作中，设计师通常要提前半年至一年左右的时间依据流行机构预测、时装发布等信息来进行新品的设计构思，推出设计方案。为了最大程度压缩设计周期，快时尚品牌需要大幅削减前期市场观察和流行分析的准备时间。Zara 将流行机构或者时装发布得来的流行信息，通过销售专家、买手以及设计师三方的综合判断，抽离出有用的流行元素，迅速拼合出产品的设计方案，并制作样衣，在进行板型工艺细节的局部调整后投入生产。Zara 品牌并没有通过长期的市场预

测来自己创造流行、投放产品，而是借助他人创造的流行信息，把相对成熟的流行观念第一时间制造出来，投放市场，这就在很大程度上压缩了设计的周期，抢占了产品的先机。因此，类似于 Zara 的大型快时尚品牌的产品开发不是来源于点滴的生活方式记录，而是直接取之于市场，用之于市场。快时尚品牌需要市场研究的准确度和及时性，而并不需要趋势报告对设计要点的创作性启发，因为设计师们的设计思路不是从无到有的过程，而是站在巨人的肩膀上，通过对设计元素的重新排列组合或者优化达到设计目的。快时尚品牌的设计师只需要了解什么元素流行即可，具体怎样流行，通过什么样的情感表现，则依赖于设计师依据流行要点对相关款式进行改良。

大型的快时尚服装品牌拥有强大的市场分析数据库，精准到位的销售数据能直接明了地说明产品的流行走势，成为流行判断的指向标，为设计师提供各种面料、款式、色彩的流行度信息。与此同时，快时尚品牌也具有庞大的库存系统，储存着大量的面辅料和半成品，能及时地根据指令进行生产。大型快时尚品牌的产品开发并非设计师独断专行，而是基于一个综合的信息平台，理性地结合各部门提供的支持，依靠长期日积月累的数据实现其产品快速研发。相反，设计周期较长，追求原创的设计师品牌并不能适应以数据作为研发导向的形式，原因是：其一，数据仓库的建立需要大量的资金作为支持；其二，数字报表的理性报告与原创设计师的感性创造相对立，并不能很好地适应原创设计师的工作系统。

2. 运动型大型服装企业

运动休闲服装品牌以功能性设计为首，对服装流行趋势的应用相对较弱。例如，某些运动品牌提前两年开发新产品，参照合理的产品开发进度（趋势预测提前两年，产品设计提前一年），这些运动品牌在国际时尚流行趋势发布之前便开始了新产品设计，这看起来似乎并不符合逻辑，但从另一个侧面反映了运动品牌对时尚流行趋势的需求较为薄弱。一般来说，由于时装受流行更新的影响，时装品牌一年要有八次以上的换季频率，而户外运动休闲装只有四次。运动休闲品牌注重概念性产品的开发，如 Lee 开发了“精玉透凉”的夏季牛仔系列和“优型丹宁”的塑形视错牛仔系列，并在市场上取得了惊人的销售业绩。这些产品都围绕功能性展开探讨，形成具有可持久销售的产品，而不是专注于流行款式、色彩的开发，打造即时的流行单品。因此，鉴于运动休闲产品的开发不以视觉设计为首要特色，流行趋势数据预测的缺陷在此不构成影响，相反，大型运动型服装企业可通过市场情报部门的数据，获取市场流行的概念性词汇，从而促进概念产品的开发。与传统的海派时尚流行趋势不同，服务于运动休闲品牌的趋势报告侧重于新型生活方式概念的探讨，这些数据皆来自于情报部门对目标消费者的长期观察，通过数据分析他们对运动产品的潜在需求。

因此，海派时尚数据预测是十分适合大型运动休闲品牌的，与快时尚品牌对数据预测的需求初衷不同，快时尚品牌需要数据预测担保趋势的准确性、客观性、快速性、敏锐性；运动休闲品牌则需要数据预测捕捉市场上潜在的生活方式特征及热门的新型概念。目前，数据预测需要大量的财力支持构建时尚数据信息系统，因而这种预测方式只适用于大型企业。

（二）海派时尚数据预测的流程

海派时尚数据预测实质上是基于量化研究的预测方法。量化思想是研究社会科学与行为科学的主要方法，在其学术领域中占有重要的地位。在量化研究过程中主要采取逻辑实证主义的论点，着重探讨客观事物行为与有关变量间的因果关系或变量间的相互关系。因此，准确地来说，量化研究是指以数字为基础，利用数学的方法对事物运动的状态及性能进行研究，并且对其做出精确的数字化描述和科学化的控制。

量化研究主要包括理论基础研究、数据资料收集和数据分析三个阶段。第一阶段是理论文献引导的阶段，主要是对文献资料的整理与归纳，确定研究对象的内涵和方向，作为整个研究过程的逻辑理论基础；第二个阶段是数据资料的收集，其主要目的在于获取科学、客观的观测数据；第三个阶段是数据的分析，针对第二阶段获取的数据进行分析研究，提出具体的比较方法和检验结果用以证明命题是否成立，并得出最后的结论。具体的量化研究模式如图 3-20 所示。

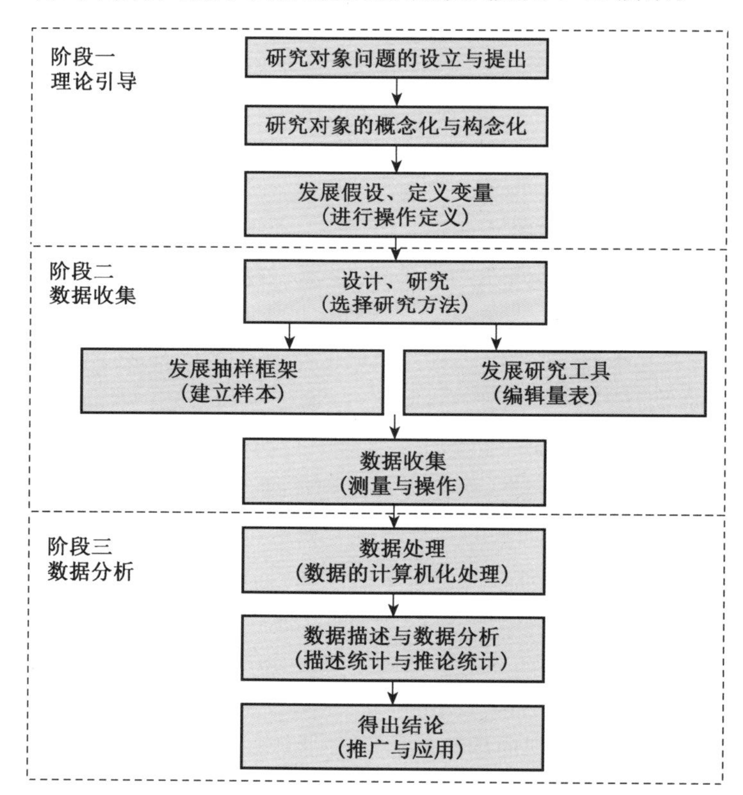

图 3-20
量化研究的基本模式

根据量化研究的基本模式，本书提出适合海派时尚流行数据量化预测的基本流程。海派时尚数据化预测同样分为三个阶段：海派时尚理论研究、海派时尚数据收集、海派时尚数据处理，但在这三阶段中，又呈现出一些与其他量化研究流程不同的海派特色。

在理论研究版块，预测者首先要明确预测的内容；其次是分析预测对象的影响因素。由于海派时尚的特殊性，在因素评估中，文化事件成为重要的影响内容，例如以海派为背景的影视剧、音乐、艺术展等文化事件；最后是根据预测内容提出相应的流行变量假设。例如，色彩变量包括各种色系，色系内部又可分为不同色调偏向的色彩，读者们经常在时尚杂志中看到砂石红、松石绿、薄荷蓝的色彩名称，这些都是细化的色彩变量；在款式变量中，夹克、衬衫、马甲等品类成为基本变量，中性衬衫、职业衬衫、中式衬衫等细分的产品品类即为衬衫变量下的分变量。

在数据收集版块中，海派时尚数据的收集围绕长三角地区展开。调研的规则指对调研内容、时间、参与人员、注意事项、调研渠道的整体设计，是所有调研工作的前期策划，关系到数据的质量。其中，对于海派时尚而言，最为关键的便是海派时尚样本的筛选和调研工具的采纳，即使海派时尚已经对样本范畴进行了界定，但地域并不是绝对性的限制，随着海派文化的发展，其影响力不止是长三角地区，而是以长三角为中心辐射周边地区的时尚文化。因此，调研样本不要求地域上的绝对性，但需要依据调研内容严格设计样本，例如针对某高端品牌的趋势调研，则需要获取中等收入及以上群体的受海派文化影响的样本信息。除此之外，还需要对样本数量予以确认。一般情况下，若调研以问卷的形式展开，则样本量不低于问题数的十倍。海派时尚调研工具依据调研内容进行设计，例如用什么样的数据挖掘工具、数据捕捉仪器、数据监控设备等。

数据分析板块包括海派时尚数据的预处理、分析、总结和生成报告四个阶段。海派时尚数据的预处理是前期准备的关键环节。数据预处理的实质是将格式不统一的图片按照相同的语言表达，为后期的数据分析做好基础性工作。数据的预处理包括对所收集的数据进行筛选和对数据格式统一汇编两个步骤，基于量化研究的数据预处理基本思路是将感性数据按照数字化的形式转化为理性数据。例如，对流行色彩的市场销量研究，首先提出信息捕捉不全的数据，然后将所有数据按照百分比的形式进行统计，得出每种色彩占所有样本的比例值，以此作为基本格式进行比较与分析。将感性的海派时尚信息以百分比的形式量化是常见的海派时尚数据预处理形式，也是相对便捷和容易理解的形式。感性的海派时尚数据包括海派文化数据、海派生活方式数据、海派政治背景数据和海派科技背景数据；理性的海派时尚数据包括经济形势数据、秀场数据和海派时尚品牌数据。由于理性的海派时尚数据可直接通过百分比转换的形式进行预处理(图 3-21)，处理方式简单容易，因此，本章节主要针对感性海派时尚数据的预处理展开分析。

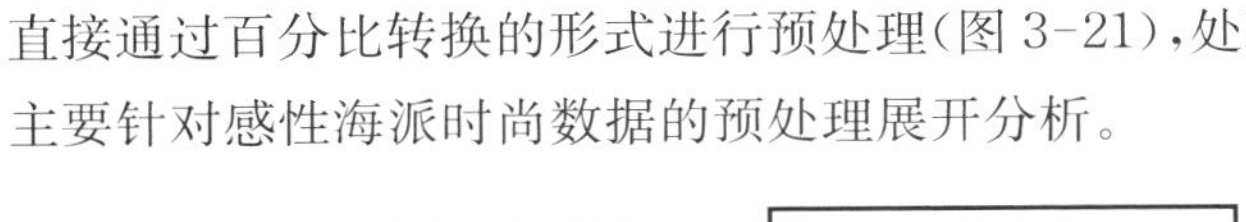

图 3-21
海派时尚理性数据预处理步骤

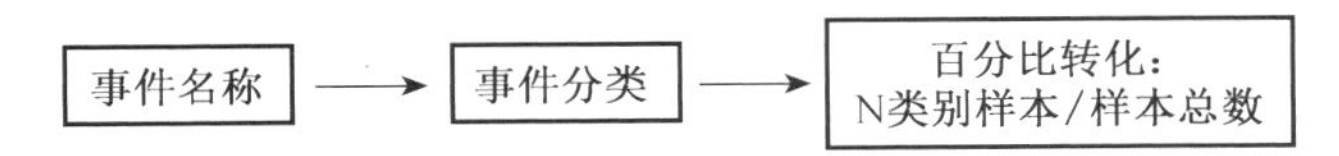

海派时尚感性数据的预处理主要分为三个步骤，包括对事件名称的梳理，对事件性质的分类和对事件的百分比转换。为便于数据的整理，事件的名称以“时间—地点—关键词”的形式命名，如“2016 年 6 月—上海—迪士尼乐园开幕”。事件的分类较为复杂，文化、生活方式、政治背景、科技背景等不同的分类，表 3-3 展示了海派时尚感性数据的分类示意。百分比的转化为某类别的样本数量与总样本数的比值，意为该事件所对应的流行要素的强度，强度计算公式如下：

$$S_m = \frac{n_m}{N} \times 100\% \qquad m = 1, 2, 3, \cdots, x$$

式中，N 为某时间范围内统计样本的总数；n 为某感性事件分类下的样本数；m 为事件子分类的代表序号；x 为事件分类中子分类个数，随着海派时尚感性数据分类的逐渐完善，x 值会逐步增大。

表 3-3　感性数据的分类示意

<table>
<tr><th colspan="2">海派文化背景</th><th>海派科技背景</th><th>海派政治背景</th><th colspan="3">海派生活方式</th></tr>
<tr><td rowspan="4">传统文化</td><td>江南文化</td><td rowspan="4">航空科技</td><td rowspan="4">政局稳定</td><td rowspan="4">衣</td><td rowspan="2" colspan="2">东方服饰</td></tr>
<tr><td>欧洲古典文化</td></tr>
<tr><td>远古文化</td><td rowspan="2" colspan="2">西方服饰</td></tr>
<tr><td>……</td></tr>
<tr><td colspan="2" rowspan="2">工业文化</td><td rowspan="2">生物科技</td><td rowspan="2">政局异动</td><td rowspan="2">食</td><td colspan="2">东方美食</td></tr>
<tr><td colspan="2">西方美食</td></tr>
<tr><td colspan="2">现代文化</td><td>信息科技</td><td>政局动乱</td><td colspan="3">住</td></tr>
<tr><td rowspan="5">后现代文化</td><td>波普文化</td><td rowspan="5">—</td><td rowspan="5">—</td><td rowspan="5">行</td><td rowspan="3">旅游</td><td>探险式</td></tr>
<tr><td>批判性文化</td><td rowspan="2">怡情式</td></tr>
<tr><td>女权文化</td></tr>
<tr><td>矛盾文化</td><td rowspan="2">交通</td><td>科技型</td></tr>
<tr><td>……</td><td>绿色型</td></tr>
</table>

数据分析的难点在于对统计模型的选取，常用的有时间序列、回归方程、灰色系统等方法。根据数据分析的结果，趋势工作者总结出流行结论，并生成趋势报告，趋势报告通常用折线图表现流行变量的变化走势，海派时尚流行数据量化预测的流程如图 3-22。

（三）海派时尚数据的预测方法

基于数据量化的服装流行预测有多种方法，每种方法有各自的优势和弊端，趋势工作者在选择统计方法时，除了考虑该方法与预测对象的适用性外，还需考虑模型的费用、精准度，通过权衡这三方面，最终选择最为恰当的方式。本书根据对相关文献的参考，拟出了以下常用的趋势预测模型，并简要阐述了适合海派时尚流行趋势的预测项目，如表 3-4 所示。

图 3-22 海派时尚流行数据量化预测的基本流程

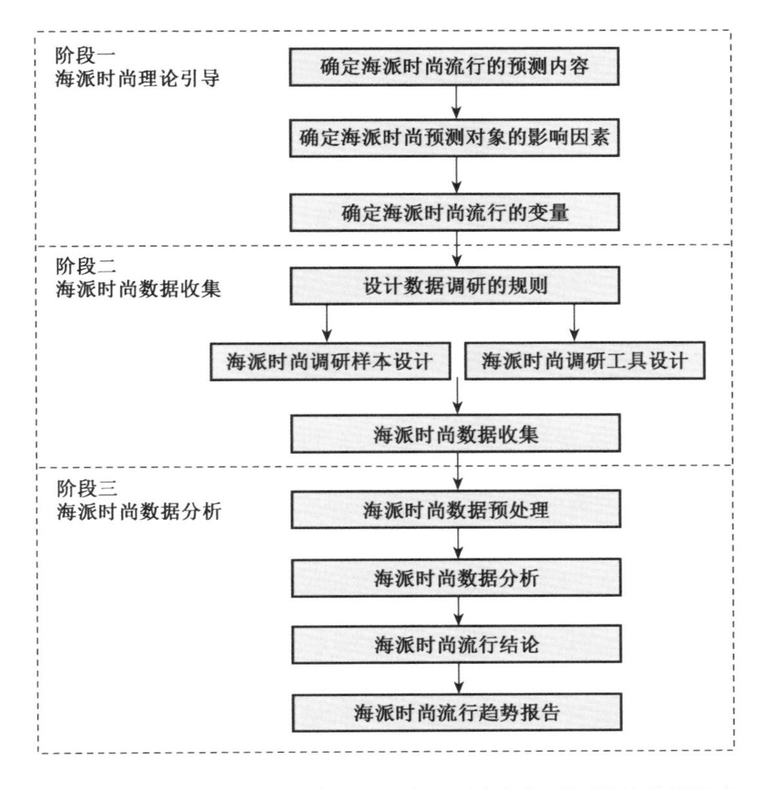

表 3-4　海派时尚数据预测统计模型简介

预测模型	预测时长	适用范围	特征	适用海派时尚项目
回归预测	短、中	自变量和因变量存在一定关系	需要较多的历史数据	海派时尚市场销售预测
趋势外推	长、中	相关变量用时间表示，并无明显的季节波动	只需要因变量的历史数据	海派时尚非季节性产品预测
分解分析	短	适用于一次性的短期预测	只需要序列的历史资料	海派时尚单项预测
平移平均	短	不带季节变动的反复预测	初次选择权数较为复杂	海派时尚非季节性产品预测
自适应过滤	短	性质随时间而变化，并且没有季节变动的反复预测	制定检验模型规格较为复杂	海派时尚非季节性产品预测
干预分析	短	当时间序列受到政策干预或突发事件影响的预测	需收集预测数据及影响事件	海派时尚突发性预测
景气预测	短、中	时序趋势延续及转折预测	需要大量的历史资料，计算量较大	海派时尚流行元素周期及强度预测
灰色预测	短、中	时序的发展呈指数型趋势的预测	计算较为复杂	海派时尚流行隐性因素预测

续表

预测模型	预测时长	适用范围	特征	适用海派时尚项目
卡尔曼滤波	短、中	各类时序的预测，并排除干扰数据	建立状态空间模型	通用
时间序列	短、中	适用于对事物变化发展过程的研究	需要较多的历史数据	通用

根据每种预测模型的特征及适用范围，推荐海派时尚流行趋势预测搭配时间序列、灰色系统、景气预测。

1. 时间序列

时间序列又称时间数列，是指观察或记录到的一组按照时间顺序进行排列的数据。时间序列预测就是根据预测对象时间序列的变化特征，研究对象自身的发展规律，探求未来发展趋势的方法。

时间序列预测方法包括以下四个方面的内容：

① 收集预测对象至今的历史数据资料。

② 对该数据进行分析、补充、修正，并按照时间顺序排成数列。

③ 观测该时间数列的形态发展特点，从中找出变化的规律，并依此建立相应的预测模型。

④ 以此模型预测对象的未来发展。

时间序列是服装流行预测的常见方法，特别是在服装销售方面的预测。海派时尚流行趋势可借助时间序列做各项内容的预测，包括海派时尚市场流行预测、海派时尚流行款式预测、海派时尚流行色彩预测多项内容，但不适合做海派时尚流行概念的预测。时间序列的数据分析方法需要基于时间轴变化的数据，如销量的变化、色彩流行比例的变化、某个款式的流行比例变化等。而概念作为抽象的元素，用传统的抽样调研方式难以执行且工作量巨大，需要依靠大数据的技术支持。以海派时尚流行色预测的方法为例，预测者需要收集基于时间变化的色彩流行比例，例如，红色系在每个季度的秀场流行比例，并用表格的形式进行完整记录，中间不可有数据断层；然后，将所收集的数据依据时间顺序排成数列；最后，通过数列中的规律找出演变模式，建立数学模型，对该色系的未来流行趋势做出估算。

2. 灰色系统

灰色系统（Grey System）指信息不完全的系统，即指系统因素不完全明确、因素关系不完全明确、系统结构不完全清楚、系统作用原理不完全明了的系统。灰色系统理论在服装流行趋势领域的研究较为成熟，灰色预测理论作为灰色系统理论的重要内容之一，同时也是一个新的现代预测方法。灰色预测方法在解决数据获取性较差的问题时，以少量可获取的信息为基础，利用灰色算子提高序列的光滑度、准指数性，生成新序列，进而实现预测，提高了预测的精度，有效解决了经济社会系统中数据缺失、不真实等影响研究工作的瓶颈问题，弥补了大样本建模要求的不足。

灰色系统应用在海派时尚流行趋势时，除了可减少预测者样本收集的工作量外，还便于整合不便于统计分析的未知海派时尚信息。灰色系统理论将随机过程看作是在一定范围内变化的与时间有关的灰色过程，将随机变量看成是在一定范围内变化的灰色量。例如，海派时尚产品零售业就是一个灰色过程，海派时尚单品销售系统就是一个灰色系统，销售量就是一个灰色量，通过鉴别某个海派时尚产品销售系统各因素之间发展趋势的相异程度，进行关联分析，并对原始数据进行生成处理来寻找该系统变动的规律，生成有较强规律性的海派时尚销售数据序列，然后建立相应的微分方程模型，从而预测该产品的未来市场状态。

3. 景气预测

景气通常是指市场经济条件下，再生产周期的高涨阶段，以生产增长、就业增加、商业和信用活跃、市场兴旺等为表征的经济繁荣现象。在现代经济社会，景气变动受到了个人、社会经济组织以及政府的普遍关注，景气预测成为现实经济分析的一项重要内容。景气调查是由德国伊弗研究所（IFO）创立的。企业景气调查是通过定期对企业家进行问卷调查，并根据其对企业经营状况及宏观经济形势的判断和预期来编制景气指数，从而对现实经济状况及发展趋势进行分析和预测的一种统计调查方法。

景气预测虽然在时尚流行趋势领域还未有成熟的理论系统，但笔者认为景气预测可作为海派时尚流行周期研究的可行方法，用于分析某项流行要素的流行规律，通过分析该流行要素的强度变化指导海派时尚产业生产和销售。

应用景气预测对海派时尚流行进行预测时，可采用以下步骤：

① 分析海派时尚历史数据，将景气调查与海派时尚流行的历史数据结合，确定调查变量的数据集。

② 分析待预测的海派时尚指标与海派流行变量中其他指标的相关性。

③ 利用上一条步骤中得出的显著相关变量建立待预测指标的自回归条件异方差模型（autoregressive conditional heteroskedasticity model，简称 ARCH 模型）。

④ 用自组织数据模型（group method of data handle，简称 GMDH 模型）对待预测的海派时尚指标进行预测；

⑤ 建立组合预测模型，得到最终的海派时尚流行预测结果，并分析判断预测内容的景气变动趋势，即流行强度趋势。

不论企业或趋势预测机构选择哪种方法进行数据分析，都依赖于优质样本的筛选，优质的样本是实现高精度预测的首要条件，对于复杂的数理运算，企业可聘请专业的数据分析师进行。随着趋势预测机构的健全发展，数据分析师也是必不可少的成员。

第三节　开展有效的海派时尚流行趋势预测前期调查

以往的趋势调查研究侧重于从三级市场出发，寻找可能流行的要点。海派时尚流行趋势由于其隶属于海派文化的特殊性，因此，海派时尚流行趋势的调查从长三角地区及其周边人物、事物出发的比较多，通过社会背景与时尚流行的关联确定下一季的流行特征。海派时尚流行预测不仅是对市场客观规律的研究，也是对海派时尚文化系统建设的重要途径。本章节从海派时尚预测调研对象、信息权重分配及调研原则三方面阐述海派时尚调研的注意事项，为海派时尚流行趋势预测工作者提供前期调研的实施参考。

一、合理筛选：海派时尚预测的有效调研对象

海派时尚调研对象分为时尚参与者、时尚事件和时尚市场三个基本门类，通过对三类信息的综合融汇，最终配置成有效的海派时尚调研机制。

（一）海派时尚参与者

海派时尚参与者是指对海派时尚流行趋势构成影响的人物，例如海派时尚流行的创造者、引导者、追随者。海派时尚创造者确定了海派时尚的流行内容，引导者将流行内容进行传播，追随者则将流行扩大。因此，调研这三类群体的目的也是不同的。对流行创造者的调研是为了获取流行要点；对引导者调研是为了确定假设的流行要点是否成立；对追随者的调研是为了确定流行的周期及强度。海派时尚参与者的调研类目详见附录2。

1. 海派时尚流行趋势的创造者

海派时尚流行的创造者，现归纳为趋势预测机构、海派时尚设计师和海派时尚社会精英。但是作为海派流行时尚的被调研对象，三者的权重是不同的。趋势预测机构本身作为调研者和被调研者，实质上是对以往资料的再整理，根据现有资料对流行要点作出假想、推论。对海派时尚设计师的调研是对他们设计概念的研究，设计概念作为商业机密，只有当产品推出时才能被人们感知，因此，设计师虽然是海派时尚的创造者，但是其创作内容不宜作为调研对象，只能对其生活方式、关注热点进行调研。由于经济条件的束缚，并不是所有的设计师都能享受理想状态的生活，因此对海派时尚设计师的调研可相对较弱。而对海派时尚社会精英的调研结果具有对海派时尚最佳的解释力，社会精英人士是流行时尚的引领者，他们的生活方式、关注热点、衣着服饰往往是其他人效仿的对象，因此对社会精英的调研应尽可能全面且深入。

2. 海派时尚流行趋势的引导者

海派时尚的引导者主要为海派时尚媒体及媒体人。时尚传播媒体是通过一定的技术手段向为数众多、各不相同又分布广泛的公众传播时尚流行信息的机构，促使时尚流行信息快速渗透到消费者的日常生活中。海派时尚媒体包括长三角地区具有关注度的时尚出版物、时尚网络传媒和时尚影视传媒，例如《世界时装之苑》《时尚》《装苑》《昕薇》《瑞丽》《服装设计师》，“天桥骄子”“女神新衣”等知名时尚杂志和时尚综艺节目已在消费者中树立了权威的形象和地位；时尚媒体人包括时尚评论师、时尚编辑、时尚主播等协助时尚咨询传播的人士，特别是近年来伴随网红经济的兴起，时尚主播为时尚流行带来的影响力不容忽视。虽然部分消费者具有相当的时

尚敏锐度，可直接对时尚流行进行感知，但属于极少数的消费者群体，消费者主要还是通过媒体资讯获得流行信息，而后根据自身需求购买。因此，媒体及媒体人对海派时尚流行的引导功不可没，对这类群体的调研主要分析他们的时尚报道、生活方式及关注的新鲜事物。由于趋势报告中发布的流行要点并非都具有相等的流行强度，而被时尚媒体和媒体人催化的流行要点会有更理想的流行效果，他们的资讯报道可以看作是对趋势报告流行要点的确认。

3. 海派时尚流行趋势的追随者

海派时尚追随者是乐于关注海派流行时尚，但对时尚流行存在盲目性追随的消费者，也可以理解为海派时尚流行的跟风者。并非经过时尚传媒渲染过的海派时尚流行要点都会成为时尚追随者的囊中之物，因为时尚会结合不同群体的需求发生改变，对于绝大多数的海派时尚追随者来说，实用性是他们对海派时尚单品的消费标准，即使某套服装十分符合消费者的审美特征，但由于其昂贵的价格和普通场合的不适应性，也难以被大众消费者们所购买。因此，对海派时尚流行追随者的调研是存在局限性的，并不能真实反映时尚流行的客观性，或者说，对海派时尚追随者的调研只能反映某个阶层的流行状态，而不能用以描述整个市场的流行规律，换言之，海派时尚引领者的流行要素多于追随者，并是追随者流行发展的根源。但这并不能说明对海派时尚追随者的调研是无效的，即使对海派时尚追随者的调研并不能获取新鲜的海派时尚流行资讯，但却是验证某个流行要点流行周期及强度的好方法，便于判断该元素今后的流行趋势，指导企业调整货品销售策略。

（二）海派时尚事件

除了相关人物会对海派时尚构成影响外，海派时尚事件同样对流行构成影响，甚至影响力度超过海派时尚创造者对时尚流行的影响。例如，在美国“9·11”事件之后，很长一段时间美国国内都流行以橙色和红色为代表的暖色系，通过服装色彩的心理效应弥补人们内心的恐惧。对海派时尚事件的调研是不可忽视的一项工作，即使社会事件不能决定流行爆款的样式，但从宏观上决定了时尚流行的导向。

1. 海派时尚事件的调研类型

广义上而言，海派时尚事件可分为政治事件、经济事件、文化事件、科技事件和生活方式事件，这些都反映了社会背景的基本特征。但分类过于笼统会导致时尚事件的对应偏差，因此，海派时尚事件还需要进行二级分类，以文化事件为例，还可细分为设计思潮、影视时尚、文学风格、艺术流派等。本书对海派时尚事件的调研类型整理见表3-5所示。

2. 海派时尚事件与海派流行要点的转换

对海派时尚事件的调研醉翁之意不在酒，海派时尚流行趋势并不是研究社会背景的学科，而是通过研究社会背景与服装流行之间的关联，进而根据现有热门话题、事件推论可能流行的要点。因此，趋势预测机构需要对现有相关文献展开研究，并制定社会背景与海派时尚流行要点的对应关系机制，进而便于海派流行的分析。海

表 3-5　海派时尚事件调研指南

事件分类	事件调研内容	注　　释
政治事件	战争事件	战争是人们最为关注的政治事件,任何地区对战争均有较高的敏感度,战争会导致暖色系和军装风格的流行
	政治变革	政治的变革会带来服装形制的变化
	女权运动	女权运动会带来中性风格和极简设计的流行
经济事件	长三角地区的经济发展形势	根据马克思的经济周期理论,经济周期有复苏、高涨、衰退、萧条四个阶段,经济的繁荣会导致装饰风格的流行,且冷暖色系分布趋于平均
	恩格尔系数	恩格尔系数较低时,海派时尚风貌较丰富
文化事件	设计思潮	海派文化背景对与之相关的服装流行风格有直接促进作用
	影视时尚	
	文学风格	
	艺术流派	
科技事件	航天科技	航天科技的突破促使海派未来风格的流行
	生物科技	生物科技的突破对仿生设计、环保型设计的流行有促进作用
	纺织科技	纺织科技直接引发海派时尚织物的新潮流
生活方式理念	时代哲学	时代哲学影响海派时尚流行概念的产生
	出行方式	影响海派时尚流行单品品类的变化
	工作方式	
	休闲方式	
	生活环境	

派事件与海派时尚流行要点的关系表现为因果关系,因此,任何海派事件都会引起相关时尚要点的流行,只是由于事件影响力度的差异会导致流行要点的强弱。因此,趋势工作者不仅需要明确海派事件的内容,也需要为其影响力度做等级划分,明确各个流行要点的强弱差异,便于更具体地服务于企业。以政治事件为例,根据政治局势的稳定程度,可将政治局势分为稳定时期、异动时期、政局混乱时期、政局暴动时期和动乱时期,并分别分析这五种状态下的流行要素特征,根据总结分析结果,制定政局状况与海派流行要素的关联机制。在生活方式理念方面,可依据专家观点评估各种生活概念的火热程度,同样分为五个等级,并通过历史对比的方法研究该生活状态会引起怎样的流行趋势。即使趋势工作者依据生活概念直接推测出了与之相对的流行要点,但历史对照法研究可发现隐藏的、潜在的流行要点,弥补直接推测造成的疏漏。表 3-6 展现的是海派事件与流行要点的转换示意,其中,事件影响力度指该事件对长三角地区的影响力度,事件影响力度与流行强度不是对等关系,因为社会事件对不同流行要点的影响力度有强弱区别,例如科技事件对光泽面料的

影响力度大于对未来风格的影响。对于不同类型企业需要重点调研的事件类型详见附录3。

表3-6 海派事件与流行要点转换示意

事件类型	事件名称	事件影响力度	流行要点	流行要点强度
政治	两岸关系	●●●●○	偏暖色彩	●●●○○
经济	网红经济	●●●●●	轻奢元素	●●●●●
	增速下滑	●●●●●	复古元素	●●●●○
科技	"天宫二号"和"神舟十一号"	●●●○○	未来风格	●●●○○
			光泽面料	●●●●○
文化	双年展:正辩,反辩,故事	●●○○○	无序拼接	●●●●○
生活方式	城市单车	●●●●●	运动要素	●●●●○

(三)海派时尚市场

对海派时尚市场的调研即是对各流行要素市场销售状况的调研,例如各种色系、各个品类、各种面料每月的市场反馈。在收集样本数据条件有限的情况下,趋势预测机构会选择抽样的形式调研,这便涉及选择什么类型的品牌,如何分析单品流行度,流行单品元素剖析相关的问题。即使了解了哪些单品成为了爆款,也需要对其引爆因子进行分析和提炼,才能达到趋势预测的目的。

1. 海派时尚调研品牌的筛选

调研品牌的筛选需要建立在对趋势内容详细的分析上,根据具体需求合理规划研究样本。一般而言,海派时尚流行趋势的市场调研围绕海派时尚设计师品牌和海派时尚高端品牌展开。由于一般流行时尚自上而下的规律,中低端品牌的产品以高端品牌为借鉴,消费者对于流行趋势处于跟风追随的态度,对流行缺乏见解,但这并不意味着对中低端品牌的调研毫无意义,中低端品牌市场代表着广泛的消费群体喜好,其信息可用于某一社会群体的服饰偏好研究。但海派时尚流行趋势的样本筛选是去粗取精的过程,设计师品牌和海派高端品牌对海派时尚的诠释更有说服力。

2. 海派时尚单品流行度分析

时尚单品的流行度可通过销量分析和关注度分析两个指标进行判断。销量分析为某个时尚单品基于时间轴的销售状况分析,由于消费者的购买受到环境、价格、心理等多方面因素的影响,因此,单从销量角度对单品的流行度进行判断是有所偏颇的。关注度反映了市场对该时尚单品的喜好程度,并排除了价格、购物环境、服务质量等多重干扰因素,但关注度指标是互联网影响下的产物,具体表现为收藏、关注、点赞等形式,实体门店消费中难以判断该产品的关注度。因此,将销售量和关注度相结合是判断单品流行度的最好方式。诸多市场调研忽视了关注度指标的研究,让看似客观的调研结果实质存在非客观性。

3. 海派时尚单品流行元素解剖

通过海派时尚市场调研，在提炼出一批流行“爆款”后，趋势工作者需要对这些“爆款”进行解剖，分析导致这些单品受欢迎的原因，便于趋势预测工作的有效进行。总体而言，海派时尚流行单品的解剖可分为三个步骤，一是对时尚单品元素的分解，二是对时尚单品设计元素进行猜测，三是对时尚单品的特殊性进行分析，最终这三个步骤得出结果的交集，便是海派时尚流行元素。

狭义上的单品分解指结构上的分解，也可以理解为款式分解，趋势研究还需要色彩分解、材料分解、工艺分解，需要研究员罗列出所有的色彩、材料、工艺和服装款式零部件。基于所有元素的分解，研究员再根据经典款与流行款的差异，猜测该单品的设计要点，例如某件大衣具备以下设计点：治愈系雾蓝色、茧型廓型、宽大插肩袖等。最后，研究员根据设计细节的猜测结果，差异化分析这些细节的特殊性，其中最不常见的元素可能就是“引爆点”，例如上述“治愈系雾蓝色”。但不排除元素间相互组合构成爆款的状况，如 GUCCI 的刺绣棒球衫，其流行要点在于运动款式与精致刺绣的矛盾结合。在各个设计点没有特殊性时，研究员可以推论该单品的流行是元素之间特殊组合的结果。

二、权重分配：如何平衡不同海派信息的重要程度

权重分析是流行信息分析的重要内容，信息的平等化处理会导致预测的偏差，抓住主要流行因子可以提高预测精准度同时又可达到事半功倍的效果。对于海派时尚流行趋势，可从专家赋值、话题热度和海派消费行为特征三种角度出发，权衡不同调研信息的重要程度。

（一）海派时尚信息专家赋值

专家赋值是依据权威专家的经验和直觉，对海派时尚信息主观赋值的方法，属于主观赋权法。关于不同专家权重的合成方式，人们主要采用加法平均法进行合成。无论哪种主观赋权方法，专家都必须以某种方式参考其他专家的赋权结果，进而修正自己的判断，但是迄今为止，除了简单进行专家间权重比较或评价结果的比较外，尚没有定量方法得知某个专家设定权重的评价结果与所有专家权重合成后评价结果的差异。相关学者因此对专家赋值法进行了优化，本书参考其优化方法和新定流程，拟出了海派时尚专家赋值法的基本程序。

1. 进行专家赋权

收集第一轮海派时尚专家对各海派时尚信息专家评议的结果，供后续分析。

2. 合成打分结果

分别采用加法平均和证据理论合成，得到专家们海派时尚信息权重的合成结果，共有两套赋权方案，分别为方案 A 和方案 B。

3. 利用两套海派时尚信息赋权方案进行评价

分别利用两套赋权方案进行评价，得到两套评价结果，分别为评价结果 A 和评价结果 B。

4. 分级打分评价结果

根据正态分布的原理，海派时尚信息中最重要和最不重要的内容总为少数，参考二八定律，最重要的海派时尚信息差不多占 20%，最不重要的海派时尚信息也约占 20%，可以据此对海派时尚信息进行分级。首先将评价结果 A 和评价结果 B 进行降序排列，然后按 20∶60∶20 的比例进行分级，最后将结果分别用 A、B、C 三个等级打分，共有两套，分别为打分 A 和打分 B。

5. 逐一评价和分级

利用每个海派时尚专家的权重进行评价，然后根据上述原理对评价结果进行分级，并且根据等级打分为 A、B、C。

6. 计算灵敏度

分别筛选出每个专家打分结果与打分 A、打分 B 完全一致的个数，计算完全一致结果的百分比，得到每个专家加法合成的灵敏度和证据理论合成的灵敏度。灵敏度本质上就是每个专家的评价结果与所有专家权重合成评价结果的一致性程度。

7. 判断修正

向参与赋值的海派时尚专家们提供灵敏度分析结果供专家们进一步修正自己的判断。以上步骤可以进行数轮，直到专家们不再更改自己的判断为止。

（二）海派时尚话题火热度

海派时尚话题的火热度分析是从宏观角度评估海派时尚流行大方向权重的方法。根据话题的火热度，趋势工作者可推测时尚概念、风格的流行权重，再推测与之相关的流行细节权重。

海派时尚话题的检索依赖于互联网的数据分析，例如，微博通过对热门话题的总结，实时更新“热搜”，便于用户更快捷地找到需求信息。随着互联网的发展，社交媒体日益流行，用户可以通过这些社交平台的传播来了解当前社会各种现象以及诸多热点问题的立场和观点。自 2012 年起，社交平台的用户爆发式增长，足以为海派时尚话题的研究提供丰富的样本，国内的两大微博平台新浪和腾讯有着上亿的活跃人数。目前，微博已经成为人们了解资讯使用的主流应用，庞大的用户规模又进一步巩固了其网络舆论传播中心的地位，微博正在重塑社会舆论生产和传播机制，无论是普通用户，还是意见领袖和传统媒体，其获取新闻、传播新闻、发表意见、制造舆论的途径都不同程度地转向微博平台，它是一个基于用户关系的信息分享、传播以及获取平台，也是一个记录生活和发表评论的载体，其自身蕴含许多非常有价值的信息，其中话题涉及政治、经济、军事、娱乐等各个领域，而这都促使微博在海派时尚热点话题研究中，有可靠的分析价值，并在生活概念分析中有着广泛的应用前景。话题研究可以追溯到 1996 年，至今学者们对该方面的研究依旧火热。其中，类似于海派时尚话题火热度研究的基于语义的文本的主题分析在近年来成为信息检索和文本挖掘的热点研究方向。

在有限的条件下，趋势工作者可定期搜寻长三角地区火热的社交平台的热门资讯、话题，加以整理后交由数据部门进行分析，确定话题火热度后，再依据海派事件与流行要点的关联分析完成预测工作，这种工作形式较为繁琐和复杂。在条件允许的情况下，趋势预测机构可建立海派主题分析模型，用于在社交网络上的文本聚类、信息组织管理和热点话题挖掘，更为系统地建立海派时尚话题权重分析机制，实现海派时尚话题火热度的智能分析。

（三）海派时尚消费行为特征

根据消费者行为与市场行销战略的模型，消费者行为受语言、人口环境、价值观和非语言传播的影响，因此消费者行为具有显著的地域性特征，长三角地区居民的消费行为也因此具有海派特征。对海派消费行为的分析是海派时尚市场营销战略的必须，而海派市场的销售结果又可以反映海派时尚流行，因而对海派时尚消费行为出发赋予海派时尚信息的权重，亦是可行的方法。

参照德尔·L.霍金斯（Del L. Hawkins）和戴维·L.马瑟斯博（David L. Mothersbaugh）提出的消费者行为总体模型（图3-23），对海派消费者的行为调研需要围绕外部和内部影响展开。外部调研包括消费者所处的文化环境、人口环境、社会地位、家庭状况等问题，内部调研包括消费者自身的学习能力、消费动机、情绪状况等问题，这些问题共同构成了海派消费者的生活方式与自我概念。消费行为调研问卷采用五点或七点量表的形式，通过消费者对文化、家庭、各种类型社会事件关注度、消费动机、消费情绪等因素的评分确认各类海派时尚信息对市场消费的影响权重。相对于专家赋值法，依据消费者行为的权重分析更为客观。

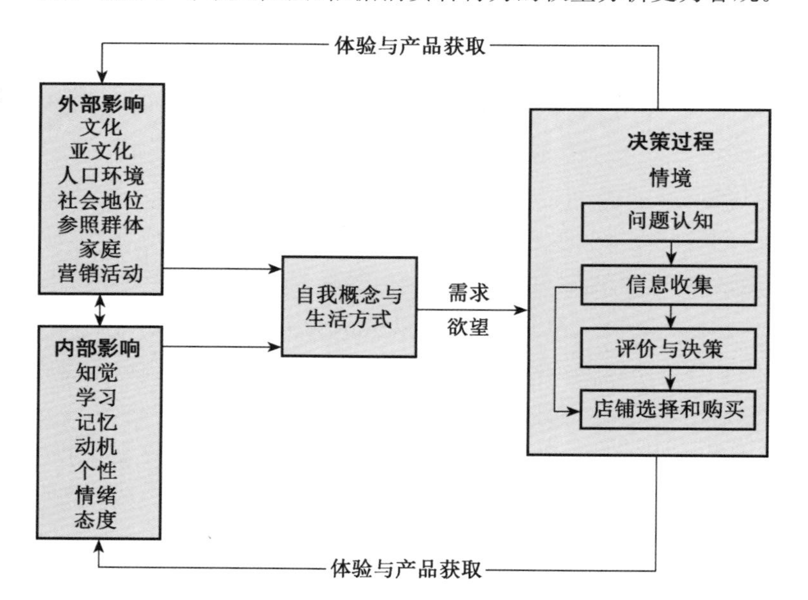

图 3-23
消费者行为总体模型

关于海派时尚消费者行为调研需要对调研样本、调研目的及调研体系结构详细设计。调研设计是一项繁琐的工作，在条件有限的情况下，海派时尚消费者调研可以以问卷抽样的形式完成。一份专业问卷的测度项从内容到措词都需要完善考虑，问卷的测度项设计主要有两种形式：一是从已有的消费者行为问卷中摘取合适的测度项，因为这些测度项已被学者测试过，对理论构念具有良好的解释能力；二是研究者根据理论构念的定义直接产生测度项，并展开焦点讨论小组进行讨论。在测度项确认后，需要进行字面效度检查、预测试、测度项分类、预调查几个步骤。因此，在趋势预测机构中，预测者和调研者一定是不同的人员，因为市场调研是一项艰巨而繁琐的工作。笔者对海派时尚消费行为研究的问卷提出以下测度项及理论构件，便于趋势调研工作小组设计问卷。

1. 构念一：社会环境

社会环境相关的问题旨在探索海派时尚消费者对身边社会环境的关注度，以及该环境是否为他们造成了感官、心理刺激。社会环境是构成消费行为的外部影响因素，也包括了服装流行的影响因素。社会环境调研的测度项可参考表3-7。

表3-7 社会环境构件调研测量内容参考

测量因子	测度项
文化事件关注度	我对某文化事件特别关注/某文化事件对我的审美有极大影响
经济事件关注度	我对某经济事件特别关注/某经济事件对我的生活有极大影响
政治事件关注度	我对某政治事件特别关注/某政治事件对我的生活有极大影响
科技事件关注度	我对某科技事件特别关注/某科技事件对我的认知有极大影响
生活环境关注度	我对某生活环境事件特别关注/某生活环境事件对我的生活有极大影响

2. 构念二：服装外观

服装外观的相关问题旨在探索海派时尚消费者购买时尚单品时的侧重点，例如，有的消费者注重色彩，有的注重款式，有的注重面料质感。在问卷设计中，服装外观的测试指标可以与流行趋势的研究指标相对应，外观调研的测度项可参考表3-8。

表3-8 服装外观构件调研测量内容参考

测量因子	测度项
服装色彩	购买服装时，服装色彩对我来说是最重要的因素
服装款式	购买服装时，服装款式对我来说是最重要的因素
	购买服装时，我侧重于挑选款式独特的产品
服装材料	购买服装时，服装面料成分对我来说是最重要的因素
	购买服装时，我侧重于挑选新型面料的产品
	购买服装时，服装面料质感对我来说是最重要的因素
	购买服装时，服装面料图案对我来说是最重要的因素
	购买服装时，我侧重于挑选图案有创意的产品
服装工艺	购买服装时，优质的工艺是我选择的必要条件
	购买服装时，我侧重于挑选工艺独特的产品

3. 构念三:自我概念

自我概念相关的问题旨在探索海派时尚消费者现实社会的自我状况和理想社会的自我状况。自我概念是一个有机的认知结构,由态度、情感、信仰和价值观等组成,贯穿整个经验和行动,并把个体表现出来的特定习惯、能力、思想、观点等组织起来。自我概念调研的测度项可参考表3-9。

表3-9 自我概念构件调研测量内容参考

测量因子	测 度 项
现实的自我概念	我觉得我是这样的人
理想的自我概念	我想要成为这样的人
现实的社会自我概念	我觉得别人觉得我是这样的人
理想的社会自我概念	我希望别人觉得我是这样的人

上述调研内容为本书提供的参考示意,在实际的海派消费者行为调查研究中,测度项需要依据具体情况进一步优化设计,并根据目标消费者的评分结果进行权重计算。

三、远离惰性思维与误导:海派时尚前期调研的原则

趋势预测机构有其稳定的机制研究海派时尚流行,在工作过程中容易形成惯性的思维和方法,造成调查研究的疏漏和偏离。本书将"远离惰性思维与误导"作为海派时尚前期调研的基本准则,强调尊重海派时尚客观现象,以变化的观点观察海派时尚的发展,按时更新海派时尚的调研策略。

(一)尊重海派时尚前期调查的一切可能性

市场调研是一项繁琐的工作,很多时候调研的结果与假设存在不能吻合的现象,这几乎是当代社会学研究学者最为烦恼的问题。趋势调研工作开展之前,相关工作者同样会依据经验做出假设,当调研结果与假设相矛盾时,并不能直接否认假设不成立,因为调研的信度不为100%,无论是假设还是调研结果,都存在着与真理之间的偏差。因此,海派时尚流行趋势预测工作者需要尊重前期调研的一切可能性,尽管可能事与愿违,海派时尚流行趋势也存在着创造性因素,但这些"另类"数据可储存起来,作为研究材料的补充。这些看似无用的数据可能成为今后预测的重要依据,它们目前也许在爆发的潜伏期,孕育着下一轮流行的开始。

为避免这些与本季流行假设无关的元素被忽视,市场调研工作需要尽可能的深入,这便要求工作者采用合理的调研方法。调研方法有多种,如文案调研法、访谈调研法、观察调研法、实验调研法和问卷调研法。一般而言,文案调研、访谈调研属于定性的调研方法;观察调研兼具定性和定量调研;实验调研和问卷调研属于定量的研究方法。为了海派时尚调研的全面性,本书建立定性调研法与定量调研法配合使用的原则,定性调研中遇到的问题通过定量调研予以深入,定量调研中出现的问题通过文献法、头脑风暴、深层访谈进行解读、扩展、再造,以综合互补的方式完善海派

时尚信息体系，尊重前期调研的一切可能性。

（二）注重海派时尚新素材的挖掘

海派时尚流行趋势是以发展海派文化及区域时尚产业为宗旨的趋势，由于其具有创造性的特色，在前期调研中需特别注意新素材的挖掘。新素材可为海派时尚创造带来新鲜血液，但并不是所有新素材都可以使用的，与海派文化相矛盾的元素需要谨慎使用，以合理的方式优化后贯穿到海派时尚的枝干中。

互联网是信息传播最迅速的渠道，任何生活方式上的新鲜概念几乎都可以凭借社交平台和互联网新闻资讯快速获得，因此，海派时尚新素材的挖掘一定是从微博、微信、网易新闻、腾讯新闻等平台获得的。海派时尚流行趋势预测机构需要安排专人或小组进行服装新资讯的收集，作为海派时尚的新素材和创作灵感。通过人力收集信息的方法最终将会被智能数据挖掘机制淘汰，未来趋势预测机构必将通过数据挖掘系统完成灵感收集的工作，这种信息挖掘的方式虽然快速、全面，但需要聚类分析、关联分析等手段进行数据分析。在数据分析完成后，根据“二八定律”，新素材的分布往往在正态分布的前端和末端，即占比不高的数据中，海派时尚流行趋势工作者在挖掘新素材时需要集中精力分析这部分少量的数据，获得潜在的信息。

（三）紧密结合海派文化的价值

海派时尚流行趋势是从时尚角度对海派文化进行传播的机制，如何与海派文化相结合发展时尚创意设计，成为海派时尚流行趋势的基本使命。趋势预测者需要研究文化的视觉表现方法，并植入到海派时尚流行趋势中，指导区域时尚产业的设计，促进海派时尚产业的系统化发展。海派文化可通过色彩、面料、款式三方面的设计参考图例浓墨重彩地渲染，因此，前期调研收集的图片也需要格外注重海派特征的体现。

为体现海派文化的特征，趋势调研者可采用图片关联收集法。关联规则是数据挖掘中常用的方法，关联规则挖掘是从大型数据集中发现有趣的相关关系，分为简单关联、时序关联、因果关联等。传统信息收集与关联信息收集的差异见图 3-24。关联规则挖掘就是发现满足用户指定的最小支持度和置信度的关联规则的过程。关联规则按照不同的标准有不同的分类，如布尔型和数值型关联规则、单层和多层关联规则、单维和多维关联规则等。著名的 Pinterest 图片收集网站即是通过关联规则的建立为用户提供便捷高效的图片收集平台。常规的图片收集需要工作人员设想若干个关键词，而后得到若干个相关图片，关联收集法的思路是根据关键词收集到若干图片，然后利用这些图片去搜索与这些图片相关的图片，通过“以点带面”的形式在有限的时间内简单地获得更多的资源。海派趋势调研者可通过这种方式寻找典型图片的相关资源，扩大具有海派文化特征的图片数量。

（四）依据需求设计海派时尚调研内容

现有的海派时尚流行趋势依据一种固定的模式展开研发，然而这种形式并非适

图 3-24
传统信息收集与关联信息收集的差异

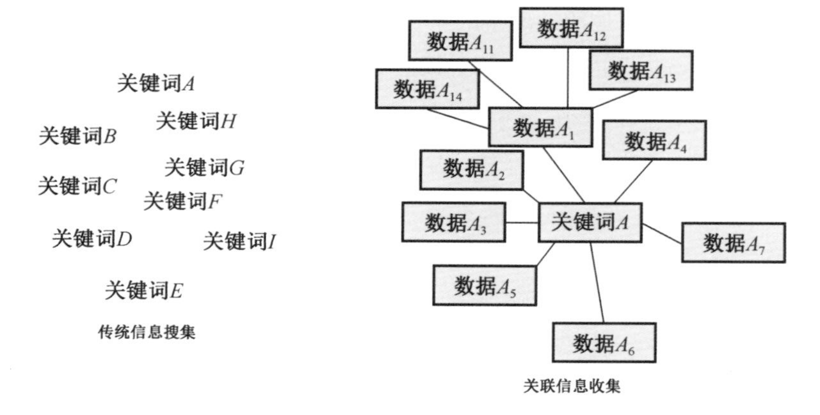

应所有的企业。海派时尚流行趋势需要从客户需求出发展开模式创新，打造更适合特定企业使用的趋势报告。模式固化的现象是全球趋势预测机构普遍存在的问题，每季度发布的趋势报告总是围绕固定的风格形式展开，趋势报告的主题风格需要依据实际情况进行更换，针对最为流行的风格进行信息收集。现有的海派流行趋势围绕经典、自然、都市、未来四条风格主线展开，随着社会背景的变化，这几种风格并非在同一流行强度上，如何根据流行强度的差异权衡调整趋势报告的结构，差异化地指导海派时尚调研，以更实际地服务于海派时尚产业，而非停留在形式化的创造上，是目前海派时尚研究者探讨的重要话题。

海派趋势调研大致可分为行业趋势调研和企业需求调研。行业趋势调研指针对某一服装行业的趋势预测前期调研，如针织服装流行趋势、男装流行趋势、运动装流行趋势等。一般来说行业趋势分析需要以下特征的调研内容：一是侧重新型概念和技术的调研；二是侧重于社会背景变化的调研；三是侧重于周边关联行业的调研。以新技术、新材料、新设备为代表的新生产力影响了海派时尚流行的原材料生产方法和外观，而原材料市场的新产品将影响整个海派时尚市场的流行状态，因此，对新概念与新技术的调研结果可作为海派时尚全行业的流行参考。对海派时尚社会背景的调研有助于宏观流行要点的预测，社会背景的变化也影响了服装行业流行趋势的大方向，便于海派行业流行趋势的主题制定。对周边关联行业的调研有利于分析出海派时尚行业潜在的商机与突破点，便于海派行业趋势的流行单品预测，例如，可穿戴设备的火热可能带来运动装行业的智能化升级，为运动装市场带来产品革新。

企业需求调研指针对某一企业的研发需求而进行的趋势预测前期调研，相对于行业流行趋势，企业所需的流行趋势将更为具体地展示流行细节。因此，企业所需的海派时尚流行趋势需要以下特征的调研内容：一是侧重于企业产品特征分析的调研；二是侧重于海派流行细节的调研；三是侧重于目标消费者的生活方式及消费行为的调研。对企业产品本身的调研可让趋势工作者更为了解企业的产品视觉系统，是为企业量身定制流行趋势的必须。对海派流行细节的调研可为企业提供详细的产品设计方案，能够精确到流行色号、款式细节、面料工艺的预测对企业产品开发而言是最具实用性的。对目标消费者的调研是站在消费者的角度猜测他们未来需要的服装款式、色彩、面料特征，也是有助于提高趋势预测精准度的调研方法。

海派时尚流行趋势预测的前期准备是一项繁琐且重要的工作，前期调研的准备质量直接影响海派时尚流行趋势预测的精准度，因为趋势预测专家们是根据调研工作者整理的素材对未来服装市场展开分析与判断的。随着信息挖掘技术的不断提高，调研信息也会日益客观、全面，这便需要与之相应的信息分析与整理技术。因此，数据分析小组必将会成为各个海派时尚流行预测机构的新部门。

参考文献

[1] 吴晓菁.服装流行趋势调查与预测[M].北京:中国纺织出版社,2015.

[2] 胡松.从CNCS色彩标准的建立看纺织品色彩的系统性管理[J].纺织导报,2010,(6):135-137.

[3] 张立宁.服装款式系统的风格量化和款式数据序设计与实现[D].上海:东华大学,2006.

[4] 仇立平.上海社会阶层结构转型及其对城市社会治理的启示[J].国家行政学院学报,2014,(4):45-51.

[5] 余明阳,戴世富.品牌文化[M].武汉:武汉大学出版社,2008.

[6] 李峻,刘晓刚,曹霄洁.服装产品视觉符号系统的研究[J].东华大学学报(社会科学),2007,7(3):220-225.

[7] 杨早.北京的城市性格[J].同舟共进,2010,(5):62-63.

[8] 季悦.基于中国五大城市的服装消费文化差异研究[D].上海:东华大学,2013.

[9] 涂永式.流行学理论及企业的市场营销策略[J].中南财经政法大学学报,1986,(2):11-15.

[10] 顾雯.基于波浪理论和预测学方法的国际男装流行色趋势预测研究[D].上海:东华大学,2013.

[11] 刘丽娴.基于动态多维定位的定制服装品牌设计模式研究[D].上海:东华大学,2013.

[12] 李霁.服装流行色预测方法的研究[J].山东纺织科技,2010,(4):42-45.

[13] 黄德源.直觉思维与创新[J].探索与争鸣.2008,(4):74-76.

[14] 周义澄.科学创造与直觉[M].北京:人民出版社,1986.

[15] 柏菊,冯俊文.知识管理在直觉决策中的作用[J].技术经济与管理研究,2012,(5):38-40.

[16] 玛格丽特·马特林.认知心理学:理论、研究和应用[M].李永娜,译.北京:机械工业出版社,2016.

[17] Christopher B. Fashion's world cities[M].New York: Berg Publishers, 2006.

[18] 卞向阳.时尚产业与城市文明[M].上海:东华大学出版社,2010.

[19] Keith, D. City branding theory and cases[M].大连:东北财经大学出版社,2014.

[20] Yuniya, K. The Japanese revolution in Paris fashion[M].Oxford: berg publishers,2014.

[21] 颜莉.时尚产业组织模块化价值创新能力评价研究[D].上海,东华大学:2013.

[22] 张灏,杨梅.快时尚品牌服装设计机制分析[J].针织工业,2012,(4):57-59.

[23] Barnes L, Gaynor L G. Fast fashioning the supply chain: shaping the research agenda[J]. Journal of Fashion Marketing and Management,2006,10(3): 259-266.

[24] 姚笑坤.户外运动休闲服装的设计及品牌研究[D].江苏:苏州大学,2012.

[25] 邱皓政.量化研究与统计分析[M].重庆:重庆大学出版社,2013.

[26] 申香英.基于流行要素数字量化的毛衫流行趋势研究[D].江苏:江南大学,2013.

[27] 孙明玺.现代预测学[M].杭州:浙江教育出版社,1998.

[28] 李光久.经济预测理论和方法[M].西安:西安交通大学出版社,1993.

[29] 刘思峰,蔡华,杨英杰.灰色关联分析模型研究进展[J].系统工程理论与实践,2013,(8):2041-2046.

[30] 戚少成.企业景气调查概述[J].中国统计,2002,(9):38-39.

[31] 俞立平,潘云涛,武夷山.科技评价中专家权重赋值优化研究[J].科技政策与管理,2009,(7):39-41.

[32] 朱颖.基于微博的热点话题发现[D].重庆:西南大学,2014.

[33] 德尔·L.霍金斯,戴维·L.马瑟斯博.消费者行为学[M].北京:机械工业出版社,2016.

[34] 徐云杰.社会调查设计与数据分析[M].重庆:重庆大学出版社,2011.

[35] 田婕.上海市青年女性服装消费行为研究[D].上海:同济大学,2008.

[36] 黄晓斌,谭颖骞.网络信息挖掘方法的效果评价[J].情报理论与实践,2011,(6):97.

第四章

海派时尚流行趋势预测的流程和实施

对于海派时尚流行趋势预测的具体操作方法、流程及应用实施，首先需要有成熟的海派时尚流行趋势预测团队。采集、预测和推广三方面人员构成的工作团队，从最新开张的店铺、设计师、品牌和最新商业形态中收集情报，通过最具前瞻性的时尚流行趋势分析形成海量报告和图片，展现出既具海派地域特色又放眼全球的视野宽度，为服装、潮流、设计和零售等各大产业提供权威行业分析、创意灵感和商业资讯。根据成衣品牌、快时尚品牌、设计师品牌等不同类别的海派企业分类实施海派时尚流行趋势预测方案，本章通过对海派时尚流行趋势预测方法决策的流程、海派时尚流行趋势预测方法决策理性化、典型海派时尚流行趋势预测方法决策三个层面阐述如何筛选出最为合适的海派时尚流行趋势预测方法，然后经历流行规律研究、信息采集与分析、趋势报告生成、发布及推广应用等过程，形成最终的海派时尚流行趋势报告。报告结构分为主题说明、系列说明和设计要点说明三部分，包括背景描述、主题陈述、色彩预测、面料图案、造型款式等版块。在报告使用阶段，依据海派品牌基因、全体目标消费群及实时热点，打造符合海派品牌气质的引爆因子，通过合理的设计让不适合全体消费者的海派流行要点变成“大众情人”。

第一节　海派时尚流行趋势预测的团队组织

海派时尚流行趋势预测的团队组织通常由采集、预测和推广三方面人员构成金字塔结构。其中，海派时尚流行情报采集人员是基底，职责主要为采集海派文化、生活方式、政治、科技、经济、秀场时尚、海派时尚品牌等方面数据信息，并以图表等可视化形式精确表达和昭示某类产品的未来走向；海派时尚流行趋势预测人员在分析海派时尚元素的同时，形成海派时尚流行趋势预测报告，给予海派企业设计师明确的设计方向；海派时尚流行趋势推广人员的职责主要通过各类流行趋势手册、设计手稿等杂志和图书的出版，以及流行趋势的巡回演讲等方式，指导企业设计，向专业人士传达他们的研究成果。海派时尚流行趋势预测的团队成员需要不断提高对海派时尚敏锐的洞察力，塑造海派时尚的战略眼光和系统分析能力，发展海派时尚的创新能力。

一、如何组团：不同层级的工作职责与团队决策

（一）海派时尚流行情报采集人员的职责

海派时尚情报采集人员指参与海派时尚调研的相关人员，可以依据海派时尚调研内容的差异性，进行合理分组。海派时尚调研数据可分为感性数据和理性数据，感性数据指不可量化或难以量化的艺术性数据，相关的情报采集人员需要具备一定的审美能力，能领会海派文化的精神内涵，对海派文化艺术具有敏锐的观察能力；而负责理性数据采集的情报人员则无需具备敏锐的时尚艺术洞察力，他们需要收集的是各类数据报告，例如海派文化策源地的经济形势数据、品牌运营数据，及秀场款

式、色彩、风格信息数据等，因此，该类情报收集人员需要敏锐的数字规律洞察力，但这并不意味着他们对时尚美学的感知为零，理性数据的情报收集人员至少需要具有时尚元素的认知能力，便于对海派时尚数据开展归类整理工作。海派感性数据情报采集人员与理性数据情报采集人员的责任范畴分类见表 4-1。

表 4-1　海派时尚流行情报采集人员数据采集范畴

人员分类	采集内容	记录格式
感性情报采集人员责任范畴	海派文化数据（包括对时下海派文化覆盖地区设计思潮、影视时尚、文学风格、艺术流派相关事件的采集）	事件名称—影响范围—持续时间—转变与演化特征
	生活方式数据（海派文化覆盖地区衣食住行数据采集）	
	政治背景数据（海派文化覆盖地区居民关注的政治事件）	
	科技背景数据（海派文化覆盖地区居民关注的科技事件）	
理性情报采集人员责任范畴	经济形势数据（海派文化覆盖地区经济形势走向）	统计分析表格
	秀场时尚数据（包括国际秀场和上海本土时装周的数据采集）	
	海派时尚品牌数据（海派品牌产品数据、销售状况）	

与海派时尚流行趋势预测团队其他分支人员的差异在于，海派情报采集人员的工作是持续的、不间断的，尤其是海派感性情报采集人员，他们需要从生活中挖掘数据，需要随时留意身边的海派趣闻轶事，但这并不意味着情报收集人员的工作是盲目和无序的，只是他们需要养成观察生活的好习惯，不断培养强化自身对海派时尚亮点的敏锐度。面对一项具体的海派时尚流行趋势预测工作，两类海派情报采集人员需要重新对各自掌握的情报予以整合分析，将琐碎的情报按照目标进行系统的预处理。海派情报设计工作组的工作机制是首先由海派情报管理人员依据目标预测内容合理规划情报数据采集工作，对海派感性数据采集人员和海派理性数据采集人员即将开展的具体工作进行分工。海派数据采集工作完成后，感性数据和理性数据需要完成对应转换，其原因在于，数据分析工作难以在不统一的变量表达形式上进行。由于理性数据以数字化的图表形式呈现，因此需要对感性数据按照其事件强度予以量化，最终也以数字化的图表形式表达。最后需要将理性数据数字化的图表文件以可视化方式呈现，方便给后续分析人员更多整体化的感性认知，见图 4-1。具体需要采用哪种转换形式，则需要参考海派时尚流行趋势预测的最终目的决定，例如，当海派企业需要趋势报告指导其产品开发时，则需要采用理性数据转换为感性数据的方式，便于海派设计师的灵感开发；而当趋势报告的作用是指导海派产品研发动向时，则需要将海派感性数据转换为理性数据，因为图表能更能精确地表达和昭示某类产品的未来走向。

图 4-1
海派时尚流行情报采集部门工作机制

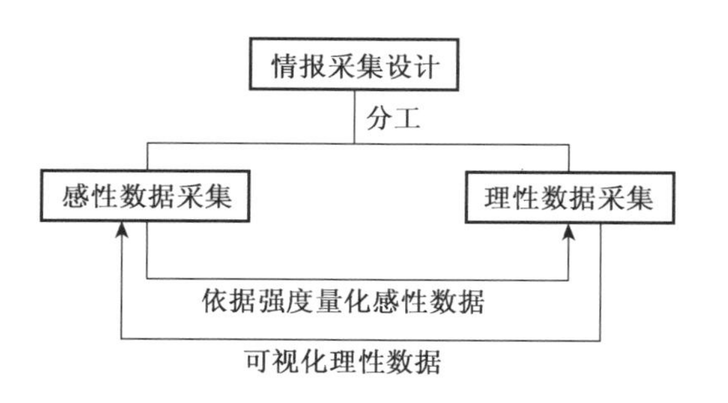

（二）海派时尚流行趋势预测人员的职责

海派时尚流行趋势预测人员分为两类，一是数据分析员，二是报告制作员，二者的工作性质同样有着理性分析和感性分析的差异。海派数据分析员的工作开始于报告制作员之前，能够熟练应用数学模型、计算机模型的数据分析师是团队重要组成部分，他们能根据复杂的数据筛选合适的模型进行数据分析及预测。除此之外，对海派图形图像等感性数据具有超强认知能力的分析师也是必不可少的，他们通过浏览情报员整理的海派感性数据集合，凭借自身多年的经验和敏锐的判断力，把握海派时尚市场的走势；由于海派时尚的特殊性，这类分析师需要对海派文化有着深刻的了解，他们在分析海派时尚元素的同时，也刻意地创造着市场可能的流行要点，以确保海派时尚的良性发展，避免放任市场流行所带来的海派时尚系统断裂。海派时尚数据分析员是趋势预测工作的核心部分，他们的决策直接影响了海派时尚流行预测的精准度，是海派时尚预测团队的核心管理人员。

海派时尚流行趋势报告制作员的职责在于对趋势分析结果以合理的形式呈现，这部分工作有时也由分析员完成。报告的制作并非单纯地对数据结果照搬照抄，而是依据目标客户的需求特征对数据分析结果进行再设计。例如，海派时尚流行趋势数据分析员完成了对海派衬衫流行趋势预测的分析工作，提炼出了“宽松”“解构”“迷彩”“撞色”等关键词，趋势报告需要结合这些关键词寻找适合的图片，并通过这些图片说明这些关键词是如何应用的，给予企业设计师明确的设计方向，但同时以启发式的口吻表达设计思路，而不是直接给出爆款。因此，一份海派时尚流行趋势报告中通常有五类图片构成，包括情感氛围图、织物特征图、款式参考图、细节描述图、色彩说明图，依据趋势的预测内容，可对上述图片类型的比例有所调整，例如服务于款式设计的海派时尚流行趋势报告可增加款式参考图，而服务于面料设计的海派时尚流行趋势报告可增加面料参考图、色彩参考图。因此，海派时尚流行趋势的报告制作员其实也是半个海派时尚设计师，他们是协助企业和趋势分析师沟通的桥梁，促进海派时尚流行趋势正确使用和实现其价值最大化的重要枢纽。除此之外，海派时尚流行趋势报告制作员需要充分了解海派时尚的基本风貌，避免流行趋势报告的风格与海派时尚的文化风格发生偏离（表 4-2）。

（三）海派时尚流行趋势推广人员的职责

目前，海派时尚流行趋势服务机构主要通过各类流行趋势手册、设计手稿等杂志和图册的出版，流行趋势的巡回演讲，指导企业设计等方式，向专业人士传达流行趋势研究成果。海派时尚流行趋势服务机构巡回讲座受众一般为海派时尚品牌企

表 4-2　海派时尚流行趋势预测组成员构成

角色	人数	主要职责
团队负责人	1	制定计划，协调控制数据分析、主题提炼、趋势框架构建及报告制作，跟踪并报道项目进展情况；辅助解决项目遇到的难题；指导团队各成员完成各项工作
感性数据分析师	2	分析情报工作组提供的感性数据，提炼流行要点
理性数据分析师	2	分析情报工作组提供的理性数据，提炼流行要点
报告制作员	2	汇总梳理海派时尚市场及资讯，依据本工作组提出的流行主题和要点，编辑趋势报告中的图片和文字

业设计师等创意人员，海派时尚流行趋势预测机构预测员通过海派流行趋势故事的描述、海派文化背景的介绍、海派生活方式的表达、海派情境音乐的播放，精心营造出海派时尚流行意境和氛围，全方位地让海派时尚设计师打开感官深入地感受和联想，体味海派时尚流行趋势主题。由于海派时尚流行趋势是基于对海派文化的再造而产生的时尚传达形式，因此，海派时尚流行趋势的传播需要浓墨重彩地强调海派文化的特征，海派时尚流行趋势的推广人员需要具备良好的文化素质，对海派文化具有深刻的理解，并流畅自如地贯通在海派时尚的传播系统之中。

海派时尚推广团队是一个人员较多的团队，是为海派时尚流行趋势机构创造利润的直接部门。海派时尚流行趋势推广团队的组织结构（图 4-2），渠道 A～D 呈现的是常见的流行趋势推广渠道，每个渠道由熟悉该领域的负责人和执行人构成，确保海派时尚流行趋势围绕其文化性特征，从多维度展开推广。

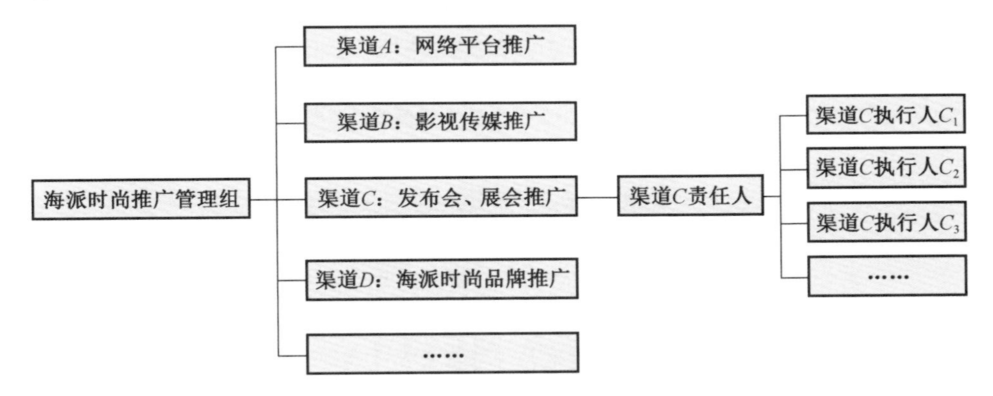

图 4-2
海派时尚流行趋势推广团队组织结构

二、素质训练：从海派时尚流行趋势观察家到海派时尚流行趋势预测家

企业真正需要的是兼具商业理念和设计才华的拓展型预测人才，作为海派时尚流行趋势预测人员必须在敏锐的洞察力、战略眼光与系统分析和开放思维与创新能力等方面加强素质训练，以获取认知流行、掌握预测方法和应用流行资讯的能力。作为一名海派时尚流行趋势预测人员所需具备的素质具体地说包括：有创造流行的本能和活力；语言能力强，与时尚产业各方及消费者都能良好沟通和协调；能在压力下积极工作；整合资讯形成新概念和新构想等。

（一）对海派时尚敏锐的洞察力

海派时尚流行趋势预测人员必须对流行有独到的见解，并有敏感的市场意识以及预测、引导流行并果断实施的能力，这其中，敏锐的洞察力是海派时尚流行趋势预测人员的核心素质，是将海派时尚流行的蛛丝马迹显性化，发现潜在客户并将其转变为海派品牌消费者的前提。

海派时尚流行趋势预测是依据现有的海派时尚素材对未来流行展开构想的过程，因此，时间洞察力成为了海派时尚流行趋势工作者的重要技能。时间洞察力既是能力特质也是动力特质，是个体对时间的认知、体验和行动（或行动倾向）的人格特质。它可以区分为过去时间洞察力、现在时间洞察力、未来时间洞察力，也可以区分为特质时间洞察力和状态时间洞察力。根据时间洞察力的结构，海派时尚洞察力可以分为三个基本层次：一是对海派时尚流行的时间认知，二是对海派时尚流行的体验，三是对海派时尚流行动向的判断。海派时尚流行的时间认知为对海派时尚流行阶段的解读，趋势预测者需要了解海派时尚的流行历史、周期、演化规律，进而构想某元素未来流行的可能性；时间的体验可以理解为对海派时尚的经历，这依赖于趋势预测者的长期自我积累，包括近年来海派时尚的流行特征，现在海派时尚的流行特征以及未来可能流行的海派特征；行动倾向可以理解为对海派时尚发展的展望，包括趋势预测者在过去预测项目中的构想。现在进行的海派时尚流行趋势预测项目中的预测构想以及对未来预测项目中可能引发的海派流行点的假想，在具备这三方面洞察力的情况下，才能诞生一位合格的海派流行趋势趋势预测家。因此，对于海派时尚流行趋势洞察力的培养，是一个持续的过程，它不会突然地迸发或消亡，而是一个持续积累的过程，并且在一定想象力的基础上才得以完善，见图 4-3。

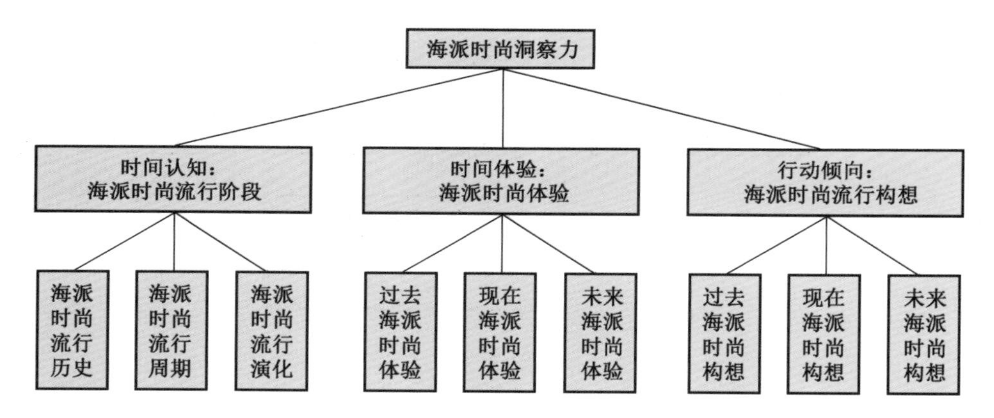

图 4-3
海派时尚时间洞察力结构

由于海派时尚是发源于长三角地区的时尚文化，对海派时尚的洞察需要集中精力于长三角地区，特别是人流量密集的城市中心。不少中心城区的建设在注入现代化国际潮流元素的同时保留着海派文化的基本风貌，是洞察海派时尚的最佳场所。以上海中心城区为例，南京西路商圈、南京东路商圈、淮海中路商圈在不断汲取着国际潮流的同时也保留着浓郁的上海文化情结，特别是淮海中路商圈，是海派时尚最典型的代表。

除了实地考察培养海派时尚的洞察力外，也可以通过文字、图像信息的收集培养海派时尚洞察力。由于海派时尚属于文创类的产业，为洞察时尚流行趋势的萌芽，需要培养自己的艺术细胞，从大量的艺术创作图片和描述性文字中获取海派时尚知识。对海派时尚洞察力的培养也是对感性思维的深造，因此应尽量多储存感性的文化信息，而非过多地阅读海派时尚分析图表。对海派文化的艺术材料积累并不能一下子直接地提高对海派时尚的洞察力，这是一个需要长期积累的过程，但最终会产生量变到质变的飞跃。

海派时尚最终通过服饰品、工艺品等载体呈现出来，因此，对海派时尚的洞察直接切入点便是对服饰品、工艺品的设计要点的观察，包括目标商圈的服饰考察，秀场图片的收集分析，时尚生活方式资讯的收集分析。上述洞察内容可直接反映在海派时尚流行的特征上，但由于洞察数据的杂乱，容易对判断产生干扰，因此，在执行商圈实地考察之前，研究人员应该是有备而去的，即他们已经通过阅读秀场数据和其他时尚资讯报告后，对海派时尚流行有了基础的猜想，而后在此基础上根据商圈考察的结果对自己的猜想进行补充和验证。

对海派时尚文化艺术作品的观察同样是培养海派时尚观察力的关键内容，虽然不少文化艺术作品并不能够直接反映时下的流行要点，但文化艺术作品中的理念通常与服饰品的流行理念是一致的。当代艺术作品融汇了艺术家的设计理念，并且反映了时下受到追捧的艺术形态，是判断服饰流行趋势的重要途径。因此，对海派文化艺术作品的观察至关重要，并且在观察的过程中需要及时对观测内容进行筛选，提取出可能应用在海派时尚上的新鲜设计点，摈弃与时尚精神背道而驰的艺术理念。

（二）塑造海派时尚的战略眼光和系统分析能力

海派时尚的变迁是时代的反映，海派时尚流行趋势是一个复杂的系统，不仅仅是色彩、面料和款式等的组合，而且是和政治、经济、文化、艺术、科技、生活方式等息息相关，海派时尚流行趋势预测涉及形态学、色彩学、设计学、仿生学、心理学、生理学、美学、文学、民俗学、工学、市场学等学科，只有当感性的判断与理性的数据相结合后预测得出的结果才能趋于合理。对海派时尚流行趋势预测人员职责和素质的要求主要体现在知识结构和能力结构上，要求海派时尚流行趋势预测人员必须具备科学家的头脑和艺术家的灵魂，将科学技术与海派时尚设计有机结合起来，把握知识经济时代和海派文化带给海派时尚设计的新内涵，运用战略眼光与系统分析提高海派时尚设计产品的附加值和竞争力。

整体性构思是海派时尚流行预测的中心环节，由此带来的战略眼光和系统分析能力的要求，需要海派时尚流行趋势预测人员在观察体验生活的基础上，对款式、结构、制衣程序和销售等多因素综合判断，一方面要对整个预测进行具体思考，另一方面要放在整体海派时尚设计发展趋势及海派文化的背景中去进行抽象思考。

提升海派时尚的战略眼光和系统分析能力，需要落实下述内容：

1. 明确海派时尚的结构与层次

熟悉了海派时尚的基本框架之后，才能够对海派时尚的发展提出战略性的分析，明确从哪些方面是现如今海派时尚发展的薄弱环节，有的放矢地提出提升海派时尚发展的策略。海派时尚可分为海派时尚文化、海派时尚产业、海派时尚品牌、海派时尚产品和海派时尚消费者五大基本结构（图 4-4），每个结构都需要不断地提升和丰富。海派时尚流行趋势的战略设计也是围绕着五个基本结构展开的，通过对海派时尚文化的演变研究、海派时尚产业链的变化探讨和对海派时尚消费社群的调研，可作出海派时尚流行趋势的主题战略分析；而战略的具体化设计依赖于对海派时尚特色产品的分析和对海派时尚品牌基因的分析。

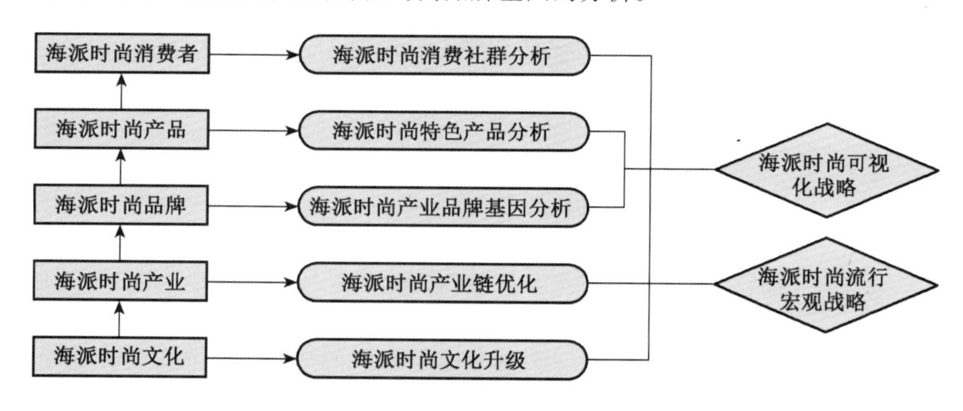

图 4-4
海派时尚战略分析结构

2. 树立全局观的思维方式

全局观的战略思维是指结合国际前沿的理念，以包容并进的态度不断地丰富海派时尚的内涵，同时兼顾海派时尚的历史特征，以承前启后的形式对海派时尚流行进行战略布局的思维形式。因此，全局观的思维方式的树立需要从两个方面进行，一是注重国际前沿设计理念与海派时尚的结合，二是注重海派时尚的历史发展轨迹，从历史的角度出发制定海派时尚流行的战略。由于东西方文化的差异，国际的前沿时尚潮流并不一定适合海派文化的发展，甚至容易起到破坏性的作用，因此，在制定海派时尚流行战略时，“拿来主义”的方式并不可取，“改良主义”才是该有的思维方式，并用海派时尚历史的演化规律对“改良结果”进行分析和验证，只有当战略同时满足双方面条件时，才可作为可执行的海派时尚战略。

3. 稳固海派时尚的文化根源

无论海派时尚在未来将发生怎样的变化，海派时尚所代表的海派文化之根是永远不变的主旋律，对海派文化根系的维护也是任何海派时尚工作开展的根本原则和根本思路。海派时尚战略的设计也务必围绕海派文化的根系展开设计，因此，海派时尚战略的制定需要对“吴越文化”“江南文化”有充分了解，挖掘海派文化的基因，在确保基因模块不变的基础上展开创意策划（图 4-5）。

（三）发展海派时尚的创新能力

开放和创新性是海派时尚流行趋势研发和时尚设计构思最显著的特性和灵魂所在，主要体现在海派时尚流行趋势主题对海派文化和品牌文化的传承和革新，构架了过去与未来、传统与现代之间的桥梁，形成艺术性与实用性兼具的独特的海派时尚流行趋势。

图 4-5
海派文化基因

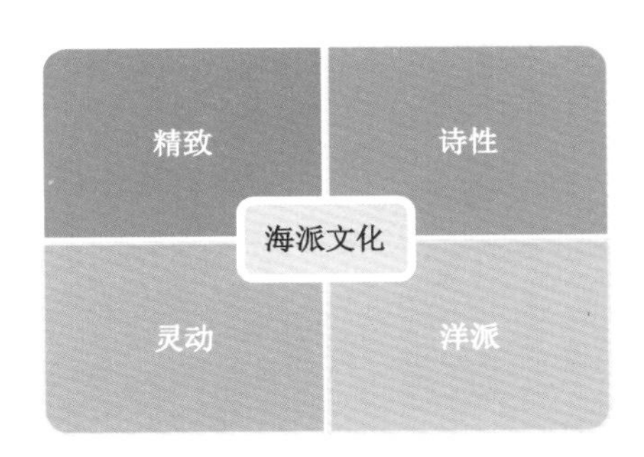

开放性思维创新过程大体上经过两个阶段:第一阶段是准备阶段,大量原始素材聚集,海派时尚流行趋势预测人员用概念或具体形象进行逻辑推理或组合拼接,为灵感和直觉的发生创造条件,在此阶段思维活动基本上按常规思维进行;第二阶段是突发阶段,经过冥思苦想,或受外界某种刺激,或因潜意识突然上升为显意识,预测人员感到有豁然贯通之感。因此,预测人员首先需要储备大量多元化海派素材,如果平时的生活方式就为各种新思潮、新时尚和新科技所包围环绕,也会因此拥有开放、多元和迥异的视角和思考维度;其次,新的影像技术、数字技术、虚拟技术等的出现让作品的表达更加随心所欲,科技与艺术的深度结合为海派设计元素的打破与重组带来新的可能,是海派艺术和海派时尚风格创新的前奏。

开发海派时尚的创新能力,需要培养矛盾组合和跨界设计两方面的意识。矛盾组合的手法是时尚设计常用的手法,将看似无关的元素组合在一起,混搭而成新的时尚趣味。矛盾组合的方式对海派时尚流行趋势的战略制定同样适用,其基本思路为将潜移默化而形成的海派时尚基本风貌与国际前沿设计亮点相组合,形成具有新面孔的、趣味化的海派流行时尚。但在矛盾组合的过程中需要特别注意矛盾元素的权重,以免主次颠倒,逐渐失去了海派时尚的基因特征。跨界设计是指将海派时尚流行趋势和其他产业的前沿技术相结合,例如可穿戴设备海派时尚的研究,智能化设备的海派时尚流行趋势研究,家装建材产品的海派时尚流行趋势研究等,通过开发出海派时尚参与的新领域,使海派时尚与时俱进,甚至覆盖全行业。

三、架构与分工:不同时尚链条上的海派时尚流行趋势预测团队的组织

海派时尚流行趋势预测不仅包括专业服务机构,还涉及服装企业中的企划师、设计师等时尚品牌创意人员,销售环节和媒体环节等推广人员,以及院校服装研究专家等时尚产业链上方方面面的成员。

(一)跨时尚链的海派时尚团队结构

流行趋势预测工作的复杂性颇高,而趋势预测机构的资源是有限的,因此趋势预测往往需要依靠全行业的力量才能顺利完成并实现有效应用,因此大多数时尚流行趋势的团队组织都是跨时尚产业链的,海派时尚流行趋势预测团队也不例外。但无论是预测海派时尚的哪方面内容,其预测团队的组织基本普遍呈现出金字塔结构,该结构分为三层,基层为海派时尚基础数据的采集,这项工作的耗时最长、工作量最大、需要的人力和物力最多,也是整个海派时尚流行趋势预测项目展开的基础;

基于有效的海派时尚数据，数据分析人员将予以分析并为海派时尚流行趋势决策者提供数据报表或可视化的典型图形、图像。由于该部分工作链接了海派时尚数据采集和海派时尚流行决策，因此，处于金字塔结构的中间层；最上层为海派时尚流行预测的决策成员，决策成员负责规划、统筹趋势预测工作，提炼主题和趋势流行要点，其分析与判断直接影响趋势预测的结果，因此，这类成员通常为海派流行趋势预测领域的权威专家，组成人员较少但都肩负着重要使命。

这上述三项基本工作的成员组成中，顶层和中间层皆由海派时尚流行趋势预测机构的稳定成员构成，跨时尚链的海派时尚流行趋势预测团队主要体现在基层之中。由于海派时尚流行趋势预测的内容和服务对象都存在着多样性，因此，基层工作成员的组成同样具有流动性，在服务于企业的专项海派时尚流行趋势预测中，基层的流动成员还应当包括服务企业的企业情报提供者，来自掌握企业运营数据、销售数据、产品数据资料的人。在解读海派时尚流行趋势时，海派时尚数据的采集需要与其他掌握时尚数据情报的企业合作，例如谷歌、百度、阿里巴巴等掌握行业大数据的企业，在此，这些掌握大数据的公司成为了海派时尚基础数据的主要采集人员。而海派时尚流行趋势预测机构内部的数据采集成员扮演了海派时尚数据采集对接人员的角色，他们整理了采集数据的内容、采集时间、采集数量等采集规则和要求后，提供给掌握数据的公司，由数据公司完成数据挖掘工作（图 4-6）。

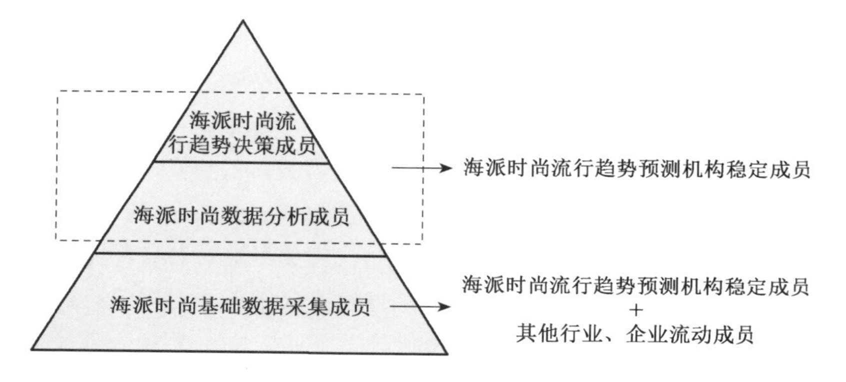

图 4-6
跨时尚链的海派时尚团队结构

（二）跨时尚链的海派时尚流行趋势预测流动成员

跨时尚链的海派时尚流行趋势预测流动成员集中在金字塔结构的基层，其主要职责为提供海派时尚信息，作为海派时尚流行预测的基础材料。跨时尚链的海派时尚流行趋势预测流动成员包括面辅料供应商、海派时尚企业、海派时尚买手、海派时尚消费者、海派时尚媒体、数据信息网络平台等具有丰富海派时尚资料的群体。

海派面辅料供应商。面辅料市场的销售数据为面料流行趋势的预测提供最直接的依据，在服装款式日益稳定的今天，面料设计成为成衣设计的重要议题，因此，面辅料市场销售数据的价值也日益提高。当海派时尚流行趋势服务于一级市场时，海派面辅料的供应商便成为主要的基础数据采集成员，海派时尚流行趋势预测者需要对企业产品、诉求详细了解后，基于现有产品的销售状况和其他市场需求动向，为原材料市场提供织物图案、风格、色彩流行趋势报告。因此，海派时尚流行趋势预测所需的基础数据大部分是取之于海派面辅料供应商，而用之于海派面辅料供应商的。但单纯的采用海派面辅料供应商的数据是不够的，也需要综合数据信息网络平台、时尚买手、媒体的海派时尚信息完善基础数据的采集。

海派时尚企业。海派时尚流行趋势的预测从最开始的信息收集到最后的预测报告，每一个环节都应该具有明确的导向，都需要结合海派时尚企业的实际情况展开，才能使最终结果更具可操作性。

海派时尚买手。海派时尚买手在海派时尚流行趋势预测过程中扮演着传递时尚理念的作用。

海派时尚消费者。海派时尚流行趋势预测的最终目的是为了消费，因此消费者的消费习惯、消费者家庭特征、个人的生活习惯和生活方式等信息至关重要，当趋势预测与消费充分贴近，其所指导设计出的海派产品就越能满足消费者的需求，刺激消费者对海派产品的消费需求，减少传统海派时尚流行趋势预测的局限性所带来的库存，进而提升行业领域内的生产综合效率和利润。长三角地区的时尚行业工作者、明星艺人、时尚院校学生、时尚潮人四类群体是海派产品消费的重要目标，也是海派时尚流行趋势预测的重点跟踪对象。

海派时尚媒体。Web 2.0时代背景下的消费者拥有更全面的时尚资讯，同时也要求更精准的信息传达，随着自媒体的兴起，长三角地区的社交媒体，例如长三角地区的微信、微博用户的文本数据开始更多地影响海派时尚流行趋势预测的走向，长三角地区的时尚行业工作者、明星艺人、时尚院校学生、时尚潮人四类群体的自媒体信息是海派时尚流行趋势预测的重要信息源。对于现代传播而言，内容是话题的核心，话题制造是营销的核心和兴奋点，准确的选择热门话题，并结合海派企业和海派产品实际进行把握、提炼和升华，是海派时尚流行趋势影响作用能否取得成功的关键。

数据信息网络平台。当今时代已经进入了一个万物互联的时代，基于大数据的海派时尚流行趋势可以实现跨行业预测，凡符合海派时尚文化内涵、海派时尚流行特征的行业，海派时尚流行趋势都应涵盖，而且各品类之间的预测应具有互通性，以此实现一个开放的海派时尚信息平台，通过海派信息和数据的共享，实现各个行业、品类的共赢。

（三）跨时尚链的海派时尚流行趋势预测流动团队结构

专业流行趋势服务机构、海派时尚品牌创意人员、销售人员和媒体人员，共同构成了海派时尚流行趋势预测的团队组织，其中海派流行趋势机构通过了解时代特征和调研市场，发表海派时尚流行趋势为时尚产业其他成员提供色彩、款式、材料等流行趋势预测服务；海派时尚企业过滤流行信息，设计研发契合本企业文化并贴合目标消费市场需求的流行产品；时尚媒体跟踪各大发布会，实时报道各大预测机构和品牌最新设计研发成果，追捧或者评价海派设计师的新作品，对海派时尚流行趋势预测者和消费者施加影响；海派时尚产品最终经由销售人员流入消费者手中，流行到此真正形成，并最终证明预测结果；消费者和市场信息再反馈给预测者为下一季海派时尚流行趋势分析预测提供依据(图 4-7)。

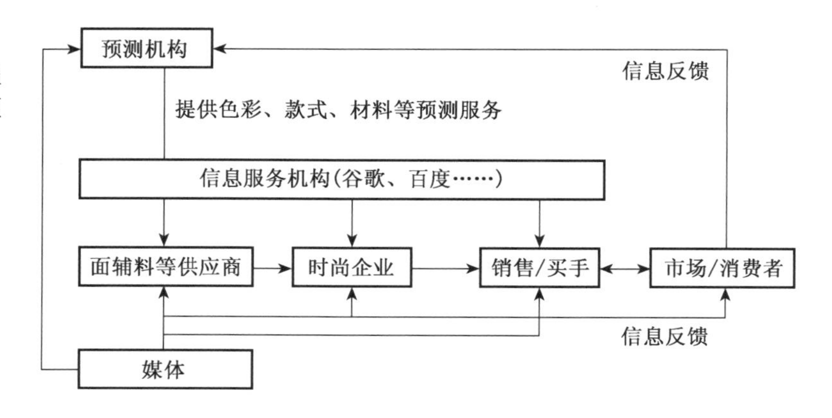

图 4-7
跨时尚链的海派时尚流行趋势预测流动团队结构

■ **小案例**

国际权威时尚流行趋势预测机构

WGSN(Worth Global Style Network)是英国著名流行趋势研发机构,被公认为全球领先,透过最具前瞻性的时尚流行趋势分析和十年来累积的海量报告和图片,为服装、潮流、设计和零售等各大产业提供权威行业分析、创意灵感和商业资讯。WGSN 的总部设在伦敦,通过在纽约、中国香港、首尔、洛杉矶、墨尔本和东京设立办事处,遍布全球的分支机构使 WGSN 能够快速地收集和分析时尚流行趋势,真实地展现出他们放眼全球的视野。WGSN 在全球范围内雇佣了 200 名具有创意和编辑能力的人员,他们有为 NIKE、Arcadia、Firetrap、Topshop 等知名品牌工作的丰富经验,组成一个工作团队,他们与作家、摄影师、调研员、分析师和流行趋势观察员一起工作。国际公司订阅其服务包括许多与时尚相关的行业的需求调研、分析和新闻资讯,而且还包括新近涌现的造型潮流情报。

潮流观察(TREND WATCHING)是一家独立的流行公司,成立于 2002 年,总部设在荷兰首都阿姆斯特丹,扫描全球消费者趋势、消费者见解及相关的商业理念,在七十多个国家和地区拥有超过 8 000 个流行趋势观察员。他们的调查以一种免费的每月流行趋势简报形式进行传播,寄发至超过 120 个国家的 163 位商业从业人士手中。他们的流行趋势调研结果将有助于市场营销人员、企业决策者、调研人员以及任何对商业未来和消费主义感兴趣的人们开发新产品、拓展服务,增加他们与消费者打交道的经验。

中国纺织信息中心(China Textile Information Center,简称 CTIC),是全国纺织行业最大的综合性研究与公共服务机构,其流行趋势研究部团队里有十几个研究员,85%以上都是研究生学历,且大部分有过国外留学或工作的经验,经历过国际先进流行趋势研究机构的工作流程。

第二节 海派时尚流行趋势预测的过程与步骤

时尚产品市场生命周期相对短暂，因此海派时尚流行趋势预测的时序安排成为第一要务。通常长期海派时尚流行趋势预测应用企业主要为传统大众成衣品牌企业；短期预测应用于以快时尚为代表的海派品牌服装企业。海派时尚流行趋势的预测项目一类是按照预测内容分为海派时尚色彩流行趋势、海派时尚面料流行趋势、海派时尚款式流行趋势等，这类趋势预测服务于全行业；另一类是按照服务对象分为服务于男装行业的流行趋势、海派时尚设计品牌的流行趋势、海派时尚零售终端的流行趋势等，这类趋势预测由于服务的对象不同，数据采集也会有权重差异。通过海派时尚流行趋势预测方法决策的流程、海派时尚预测方法决策理性化、典型海派时尚流行趋势预测方法决策三个层面的工作，筛选出最为合适的海派时尚流行趋势预测方法，经历流行规律研究、信息采集与分析、趋势报告生成、发布及推广应用等过程，形成最终的海派时尚流行趋势报告。最终报告结构通常分为主题说明、系列说明和设计要点说明三部分，包括背景描述、主题陈述、色彩预测、面料图案、造型款式等版块。

一、实际与行动：海派时尚流行趋势预测的时间表与流程设定

常常某件新鲜事物只不过是一阵风尚，市场生命周期非常短暂而且不易捉摸，正如《纽约时报》指出的，“流行常短到当企业捕捉并介入到这股时尚风潮中来的时候，它已经走下坡路了，当企业放弃时，可能它又死灰复燃了。”因此海派时尚流行趋势预测的时序安排就变得异常重要。最初的时尚界每年举办两次新品发布会，主要是为了适应季节变化，时至今日，天气变化已经成为次要因素，更重要的是要适应日新月异的新潮流演进速度。海派时尚流行趋势预测从时序上划分一般分为长期预测、短期预测以及长短结合预测，不同预测时长的提前量和流程差异非常明显：短期趋势预测，由于预测时间较短，信息源的准确程度较高，更适合确定海派消费者需求水平与其接受程度等；长期趋势预测，由于时间跨度大，期间不可预料的事件会降低预测的准确程度，更适合用来指导长期海派时尚市场发展战略。

（一）海派时尚长期趋势预测的时序

海派时尚长期流行趋势预测常常被应用于传统大众成衣品牌企业，这类企业具有强大的财力支撑长远而客观的流行趋势研究，特点是涵盖 U 型价值链曲线全过程，即不仅局限于价值高的设计和营销环节，该类企业侧重于长期海派时尚流行趋势预测。因为该类企业核心竞争力不够突出，特别在供应链环节上反应比较慢可能超过 3 个月，趋势研发、设计、生产和营销周期都相对较长，因此对预测的准确性要求尤其高。海派时尚流行长期趋势预测时序分三个层次见图 4-8。

与其他流行趋势预测工作相比，海派时尚流行趋势是地域文化影响下的时尚流行产物，因此需要分析国际时尚，提取出适合海派时尚的元素，并通过趋势分析师进行创造性调整。国外流行色发布机构大约提前 24 个月左右推出流行色色彩的流行

图 4-8
长期趋势预测流程

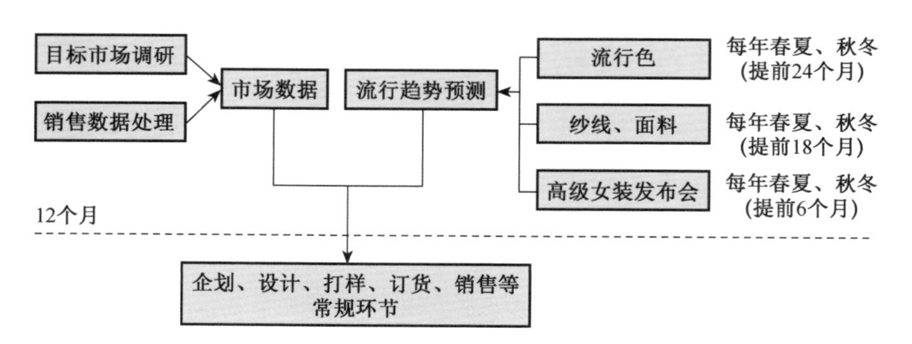

信息，比如各大机构推出的春夏、秋冬流行色预测色卡信息，重点可关注 WGSN、Carlin、潘通公司等国外预测与咨讯服务商发布的信息，以及蝶讯服装网、POP 服装趋势等本土预测机构构提供并发布的潮流信息。相关机构大约提前 18 个月推出纱线和面料的流行趋势，可重点关注法国第一视觉面料博览会、意大利国际纱线展等发布的信息，以及中国国际纺织纱线展览会等本土展会发布的信息。企业通过博览会、期刊、网络、电视等媒体了解新的纱线特点及即将流行的面料流行趋势，提取海派时尚元素，作为资料进行分类整理。大约提前半年，由协调机构推出服装的流行趋势，可重点关注巴黎、米兰、伦敦、东京、纽约五大时装中心的各大企业、各个品牌的时装发布会、成衣博览会，及中国国际服装服饰博览会、上海国际服装文化节等本土展会，结合海派文化的本土特色，对海派时尚流行予以规划。这也是对商界和消费者宣传与引导的方式之一，由此途径告诉消费者和零售部门半年后的海派流行趋势，引导商家有选择地进货，引导消费者应该如何穿着才能时尚前卫。

（二）海派时尚流行短期趋势预测的时序

以快时尚为代表的海派品牌服装企业，注重设计、营销等价值链上各环节的统一规划，供应链周期一般 20～30 天，侧重于根据外部机构、竞争企业的流行趋势报告进行再分析的短期趋势预测。因为其 35%的产品设计和原材料采购，40%～50%的外包生产（与时尚关系不大的部分）和 85%的自产（对时尚敏感的绝大部分）都是在营销季节开始后才进行的，因此在每一个缺货、调货、补货循环过程中，由于预测时间短，预测师们需要在有限的时间内高效完成工作，这便要求有的放矢地布置和设计趋势预测方法。图 4-9 展示的是短期趋势预测的基本思路，其中，预测师们需要重点关注门店销售数据，这一版块直接反映了地域服饰喜好特征，对此项数据的分析能更切合品牌的利益。至于时装周的海派时尚流行元素采集工作，则是海派时尚流行趋势预测机构的日常工作事项，无需特意进行研究。

图 4-9
短期趋势预测流程

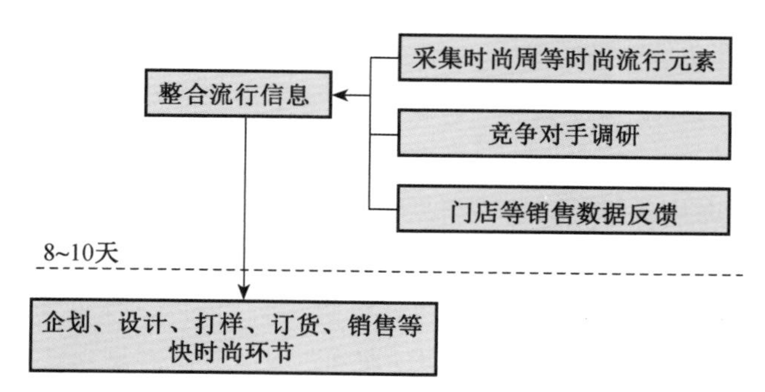

（三）海派时尚流行趋势实时预测

海派时尚流行趋势实时预测的主体通常是设计师本身，实时预测也与产品开发工作融为一体。实时预测不可能基于大量的前期调研和客观分析，而是凭借海派设计师的经验和他对海派时尚流行的认知主观臆断，因此，实时预测也可以理解为设计师的灵感整合工作。因此，在没有实现大数据的实时预测的条件下，海派时尚流行趋势的实时预测工作几乎是纯感性的，带有海派设计师的自我风格，但这并不能否认实时预测的结果缺少可靠性，根据第三章中对直觉预测的介绍，实时预测甚至也可能引发潮流狂澜，这种现象与“大牌造时尚”的现象相似，流行趋势有其规律，但具体的流行要点却是大师们主观创造的。图 4-10 展示的是海派时尚流行趋势实时预测的流程，海派时尚信息的整合包括了设计总监在时尚行业的从业经验、灵感创意、对海派品牌的基因塑造和对门店数据参考四个基本层面，因此，海派时尚流行趋势实时预测往往是针对品牌本身的，使用上具有局限性。

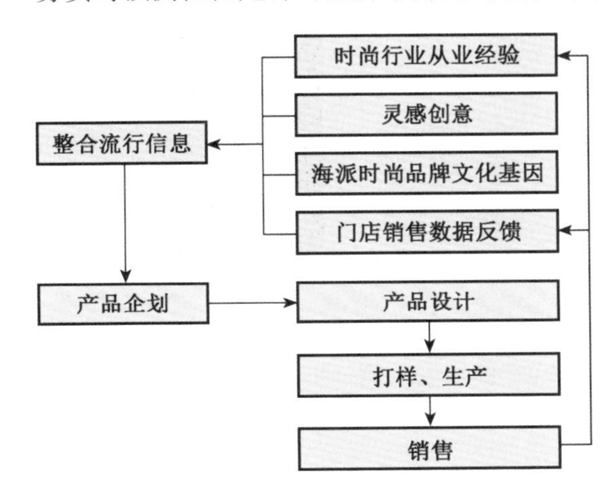

图 4-10 海派时尚流行趋势实时预测流程

二、普遍模型与个案：海派时尚流行趋势预测方案的构建

（一）海派时尚预测项目分类

在海派时尚流行趋势预测工作开展之前，海派时尚流行趋势预测者需要明确预测的内容及目的，便于后期工作的合理开展，因为不同的预测内容背后对应着不同的预测模型和方法。海派时尚流行的预测项目主要分为两大类：一类是按照预测内容分类，例如海派时尚色彩流行趋势、海派时尚面料流行趋势、海派时尚款式流行趋势等，这类趋势以服务于全行业为目的；另一类是按照服务对象分类，例如服务于男装行业的流行趋势、海派时尚设计品牌的流行趋势、海派时尚零售终端的流行趋势，这类趋势由于服务的对象不同，数据采集权重也会有所差异。

1. 按预测内容

色彩预测。国际流行色协会每年 6 月和 12 月召集两次会议，经本届协会常务理事会成员国从各国提案中经讨论表决，得出一致公认的几组色彩为未来 18 个月的流行色概念色组。国际著名的流行色预测机构有美国潘通公司，德国 Mode Information 公司，法国 Promostyl 设计工作室等，海派时尚流行色趋势预测机构有海派时尚流行趋势研究中心，每年与国际流行色同步发布海派时尚流行色。海派时尚流行色围绕受长三角地区人们偏爱的着装风格展开，因此，每季的海派时尚流行色都分经典、自然、都市和未来四个向度展开预测（图 4-11）。

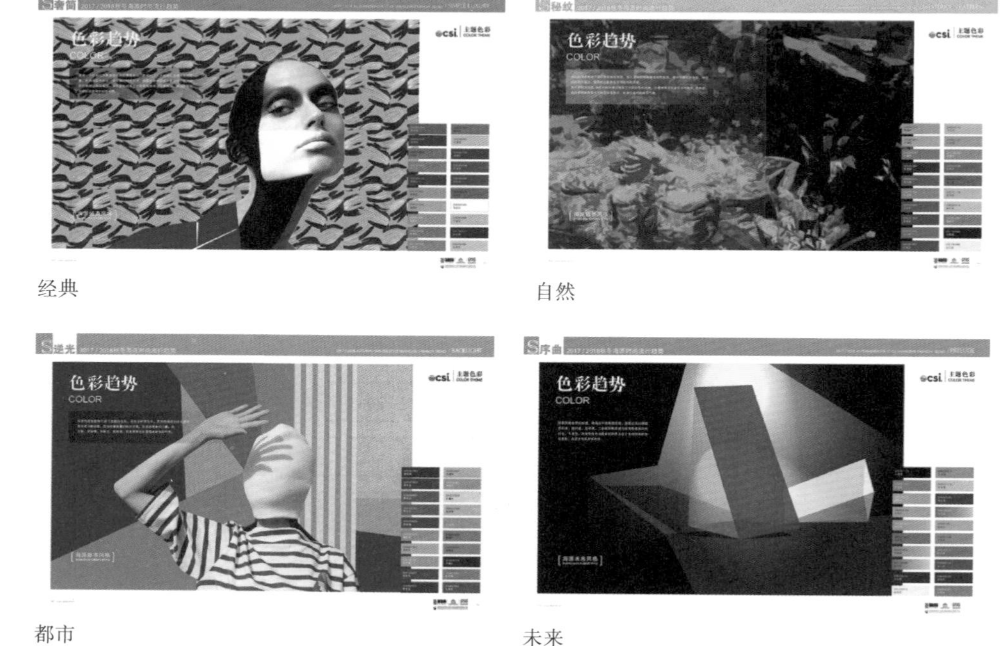

经典　自然　都市　未来

图 4-11
四大主题风格下的海派时尚流行色预测

纤维、面料预测。纤维流行趋势预测一般提前 18 个月，面料流行趋势预测一般提前 12 个月。对于纤维、面料的流行趋势预测主要由专门机构，结合新材料、流行色进行概念发布，通常借助各大纱线博览会、面料博览会进行展出。与国际流行趋势的发布同步，海派时尚面辅料流行趋势的预测在色彩流行方案确定之后展开。面辅料流行趋势的预测在流行色的基础上，综合主题主体思想，以“灵感图 + 实物图 + 设计图 + 文字介绍”的形式呈现。

款式预测。此项预测一般提前 6～12 个月，预测机构掌握上一季畅销产品的典型特点，在预知未来的色彩倾向、掌握纱线与面料发展倾向的基础上，对未来 6～12 个月服装的整体风格以及轮廓、细节等加以预测，并最终制作成更为详细的预测报告，除了会对各大品牌、展览资讯进行采集与编辑，同样会推出由专门设计师团队所做的各类款式手稿。款式预测是一项复杂的工作，也是灵活性较强的工作。海派时尚流行款式预测以服装品类为划分依据，如男装、女装、旗袍、职业装等，每一品类对应一个工作小组，依据海派流行主题、海派流行色展开预测工作。

2. 按服务对象

行业。服务于行业的流行趋势以适合海派时尚全行业为目的，因此，海派时尚流行趋势的预测内容需要具有广泛性，避免指向性过于明显。行业海派时尚流行趋势的发布是海派时尚流行趋势预测机构在固定时间稳定自行发布的流行趋势，也是可指导行业内任何相关企业进行海派产品开发的百科全书。这类趋势以长期预测为主。

■ 小案例

七匹狼服饰

七匹狼服饰在做每一品类研发时，会根据流行趋势从服装构成的几个要素（色彩、面料、图案、款式）去解析，比如色彩是由几种颜色构成，图案、款式上有什么趋势等。在品牌企业里，商品总监需要参考流行趋势对品牌风格进行整体把握，比如很多国际大品牌会用棉、麻等天然材质打造环保概念，七匹狼服饰设计团队也会抓住这个趋势，使产品往这个方向发展。七匹狼有商务休闲、时尚休闲两大系列，品牌会研究商务休闲的穿着流行趋势，同样是西服，改变穿着方式和搭配方式就能形成现在流行的商务休闲风格；同样，时尚休闲系列产品可能涉及年轻人喜好的穿着方式、混搭风格等，所以时尚休闲装会强调鲜亮、对比强烈的色彩。

流行是人们穿着和接受的程度所营造的共性表现，所以流行趋势不是单个品牌发布的趋势，不是刻意引导的趋势，而一定是广大消费者所能接受的穿着方式才能形成趋势，所以，流行趋势与品牌风格是相互影响和相互制约的。七匹狼每年在做新一季研发时，都会进行品牌定位的梳理工作，梳理工作其实就是研究消费者及品牌风格的变化与走势，时尚品牌会受流行的影响进行快速的调整，七匹狼不会像快时尚品牌一样作快速变化，为了让品牌不断发展，七匹狼服饰的每一季产品都在进行速度稍慢一点的“微调”。

■ 小案例

朗丽姿服饰

固定的品牌定位与时尚多变的流行趋势，二者之间并不矛盾，即便是消费者眼中变化不大的品牌每年也或多或少会使用流行元素，如果一点流行元素都不使用的话，那将很快被市场所淘汰。朗丽姿服饰在每一季产品企划之前，根据品牌定位认真研究流行趋势的预测报告。首先根据自己的品牌考虑产品由几个色系组成，再考虑到款式、配饰等，还要考虑流行面料的质地、风格等。

企业。服务于企业的海派时尚流行趋势以协助企业产品研发为目的，预测时间依据企业的具体要求。此类海派时尚流行趋势属于定制型趋势，海派时尚流行趋势预测工作者针对企业的海派品牌特色、目标消费群、海派产品基因量身定制产品研发策略。这类趋势以短期预测为主。

零售。零售业的预测通常提前3～6个月，主要是各大零售公司的专门部门通过信息收集与分析，结合本企业定位方向，对新一季采购工作作出评价报告，并将其作为采购工作的依据。其预测重点在于发现世界各地新的流行趋势并作出快速反应，提取海派流行要素，西班牙的Zara、瑞典的H&M等快时尚品牌，一周时间即可走完从流行趋势识别到新款时装上柜流程。因此，这类趋势属于短期或实时趋势预测。

（二）海派时尚流行趋势预测方法的决策

1. 定性预测与定量预测

定性预测。主要在欧洲采用，是由特定专家与权威机构基于经验和不完全研究作出的感性预测，包括专家会议预测、德尔菲预测、情报预测、调查分析预测等预测法。因为海派定性预测本质上依靠海派专家的直觉和主观的判断，依赖于建立一个有经验有预见性的专家组织，依靠他们经验和感受对趋势做出判断，容易被认为出于自身目的而作出对流行趋势的“方向性引导”，因此需要通过一些组织者反复地整合不同的专家们得出的预测结果使结论最终趋于一致，提高海派预测准确性。

定量预测。以日、美为主，以调研和数据统计为基础，需要具备一定的数据推演能力，强调逻辑上的规律性与数理性。但是由于流行色等属性分析相对独立，预测理论还很难科学给定流行色定案中的关键参数，以为数据连续性不好，造成已有预测模型在未来预测上适用性弱。由于趋势的受益者是海派设计师，而设计师面对复杂的数学方程式和报表时难以理解，且容易产生厌烦的情绪，因此，定量的海派预测方法虽然看似比定性的海派预测方法客观，但实际具有不可操作性。

如何根据自身需求，筛选海派时尚流行预测方法，是预测过程中的关键问题，预测方法的选择直接影响了趋势的准确度。无论是定性还是定量的预测方法，都存在自身的局限性，因此，定性与定量相结合的预测方法，不仅是当今学者探讨的重要话题，也是对任何趋势预测都是最有效的解决策略。对于海派趋势精准度的研究实质上也是对海派预测方法的筛选比较，由于趋势预测是感性与理性相结合的一门学科，因此海派预测方法的决策也是针对如何把握定性与定量之间的度展开的，根据定性与定量之前的权重比例，再对应确认符合这种权重比例的预测模型。

根据经验判断，服务于行业、企业、零售的海派市场流行趋势在定性方法与定量方法的选择上存在显著的差异。各类海派时尚流行趋势常用的选择方法有所不同，仅供参考，见表4-3。

表4-3　海派时尚流行趋势常用方法分类

项目类型	预测内容	定性预测方法	定性预测方法权重	定量预测方法	定量预测方法权重
服务于行业的海派趋势预测	色彩	专家会议法	●○○○○	时间序列	●●●●○
	款式	情报预测	●●○○○	时间序列	●●●○○
	面料	调查分析	●●●●○	时间序列	●○○○○
	主题/风格	专家会议法	●●●●○	灰色系统	●○○○○
服务于企业的海派趋势预测	色彩	专家会议法	●●●○○	回归预测	●●○○○
	款式	情报预测	●●●●○	回归预测	●○○○○
	面料	调查分析	●●○○○	回归预测	●●●○○
	主题/风格	专家会议法	●●●●○	回归预测	●○○○○

续表

项目类型	预测内容	定性预测方法	定性预测方法权重	定量预测方法	定量预测方法权重
服务于零售业的海派趋势预测	色彩	情报预测	●●●●○	时间序列	●○○○○
	款式	情报预测	●●●●○	分解分析	●○○○○
	面料	情报预测	●●●●○	时间序列	●○○○○
	主题/风格	专家会议法	●●○○○	干预分析	●●●○○

2. 预测方法的决策

从管理科学的决策理论发展现状来看，尽管已经形成了许多定性决策方法和定量决策方法，并且在经济领域中取得了大量成功的实践成果，但人们通常还是习惯于使用主观决策方法。基于海派时尚流行趋势预测的人员素质和海派预测工作的艺术性、文化性、前瞻性特征，定性的角色方法依旧是最为合适的决策方法，但可以从理性的角度对定性决策方法进行优化。表 4-3 列举的常用方法及权重仅代表海派时尚流行趋势预测方法选择的现状，需要不断地优化和完善，因此预测方法的决策依旧是一个至关重要的环节，这一环节不断推进着海派时尚预测的进步。

（1）海派时尚流行趋势预测方法决策的流程

海派时尚流行趋势预测采用方法决策时，首要内容是分析海派时尚的预测项目情况，决策者需要清楚知晓本次预测的目的、服务对象、预测原因等内容，并对预测结果产生一个基本的构想。虽然在整个决策环节中，明晰预测对象是相对简单的工作，但作为预测工作的最终构想，也是整个决策过程的指导纲领。确定海派时尚流行趋势预测方案的决策标准也是对诸多决策方法的选取，决策者需要明确什么因素与该决策相关，常见的预测标准有精准度、预测时间、工作量、预测报告的艺术性和数理性、预测成本等。接下来由预测小组对各项指标予以权重赋值，例如，将最重要的因素赋予 10 分（最高分），其他按照参与评分者的观点赋值；而后，根据赋值结果，选择合适的预测方案，并对其进行讨论和分析，直到落实预测项目；最终根据预测目标的实现度对该决策进行评价，不断推进预测方法选择的正确性（图 4-12）。

图 4-12
海派时尚流行趋势预测方法决策流程

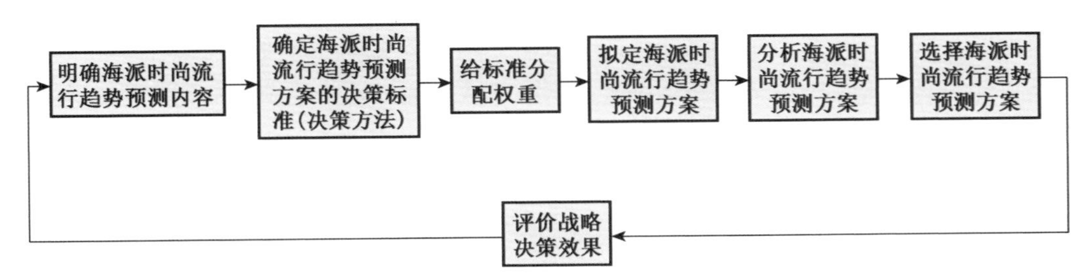

（2）海派时尚流行趋势预测方法决策理性化

决策理性化是指企业在具体的约束条件下作出价值最大的选择。麦肯锡咨询公司拟出了理性假设概括图，便于促使决策过程始终如一的指向使目标最大化的方案。理性假设概括图要求决策者时刻明确海派时尚流行趋势预测的目标、各项指标清晰的权重偏好、如何获得最大利益等问题，在难以实施定量决策时，能够确保定性决策的质量，见图 4-13。在现实的决策过程中，难以做到绝对理性的判断，经验丰富的专家学者难免会按照自身对于海派时尚的理解，突出自我感受，进而忽视整个项目的其他价值，因此，在决策的过程以有限理性为主，有限理性与完全理性的差异在于不求最大化，只求足够好。海派时尚流行趋势预测方法选择的过程中，对应的完全理性思维与有限理性思维见表 4-4。

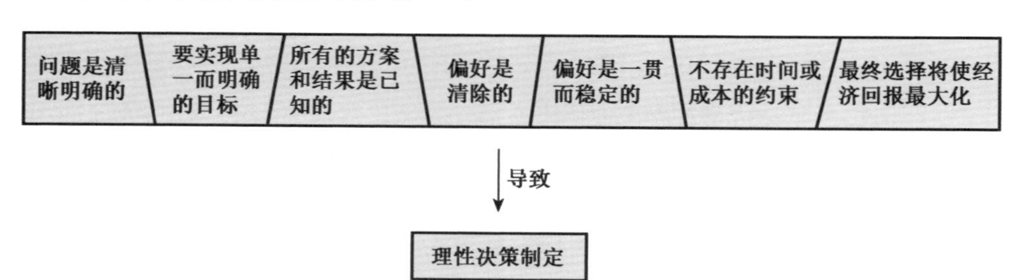

图 4-13
理性假设概括图

表 4-4　海派时尚流行趋势预测方法决策过程的两种观点

战略决策步骤	完全理性	有限理性
1. 提出问题	明确任务目标	确定一个反映海派背景和目标任务的可见问题
2. 确定决策标准	确定所有标准	确定有限的一套标准
3. 给标准分配权重	评价所有标准并根据重要性排序	建立评价模型并对标准排序
4. 制定方案	广泛制定方案	确定有限的一系列相似方案
5. 分析方案	依据决策标准和重要性评价所有方案	依据决策
6. 选择方案	依据组织目标，选取经济成果最大化方案	寻找方案直到发现一个满意的、充分的解决方案
7. 实施方案	组织成员接受度高	决策接受和执行需要多部门介入
8. 评价	依据任务目标客观评价决策结果	资源配置逐步升级

（3）典型海派时尚流行趋势预测模式的决策方法

海派时尚流行趋势预测过程中，采用何种方法的决策往往由一个小组完成，因此，决策属于群体决策。当群体成员面对面地交流各自对预测方法的观点时，他们便形成了潜在的群体思维，造成给其他成员的压力，最终导致决策的偏差。由于海派时尚流行趋势预测是具有创意思维的工作，决策的方法也应采纳能够启发创意思维的方法，典型的这类方法有头脑风暴法、名义群体法、哥顿法。

头脑风暴法。头脑风暴法又称智力激励法、脑力激荡法，是由美国创造学家A·F·奥斯本于 1939 年首次提出的一种激发创造性思维的方法。它是一种通过会议形式，让所有参加者在自由愉快、畅所欲言的气氛中，通过相互之间的信息交流，每个人毫无顾忌地提出自己的各种想法，引起思维共振产生组合效应，从而形成宏观的智能结构，产生创造性思维的定性研究方法，它是对传统的专家会议预测与决策方法的修正。在各种定性决策方法中，头脑风暴法占有重要地位。专家会议法是趋势预测工作中常用的方法，由于海派时尚流行趋势预测需要用创意的思维，而不全部依赖客观市场，因此，采用头脑风暴法决策预测方法，是极为可行的方法，甚至决策组成员思维的碰撞产生的共振，能够促使最优方法的选择。

名义群体法。这种方法是由安德烈（Andre L. Delbecq）和安德鲁（Andrew H. Van de Ven）所创立，小组成员在决策制定过程中限制讨论，所以称做“名义群体法”又称名义小组法。名义群体法是指在决策过程中对群体成员的讨论或人际沟通加以限制，但群体成员是独立思考的，像召开传统会议一样，群体成员都出席会议，但群体成员首先进行个体决策。名义群体法应用于海派时尚流行趋势预测方法决策的优势在于，能够通过独立思考的方式最大程度地激发每个决策者的观点和创造力，而传统的专家会议法难以做到这一点。

哥顿法。哥顿法是 20 世纪 50 年代末，哥顿教授依据心理学原理提出的一种决策方法，该方法不直接提出将要决策的问题，而是提出一个类似的问题或方案让大家讨论。哥顿法能有效地避免个人偏见，并且有利于新思路的产生。由于决策人员以具有海派时尚流行趋势预测经验的专家为主，丰富的经验在成就他们高精确的预测能力的同时，也容易让他们采用惯用的方法进行预测，而哥特法的决策方法恰巧能屏蔽专家们的缺陷，促进预测专家不断从新的角度考虑问题。

（三）海派时尚流行趋势预测报告的结构设计

海派时尚流行趋势预测的结构设计是海派时尚流行表达的逻辑梳理。海派时尚流行趋势预测的最终结果是多样的，合理的表达方式不仅让海派时尚流行趋势报告的制作事半功倍，也会让趋势报告的解读更为轻松。根据不同的受益者，趋势报告的各个板块呈现出权重的差异性，让受益者能够更多地获取他们想要的内容。图 4-14 呈现的是最为常用的海派时尚流行趋势结构，该结构分为三个组成部分，分别为主题说明、系列说明和设计要点说明。

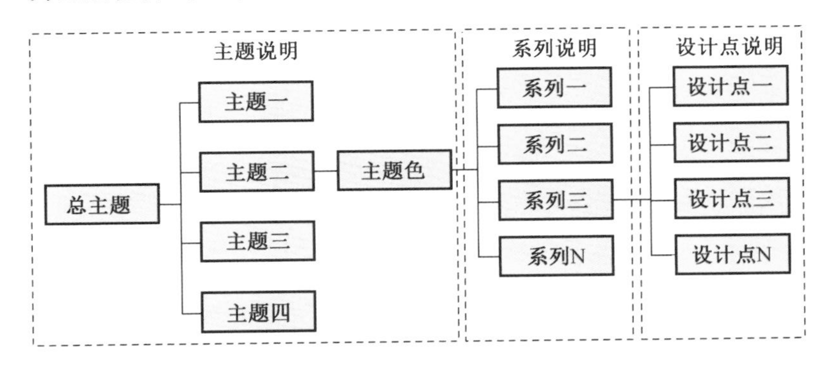

图 4-14 海派时尚流行趋势报告结构

1. 服务于行业的海派时尚流行趋势报告

服务于行业的海派时尚流行趋势报告注重主题说明，主题说明涵盖了海派时尚行业所有的流行共性特色，主题说明不会具体地呈现出时尚单品的特色，而是从宏观的角度引导各个企业进行产品开发。以服务于原材料市场的海派时尚流行趋势为例，趋势报告的结构包括了主题简介、季节性信息、主流色彩、典型流行面料举例四项内容，其中，面料的举例需要涵盖所有类型的织物，每类织物按照主题内涵提出典型的一种设计思路，以便全行业建立对海派时尚流行的全面印象。服务于行业的趋势报告作为趋势预测机构自主研发的常规产品，其作用之一也是为了抛砖引玉地宣告自己的服务卖点，若面料商需要获取具体一类面料的详细趋势，则需向趋势预测机构提出定制需求。

2. 服务于企业的海派时尚流行趋势报告

服务于企业的海派时尚流于趋势报告的重点在于引导企业进行产品开发。因此，趋势报告中冗杂的社会现象解释、灵感提取说明便显得没那么重要了。趋势报告可以在简要说明海派流行主题后，单刀直入地进入系列说明，按照海派流行主题的指向性为企业推荐流行的系列特征。但趋势报告中的系列说明并不是一份企业可直接抄袭的设计报告，而是作为灵感与创作的设计思路引导企业进行产品开发，因此，系列说明需要大量寻找能够带来设计灵感的图片，避免设计细节图的大量编排，设计细节图应与灵感图交叉排列，展示由灵感变为实物的过程及其对应关系。

3. 服务于零售业的海派时尚流行趋势报告

服务于零售业的海派时尚流行趋势预测具有快速反应的特征，并且需要注入典型的地域流行特色分析。在此，零售商并不关心如何依据主题进行系列设计，而极为关心哪个款将会取得不错的收益，因此，服务于零售业的趋势报告追求设计点的精准，趋势报告以详尽的款式说明图为主。但由于零售业具有显著的地域性特色，服务于零售业的趋势报告需要按照地域特色进行细分，即便都是海派文化覆盖的长三角地区，在审美喜好的共性特征下，也会由于区域经济水平和人口特征的差异呈现出消费特色的差异。

三、聚焦：流行趋势预测的具体实施步骤与方法

海派时尚流行趋势预测经历流行规律研究，信息采集与分析，趋势报告生成、发布及推广应用等过程，其具体流程如图 4-15 所示。在海派时尚流行趋势预测中特别要注意：第一，构建合理的研究框架和理论模型，海派时尚流行趋势研究的科学性和权威性关键是源自于这一研究最初建立的框架；第二，主流文化与非主流文化的对抗性和融合性问题，即分类识别先锋派和社会大众不同的时尚态度；第三，海派地域性审美趣味心理差异带来的流行的局部研究和时尚大趋势研究之间的关系；第四，海派时尚流行趋势的指导和象征意味与其实际应用的关系。

（一）海派时尚流行趋势素材提炼（海派流行知识创造）

通过市场调研法、街头摄影捕捉法、文摘图片收集法、网络资料收集法、面料收集分类法等取得广泛资料后，在海派时尚流行趋势方案生成阶段，需要将上述属于隐性知识的社会背景信息转化为海派时尚流行元素。这需要预测师把相关联的资料中的感受、体验与联想按照自己独立的思考方式整理后模块化；把不完整的观点、零散的想法系统化，并以图文并茂的形式完美地表达所构想的情景，使得虚拟的设想变为现实（图 4-15）。

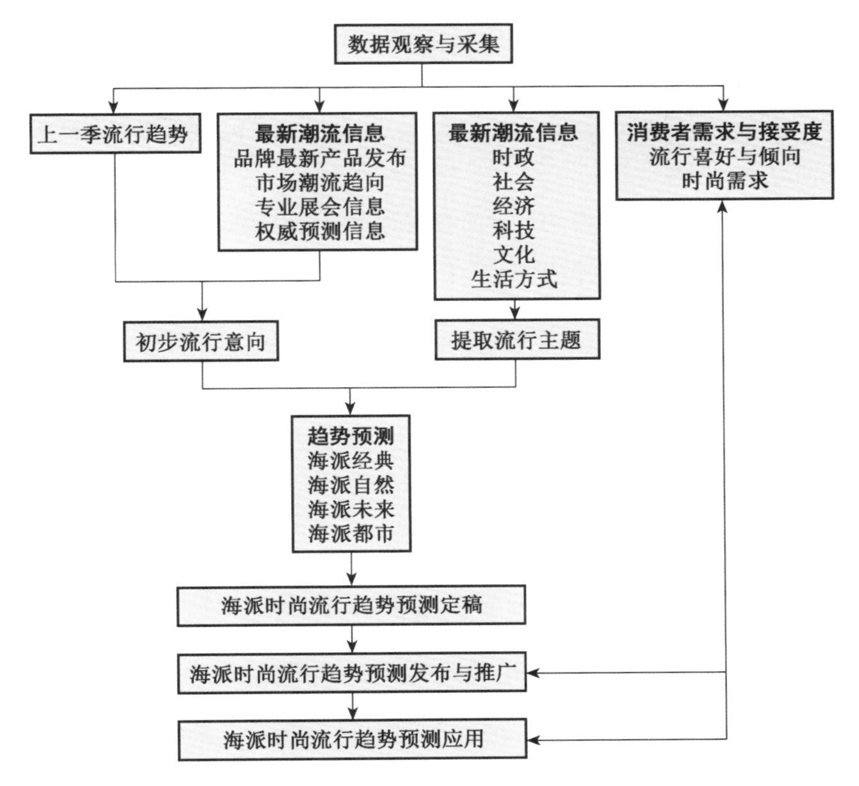

图 4-15
海派时尚流行趋势预测流程

海派时尚流行趋势素材提炼与整理，实质上是将海派时尚暗默知识转换为海派时尚形式知识的过程。形式知识（explicit knowledge）是以文字、数字、声音等形式表示的知识。它是以数据、科学公式、视觉图形、声音磁带、产品说明书或手册等形式进行分享的。一个人的形式知识可以很方便地用形式或系统的方式传递给他人。暗默知识（tacit knowledge）是由英国物理化学家和思想家波拉尼（Polanyi）1958 年在《人的研究》一书首次提出的概念，通常也被译作“隐性知识”“缄默知识”“默会知识”“暗默知识”等。他将人类通过认识活动所获得的知识区分为“内隐”和“外显”两种形式。外显知识是指那些通常意义上可以用运用言语、文字或符号的方式加以表达的知识，而内隐的暗默知识则用来指那些无法言传或不清楚的一类知识。波拉尼由此提出他最著名的认识论命题——“我们所认识的多于我们所能告诉的”。暗默知识源自个人的亲身体验，是与个人信念、视角及价值观等精神层面密切相关的。我们常说的经验、直觉、预感等都属于暗默知识的范畴。按照知识转换和创造原理，海派时尚信息的提取与流行关键词之间的转换关系属于知识的共同化与表出化过程。具体而言，海派时尚暗默知识指趋势分析师的时尚流行感知和情报收集人员提供的各类时尚信息，虽然这些信息也以文字或图形的方式显性呈现，但论其内容，大多是与海派时尚流行看似无关的，难以用海派时尚流行的语言对这些信息进行描述，因此，这些信息对海派时尚流行趋势预测而言，依旧属于暗默知识；分析师据此经过深思熟虑后提出的流行关键词即为海派时尚流行的形式知识（图 4-16）。

图 4-16
海派时尚流行趋势素材提炼流程结构

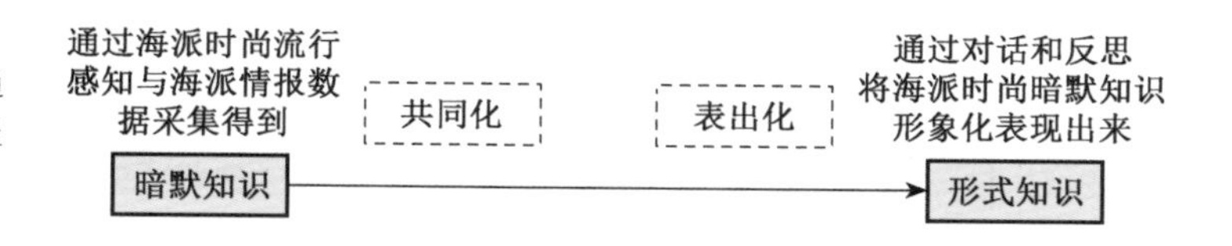

1. 共同化：从漫无边际的海派时尚源到海派时尚流行暗默知识

共同化(socialization)是分享与体验，并由此创造诸如共有心智模式和技能之类暗默知识的过程。海派时尚情报收集人员从漫无边际的海派源中收集杂而无序的元素，并加以归纳整合，形成具有一定规范的海派时尚隐形知识，因此，情报收集人员的体验极为重要，获取暗默知识的关键是体验。海派时尚情报收集员应避免闭门造车的现象，特别是感情数据的情报采集人员，他们的工作具有更强的体验性质，他们需要完成与海派时尚受益者之间的共同化思考，从海派时尚的应用层中发现自身新的变化、新的思路和新的生活方式。海派时尚信息的共同化是海派时尚流行趋势素材提取的前提(图 4-17)。

图 4-17
海派时尚源与海派时尚信息共同化概念图

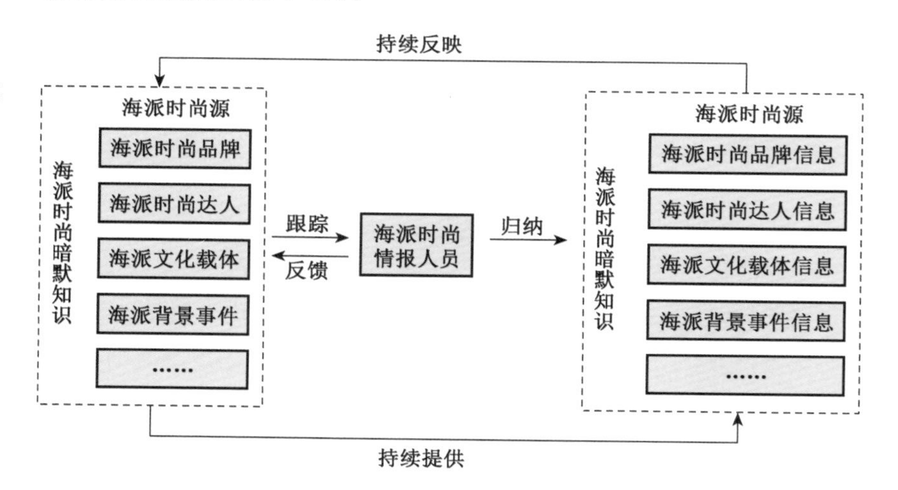

2. 表出化：从海派时尚流行暗默知识到初级海派时尚流行形式知识

表出化(externalization)是将暗默知识表述为形式概念的过程，海派时尚信息的表出化过程采用比喻、类比、概念、假设或模型的形式将暗默知识明示化。在将抽象的信息概念化时，最基本的思路是借助语言来表述其本质，也就是趋势分析师们拟出的海派时尚流行关键词。海派时尚流行关键词便是初级海派时尚流行形式知识的代表。

在比喻、类比、概念、假设或模型的转换方法中，比喻是大多数暗默知识转化为形式知识的方法，在海派时尚的关键词提取中，比喻和类比也是最有效、最常用的转换方法。比喻是一种借助想象来认识或直觉地理解事物的方式，常用来创造创新性的概念。面对抽象的海派时尚信息时，分析师可通过寻找相似的载体来描述该信息，例如，根据海派时尚品牌的复古西装销售良好的信息反馈，分析师可以对这些销量良好的西装图片作出联想，列举出类似的怀旧心理现象，并用简练的文字进行描述，如“轻奢之味”“金融家风貌”“新贵姿态”等容易让人产生联想的词汇，将复古西装比喻成儒雅端庄的绅士。而类比则通过突出两种不同事物的“共同点”的形式来降低事物的未知数，例如同样是面对大量复古西装的图片，分析师可联想到英国唐宁街之类的西装定制地点，因此，也可借用“唐宁街 10 号”之类的词汇以类比的方式描述可能流行的西装相貌。

对于假设或模型的相关手法，大多是在比喻或类比手法提炼出关键词之后完成的，也可以理解为通过图形的可视化进一步阐述海派时尚流行的关键点。趋势分析师在提炼出关键词后，也通常会配以图示来解释说明拟出的关键词，提供给趋势报告制作员作为后期报告制作的指南。

（二）明确海派时尚流行主题

制定主题，就是在讲故事。海派时尚流行趋势主题明确，在后续分版块展开时就有一个清晰的目标，所有的设计工作都要围绕这一中心进行。一线品牌发布会都有明显的主题，并成为下一季众多品牌争相模仿的流行卖点，大大小小的品牌专营店和商场专柜的橱窗也都在配合本品牌服装的主题，制造各种各样的氛围烘托故事气氛。一般说来，一期某个种类的海派流行趋势设计手稿要包括 4～6 个海派时尚设计主题，例如代表传统和复古的海派经典设计主题、反映环保和乐活精神的海派时尚自然设计主题、畅想高新科技的海派时尚未来设计主题，以及散发年轻新一代个性活力的海派时尚都市设计主题等，每个主题自成一个系列，每个主题都可以单独提取出来作为一季产品的方案或是一场发布会的方案。

海派时尚流行主题的提取实质上是将海派时尚知识联结化和内在化的过程，是在海派时尚知识共同化、表出化完成之后的步骤。分析师在提取出海派时尚流行的关键词之后，需要对海派时尚形式信息进一步进行系统化的描述并加以利用，而后再构想如何将海派时尚流行主题运用到实践分析中，将海派时尚形式知识再次转换为暗默知识，如此循环的设计，才能使得趋势有效的转换为实际生产力。尽管将海派时尚形式知识转变为暗默知识的过程属于海派时尚流行的应用阶段，但应用的方针策略却是在主题拟出的时候就确定下来的，如果拟出的主题并不能作用于海派时尚流行的实践，那么主题的设计便是失败的，因此，将形式知识转换为暗默知识的阶段实质上是对海派主题设计的初步检验(图 4-18)。

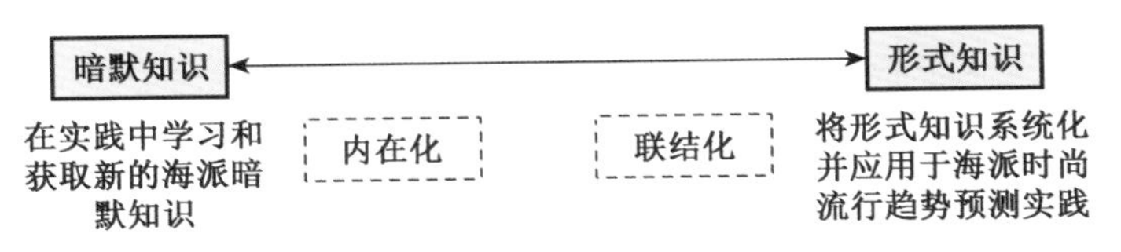

图 4-18
暗默知识和形式知识转化图

1. 联结化：从初级海派时尚流行形式知识到高级海派时尚流行形式知识

高级的海派时尚流行形式知识指对海派时尚关键词的进一步总结和归纳，将关键词聚类后生成的流行核心要素，即海派时尚流行主题。联结化(combination)是将各种概念综合为知识体的过程，通过对原有海派形式知识的整理、添加、结合和分类的方式，重新构造信息，催生新的概念。海派时尚主题的明确也就是将原有的关键词、图片加以再次整合，构成新的海派流行宏观概念，确切地说，联结化的过程是将现有的海派现象进行升华塑造为一种新的形态后加以解释，形成海派时尚流行的新思路。因此，同样是海派时尚知识的转化，相对于表出化和共同化，联结化对海派时尚流行趋势预测分析师的主观能动性要求更高，联结结果是创意思维下的产物。海派时尚主题设计流程联结化的过程主要体现在现有的海派时尚关键词和设计新元素的整合上，共同构筑海派时尚的核心流行要点，这便是海派时尚流行呈现出循环性的原因，见图 4-19 所示。

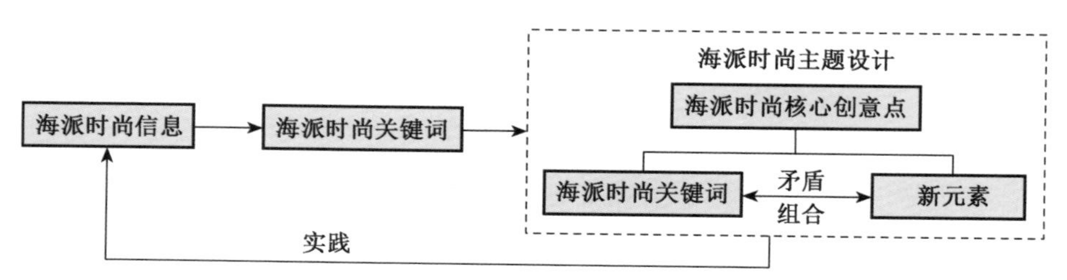

图 4-19
海派时尚流行主题设计流程

在此，联结化的重要方法是矛盾组合法。合理的矛盾设计让原有的设计元素产生新的生命力，例如，经过表出化研究的海派时尚关键词为“航海”，预测分析师可基于此感知时下热门的文化、艺术等方面的热潮展开联想，规划出典雅、高贵、轻奢等词汇，并结合“航海”元素，最终将这些看似无关的要素总结成新的创意点，如“雅痞光辉”“冒险主义绅士”等主题，作为高级海派时尚流行形式知识。

2. 内在化：从高级海派时尚流行知识到海派时尚源

内在化(internalization)是使形式知识体现到暗默知识上的过程，是对现有的海派时尚主题设计的检验，是海派时尚流行趋势定案前的精准度判断，海派时尚流行趋势预测工作组通过讨论，确定该方案的可行性以及其对海派产品生产实践的作用。这一过程中，工作组对海派时尚主题加以分解，重新落实到海派时尚源需要的形态，并判断其吻合度，重点表现在消费者需求度和接受度的判断上。通过对比分析和会议讨论，评估海派时尚主题的可行性，最终确定海派时尚的结构框架。海派时尚知识内在化的过程让海派时尚知识回到它诞生的地方，若不能得到完整的循环，则需要对联结化的过程进行再设计。

■ 小案例

明确海派时尚流行主题

近两年，海派时尚流行趋势研发人员注意到“从零开始学烹饪”“从零开始学种多肉植物”等新生活方式开始流行，但是这些碎片信息意味着什么呢？是选择一种更为有机的生活方式？是低碳意识的觉醒？还是开始量入为出地生活？通过信息收集整理和亲眼所见，海派时尚流行趋势预测工作人员感受到某些消费者在购买产品的时候不仅考虑这个产品的外观和功能，还开始考虑这件产品的购入会对自己的生活甚至未来所产生的影响。

图 4-20
海派时尚流行趋势报告主题版

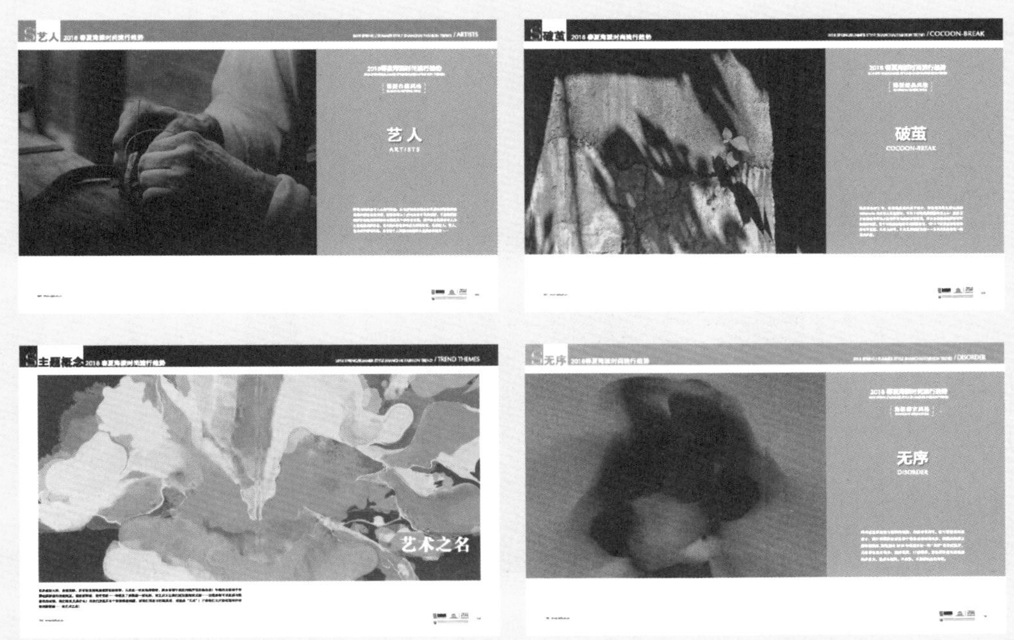

海派时尚流行趋势预测工作人员看到越来越多的证据：意大利日报《晚间邮报》报道了意大利的“慢食运动”，英国智囊团“未来基金会”报告指出人们不再热衷关注名人，转而寻求更有意义的人群和经历……尽管人们仍然热衷明星名人的八卦绯闻，但在“边缘”新闻、微博、微信和剪报中可以感受到某种改变正在发生。人们开始发现华丽、奢侈消费和“幸福”并不挂钩，人们更渴望真正的现世生活，更渴求简单的服装、家居、装帧等带给内心的感动。因此，近一两年的海派时尚流行趋势方案中提出了“艺人”“破茧”“艺术之名”“无序”这样的主题（图 4-20）。

（三）海派时尚流行趋势报告的表现与编排

海派时尚流行趋势预测以过去议题为参考资料，提供流行预测及应用方法，引经据典说明未来流行趋势内幕和走向，刺激海派流行创意生长。海派时尚流行趋势研究报告通常包括背景描述、主题陈述、色彩预测、面料图案、造型款式等版块。由于海派时尚流行趋势具有浓郁的海派文化特征，因此，海派时尚流行趋势的报告以图片的形式呈现为主，这便要求图片能够精准地表达流行要点及其使用方式。对图片的精准采纳，是对趋势分析的可视化说明，也是流行趋势预测中必不可少的步骤。

1. 背景描述

每一种流行现象从兴起到衰落，都与其所属社会背景密切相关。全方位梳理和剖析各类事件走向，是理解背景因素对趋势作用机理的必要手段。海派背景描述是海派时尚流行趋势预测中相对理性呈现的版块，通常由背景图片和对应文字组成，图片需要具有直观性和美观性。直观性指能够直接传达各类海派背景事件的内容，美观性则指图片从摄影的角度具有一定可观赏性，避免普通新闻图片的直接应用。为表达事件图片的美观性，图片不一定要以即时摄影的形式，也可以以插画、艺术摄影的形式，使得海派时尚流行趋势报告从一开始就具有浓郁的海派艺术氛围（图 4-21）。

■ 小案例

背景描述

图 4-21
海派时尚流行趋势报告背景版

社会背景方面：创意主导与知识产权正在社会中成为主流，全球发展开始向深度进行，世界各地开始掀起反信息监控浪潮。经济背景方面：国内出现很多以短期效应为目标的商业行为，对此提倡去伪存真，用匠心为消费者服务，有情感故事与有个性特点的产品成为热点，众筹成为圈子文化及互联网社区文化迈向实体商业的必经之路，平台固然有利于新商业渠道的展开，但真正用产品说话的实体的提升则更为重要。文化背景方面：反享乐主义就是回归自我的修炼与救赎，滤镜社交让人们深陷其中不能自拔，个性与共性也仅仅是一屏之隔，真正跨界甚至越界才是创新思维的来源。科技背景方面：越来越多的领域开始对具有匠人气质的领域开展科技应用，反过来科技产品的研发也注入了更多匠人精神来真正为消费者服务，当下的科技热点是可持续、可回收与再利用，一体化、轻便式、经济型、复合式、多用途等标签是当下科技产品开发的重要指标，也影响了整个设计风格的基本走向。设计背景方面：反潮流成为当下的设计风向标，简单耐用的无时代感设计成为大众主流，内含看似简单却复合轻便的商业设计，古典与民族元素成为主流。

2. 主题陈述

海派时尚流行趋势主题是海派时尚流行趋势方案的内核和开端，直接关系到整套流行方案的价值，以构想超前、定位准确、切合需求为准则，因此在主题陈述部分应特别注重：要始终围绕海派目标受众关注的社会和海派时尚议题，紧密结合当前与未来海派时尚设计领域发展潮流；海派时尚流行趋势主题随海派时尚流行周期的轮回螺旋升华，每一周期中都要有超越以往的创新点，与设计、技术和经济走向相契合；主题选择要有实用性，紧密贴合用户需求。主题版图片以多张图片合成的形式呈现，形成一幅创意的、艺术的、耐人寻味的图景，烘托出浓郁的海派时尚氛围。通常来说，海派时尚流行趋势的主题版图片包括预测主体图、主体相关元素图、情感氛围图。表 4-5 整合了各类趋势主题版的常见素材图类型，仅供参考，无需严格照搬和执行。

表 4-5　海派时尚流行趋势预测主题版图片构成

海派主题/风格	款式预测	面料预测	色彩预测
经典	海派复古感服装 + 典雅风格面料 + 老上海感环境	典雅感面料 + 突出工艺细节 + 老上海感环境	复古色彩的服装/配饰 + 复古色彩海派装置 + 复古色彩面料
自然	原生态/民族感服饰 + 手工艺面料 + 人文/自然情境	手工艺特色面料 + 原生态/民族感装置 + 人文/自然情境	原生态/民族感服装 + 原生态/民族感装饰品 + 原生态/民族感面料
都市	炫酷感服饰 + 缤纷装置 + 涂鸦感背景	炫酷/缤纷感面料 + 趣味装置	炫酷/缤纷感服饰 + 涂鸦背景
未来	科幻前卫感服装 + 数字化图片 + 几何风格背景	科幻前卫感面料 + 科幻未来感服用设备 + 数字化图片	冷灰色系服装/配饰 + 科幻感背景

■ 小案例

主题陈述

在社会、经济、文化、科技等背景下，除了个性能拯救创新外，我们还有不朽的灵药，那就是艺术，于是我们又开始创造每件事物的新鲜感——以艺术之名：破茧、艺人、无序、原点（图 4-22）。

未来将看到许多以旧创新、无理由变化、无意义突破的案例……为的其实是破茧一刻后的开阔，如重塑记忆、异化共存、情景入微、极端复古；我们的视野开始注意那些真正有内涵且极具个性的艺术家，艺术家风格也即将成为时尚新宠，匠人、艺人、艺术家们带着不羁、自由的个人风格开始影响大众审美趋向，如流浪诗人、新兴民族、静

图 4-22
海派时尚流行趋势报告主题版

谧如歌、随机艺术；同样是追求突破与新鲜的创意，在海派都市中设计再次回到宣导个性自由的时尚理念轨道上来，推崇尖端前卫的思想表达，如过时另类、拒绝完美、常态之外、标题剪贴；避免负能量的新文化开始兴起，对底层人群的时尚再现成为热点，中国特有的跨代情感也成为时尚转换的打动人心的重点，如迷幻制造、解构合体、废旧联想、艺术解析成为时尚新原点。

3. 色彩预测

所谓流行色，是指在一个季节当中最受人们喜欢、使用最多的颜色，通过各种面料展和流行趋势预测机构对该季节的市场分析和色彩分析，有计划地制定出来向全世界发布。色彩的流行变化是缓慢的，要经过数年的酝酿和培育达到高峰，然后再缓慢地逐渐衰退，因此流行色在数年前就已经微妙地存在着，当那些看样子将要流行的色彩开始露头时有意识地加以培育，使之成为流行色，是海派时尚流行趋势预测者们应该具有的能力。

在海派时尚流行趋势预测方案中，经过分别针对男装、女装未来趋势的分析，每类选定至少两组系列以上色彩，每组至少有 7 个色彩组成，其中有主色和配色，并为每一颜色命名，而且要表达出流行色彩的意境。图片是色彩版的核心元素，色彩版图片需要和对应的主题具有一致的情感氛围，突出表现核心色调。海派时尚流行趋势预测色彩版的图片通常由多张图片组合而成，可抽象、可具象，但为表达海派时尚的艺术性、文化性，图片需要能够给与海派设计师想象力，即一张图片可表达多个内容，这一点和社会背景图片相反，色彩版图片强调内容的延展性。海派色彩版的图片素材来源包括符合色彩情感氛围的织物、服装、配饰、艺术装置、海派情景、抽象艺术六种来源。海派色彩版的图片合成可从图 4-23 所示的六种素材中选取 1～3 种，组合效果以突出色彩感和海派情感氛围为主，避免元素过多而喧宾夺主。

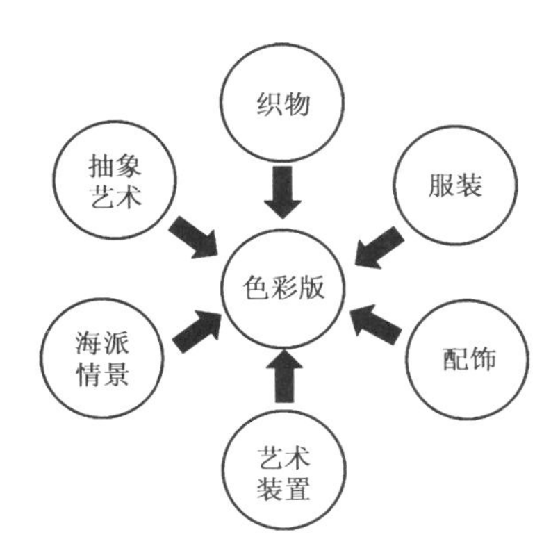

图 4-23
海派时尚流行趋势预测色彩版图片素材来源

除了色彩解释图片外，色票也是不可缺少的因素。色票一般排列在色彩灵感来源图片的右方或下方，由 9～12 个左右的小色块组成，这些颜色往往需要配合灵感来源图片进行说明，其组合不仅能体现整个系列的海派时尚流行趋势色彩感觉，还要有微妙的对比和差别，以保持色彩的鲜活度。色票通常由几个色相的多种色彩组成，带有倾向性的色调适应多方面需要，分为主色、辅色和点缀色。通常情况下，这三类色彩是由其在整体色彩中的占比进行区分的。主色是一个季度中某一主题下占比最多的色彩，包括了能够反映该主题特点的经典色和一部分流行色。辅色是用以配合主色与点缀色的，起到协调的作用。点缀色则可能是数量最多，但整体占比最小的类别。不少流行色也常常以点缀色的形式呈现。

■ 小案例

色 彩 预 测

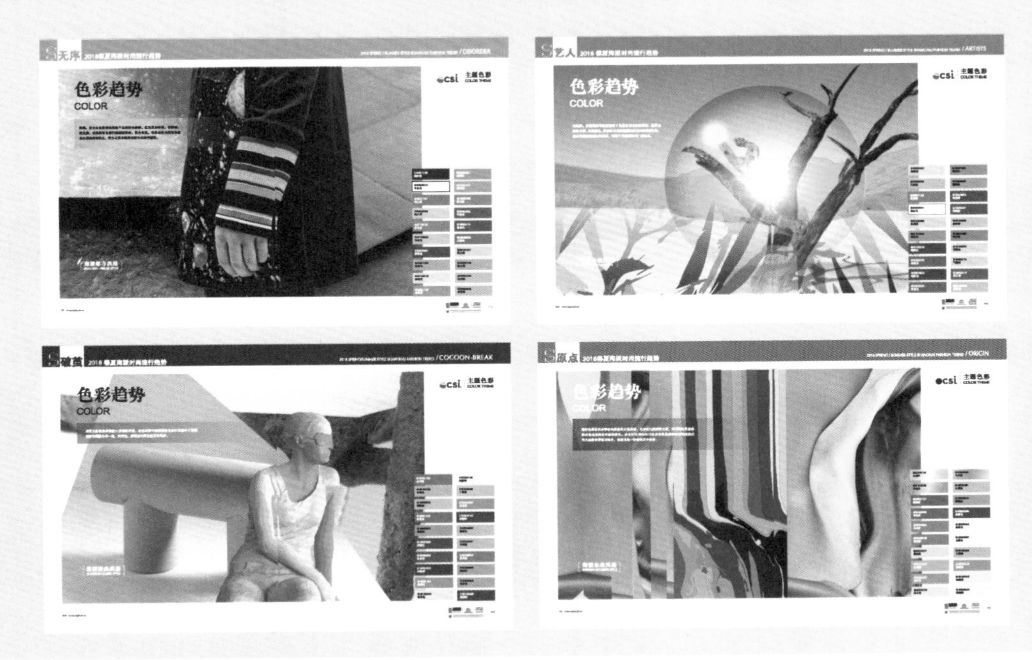

图 4-24
海派时尚流行趋势报告色彩版

用前卫的眼光看待复古的创新价值，“破茧”系列将中国传统色彩和充满手工艺精髓的色调融合在一起，杏黄色、精致金让调色板更显强烈。乌托邦、自然花卉等要素决定了自然系列的色彩基调，葱翠的植物色调、大地棕色、明亮的天空蓝等探索着未来的理想世界，亚麻色调特有的柔和光泽代表了天然材料的广泛运用。青春、活力与自我表达是这个主题的主旋律，红色更加明艳，香料橙、萤火黄、甜美粉等色彩打破刻板界线，男女皆宜，各种层次的蓝色依然是色彩选择的重点，适合与更为强烈的暖色系进行搭配。迷幻色彩将在未来风格里大放异彩，运用科幻风格的形式美感与欧普风格的结合，具有20世纪60年代太空风格的构成形式与大胆撞色晕色的结合，创造出新一轮的视觉冲击波(图4-24)。

4. 面辅料预测

作为引领流行趋势的海派时尚流行趋势设计手稿，不仅要在流行概念和设计上为海派企业和海派设计师提供可靠有效的信息，还要为企业和设计师提供可以配合设计的面料方面的海派流行信息，增强设计的可操作性，避免设计流于形式和表面。海派时尚流行趋势预测者在进行面料流行趋势预测时要考虑以下几个因素：①纤维，是天然的、人造的，还是其他材质？目前国际上是否有一些新的纤维面料即将流行，哪一类面料将要主导市场等；②质地，是有光泽的还是无光泽的？它的光泽是上蜡的、棉布般的还是绸缎般的？③重量，是面料的另一特性，直接影响着对服装风格和外形的表现，是如雪纺一般轻盈飘逸，还是如麦尔登或双面布一般厚重的？或是重量中等的法兰绒或印花丝毛料？④花样，是凸现设计主题的重要工具，是苏格兰格子，还是热带花卉？是柔美活泼的小碎花，还是雍容富贵的缠枝花卉？是当代的抽象图案，还是怀旧的印花式样？在服装流行趋势设计手稿中采用两种方式表现面料，一种是在每个主题的开端部分将面料进行集中排列，向读者展示整个系列的总体面料风格；另一种是将面料分散到具体的每一款设计中进行展示，对号入座，这种方式的益处在于直观清晰地将面料信息和款式信息传达给读者，避免读者面对一大堆信息无从选择而不知所措。

■ 小案例

面辅料流行趋势预测

在面料流行趋势方面，设计就是不断突破功能与风格的界限，容纳更为自由、更为适合的元素，例如，用干涩的纱线裹挟温润的皱褶，并复合各种形式的切片；用貌似杂乱又数字罗列计算排列的流行手法，将大量复古素材简化拼缀在一起形成犹如大杂烩般趣味横生带有时空扁平化的创新设计；手工染色的随机与工业涂层的精心结合；国家、民族的经典特色成为多元文化下的时尚标签，新兴的民族风把各种地域特色融合起来形成一股世界通用的民族元素，你中有我、我中有你地通过新工艺新材料展现人群的特性和融合。

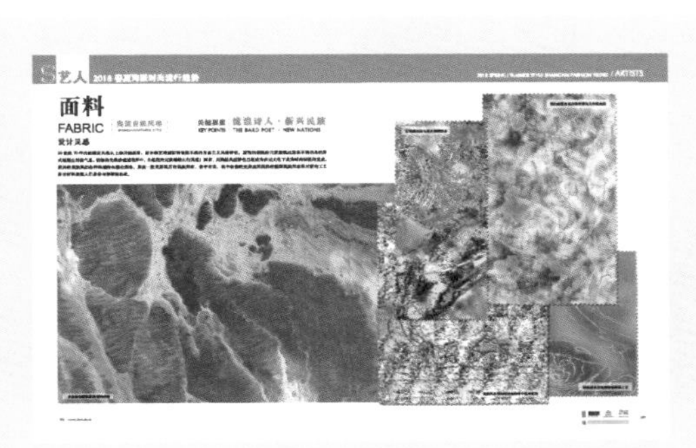

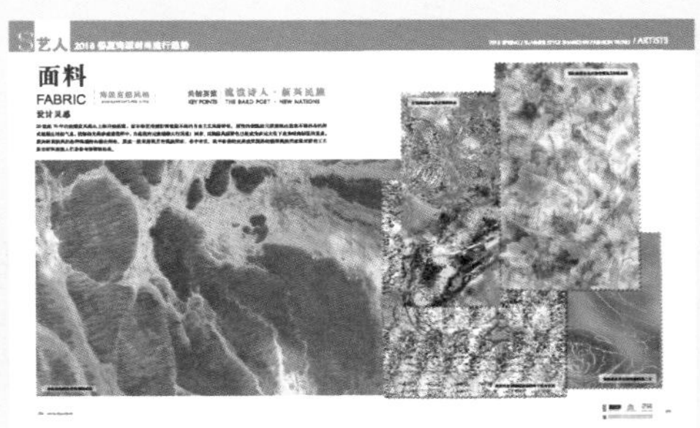

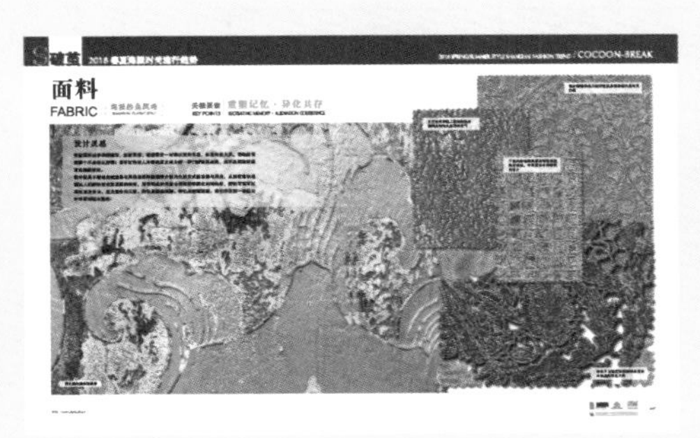

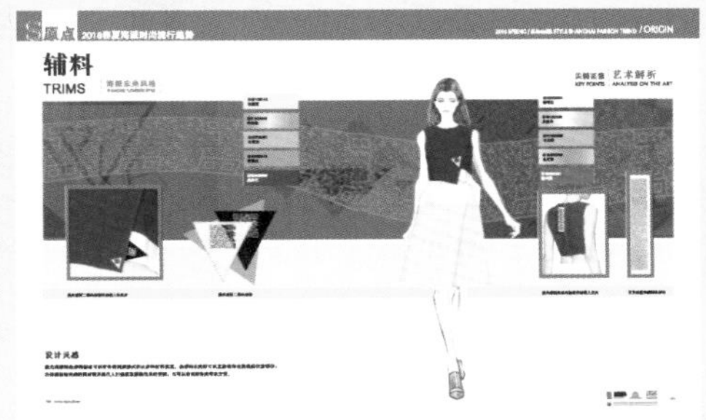

图 4-25
海派时尚流行趋势报告面辅料图案版

在辅料流行趋势方面，激光浅雕条形码标识可以有各种图形形式和用多种材料实现，条形码水洗标可以直接装饰在服装任意部位，在体现装饰美感的同时满足现代人扫描获取服装信息的便捷，也可以给商家售卖带来方便。

在面料图案流行趋势方面，冲突的元素对视觉产生极强的冲击力，斑斓的色彩令大脑产生迷幻麻醉般的感知。从不同事物中各截取其特色的一小部分进行艺术性融合，虚化弱化冲突点形成新的统一体（图 4-25）。

5. 造型款式

在海派时尚流行趋势预测方案中，按照主题将设计理念延伸出几种类型的男女服装造型款式系列，指导品牌在原创基础上推出不同的款式。海派造型款式版以展示和推荐款式设计要点为主，通常一个款式造型版可内置 5～6 张款式推荐图，每张图片说明一个设计点。以衬衫设计为例，衬衫的设计存在多种可能性，如极简主义设计、解构主义设计、装饰主义设计等。以解构主义的设计为例，推荐款式图可分为领部解构、衣身解构、袖部解构、不对称设计、破坏性设计等形式语言，配以对解构特色的解说。造型款式版的制作是一个思维"聚集—发散—聚集"的过程，首先获取海派分析师提供的关键词，并对关键词加以理解，而后对关键词予以发散联想，并搜索与联想对应的图片，最后再对图片进行筛选，以合理的大小、位置安置每一个款式设计要点图片。按海派时尚造型与款式的预测发散思维层次，预测者以树状的结构挖掘关键词细分下的流行因子，见图 4-26。

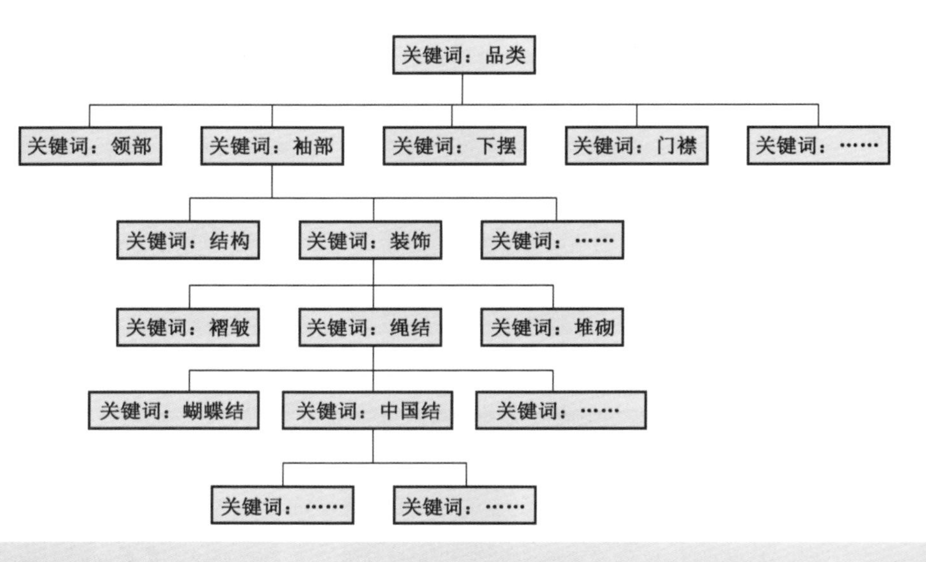

图 4-26
海派时尚造型款式流行趋势预测发散思维层次

■ 小案例

造型款式(以女装为例)

蕾丝、绸缎、雪纺、真丝注定和女性的服饰有着密不可分的关系，无论是材质拼接还是局部装饰，既不失古代宫廷风味，又结合现在流行趋势，给人不尽的遐想与惊艳，演绎着现代宫廷般的华美之风。随性的色彩、铺张的印花、古灵精怪的廓型、富有想象力的搭配，降解了夸张的浓度，以极具亲和力的面貌出现，轻嬉皮装扮带来了摩登感。半成品色设计也可以很美，在创作的过程中发现设计新创意，设计不再唯美，开始追求真实的残缺与不完美，这种半途而废的设计感觉更加迎合新生代潮牌的喜好。废旧的物品通过艺术的改造，同样可以成为时尚的代言，以塑料制品的全新应用及纸张复合材料等新技术为导向的设计为主，款式廓型简约合体，色彩运用带有未来感(图 4-27)。

图 4-27
海派时尚流行趋势报告女装版

第三节　海派时尚流行趋势成果运用

海派时尚流行趋势方案的最终应用，实质上是讨论如何借鉴趋势参考图或效果图的问题。海派设计师综合艺术思维和理性思维，依据海派品牌基因、全体目标消费群及实时热点，提炼出即刻可以投入设计使用的符合海派时尚流行趋势的具象海派设计元素，对流行点进行再造升级，打造符合海派品牌气质的引爆因子，并通过合理的设计让不适合全体消费者的海派流行要点变成“大众情人”，最终达到通过海派流行点的刻画反映海派艺术文化精神的高度。

一、艺术还是科学：用理性的思维升级艺术的海派时尚

海派时尚流行趋势的文化性、艺术性特征可以给海派设计师带来启发式思考，设计师可以基于这些艺术性的启发进行设计优化，用理性思维对海派时尚元素进行分级整理，提炼出可以投入设计使用的、符合自身品牌需求又不失海派特色的流行元素。

（一）对海派时尚流行元素的分级整理

对海派时尚流行元素进行依次递进的分级整理（图 4-28），经过一级优化处理过程，得到海派流行服装的性质元素，即廓型性质元素、色彩性质元素、面料性质元素和细节性质元素，是服装中最初级、最概括的流行要点。海派时尚流行的廓型性质元素包括长裙、宽肩等款式廓型；流行的色彩性质元素包括红色系、橙色系等流行色；流行的面料性质元素包括棉、麻等流行面料；流行的细节性质元素包括口袋、肩襻设计等细节。经过二级优化处理，可得到海派流行服装的形态元素，能更清晰表述出海派时尚流行服装的要点，即廓型形态元素、色彩形态元素、面料形态元素和细节形态元素。经过三级优化处理后，可获得海派时尚流行服装的量态元素，即廓型量态元素、色彩量态元素、面料量态元素和细节量态元素，也是具体的流行廓型、色彩、面料和细节，经过该级别优化处理后的流行廓型、色彩、面料、细节等结果即为符合流行趋势的新产品海派设计元素。

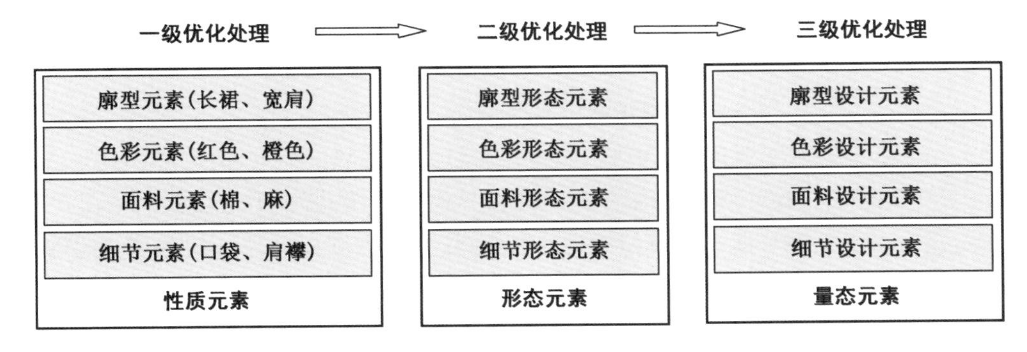

图 4-28
海派时尚流行元素分级优化模型

（二）对感性流行趋势的理性应用

海派时尚流行元素经过分级优化，逐步形成明确的流行廓型、色彩、面料和细

节，虽然这些流行元素已达到量态级别，可直接运用于服装产品设计。但品牌服装产品都具有自身的品牌风格和特色，以及相对稳定的主要廓型、色系、面料和细节。品牌服装产品设计实践的难点在于，既要将海派时尚流行趋势运用于服装产品设计，又同时要保持服装品牌的稳定风格。解决方案为建立服装品牌自身的服装产品基础数据库，包括服装廓型元素数据库、色彩元素数据库、面料元素数据库和细节元素数据库。其中，每个设计元素数据库中可包含该品牌往季所有产品的三级元素，即性质元素、形态元素和量态元素。该数据库是新产品研发保持品牌风格的基础，根据海派时尚流行趋势，经优化的廓型、色彩、面料、细节等海派流行元素可全部或部分与该品牌产品基础数据库中的其他设计元素结合，采用优化后海派设计流行元素群组中的廓型元素，结合海派品牌产品基础数据库中的色彩、面料和细节元素，得到同时符合流行趋势和品牌风格的创新服装。

（三）从理性分析到感性创作

寻找海派品牌文化与海派时尚流行的对应点需要理性思维的分析，但海派设计师依旧需要回到感性的思维方式，从海派文化艺术的角度出发，对理性思维搭建的设计框架进行填充。感性创作的空间在于将优化后的廓型、产品基础数据库中其他的设计元素合二为一的组合方式，二者在共同构建创新的海派时尚流行服装过程中，并不一定是等比例的权重，具体在流行因子上应用多，还是在品牌基因数据库上应用较多，依赖于海派设计师的美学修养（图 4-29）。

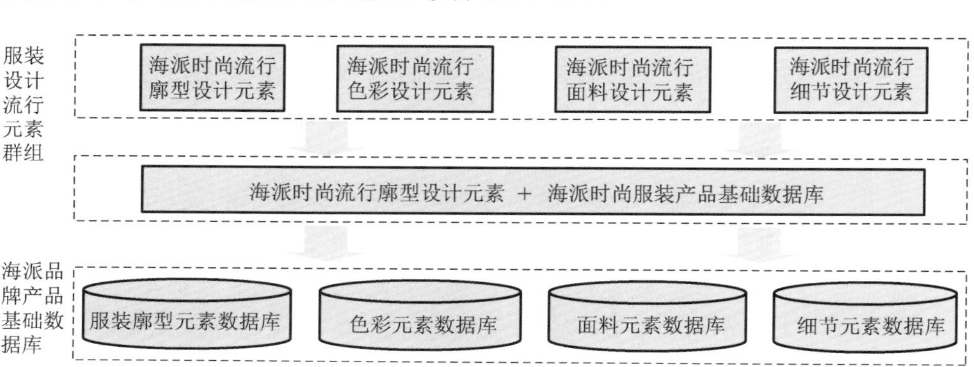

图 4-29 海派时尚流行设计元素与品牌自身风格特色交互

二、模糊的指导：流行趋势不等于销售爆款指南

（一）正确理解引爆因子

目前，中国纺织服装企业对流行趋势的研发与应用存在几方面误区：一方面认为流行趋势的服务和设计指导没有作用，完全不进行投入。而在创意为先的时代，谁掌握了流行趋势，谁就在市场取得制胜权。另一方面，有些纺织服装企业则完全依赖流行趋势机构，希望他们能介入产品研发全过程。但是国际上任何一个流行趋势研究机构都不可能做到这一点，流行趋势所作的工作是传递给企业什么是流行的，企业应该结合自己的情况考虑怎样去迎合这种潮流。还有的企业认为只要企业自己的设计师关注流行趋势就可以了。但是设计师可能局限于自己企业、品牌中，

很难跳出自己的圈子从全局去掌握流行趋势，做到“知其然也知其所以然”。

海派品牌企业在意识层面首先要打破一种观念，那就是：海派时尚流行趋势上说今年流行什么爆款，我就做什么。所谓爆款，顾名思义，就是销售相当火爆的产品，它是指当下热卖的款式，是海派时尚流行趋势下的某一个爆点，是商家针对单品进行的一次策划活动。尤以淘宝爆款为例，简单地说就是在淘宝网上销售得很火爆的商品，判断的重要因素就在于，销量业绩令人眼红，让同行羡慕嫉妒恨，于是跟风盗版、山寨接踵而来，最后以至于全淘宝大部分卖家都跟风模仿该爆款产品，使得客户搜索时看到许多同样的商品，因此爆款的另一个含义就是满大街都是，你有我有大家有，曝光率很高。简单总结一下，爆款就是卖得人多，买得人也多，创造巨额利润的单品。

海派时尚爆款与海派时尚流行趋势关系在于，组成时尚爆款的引爆因子来源于流行趋势，但海派时尚流行趋势中所提供的参考款式不一定是爆款。爆款是海派时尚流行趋势报告中的引爆因子按照一定方式组合而成的产物，爆款难以判断，因为爆款具有非常大的偶然性因素。因此，海派品牌企业对海派时尚流行趋势报告中的推荐款照搬照抄，一定是错误的方法，而依据品牌基因，仔细研究海派时尚流行趋势报告中的海派流行关键点，才是打造爆款的重要方法。爆款可遇而不可求，海派时尚流行趋势报告的目的是不断地让设计贴近于引爆点，而不是神算子一般的点名道姓地提供爆款。

（二）引爆因子的使用特征

由于海派时尚产品的消费者具有显著的性格差异，海派时尚品牌有着自己特定的消费群体，因此，海派品牌需要对符合其目标消费者气质的引爆因子进行发展。如何使用引爆因子，实质上是解决如何让海派时尚流行趋势要点更适合全员的问题，通过合理的设计，让不适合全体消费者的海派时尚流行要点变成“大众情人”。

1. 依据品牌基因合理再造

如果让品牌的目标消费群都愿意购买某款服装，那么这款服装自然变成为了时下的爆款。对于实现这一目标，首先应让海派品牌稳定的消费群喜爱这款服装，而后以点带面地去感染更多的消费者。海派时尚品牌稳定的客户群大多都热爱该品牌的文化，并且认可海派品牌的海派设计基因。因此，合理地使用引爆因子，探寻海派时尚流行趋势中的流行要点和品牌基因的对接，实质上是对海派时尚流行趋势最好的使用方式。

依据海派品牌基因的海派时尚流行要点使用有下述三个步骤，一是对海派时尚流行元素进行筛选，二是对海派时尚流行元素与海派品牌基因进行重组，三是对重组结果进行评估（图 4-30）。

2. 依据全体目标消费群再造

爆款之所以受全员喜爱，根本的原因是任何消费者着装后都有不错的效果。因此，爆款一定满足不挑身材、不挑肤色、不挑气质的特征。设计师在仔细研读了海派时尚流行趋势中提供的流行要点后，需要分析哪些要点适合全员穿着，而哪些要点

图 4-30
引爆因子依据海派品牌基因对产品设计过程进行合理再造

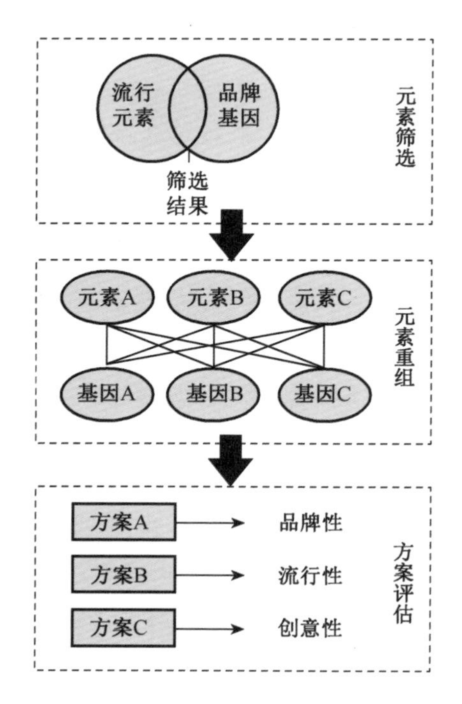

对消费者的形态要求较高，并应首先关注适合全员穿着的流行要点进行发展，以确保选择的海派时尚流行要点具有打造爆款的基础。除此之外，爆款通常是具有创新设计的款式，普通的经典款虽然具有良好的销量，但不足以实现爆款的影响力。因此，对海派时尚流行要点兼顾创意性、普及性和流行性地进行创新性设计，才能推动爆款的实现（图 4-31）。

图 4-31
引爆因子的融合再造

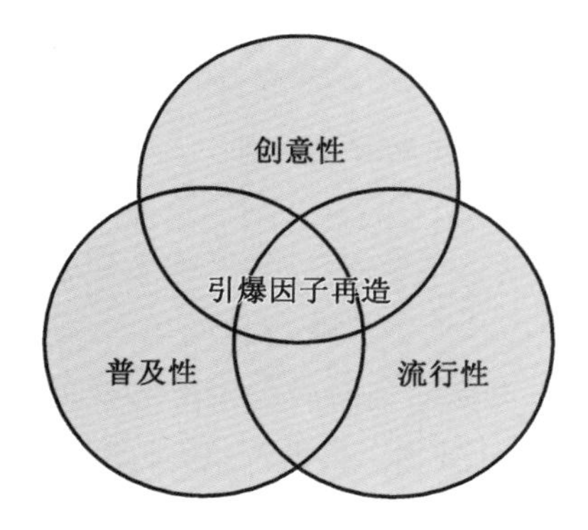

3. 依据实时热点采纳流行要点

爆款常和“明星同款”有着密切关联，换言之，受过名人熏陶的时尚成衣更容易成为爆款，不难发现，多种爆款均出自著名的影视剧中。但这并不意味着打造爆款就是要去影视作品中照搬照抄，而是对海派社会名流的着装风格及走向加以关注，在筛选流行要点作为海派时尚设计参考时，与海派社会名流着装特色具有关联的元素着重考虑，并结合海派品牌基因进行再造。

（三）海派时尚流行趋势案例与服装设计的应用转换

海派时尚流行趋势方案与海派品牌服装设计的应用转换实质上是讨论如何借

鉴海派时尚流行趋势参考图或效果图的问题，需要转移核心流行点、变异辅助元素，继而对流行点进行再造升级，最终达到刻画海派时尚流行点的海派艺术文化精神的高度。

1. 转移核心流行点，变异辅助元素

照搬核心的流行要点，改变其他的设计要素，是对海派时尚流行趋势应用最简单的方法。海派时尚流行要点通常以图片可视化的形式呈现在海派时尚流行趋势报告中，例如对于"中国蓝印花"的流行要点，趋势报告中会呈现出多种蓝印花的形态和应用。在无版权纠纷的情况下，设计师可直接描摹蓝印花图形，或者在此基础上进行改良，然后采用与趋势报告中不同的服装款式、材质、廓型与蓝印花图案进行组合。

2. 再造核心流行点，创意化升级

再造流行要点，是指抓住了流行要点的核心之后，采用创意设计的形式对其进行升华。例如，流行参考图表达了对拼接元素的设计，海派设计师可围绕"拼接"这个关键词展开创意设计，拼接具有多种形式，可以是不同质地的面料进行拼接，也可以是不用图案的面料拼接，或是采用不同的工艺进行拼接，而这些手法呈现出的艺术效果都是截然不同的，甚至可能比海派时尚流行趋势本身提供的海派设计更为优秀。

3. 刻画流行点的艺术文化精神

海派时尚流行趋势最为重要的还是刻画海派文化的理念，对海派文化精神的刻画也是最难的设计手法。对于海派时尚流行趋势中提出的流行要点，需要按照海派的人文情怀进行改良，避免在创意设计过程中偏离海派审美。因此，设计师需要明确，哪些流行元素组合在一起是没有海派特征的，而哪些元素组合在一起会使得海派文化的表达过于流俗，这些都是海派时尚设计的雷区。

三、品牌的坚持：细分市场和用户的趋势运用

（一）设计师品牌与海派时尚流行趋势的应用

1. 运用时间

海派设计师品牌的产品具有前卫性的特征，他们的目标消费群为热爱时尚的潮流影响者，他们使用海派时尚流行元素的时间也相对具有前瞻性。考虑到这一情况，该类品类可以在海派流行热点还处在萌芽阶段时就采用并推广(图 4-32)。

2. 运用内容

海派设计师品牌注重原创，他们绝对不会抄袭海派时尚流行趋势上的产品，海派设计师们知道什么将会流行即可，并会充分地注入自己对该海派元素的理解，以创意的口吻进行表达。因此，海派设计师大多借鉴宏观的、主流的设计元素，如流行色、流行风格、流行廓型等，而对于具体的款式细节，他们大多按照自己的创意展开。

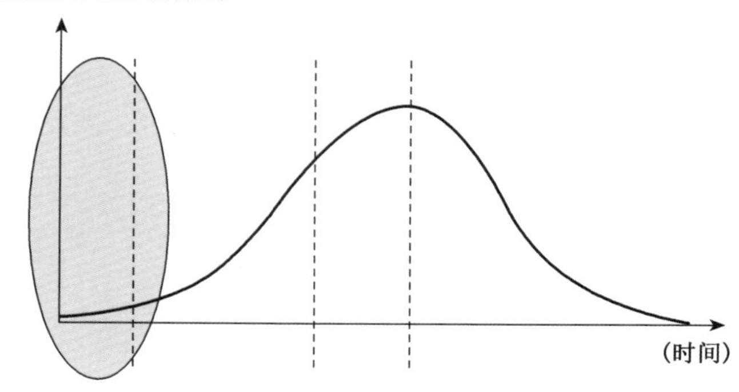

图 4-32
设计师品牌应用流行元素的时间段

■ 小案例

流行趋势个案服务合作伊始

不完全的信息互动会影响方案最终结果，因此在项目一开始，流行趋势研发人员会跟企业方详细沟通以下问题：

• 项目的总体目标是什么？换句话说，企业希望研发人员为其提供重振已有产品的新方法，还是对目标消费群新出现的行为活动、思维模式及市场表现进行关注？

• 存在一开始就影响项目顺利进行的问题吗？品牌目标消费群是否愿意配合研究？企业方面存在可能影响与目标群体交流的问题吗？

• 企业是否希望并愿意参与到项目日常研究中去？如果企业这样做了，对研究是否产生正向影响？

• 现有研究哪些是可以采用的？企业对于目标消费群的既定观念对研究会有怎样的影响？

（二）商业品牌与海派时尚流行趋势的应用

1. 运用时间

海派商业品牌服务于市场上绝大多数的消费者，他们大多是时尚潮流的追随者，因此，海派商业品牌采纳流行元素通常处在该海派元素流行周期的制高点，也就是兴盛期，以满足绝大多数消费者的需求(图 4-33)。

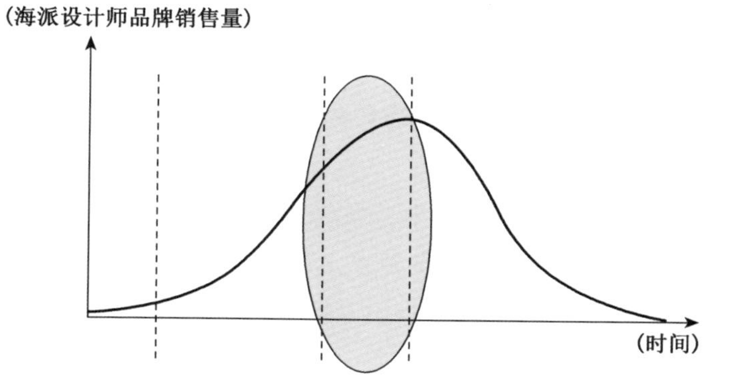

图 4-33
商业品牌应用流行元素的时间段

2. 运用内容

海派商业品牌对海派时尚流行趋势的采纳比例是最高的，流行什么便生产什么，他们的设计大多以市场为向导。因此，海派商业品牌对海派时尚流行趋势的借鉴与参考是全方面的，从主题到款式细节，都体现着对海派时尚流行趋势的依赖。

■ 小案例

本土商业品牌美特斯邦威流行趋势应用情况采访实录

【应用时间 When】

- 在设计工作阶段开始前多久进行趋势研究与分析？

美邦：一般提前9个月。例如，现在(2017年5月)开始关注2018年春夏流行趋势，收集T台资料，进行国外店铺市场调研、国内市场调研，进行图片展板制作。

- 流行趋势分析是否分波段进行？

美邦：通常按季节操作，对每个季节的4个波段进行通盘考虑。

- 流行趋势报告分析通常持续多久？

美邦：通常为6个季节的滚动开发，留给设计师的趋势分析时间一般只有2周。

【应用内容 What】

- 流行趋势报告涉及点面众多，如何进行选择性采纳？

美邦：更看重廓型、色彩、面辅料等方面大的趋势走向，按照年龄层、风格等分类选择符合自身品牌定位的流行趋势，例如ME&CITY更关注30岁以上的轻熟女。

- 契合流行与设计师自主发挥创造间的比例如何？

美邦：美邦留给设计师自主发挥创造的空间并不多，这与自身品牌定位有关，通常创造流行的先锋设计师品牌需要更多自我创新创意的版块，但是美邦这种商业品牌采纳的是已经被众多国际大牌和时尚先锋先期验证过的流行趋势波峰部分，采纳波尾部分的则是更为大众的品牌。

- 流行趋势报告在企业实际产品设计开发中适用度如何？

美邦：对WGSN的各种流行分类，廓型走向(例如紧腿裤、喇叭裤等不同廓型的占比)、色彩等实际应用起来感觉都比较可行，其中感性(图片)、理性(大数据)分析都有涉及。

【应用环节 Where】

- 设计开发各环节对流行趋势应用的具体情况？

美邦：企划师一般更关注品类方向(例如阔腿裤、套装等是否随流行，进一步提高占比)、经济趋势(例如WGSN对各个品牌策略、经营状况的介绍，对棉花价格、石油价格等经济状况的分析)等大的方面；设计师则更关注色彩、廓型等具体内容。

【应用方式 How】

- 如何将趋势报告中的要点转化为实际设计方案？

美邦：从大牌走秀发现裤型变动走向(例如紧腿裤向阔腿裤发展)，每个品牌用什么形式来诠释流行，上一季销售状况，品牌自身特色，从而得到新季颜色、品类、尺码等占比。

【应用人员 Who】

- 不同等级设计人员的趋势关注重点如何？

美邦：创意总监、设计总监、设计师、设计师助理等不同等级职位对流行趋势的关注侧重点有所不同，设计师更关注细节，例如毛衫设计师会更关注毛衫品类的设计流行趋势，总监则更关注大的趋势走向，例如货品组合、风格走向、配搭陈列等方面内容。

■ 小案例

趋势方案指导下的江南布衣(JNBY)新品设计开发

市场热门海派女装品牌江南布衣(JNBY)是杭州江南布衣服饰有限公司旗下的女装品牌，品牌精神“自然、自我”(Just Natural Be Yourself)即是江南布衣品牌所要诠释和推广的着衣生活理念。品牌以20～35岁的都市知识女性为顾客群，通过人群的概要分析、生活状态分析得出该消费人群为具有自信、知性、有自我想法和创造力的都市女性消费群体。锁定品牌的形象和消费人群可以构建品牌的产品形象，并可以构建出产品的价格定位、面料构成和产品的结构构成，这些信息的准确性和合理性是后续产品合理开发的基础和保障。

从当季的品牌产品和店铺形象的调查中可以发现品牌采用灰、白、黑、卡其等基础色调，设计重点运用在休闲个性的款式造型，多变的搭配性的设计点，总体印象以自然界为基调。饱和、稳定的设计细节，则充分发挥设计师群的创意无限，灵感取于生活、自然、艺术中的一切。

根据江南布衣的品牌市场及消费人群的定位，选择适合品牌特质的流行趋势进行策划。确定品牌风格定位为偏自然的时尚休闲女装，重点体现产品的舒适、结构裁剪设计，可以选取具有空间与自然感度的流行趋势图。结合这类消费者追求自由舒适的生活态度，对主题故事进行分析引发廓型和细节的联系，如为营造时光空间感采用自由廓型设计，剪辑拼接手法的运用，可以考虑不规则裁剪，棉质等柔软舒适面料的运用。在设计款式的同时也不能忘记参考流行色与基本色的搭配运用，并考虑市场热点和街头时尚流行对设计元素的影响。

(三) 海派时尚领袖与海派时尚流行趋势的应用

1. 运用时间

海派时尚领袖是海派时尚流行的推动者，他们对海派时尚流行的采用主要集中在该元素的发展时期，也就是萌芽之后、兴盛之前。消费者的购物结果会受到这类人群的影响(图4-34)。

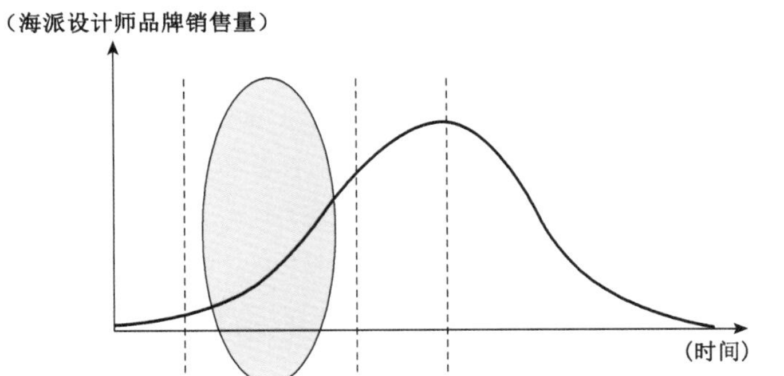

图 4-34
时尚领袖应用流行元素的时间段

2. 运用方式

由于时尚领袖属于社会公众人物，他们在选择海派时尚流行要素的时候自然会选择有助于塑造自身形象气质的元素。并且注重海派时尚流行元素之间的搭配，因为作为时尚行业的标杆，他们是时尚潮流追随者的效仿对象，从配饰到整体风格，无一不体现着自己装扮的精心。

参考文献

[1] 黄希庭.论时间洞察力[J].上海:心理科学,2004,27(1):5-7.

[2] 陈巨龙,丛林.策略生成的可拓方法[J].广州:广东工业大学学报,2001,18(1):84-90.

[3] 程爱学.麦肯锡咨询方法[M].北京:北京大学出版社,2008.

[4] 朱新林.头脑风暴法在管理决策中的应用[J].北京:商场现代化,2009,(3):104.

[5] 李金,孙兴民等.管理学原理[M].北京:北京工业大学出版,2004.

[6] 竹内弘高,野中郁次郎.知识创造的螺旋:知识管理理论与案例研究[M].北京:知识产权出版社,2012.

[7] Bateson, G. Mind and Nature: A Necessary Unity[M]. NewYork:Bantam Books, 1979.

[8] Nisbet, R. A. Social Change and History: Aspects of the Western Theory of Development[M]. London:Oxford University Press, 1969.

[9] 维加尔德.引爆趋势[M].蒋旭峰,刘佳,译.北京:中信出版社,2010.

[10] 郎咸平.模式:案例点评[M].北京:东方出版社,2010.

[11] 菲利普·鲍尔.预知社会:群体行为的内在法则[M].北京:当代中国出版社,2010.

[12] 张瑾.上海服装行业老字号品牌创新策略研究[D].上海:华东师范大学,2015.

[13] 郎咸平.郎咸平说:新经济颠覆了什么[M].北京:东方出版社,2016.

第五章

大数据时代下的海派时尚流行趋势预测

大数据时代，人们的生活方式发生着变革。从对数据入侵的怀疑到对数据生活的依赖，大数据从衣食住行各个层面影响着生产与生活。时尚流行趋势作为服装生产环节的指导纲领，同样面临着预测方式的改良升级，通过定性与定量相结合的方式进一步提高流行趋势预测的精度，是每个时尚流行趋势研究者所日益追求的方向。大数据的存在为时尚流行趋势预测的精准度提升提供了技术基础，海派时尚流行趋势作为时尚产业区域化发展的产品研发指导纲领，应当充分利用数据环境提供的技术支持，实现海派时尚流行趋势预测的智能化与科学化，这不仅是顺应时代信息处理与分析方式变革的需要，也是促进海派时尚产业迅速发展的必经之路。

第一节　大数据与海派时尚流行趋势预测

传统的时尚流行趋势预测方式是基于专家组预测和判断的，国际权威的时尚流行趋势预测机构会定期去世界各地采集流行情报，观察人们生活方式的趣味要点，发现新鲜的事物，然后总结成报告，作为流行趋势预测的依据。由此可见，即便是专家预测法，也离不开对社会细微生活的探索。相比人工挖掘时下流行的生活方式、关注热点，大数据具有得天独厚的优势，人工对生活因子的采集具有局限性，其过程本身就是主观行为，难免会忽视一些珍贵的数据。大数据具有体量大、类型多、密度低、速度快的特征，可充分把握市场情报的客观性、全面性与时效性，是未来流行趋势预测机构的得力工具。

一、信息革新：海派时尚信息的转变

（一）从数字到数据：信息记录方式的变革

数字和数据表面含义相近，但所指的对象却截然不同。计算机以及其他电子设备的发展让数字化这一概念流行起来。数字化是指在各个领域的各个方面或某种产品的各个环节都采用数字信息处理技术，将许多复杂多变的信息转变为可以度量的数字。数字化建立在采样定理之上，即在一定条件下，用离散的序列可以完全代表一个连续函数。采样定理让现实世界中连续变化的声音、图像等模拟信息在计算机中用0和1表示成为可能。因此，模数转换（Analog to Digital）成了在电子工程师当中普遍知晓的一个概念，数字化成了大众普遍接受的一个名词。

尽管数字化的信息分享方式早已渗透到人们的生活之中，但随着数字信息的深入应用，新的数字应用方式正不断被探索和挖掘，如何将数字化信息转化成为生产力成为当今人们研究的主题。许多公司逐步发现掌握数据库便是拥有一项巨大的财富，海量数据提供了最为客观的一手资料，数字化也因此逐步向数据化发展。数据化是指一种把现象转变为可制表分析的量化形式的过程。数据（data）与数字最大的区别在于数字化的图像、音乐、PDF等文件无法被现有的搜索引擎搜索到，而数字化文件被数据化之后，可以被基于文本的传统搜索引擎检索到。因此，数据的涵义

是多重的，狭义的数据就是数值，广义的数据包括文字、声音、图像等多重形式的信息。

海派时尚信息的记录也经历着从数字化到数据化的过程。数字化是信息社会的技术基础，数据化是对数字化的延伸与推进。海派时尚数据包括海派本土潮流数据、海派品牌与设计师资源数据、海派生活文化数据、时尚秀场数据等内容，传统的信息记录方式通过“0”与“1”的数字记录着上述信息，这便造成了信息检索的困难，人们无法输入关键字寻找对应的信息，而当海派时尚信息以数据的形式进行记录，检索的难度就大大降低了。此外，数据化的信息记录方式也增加了信息使用方式的灵活性。数字化的海派时尚信息是对连续的时空对象进行离散化实现，因此难以对其中的因子进行分离和割舍。例如，在 2017 年女装流行色的数字化信息记录中，无法实现对春夏数据和秋冬数据的分离，倘若需要这两项季节性数据，便需要重新建立春夏或秋冬数字化色彩信息系统。而海派时尚数据化是将均匀、连续的数字信息结构化和颗粒化，形成标准化的、开放的、非线性的、通用的数据对象，并基于不同形态与类别的数据对象，实现相关的应用和开展相关的活动的过程。信息结构的颗粒化便于信息的拆分和重组，因此，2017 年女装流行色信息便可轻易地拆分为春夏数据和秋冬数据，或者按地域分类拆分为华东数据、华南数据、华中数据等，便于信息的高效便捷使用。关于数据化信息比数字化信息更灵活的特征，与活字印刷与雕版印刷的差异原理相似。

海派时尚数据是实现海派时尚流行趋势预测的基础，这是由数据本身的属性决定的。数据是事实或观察的结果，是对客观事物的逻辑归纳，是用于表示客观事物的未经加工的原始素材。原始海派时尚数据经过机器认知学习后，便可形成海派时尚知识，依据流行趋势预测机构对知识处理的流程进行机器预测程序设定，通过机器决策学习便可得到海派时尚流行预测的结果(图 5-1)。这便是海派时尚智能流行趋势预测的系统的结构，也是基于大数据的流行预测新思路。

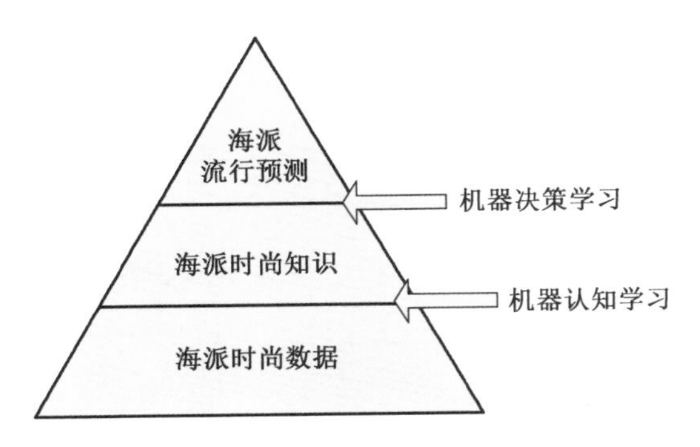

图 5-1
智能化海派时尚流行趋势预测系统结构

(二) 信息自我发声:情感数据的利用

情感分析（sentiment analysis），又称倾向性分析，包括意见抽取（opinion extraction）、意见挖掘（opinion mining）、情感挖掘（sentiment mining）、主观分析（subjectivity analysis），它是对带有情感色彩的主观性文本进行分析、处理、归纳和推理的过程，是利用文本分析来挖掘各种观点的数据来源的过程。情感数据直接反映了人们对某种事物的观念和看法，相对于信息经过设定程序的捕捉和分析，情感数据主动地反映了人们的情绪和需求。例如，潘通公司每年会根据调查研究推出第二年的年度时尚流行色，而该流行色并不一定与海派时尚流行色一致，海派时尚流行预测机构便可根据网络爬虫对长三角地区人们对该项资讯的评论的捕捉结果，直接断定该种颜色是否也会成为海派时尚的流行要点。

海派情感数据主要来源于长三角地区的社交媒体，例如长三角地区的微信、微博用户的文本数据。由于文本数据是非结构化的，因此处理这些文本数据时需要不同的数据工具，大多数社交媒体均提供了数据访问的 API 接口，通过网络爬虫的形式获取用户数据。网络爬虫主要针对长三角地区的时尚行业工作者、明星艺人、时尚院校学生、时尚潮人四类群体展开情感数据挖掘，将爬虫设置在微信朋友圈、微博等社交媒体接口，挖掘这四类群体关注的信息，并将所有的信息最终汇聚到海派时尚网络数据库，作为情感数据储存的基础仓库(图 5-2)。

图 5-2
社交网络爬虫工作原理

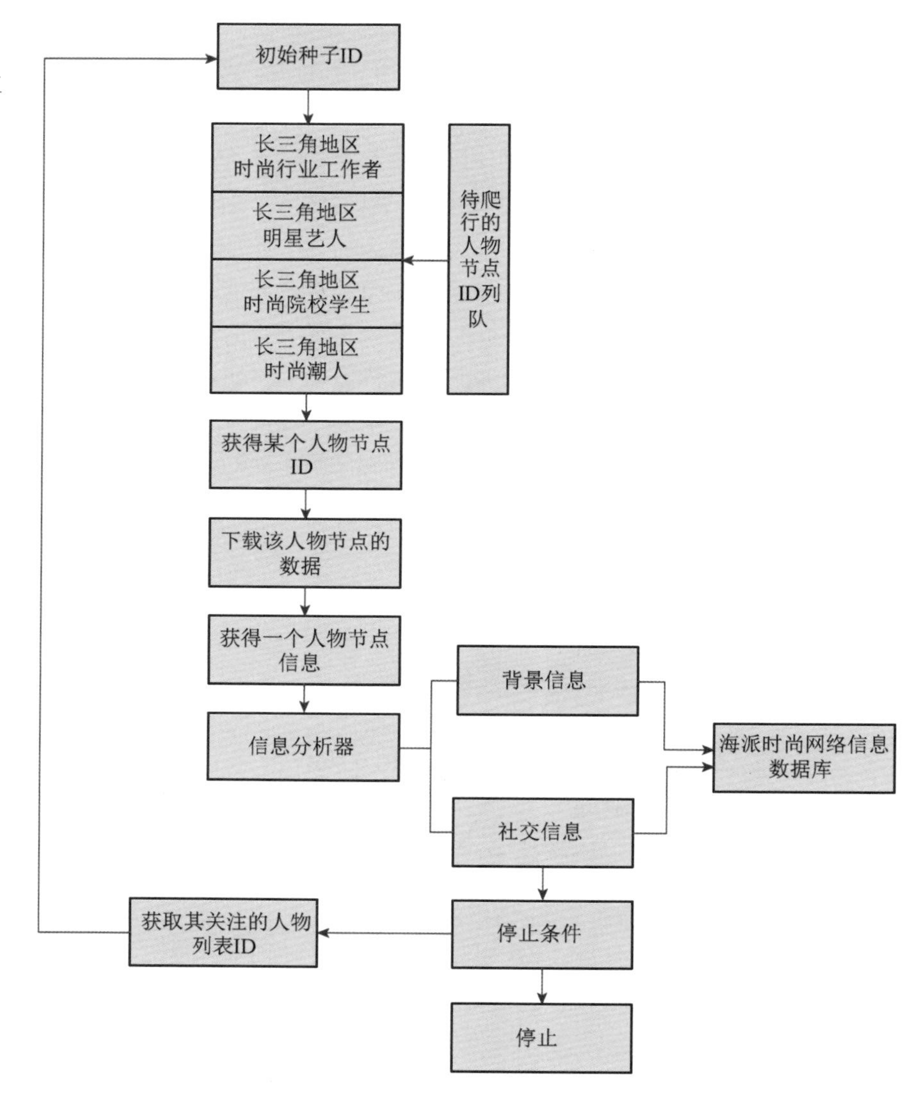

网络爬虫依据个体的情感表达内容进行数据挖掘，“情感”的一般语言定义包括态度（attitude）、意见（opinion）、感觉（feeling）和情绪（emotion），文档层面的情感分析包括实体（entity）、概念（concept）以及主题（topic）。图 5-3 描述的是文本情感分析模型，也是网络爬虫的数据捕捉原则。“实体”意为被评论者，“实体”可以是一篇海派时尚报道，一件海派时尚单品，或者其他引起长三角地区人们热议的话题等；“主题”意为该项海派时尚资讯或产品的核心思想和设计要点；“概念”意为该内容背后的价值观。这三项内容作为“被评论者”的各个部分，也是情感数据产生的三项基本原因，基于这三项基本原因，社交媒体用户通常会从自我意见、自我感觉和自我观点三个方面出发表达自己的想法，当然并不是每一用户的评论文本在这三方面都会涉及，但一定至少是基于其中一项进行情感描述的。

图 5-3
文本情感分析模型

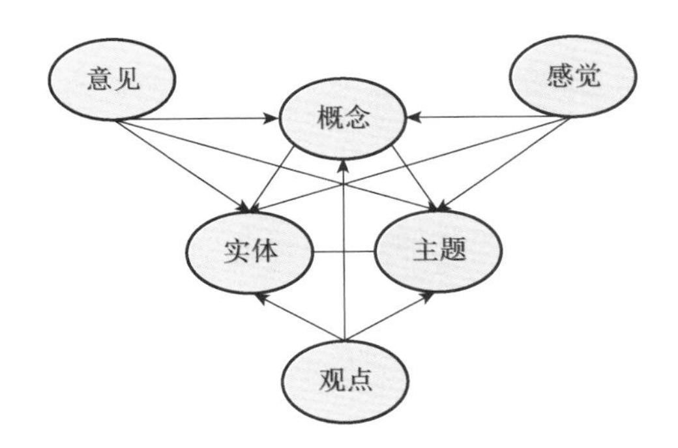

随着语言和图像处理技术的不断进步，社交媒体可根据长三角地区用户所说的话、所发的图、玩过的游戏等勾勒出用户本人一幅准确的肖像，甚至可能是用户从来都不曾想公开的隐私。这些信息看似作用不大，但却真实而主动地反映了人们的生活方式，而生活方式很大程度上影响了人们的消费喜好，对于长三角地区生活方式数据的捕捉意义是非凡的。除此之外，情感数据的出现也便于消费者分类，趋势的传播和产生都有自上而下的规律，掌握好趋势影响群体的生活方式及其变化，对海派时尚流行趋势的预测具有相当的参考价值。

（三）全体数据优势：更广泛、更实时、更客观

维克托·迈尔-舍恩伯格在《大数据时代》中提出，采样的目的是用少量的数据推测出更多的信息，而当数据可以直接全部被高效采集时，采样的方式也就失去意义了。即使样本采集十分精准，也难免遗漏某些特色数据，而这些特色数据往往是具有一定价值的，有趣的事情通常隐藏在细节之中。广泛性是大数据得天独厚的优势，可以从时间和空间两个维度来挖掘其内涵，而采样统计的方式仅局限于空间维度的挖掘。时间维度挖掘指依据时间轴进行的数据挖掘，空间挖掘指依据内容进行数据挖掘，并可细分为多项次级维度，例如，在服装流行趋势预测领域，可细分为色彩次级维度、款式造型次级维度、风格次级维度、面料次级维度。从时间维度挖掘而言，大数据具有实时性、动态性，如对生活动态、关注话题、销售状态等事件的实时更新；而传统形式的抽样调研则局限于过去某一时间段的数据。从空间维度而言，大数据具有广泛的监测内容，捕捉所有信息数据，抽样统计则相对局限。

当然，并不是任何研究都可以利用到大数据的广泛性优势，由于互联网在现有状态下普及度有限，而大数据的挖掘主要渠道是网络，因此，在网络受限的地区，“全体数据”的优势无法体现。海派时尚流行趋势是以长三角地区为基地的流行趋势，表现长三角地区的海派时尚变化规律，而长三角作为我国经济发达的城市群，互联网普及度高，因此，海派时尚流行趋势预测的工作与大数据的结合有着显著优势。

实时性作为广泛性的子特征，是大数据分析可实现的重要优势。以往的趋势预测工作都是阶段性的研究，例如春夏女装流行趋势、秋冬女装流行趋势、春夏针织服装流行趋势、秋冬男装流行趋势等，流行趋势的研究主要以春夏、秋冬或年度为时间节点进行。但春夏又可以细分为初春、初夏、盛夏、夏末等具体时节，针对此类具体时节的流行趋势预测工作较少，且内容的丰富性欠缺。而大数据的实时性便可让趋势时时刻刻处于更新状态。于是，当大数据与海派时尚流行趋势预测相结合时，通过建立流行趋势预测的机器学习系统，再利用大数据的实时数据分析，便可以智能地预测未来的海派时尚流行趋势，为快时尚海派品牌提供更有利的流行趋势报表。

大数据预测的客观性是相对当今主流的专家预测法而言的。专家预测法是从预测专家的经验出发，从定性的角度感性描述未来时尚流行趋势走向，而当大数据注入时尚流行趋势预测领域，预测素材和预测主体都可能发生改变，趋势主题描述不再是感性图片的堆砌，而是根据搜索量或销售量等指标，用精准确切的图表勾勒出某一流行单品的走势；与此同时，预测主体也可能从时尚达人转变为谷歌、百度、阿里巴巴等掌握大数据的公司。但这并不是意味着掌握大数据的公司将取代流行趋势预测机构，定量预测方法往往缺少感性因素，造成设计师对流行要点的困惑与灵感匮乏，但不可否认基于大数据预测的趋势更具精准性。目前服装流行趋势的预测主要通过单品搜索量的统计，如谷歌调取了英、美这两大潮流发源地的网络用户在2014年5月—2016年5月间使用谷歌搜索服装的热门词汇的每月搜索量，并对这些词剔除季节性影响，算出它们搜索量的年同比增幅、速率和加速情况。基于此，谷歌总结出了三大时尚流行趋势：军装风、随性风和便捷风，并依次选取其中的商品代表——飞行员夹克、露肩装、连衫裤做案例分析，其论述是从搜索趋势、相关词和地域搜索热度三方面来展开。搜索量作为最直接和可行的方法，可从一定层面反映市场流行，但可能会导致某些流行要素的疏漏，因为服装的流行是社会生活文化的综合反馈。与上述预测不同的是，海派时尚流行趋势是地域性的时尚流行趋势，在数据的筛选上需要严格按照地域的划分执行，具体而言，海派时尚流行大数据库是以长三角地区为定位的线上、线下服装市场数据及生活文化数据的总和，流行趋势预测工作者通过搜索量、关注度、销售量等客观数据和合适的预测模型，总结出即将发生的时尚流行趋势，寻求最真实、客观的预测结果。

二、杂而有序:海派时尚流行趋势大数据库

数据库(database)是按照数据结构来组织、存储和管理数据的仓库,数据库是伴随计算机技术的发展而产生的。在20世纪90年代,人类进入信息时代,数据库也因此进入高速发展的时代,由储存和管理数据的工具变成了用户所需要的各种数据管理的方式。海派时尚流行趋势大数据库(Shanghai Fashion Data Warehouse,简称SFDW)是针对长三角地区的服饰流行状况而构建的海量时尚流行数据储存和分析的仓库,本书将它定义为:面向海派时尚主题的、集成的、非易失的、随时间变化的用来支持海派时尚流行趋势研究的数据集合。海派时尚流行趋势大数据库是实现大数据环境下海派时尚流行预测的基础,因此,对于海派时尚大数据库的构建需要多而不乱、杂而有序的数据特色,这依赖于对数据仓库的有序设计和构建。

(一) 海派时尚大数据库的来源

海派时尚数据库包括显性数据和隐性数据两种主要的数据来源类型。显性海派时尚数据指可以直接观测到的时尚流行数据,包括服装秀场数据、服装市场数据、服装品牌数据、服装会展数据等,如某种裙装的销量走势、某种风格类型服装销量走势、某位时尚人物颇为关注的服饰、影视传媒中掀起的某类服饰艺术热潮、时尚杂志的焦点播报、秀场资讯等可直接传达流行信息的渠道,都是海派时尚显性数据的来源。隐性数据是指不会直接影响服饰流行,但会造成某类服饰稳定流行或者流行产生根源的数据,海派隐性时尚数据包括长三角地区人群关注的政治背景数据、经济背景数据、文化背景数据、科技背景数据、生活方式数据等难以测量和形式多样化的数据。

1. 海派时尚显性数据来源

(1) 海派秀场数据来源

海派秀场数据是指对长三角地区的流行时尚具有影响力的秀场服饰数据。上海是具有“东方巴黎”之称的中国时尚之都,也是海派文化的发源地,作为海派时尚的领军城市,其自身就有着深厚的时尚底蕴,并且在时尚产业区域化发展的状态下自成风格。因此,对海派时尚构成影响力的秀场数据主要来自于世界顶尖的时装周,包括巴黎时装周、米兰时装周、伦敦时装周、纽约时装周。世界四大时装周各有其风格,其中的数据对海派时尚的影响力不等,甚至有的数据会与海派时尚背道而驰,但由于大数据采集的是全体样本,趋势预测者也无需为了一两棵树而放弃了整个森林。相对于海外四大时装周,上海时装周的秀场数据对海派时尚具有直接的影响力,作为海派时尚策源地的时装周,其中秀场服饰背后的文化内涵便是包容并蓄的海派文化,因此,上海时装周的秀场数据也是最值得深入挖掘的。

(2) 海派市场数据来源

海派市场数据狭义上是指长三角地区服装市场销售的数据的集合,广义上指与时尚行业相关的原材料市场、面辅料市场和服装零售市场销售数据集合,其中的销

售数据指面对长三角地区客户和企业的销售数据。服装销售数据能够最直接地反映某一款式、风格或色彩的市场流行度，对此类销售数据的研究也是当今国内权威趋势预测机构参考的重要内容。服装原材料市场的产品为棉、毛、丝、麻等纺织纤维，纱线为主的原材料市场。原材料市场虽然不能直接反映某种服装及其风格的流行度，但可以反映色彩与材料的流行。例如，流行色的研究大多在纱线销售数据的基础上展开，因为服装零售市场的色彩销售数据可能混杂了款式、风格等其他因素，而纱线色彩销售数据更为纯粹地反映了人们对某种色彩的喜好度。同理，原材料的销售数据反映了某种材料的流行度，如天然纤维中各类纤维的流行变化、新型科技服装纤维的流行变化等。面辅料市场的销售数据为面辅料流行趋势的预测提供最直接的依据，在服装款式数据日益稳定的今天，面辅料设计成为成衣设计的重要议题，因此，面辅料市场销售数据的价值也日益提高。

（3）海派服装品牌数据来源

海派服装品牌狭义上包括长三角地区本土设计师品牌和时尚服饰品牌，广义上还包括为长三角地区人们喜爱或具有海派文化特色的本土设计师品牌和时尚服饰品牌。上海原创本土设计师约近百位，其中新锐设计师品牌较为集中，新锐设计师也是设计师品牌中最为活跃的。外滩18号、梅龙镇广场、上海新天地、静安寺的“聚集地”、田子坊、富民路、长乐路等时尚街区具有浓郁的海派文化特色，为新锐服装设计师提供了优越的文化土壤，这也使上海新锐服装设计师整体上呈现出活而不乱的设计风格，他们大多喜爱将国际潮流融合本土文化，呈现出典型的海派时尚风貌。海派服装品牌数据的挖掘除了对产品数据及其销售数据进行记录外，也需要对品牌的文化数据进行记录。由于海派设计师及时尚品牌的文化是在海派文化的土壤上滋生发展而成的，地域文化影响着设计师对品牌视觉文化的设计和精神内涵的设计，而这些因子也是海派时尚流行的稳定因子，是海派文化时尚化的稳定表现。

（4）海派时尚会展数据来源

海派时尚会展包括在长三角地区举办的时尚纺织博览会，如上海纺织工业展览会、中国国际纺织面料及辅料博览会、上海纺织展、上海纱线展等具有权威地位的时尚展会。纺织博览会展示的是各个企业最新的产品，提供的是纺织行业最前沿的资讯，因此，对时尚展会的数据收集是对整个海派时尚数据的去粗取精。纺织行业前沿展会也一直是时尚流行趋势预测工作者所密切关注的，并且将其中的内容作为时尚流行趋势预测的依据。例如，法国巴黎第一视觉面料展（Première Vision）、米兰面料展（Unica）、美国服装面料展（Texworld）、伦敦国际服装展览会（Pure London）等国际权威纺织博览会是时尚流行趋势预测工作者所密切关注的，虽然这类国际纺织博览会不能直接反映海派时尚的流行，但也会对海派时尚流行构成影响。

2. 海派时尚隐性数据来源

（1）海派时尚政治背景数据

海派时尚政治背景数据是指以生活在长三角地区为代表的人群所关注的政治

事件数据。这里的政治事件非单指发生在长三角地区内的政治事件。政治背景数据对海派时尚流行影响的力度需要依赖于大数据对长三角地区人群对政治事件关注度的捕捉。例如，“一带一路”倡议是近年来火热的国家政策，根据“一带一路”大数据报告中“省市参与度指数”对全国31个省市的综合测评，长三角地区的参与度较大，位列前十位。因此，从定性的角度分析，“一带一路”的实施在促进西部经济文化建设的同时也会促进西部元素在时尚产业中的流行，比如流苏、麂皮、羊羔绒外套的流行，而其中具体的影响力度可依赖大数据的捕捉进行分析。从国民对2016年全国人民代表大会和中国人民政治协商会议的关注度看，搜索量排前十的地方分别是北京、广东、浙江、江苏、上海、山东、河南、河北、湖北、四川，浙江、江苏、上海对政治事件均具有较高的关注度，因此，政治背景数据对海派时尚流行的影响存在一定作用。

(2) 海派时尚经济背景数据

海派时尚经济背景数据是指以生活在长三角地区为代表的人群所关注的经济事件数据。这里的经济事件非单指发生在长三角地区的经济事件。经济事件包括宏观经济形势和具体经济事件案例。上海作为我国的金融中心，对市场经济环境有着敏感的反应力，长三角地区仅占全国2%的土地面积，却集中了全国20%的经济总量，是中国第一大经济区，因此经济数据是海派时尚流行趋势预测必不可少的因子。2016年世界经济形势属于复苏阶段，但增速放缓，国际货币基金组织在2015年年初都纷纷下调了对2016年经济增长的预测。受世界经济复苏迟缓的影响，上海经济下行压力进一步加大，但总体保持平稳态势。因此，根据经济环境与服装流行的关联研究，复古风格的服装有流行可能性。

(3) 海派时尚文化背景数据

海派时尚文化背景数据是指以生活在长三角地区为代表的人群所关注的文化事件数据。这里的文化事件非单指发生在长三角地区的文化事件。根据《辞海》中对“文化”一词的解释，“文化”一词广义上指人类在社会历史实践中所创造的物质财富和精神财富的总和，狭义上指社会的意识形态以及与之相适应的制度和组织机构。作为意识形态的文化，是一定社会的政治和经济的反映，又作用于一定社会的政治和经济。海派文化本质就是发源于上海地区的典型文化，是当地人民社会生活、社会习俗、言谈举止、生活方式、价值观念的综合反映。根据海派文化自身中西合璧、兼收并蓄的开放性特点，海派文化的可塑性较强，因此对文化数据的捕捉可直接反映在海派文化的变化发展上。而海派时尚作为海派文化的一部分，对外来文化的吸收力度自然是强大的。对文化背景数据的收集是海派时尚流行趋势预测的重点。

(4) 海派时尚科技背景数据

海派时尚科技背景数据是指以生活在长三角地区为代表的人群所关注的科技背景事件数据。这里的科技事件非单指发生在长三角地区的科技事件。科技的种类繁多，包括信息科技、生物科技、航天科技、军事科技等，但各类对时尚行业的影响力度并不是一致的。根据时尚流行趋势研究学者的量化分析统计，生物科技对服装流行的影响薄弱，而航天科技对未来风格、冷色系的流行具有强烈的导向作用，军事科技对经典风格、中性风格的流行具有明确的指向性，而信息科技使得服装风格的流行要点分散化和平均化，但部分流行要点如可穿戴设备的兴起正是信息科技发展到一定阶段的产物。根据大数据统计，对智能设备最关注的地区主要集中在一线城市及沿海地区，其中，上海是对可穿戴设备关注度最高的城市，其次是北京、福建、广东、浙江、江苏、天津、重庆、陕西、湖北。长三角地区对可穿戴设备的高关注度也促进海派时尚产业在智能科技领域中的发展。

(5) 海派时尚生活方式背景数据

海派时尚生活方式背景数据是指长三角地区人们的生活方式数据。生活方式数据包括衣食住行四个基本方面，长三角地区人群的服饰喜好是海派时尚的直接反映，为此笔者将服装元素单独列出，生活方式数据在此专指饮食、住宿、旅游、交通方面的数据。根据滴滴媒体院研究与第一财经商业数据中心联合发布的2016年长三角城市智能出行大数据报告，以长江三角洲龙头城市上海为例，中心城区的吸引力显著高于郊区，以中心城区为目的的行程中，31%起始地为郊区；中心城区不仅吸引郊区人口流入，而且各城区之间的互动也相当频繁。因此，就2016年海派时尚流行的可能性来看，城区所蕴含的文化因子依旧会显著表现，如中西文化交融的老街所代表的优雅浪漫的租界文化、时尚国际化的现代都市所代表的前卫文化。数据同时也显示，周末时间中休闲娱乐最为火爆，其次为餐饮和短途旅游，相对于更具闲情逸致的生活服务场所来说，具有欢乐氛围的娱乐场所更受追捧，而与之相对应的年轻化正能量都市风格服饰的流行也胜过具有慢生活气息简单舒适的服饰。

（二）海派时尚流行趋势预测大数据库的细分

海派时尚流行趋势预测大数据库的细分指针对时尚流行趋势预测需要的内容，对所有的流行要素进行全面梳理的结果。依据国际权威流行趋势预测机构对流行要素的基本划分，结合海派时尚的基本规律，本书将海派时尚流行趋势预测大数据库分为海派时尚流行风格数据库、海派时尚流行色彩数据库、海派时尚流行款式数据库、海派时尚流行面料数据库、海派时尚流行图案数据库、海派时尚流行工艺数据库。

1. 海派时尚流行风格数据库

海派时尚流行风格数据库(Shanghai Style Database，简称 SSD)设定了风格元素的记录方式，风格数据库设有两层数据。第一层为风格倾向数据，第二层为风格主题数据，通过倾向和主题的双重描述将抽象的风格数据具体化、明确化(表5-1)。

2. 海派时尚流行色彩数据库

海派流行色彩数据库(Shanghai Color Database，简称 SCD)设定了服饰色彩的记录方式。不同的色彩学家对色彩有不同的辨识体系，本书采用 HSB(也称 HSV 模型)色彩模型对色彩予以辨识。HSB 模型是基于人眼对色彩的观察来定义的，因此 HSB 模型更符合人们对色彩的感知心理和人眼的视觉特征，与 RGB、CMYK、Lab

表 5-1 海派时尚流行风格数据库细分

一级层次 海派时尚流行风格倾向数据	二级层次 海派时尚流行风格主题数据
海派经典风格	商务主题(成熟、严谨、保守、正式)
	复古主题(怀旧、柔和、和谐、古典)
	奢华主题(装饰感、复杂、细致、华丽)
	浪漫主题(唯美、美好、优雅、淑女)
海派自然风格	环保主题(仿生、可持续、天然、纯净)
	田园主题(乐活、舒适、健康、清新)
	乡村主题(质朴、民俗、做旧、淳朴)
	民族主题(异域、传统、图腾、历史)
海派都市风格	波普主题(通俗、幽默、大众、活泼)
	哥特主题(暗黑、叛逆、抑郁、恐惧)
	雅皮主题(轻松、高雅、诙谐、绅士)
	朋克主题(破坏、摇滚、反叛、怪异)
海派未来风格	极简主题(纯粹、简约、明确、精致)
	解构主题(无序、重置、反叛、矛盾)
	宇航主题(科幻、冷峻、前卫、保护)
	功能主题(实用、可穿戴、科技、智能)

数字色彩体系相比,其色彩更具有直观性。HSB色彩模型从色彩的色相、纯度、明度三个维度描述色彩的特征,因此,SCD数据库对某个色彩的记录从色彩色相数据、色彩明度数据和色彩纯度数据三个数据方向展开,并依据对应数值,将色相分为十二区间,分别对应相应 H 值(表 5-2);将色彩的明度分为高调、中高调、中调、中低调、低调,分别对应 B 值区间:80～100、60～79、40～59、20～39、0～19;将色彩纯度分为高纯度、中高纯度、中纯度、中低纯度、低纯度,分别对应 S 值:80～100、60～79、40～59、20～39、0～19。

表 5-2 SCD色相及对应 H 值

色相	色相 H 值区间	色相	色相 H 值区间
红	[345°, 360°]∪[0°, 15°)	青	[165°, 195°)
橙	[15°, 45°)	靛蓝	[195°, 225°)
黄	[45°, 75°)	蓝	[225°, 255°)
黄绿	[75°, 105°)	紫	[255°, 285°)
绿	[105°, 135°)	品红	[285°, 315°)
青绿	[135°, 165°)	红紫	[315°, 345°)

色彩的记录方式以 HSB 数值的形式记录，如“*H*235-*S*12-*B*78”，而后将数值对应的点描绘于色彩方体中，观察采集样本的密集度推测色彩的流行度；便于建立对流行色的直观认知，可首先收集样本的 HSB 值，再转化为“红—中调—低纯度”的记录形式，最终的流行统计结果以饼图或条形图的形式呈现。

3. 海派时尚流行款式数据库

海派时尚流行款式数据库（Shanghai Modeling Database，简称 SMD）设定了服装款式的记录方式。服装款式复杂多变，因此在现有的研究中，对服装款式的量化方式较为匮乏，对服装款式的界定难以用和色彩量化方式相似的方式实施。本书对海派时尚流行款式数据库的整理依据从宏观到微观的方式进行，并将海派时尚流行服装款式数据的挖掘分为四级整理层次。一级层次设定为性别层；二级层次为廓型层，包括 H 型、A 型、O 型、X 型、T 型五种服装廓型；三级层次为品类层，包括西装、衬衫、马甲、西裤、休闲裤、针织衫、羽绒服等服装品类；四级层次为特征层，包括高领、加长袖、多口袋、多分割等款式特征（图 5-4）。服装款式的记录采用“性别—廓型—品类—特殊”的形式，如“男装—H 型—西装—平驳领、嵌袋、双排扣”，待所有样本收集完成后，以饼图的形式呈现分析结果，直观呈现出各类款式及相关细节的流行比例。

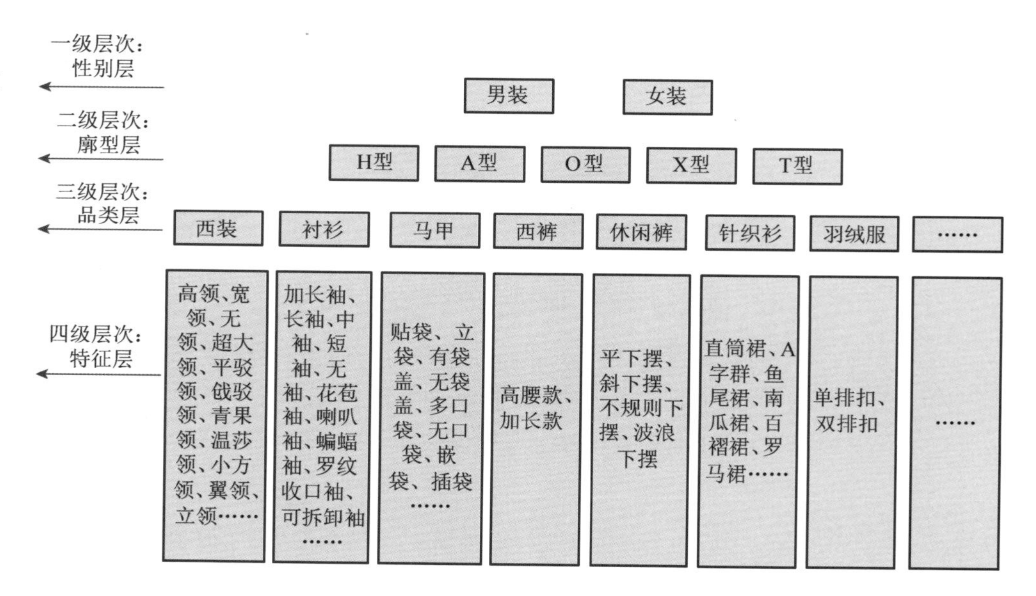

图 5-4
海派时尚流行款式数据库层级

4. 海派时尚流行面料数据库

海派时尚流行面料数据库（Shanghai Fabric Database，简称 SFD）设定了服装面料数据的记录方式。服装面料的数据可从面料成分和织物风格两个维度进行数据记录。面料成分包括棉、麻、丝、毛、聚酯、尼龙等纤维类型，面料风格包括面料光泽度、柔软度、薄透度、光滑度四个指标，共计五层次记录面料的风格数据（图 5-5）。海派时尚流行面料数据的记录方式采用如“棉—较光滑—较透薄—较硬挺—哑光”的形式。

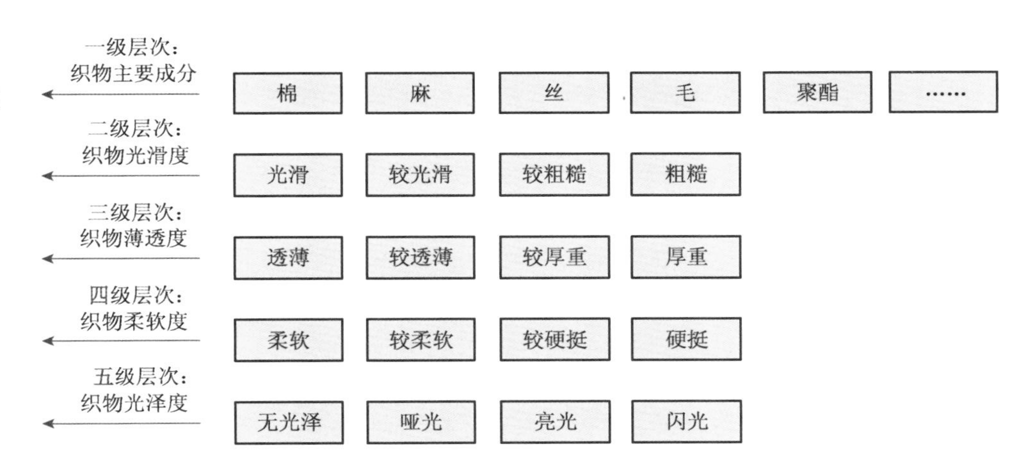

图 5-5
海派时尚流行面料数据库层级

5. 海派时尚流行图案数据库

海派时尚流行图案数据库(Shanghai Pattern Database，简称 SFD)设定了服装流行图案数据的记录方式。服装图案数据种类繁多，风格各异，若不建立分类标准，则很难对其结果进行分析。本书从三个层次对海派流行面料图案进行分类，一级层次为图案题材，即采用图案的素材来源，可分为几何、自然、符号、人文；二级层次为图案种类，即图案的细分分类；三级层次为图案形式，即图案艺术表现形式，如写实、写意、线描、摄影、水墨、创意、重复、变异等(表 5-3)。海派时尚流行图案数据的记录方式依据"图案题材—图案种类—图案形式"的方式，如"人文—建筑—线描"。

表 5-3　海派流行图案数据库层级

一级层次：图案题材	二级层次：图案种类	三级层次：图案形式
几何	格纹	线描、卡通、水墨、渐变、抽象、写实、写意、夸张、变形、创意、重复、变异、摄影、模糊、精细等
	条纹	
	点阵	
	菱形纹	
	波浪纹	
自然	花卉	
	昆虫	
	植物	
	动物	
	风景	
符号	文字	
	数字	
	标识	

续表

一级层次:图案题材	二级层次:图案种类	三级层次:图案形式
人文	人物	线描、卡通、水墨、渐变、抽象、写实、写意、夸张、变形、创意、重复、变异、摄影、模糊、精细等
	建筑	
	名画	
	民族图腾	
	传统图形	
	生活用品	

6. 海派时尚流行工艺数据库

海派时尚流行工艺数据库(Shanghai Technique Database,简称 STD)设定了服装流行工艺数据的记录方式。工艺记录分为两个层次:一级层级为工艺种类,记录工艺的基本形式,如装饰工艺、印染工艺、后整理工艺等;二级层级为工艺要点,即该种工艺的具体实施形式,如刺绣、贴布绣、热转移、水洗、石磨等(表 5-4)。海派时尚工艺数据库依据"工艺种类—工艺要点"的形式记录数据,如"装饰工艺—植绒"。

表 5-4 海派时尚流行工艺数据库层级

一级层次:工艺种类	二级层次:工艺要点
装饰工艺	刺绣、珠绣、立体绣、贴布绣、植绒、提花、绞花……
印染工艺	热转移、数码印花、丝网印花、扎染、蜡染……
后整理工艺	水洗、漂洗、雪花洗、涂层、上浆、石磨……

(三)海派时尚流行趋势预测大数据库的应用

海派时尚流行趋势预测的工作与其他流行趋势预测的流程相似,但不同的是海派时尚流行趋势是海派文化发展到一定阶段的产物,海派时尚是海派文化的一部分,即使海派时尚流行会随着时尚流行的周期性共同波动,但受地域特征的影响,海派时尚流行也会呈现出相对稳定的特征,地域生活方式、地域经济文化等隐性因素对海派时尚流行的影响力比理论上更大。海派时尚流行趋势的预测结合依据隐性数据和显性数据的双重优势,提高了预测的精准度。

海派时尚隐性数据是从宏观角度进行预测的必要条件,对长三角地区经济形势、文化背景、生活方式等隐性数据的分析也是各类时尚流行趋势预测展开的先行工作。通过隐性数据的分析可对时尚流行的大体走向进行梳理,如根据经济形势的判断可推测服装风格的走向,根据相关学者的研究,经济上行时,装饰风格的服装得以流行,同时冷暖色系的流行比例趋于平均化;而经济下行时,复古风格得以流行,同时暖色系的流行比例升高。政局形势稳定时,服装风格与色彩呈现出多样化与精细化的趋势,而政局形势异动时,经典与中性的风格得以流行,同时服装色彩集中于暖色系。社会背景所影响的服装流行要点是宏观且粗糙的，然而对大方向的正确把握是时尚流行趋势精细预测的前提，正如唯物论中物质决定意识的原理，海派时尚流行要点的产生是社会环境的产物，包括顶级设计大师所创造的时尚流行要点也是社会环境的产物，是流行时尚大方向的子集。因此，对海派时尚隐性数据的分析是开展任何主题预测工作的先行步骤。

海派时尚显性数据的分析在隐性数据分析之后展开。显性数据基于设计师个人想法的反映，是流行大方向内部的偶然性因子。例如，2016 年真丝刺绣棒球衫的流行就是古驰（Gucci）设计师在经济回暖环境下的个人创作引导出的流行。根据社会环境的导向，数据只能分析出装饰风格所代表的华丽、靓丽、复杂、奢华等方向会得以流行，但具体如何流行，通过何种载体流行则是设计师的个人能动性发挥作用的结果，这依赖于对秀场、展会、市场销售等显性数据的具体分析。

三、扬长避短：海派时尚大数据库的双刃剑

尽管海派时尚大数据库为海派时尚流行趋势预测提供了更为优越的数据基础，但矛盾双方是共同存在的，当大数据发展到一定阶段时，其弊端便暴露了，如“隐私监控”成为了新的话题。如何利用好大数据的优势服务于海派时尚流行趋势预测，同时减少其弊端发生的可能性，扬长补短，取其精华去其糟粕，成为大数据时代海派时尚流行趋势预测需要认真讨论和对待的问题。

（一）纷繁复杂：允许不精确数据的存在

大数据时代，数据的大量增加也会使得一些错误的数据进入海派时尚数据库，从而造成数据结果的不准确性，任何事物都存在的两面性，当全体样本能够被采集时，也暴露了数据存在不精确性的缺点。这也正是“大数据”与“小数据”的区别所在，“小数据”样本量少、质量高，因此被记录的信息也相对精准，为了保证调研结果的准确性，在有限的数据资源下，对数据的质量要求就更加苛刻了。

数据质量问题主要包括数据信息的一致性、精确性、完整性、时效性等，它已经引起了很多研究领域的广泛关注。追求统计结果的精确性是趋势预测领域一直探讨的话题，但由于大数据在捕捉数据时存在不精确的因素，数据质量也难免会与预想的有差异，为弥补偏差，趋势预测工作者需要通过尽可能多的样本弥补数据偏差，因此，大数据下的海派时尚流行趋势预测需要更多的数据收集端口，如更多的品牌秀场数据，更多的展会数据，更多的本土潮流数据。在获取足够丰富的样本后，对海派时尚隐性数据进行分析，明确宏观的趋势流行走向，而后综合海派时尚流行显性数据，提炼得出海派时尚流行要点。图 5-6 说明了海派时尚流行数据的应用方式。

（二）风险规避：多个模型组合应用

大数据对趋势预测的方法理论上是基于对以往数据的分析和统计，以往数据的样本量将影响预测结果的准确性。不同机构应用不同的预测模型会有不同结果。例如，在巴西世界杯期间，谷歌、百度、微软、高盛等巨头对全部 64 场比赛的结果进

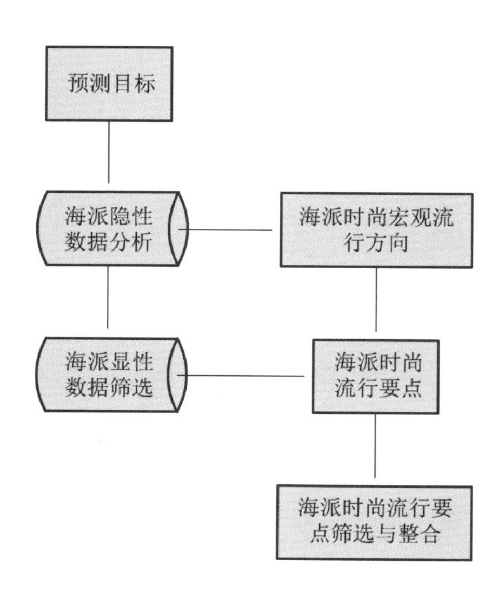

图 5-6
海派时尚流行数据应用图示

行预测，但是无论是决赛还是淘汰赛，百度的预测结果准确率都达到了100%，甚至比高盛和谷歌的精准度还要高出很多，而导致预测差异的原因之一便是预测模型的作用，但并不能说百度的预测模型就一定比谷歌优越，如在电影票房的预测上百度就出现过乌龙事件。因此，最佳的方法是针对具体的事件设计组合合适的模型，时尚流行趋势预测模型和流感预测模型理论上应有显著差别，这是由二者的性质决定的。为避免预测结果的偏离，尽可能更多地提高海派时尚流行趋势预测的精准度，多个模型相组合是必要的方法。预测模型组合分析的方法如表5-5。

表 5-5　预测模型组合分析

理论/模型组合	模型特征	海派时尚流行趋势预测应用方法
粗集理论—矩阵理论	可准确预测未来短期内的流行色	采用决策表知识表达技术和模糊集合方法构建了海派流行色知识仓库，根据流行色知识库建立条件属性和决策属性依赖关系，从而完成海派流行色的预测推理
神经网络—灰色预测（推荐）	可以实现在预定时间内的约束数据预测，这项扩展可以集合现代数据收集技术实现即时流行趋势预测	运用灰色理论学习海派时尚数据的变化规律，对数据进行灰化处理，再对比目标值与神经网络的初始输出值，不断进行逆向反馈修正，训练完毕后通过仿真、白化处理得出流行预测值
灰色—马尔科夫预测模型	将信息系统大容量记忆、高速运算和细节分析等特点和设计人员在经验基础上的主观判断相结合	应用动态关联规则趋势度挖掘中的方法，将海派时尚数据添加到原规则支持度序列中，再通过趋势分析得到合理的服装流行要素组合

现有的服装流行趋势预测模型包括粗集理论模型、回归分析模型、神经网络模型、灰色理论模型、马尔科夫模型等，而这些模型各有其局限性和优势，因此，当代趋

势理论研究者注重模型的综合应用，例如对灰色理论模型和神经网络模型的综合应用可实现在样本量有限状态下的即时预测趋势。人工智能与大数据相结合进行预测也是研究的热门领域，这也是笔者认为最适合海派时尚流行趋势预测的模型组合，通过建立智能认知系统和趋势分析机器学习系统，更好地利用大数据广泛性、客观性和实时性的优势。除此之外，其他常见的模型组合方式有粗集理论—矩阵理论、神经网络—灰色预测和灰色—马尔科夫预测模型，回归分析较其他预测方法精度较低，且样本需求大，已被其他方法超越。

（三）隐私防护：数据安全监管与规范使用

大数据对生活方式的监测使人们不得不思考个人隐私问题，这便让“个人信息”这一概念需要重新界定，个人信息、个人数据、隐私领域三者概念的交叉与重叠需要明确，图 5-7 为日本学者对个人信息与个人隐私关系的梳理。

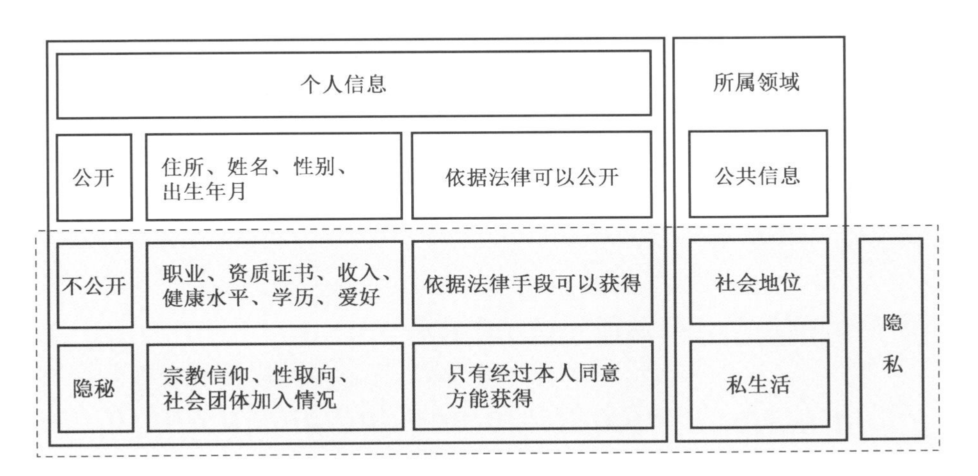

图 5-7
个人信息与个人数据隐私领域的关系

根据《中华人民共和国个人信息保护法》，可识别性是个人信息的核心特征，识别包括直接识别和间接识别。直接识别就是不需要借助其他的辅助资料而可以直接将信息主体识别出来，比如个人的身份证、档案资料等。间接识别就是需要借助其他的辅助资料才可以将信息主体识别出来，比如个人的兴趣、住址、职业等，这些信息一般不能直接识别信息主体，需要和其他信息结合起来使用才可以进行准确有效的识别。大数据的出现让传统调研中不可识别的信息变得可识别，模糊了个人信息和非个人信息的边界，因此，海派时尚信息的挖掘需要避免如姓名、身份证号、手机号等无效信息的挖掘，对于涉及到个人隐私的数据挖掘采用匿名数据的形式，避免信息泄露造成的社会困扰。同时，过多的无效信息也增添了海派时尚数据的储存成本，对信息的滥挖掘实质上是对资源的浪费，海派时尚信息的挖掘需要严格按照海派时尚流行趋势预测大数据库的标准执行，以提高数据质量的同时减少不必要的资源浪费。

对于海派时尚流行大数据库的监管，需要把握“全面、混合、关联”的三个原则，按照下述方式执行：首先，需要研究与对象相关的全面数据点，不能局限于单类数据的范畴，例如，在海派情感数据的挖掘上，不能集中于某类用户的信息挖掘，而应广泛地对所有相关用户的文本信息予以挖掘；其次，避免个体分析的过分深入，把握综合方向，例如，对海派时尚人士的信息挖掘，很容易陷入个体深入分析的误区，造成严重的隐私泄露，因此需要严格按照趋势预测需要的内容挖掘，追求信息的混合与广泛；再次，需要核实数据反映的事实，避免只从因果关系考量，应更多地从相关性角度多方位分析，对海派时尚信息的追根问底同样容易引起隐私泄露，而事实上趋势预测的重点在于结果而非原因。

第二节　海派时尚流行趋势预测中的数据管理与分析

大数据使得海派时尚流行趋势预测的方法发生了改变，而其中海量的数据也需要健全的管理机制和安全有效的数据分析系统。当大数据的使用到达一定规模时，其弊端也会更加暴露，对海派时尚数据库的管理除了有利于提高趋势预测的精度外，也是加强信息安全监管的重要内容。本节对海派时尚流行趋势预测的数据关系与分析进行介绍，从海派时尚数据的管理方式转变、管理原则和数据分析方法三个角度提出适合大数据环境下海派时尚流行趋势预测的基本思路。

一、思路革新：海派时尚数据的管理方式转变

大数据时代，人们的生活方式发生转变，海量数据的实时储存也使得管理方式发生改变。在数据有限的时代，人工分析曾是数据处理的主要方法，硬件储存曾是数据主要的储存方式，时尚行业的各个机构曾是孤立的时尚站点，而当大数据的工作形式得到普及时，“智能分析”“云端储存”“时尚链”等词汇将为人们耳熟能详，数据的管理与分析方式将呈现出更新换代的新局面。

（一）从因果关系到相关性

大数据由于其名字的特征，容易被人们误解为数据量庞大就是大数据。奥地利权威大数据专家维克托·迈尔-舍恩伯格认为，大数据有三大特性：巨量、混杂和相关性。相对于因果关系，大数据更重视相关性，强调数据显示出了什么而不是为什么会有这样的结果。当海派时尚流行数据库中的数据之间建立起了关联，那么相关性便可以协助预测未来，相关关系分析法也是大数据趋势预测的核心理论。谷歌在发布其大数据显示的 2016 年三大主流时尚流行趋势时，也并不知道军装风、随性风、便捷风流行的原因，但 2016 年的实际流行状况确实验证了这三种风格的流行。亚马逊根据在中国地区的消费数据也意外显示，乌鲁木齐市、盘锦市、仙桃市、黄山市、西双版纳傣族自治州、淮安市等城市成为时尚销售增长最快的城市，虽然难以理解这些城市成为时尚销售最快城市的原因，但是时尚流行趋势预测侧重的是结果而非过程。

对于科研工作者来说，以往的研究流程是首先通过文件检索的方式梳理现有

研究成果，明确理论基础，然后提出假设，最后通过实验数据验证自己的假设，海派时尚流行趋势的预测亦复如是。但在大数据的基础上，研究流程会发生一些改变。以谷歌为例，在理论基础之上，谷歌会通过程序自动建立大量假设，并将所有可能的假设全部放进系统，再利用云端运算技术一次处理高达 4.5 亿个机器假设，从这些海量的机器假设中找出最合理的相关性，将人工科研工作通过智能化的处理技术完成。因此，大数据的显示结果并非解释说明事情发生的原因，而是直接用数据说明结果，而决策的制定直接采用这些结果实现利益价值便足矣。

海派时尚流行趋势的预测需要建立两种类型的数据关联：其一是海派时尚来源数据与海派时尚数据的关联，如长三角地区的经济背景数据与海派时尚流行风格数据的关联，海派生活方式数据与海派时尚流行色彩数据的关联等；其二是海派时尚数据之间的关联，如海派时尚流行工艺数据与海派时尚流行风格的关联，海派时尚流行图案与海派时尚流行色数据的关联等。前者的关联网络中虽然含有因果关系的成分，但研究者只需要分析其关联性规律即可，至于经济背景对某类风格影响的原因，并不是大数据环境下趋势预测工作的研究重点。后者的关联网络中，海派时尚风格数据与其他数据的关联性较大，因为风格会影响服装色彩的搭配、服装面料的风格、服装款式的选择等，例如复古风格通常会伴随暖色系、双排扣、高雅风格的面料作为设计元素，冷色系通常会伴随未来风格作为关联设计要素。海派时尚流行数据的关联路径如图5-8所示，海派时尚流行数据库的关联路径如图 5-9 所示。

图 5-8
海派时尚流行数据的关联路径

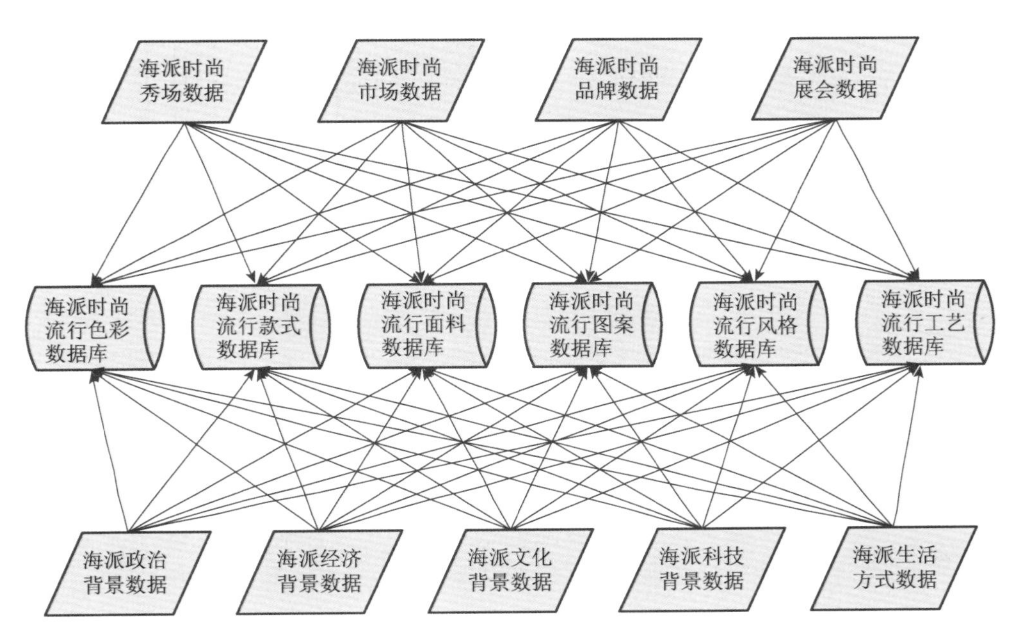

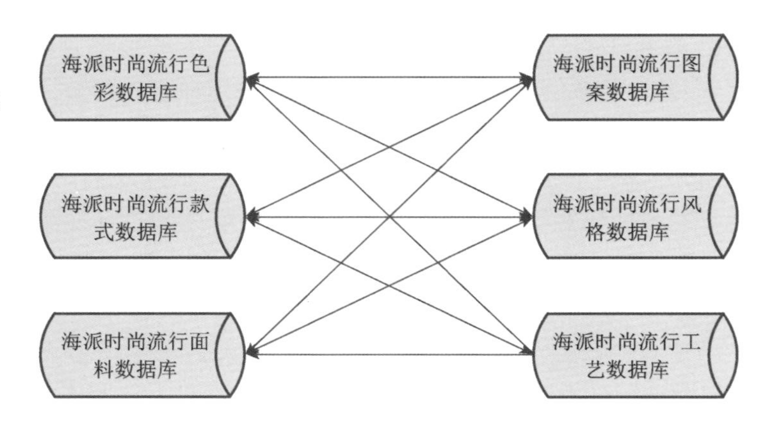

图 5-9
海派时尚流行数据库的关联路径

(二)从经验推算到机器学习

大数据时代,海派时尚流行数据库的数据量是难以用人工计算的方式完成数据分析工作的,生产力决定了生产方式,大数据技术的应用需要与之配套的趋势预测机制,目前时尚流行趋势主流的专家预测法显然在大数据环境下不再适用,或者说不能成为主流的预测手法,取而代之的是基于机器认知与学习的人工智能预测法。图 5-10 说明了时尚流行趋势预测方法变化的路径。

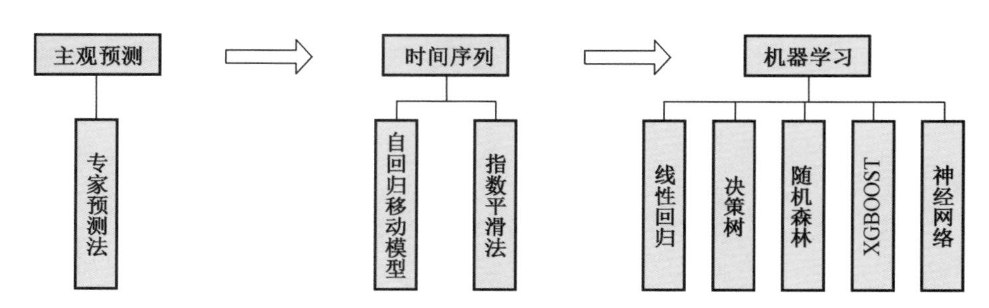

图 5-10
时尚流行趋势预测方法的变化路径

适合海派时尚流行大数据预测的主要有五种机器学习算法,分别是线性回归(Linear Regression)、决策树(Decision Tree)、随机森林(Gradient Boost Decision Tree)、XGBoost、神经网络(Neural Networks)。线性回归是通过建立海派流行数据中的自变量和因变量线性关系对未来数据进行预测的方法,例如,通过建立经济背景数据与橙色系流行数据的关系,明确未来橙色系的流行走势。线性回归模型解释性强,但是只适合存在线性关系的自变量与因变量的条件下,因此其实用性较为局限。决策树是在已知各种流行要点发生的可能性概率上,利用概率论的原理,通过构成决策树求取流行最佳值的判断方法,是定性和定量相结合的研究方法。随机森林是从决策树演变而来的算法,与决策树相比,随机森林增加了集成思想,同时可对变量和训练样本随机选择,因此,理论上而言,随机森林算法比决策树的预测法精准度高,并可处理大量的变量。XGBoost 算法是基于传统 GBDT 算法(Gradient Boosting Decision Tree,是一种基于迭代所构造的决策树算法)进行了优化的集成算法,同样是通过构建树的形状进行判断,比如输入目标消费群的审美、爱好等生活方式数据对预测结果进行层层优化,且 XGBoost 分析机制更加关注预测错误,并予以优化。神经网络是模拟大脑神经元的工作的非线性模型，是目前热门的深度学习基础，神经网络包括输入层、隐藏层和输出层三个部分。输入层在流行预测中为影响流行变化的相关因素变量，如长三角地区的社会背景变量；输出层为流行度；隐藏层为各个相关因素变量与海派时尚流行数据的非线性映射关系，通常为一个函数。

基于机器学习的海派时尚流行趋势预测流程有以下步骤：首先将海派时尚数据库分为训练集和测试集，训练集为用于趋势预测的数据集合，测试集为用于趋势验证的数据集合，因此，训练集和测试集存在时间差异性；其次，根据预测内容的需要，对海派时尚训练集进行数据筛选；再次，应用合适的算法建立模型，并应用机器学习机制对数据予以分析；最后，结合测试集对模型予以进一步优化（如图5-11）。

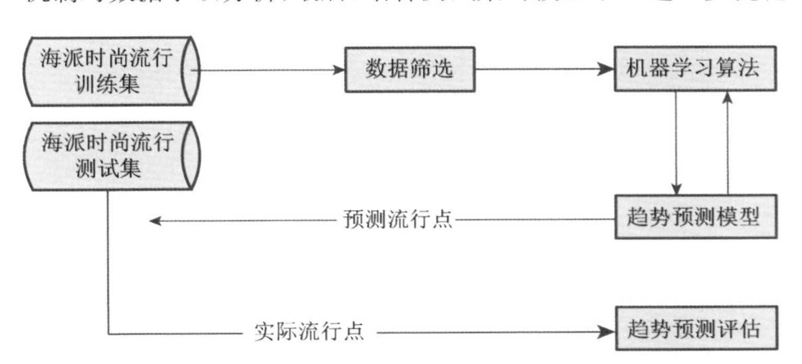

图5-11
海派时尚流行趋势预测机器学习流程

（三）从时尚点到时尚链

在传统的数据管理中，数据通常按照一定的分类标准进行管理，而在大数据的环境下，由于相关性因素的大放异彩，数据的管理上也呈现出由点到线或由点到面的状态，海派时尚流行数据库管理形成由时尚点发展为时尚链的趋势。时尚数据链是指相关时尚元素构成的时尚数据网络，与互联网的结构相似，可以通过一个时尚元素获取该数据链的其他所有数据。

海派时尚数据链可分为海派时尚时间数据链和海派时尚空间数据链（图5-12、图5-13）。海派时尚时间数据链指以时间轴为依据，对同类时尚数据进行整理的数据链，如近十年连续的海派服装红色系流行数据，可以直观地判断红色系近年来的流行规律，并对后一年的走势做出初步判断。以时间轴为依据的时尚数据链也是大数据公司常用的方式，例如谷歌、百度、阿里巴巴在描述某种服装的流行趋势时，总会叠加该类服装以往的搜索量，以折线图的形式呈献给读者。海派时尚空间数据链是指同一时间范畴内，具有共性时尚元素的集合，例如2017年春夏期间军绿色元素的海派时尚单品包含了军绿色系的衬衫、连衣裙、面料、辅料、配饰等各类产品。时尚空间数据链的意义在于整合了使用同一设计元素的产品，梳理了适合某一元素的设计要点和特征，便于从数据相关性的角度展开流行趋势的预测。虽然两种数据整合的方式和出发点截然不同，但无论从哪个方面进行数据的管理，都可以使海派时尚数据管理更为全面和系统。

图 5-12
时间数据链示意图

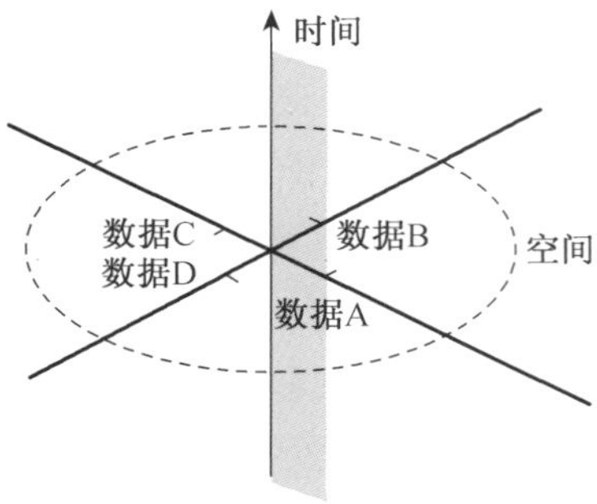

时间
数据C
数据D
数据B
空间
数据A

图 5-13
空间数据链示意图

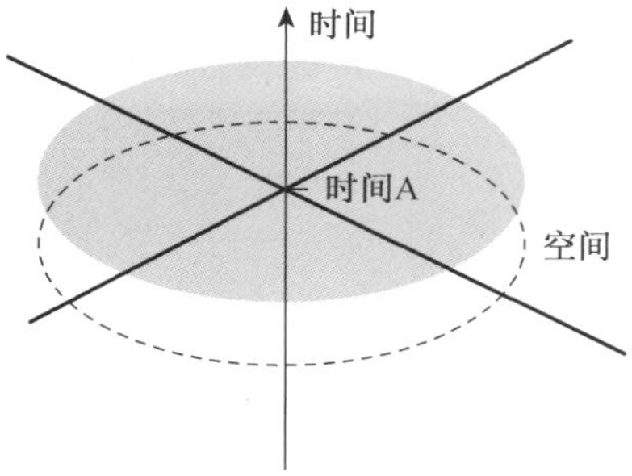

时间
时间A
空间

二、灵活操控:海派时尚流行趋势大数据库的管理原则

海派时尚流行趋势大数据库具有广泛性、混杂性、实时性等多重特征,其使用目的也不尽相同,因为该数据库服务于各项趋势预测,这便要求数据库的管理需要灵活操控,根据预测项目的需要进行具体管理。但总体来说,无论是对哪种趋势展开预测,有三点基本原则是必要的,即定性数据和定量数据的同等性、数据使用的创新性、数据影响因子管理的差异性。

(一) 同等性管理:定性信息和定量信息同样重要

定量与定性分析是社会科学研究常见的方法,前者倾向于使用直观的数据、模型或数学公式来分析论证复杂的问题,其作用是化繁为简,逻辑性和准确性更高,故而受到很多学者的青睐;后者注重价值和事实判断,它以经验描述为基础,以归纳逻辑为核心。虽然定性分析能够在一定程度上弥补定量分析方法的不足,但其缺陷在于它的推理往往缺乏严格的公理化系统的逻辑约束,从而导致其具有很大的主观性和不确定性。学术界对定性与定量研究方法的争论在今天依旧火热,伴随大数据时代的到来,定量研究已成大势所趋,但这并不意味着定量研究将取代定性研究,从方法论的角度而言,定性研究和定量研究并不存在根本性的冲突,在很多实证研究和规范研究的过程中,二者能够取长补短,相互依托。尽管大数据为定量研究带来了便捷与高效,但定量研究局限于可测性的品质与行为,如果对任何事物都使用量化研究,忽视个性发展和多元标准,把丰富的个性心理发展和行为表现简单化地作数量计算,就会留于形式,反而会失去结果的真实性。

大数据时代,海派时尚流行趋势的预测是综合定性和定量两种研究方法而展开的预测研究。海派时尚数据的整理也需依据数据的性质有不同的记录方式,例如,海派流行色数据、海派市场数据等便于量化的数据可用定量的方式予以记录，而海派时尚风格、款式等不便于量化的数据则需要建立标准的文字描述系统予以定性的规范化描述(图 5-14)。

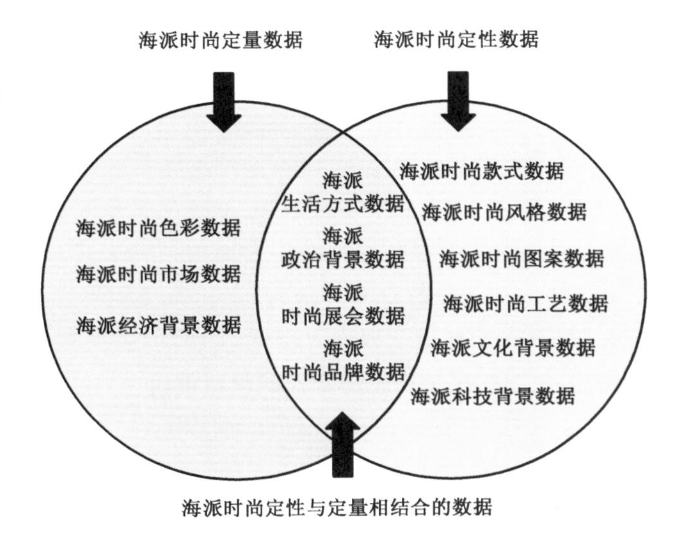

图 5-14
海派时尚定性数据与定量数据

根据对服装流行趋势预测方法的文献检索不难发现，服装流行趋势预测研究呈现出由定性研究到定量研究，再到定性与定量研究相结合的态势(图 5-15)。从趋势预测方法的变化角度而言，对海派时尚流行数据库的整理也需要从定性与定量两方面进行。流行趋势预测在起初采用专家会议法，而后采取市场偏爱值、空间位置分析法、回归分析法、时间序列法等定量预测方法。于是如何量化流行数据也成为趋势预测工作者们研究的热门课题，例如，如何将服装流行款式定量、如何将服装流行风格定量等。而后，服装流行趋势的预测方法呈现出多种模型组合研究的现象，

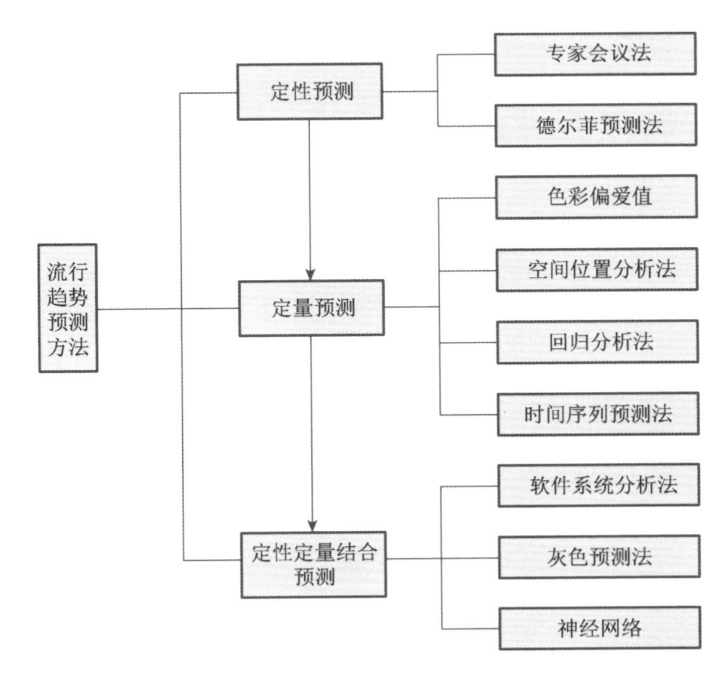

图 5-15
服装流行趋势预测方法

综合专家知识体系与量化分析，最典型的是神经网络、灰色预测法的使用。例如，英国利兹大学的卡西地(Cassidy)博士针对传统预测模型中存在精度不高、效率低的不足，提出基于软系统方法论的服装流行色预测模型。新的模型在原有模型的历史信息分析、市场调研、流行预测评价等模块上，增加了消费者色彩偏好模块，增强了预测与市场的联系性，提高了预测结果的市场指导性。意大利博洛尼亚学院的保罗·梅洛(Paola Mello)教授等提出了基于知识体系的流行预测研究。台湾万能科技大学的研究团队等以日本流行色协会发布的1995—1999年日本男装秋冬流行色色相、色调统计数据为研究对象，提出基于灰色预测法、神经网络预测法的服装流行色预测研究。香港理工大学俞勇教授团队提出基于少量数据的服装流行色预测研究方法。尽管服装流行趋势的预测方法千差万别，各有利弊，但不可否认的是对于趋势预测数据库的管理无需再刻意地追求数值化表现。

(二) 创新性管理:海派时尚流行趋势数据的创新使用

海派时尚数据创新是指对海派时尚数据的优化使用。一般情况下，数据的真实价值就如同海洋中的冰川。在海洋冰川中仅有百分之十的冰川浮在海平面上，而其余百分之九十都隐藏在海平面之下。数据的价值同样不仅存在于数据表面的信息，从其他维度进行挖掘也会产生意想不到的收获。例如，Farecast 利用机票的销售数据来预测机票的价格;谷歌利用重复搜索的方式来检测流感的转播等。数据能量与物体的能量相似，物理学家认为，物体具有储存能量和潜在能量，而隐藏能量被释放出来之时，便是数据二次价值的释放。经总结，海派时尚数据有下述几种创新使用方法。

1. 海派时尚数据再利用

数据再利用的一个典型方式便是搜索关键词。消费者和搜索引擎之间的交互在实现了信息的基本获取后，存留的数据及路径似乎便失去了价值，甚至可以作为系统垃圾处理掉。但是，对以往的查询数据基于时间轴整理后，形成时尚时间数据链，便可进行数据走势的直观判断。因此，“过期”的海派时尚数据同样具有价值，并且在对未来事物的预测上是强有力的依据，不断丰富着海派时尚时间数据链。例如，谷歌通过用户在不同时间的搜索数据，分析薄纱裙的流行规律，得出了薄纱裙由美国西海岸开始流行逐步蔓延至全国的流行特征。

依据数据的时间差异，海派时尚流行数据可分为即时数据、过往数据和历史数据三大类，海派时尚数据再利用的流程如图5-16。从大数据预测的理论而言，海派时尚即时数据是应用度最高的数据，这是由大数据预测的核心原理(相关性分析)所决定的。但海派时尚流行研究仅有即时数据是远远不够的，过往数据可以协助研究海派时尚流行的时空规律，观察流行的开始时间、发源地和蔓延特征。海派时尚历史数据可用于海派时尚流行周期分析，从宏观的角度分析海派时尚流行的变化，在丰富海派时尚流行体系的基础上推动海派时尚文化的研究。将这些研究的成果输入到机器认知学习系统，可以服务于后续的预测工作。

图 5-16
海派时尚数据再利用流程

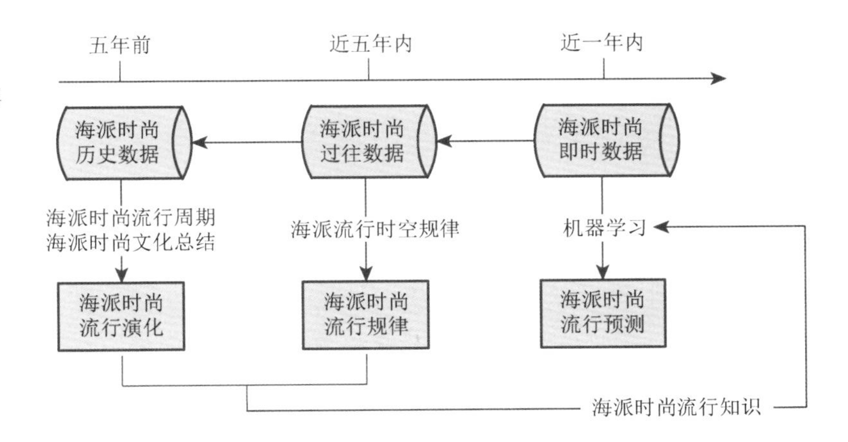

时尚流行趋势预测具有时间序列的非线性特征，任何因素都有可能引导时尚流行趋势预测的结果。由于大数据的海量特征，基于大数据的时尚流行趋势预测对于时尚导向结果更加具有指导性，根据当前时间节点以前的时尚事件，通过大数据运算，推导出当前时间节点以后即将要产生的时尚事件。因此，在这个过程当中需要具体量化的有三个部分：首先是当前时间节点以前的时尚事件汇聚所形成的大数据；其次，当前正在发生的时尚事件所形成的即时数据；最后是数据预测的机制（图 5-17）。每一个阶段量化的方法，以及将数据可视化的手段都将影响当前阶段数据的汇总结果，而数据的预测机制则影响数据与数据之间的相关性。非线性预测中，作为数据预测的技术支撑，神经网络、混沌理论等的不同选择，以及不同算法之间的组合将会影响预测结果。对于时尚流行趋势预测来讲，非线性组合预测是一个很好的选择。

图 5-17
基于时间序列的非线性时尚流行趋势预测机制

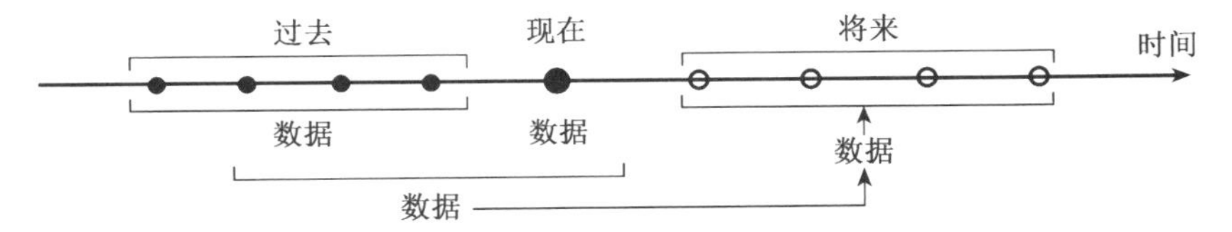

2. 海派时尚数据重组

唯物辩证法认为，整体与部分不可分割，当部分以合理的结构形成整体时，整体的功能就会大于各部分之和。海派时尚数据若以合理的形式相互组合，则会更具市场价值。海派时尚数据重组可根据服装款式、色彩、风格、面料、辅料、工艺数据与时间、地域、消费者特征等方面数据排列组合，数据重组的依据以目标需求为前提，海派时尚流行趋势的预测便需要地域数据、时间数据与服装数据的重组，若涉及到对某种消费者定位的预测与判断，则另需叠加相关消费者数据。例如对 2017 年上海时尚流行色的预测，需要按照“服装色彩数据—性别数据—年度数据—上海市”的路径进行数据重组；若想要预测 2017 年秋冬季衬衫流行趋势，则需按照“服装款式数据—性别数据—季度”的路径组合数据。

时间数据可根据需要分为月度数据、季度数据、年度数据等；地域数据可分为城区数据、郊区数据，或按城市类别划分；消费者特征数据可依据消费者收入差异、年龄差异、教育背景差异、职业类别差异等内容划分。本章将海派时尚数据重组的方式总结如图 5-18。

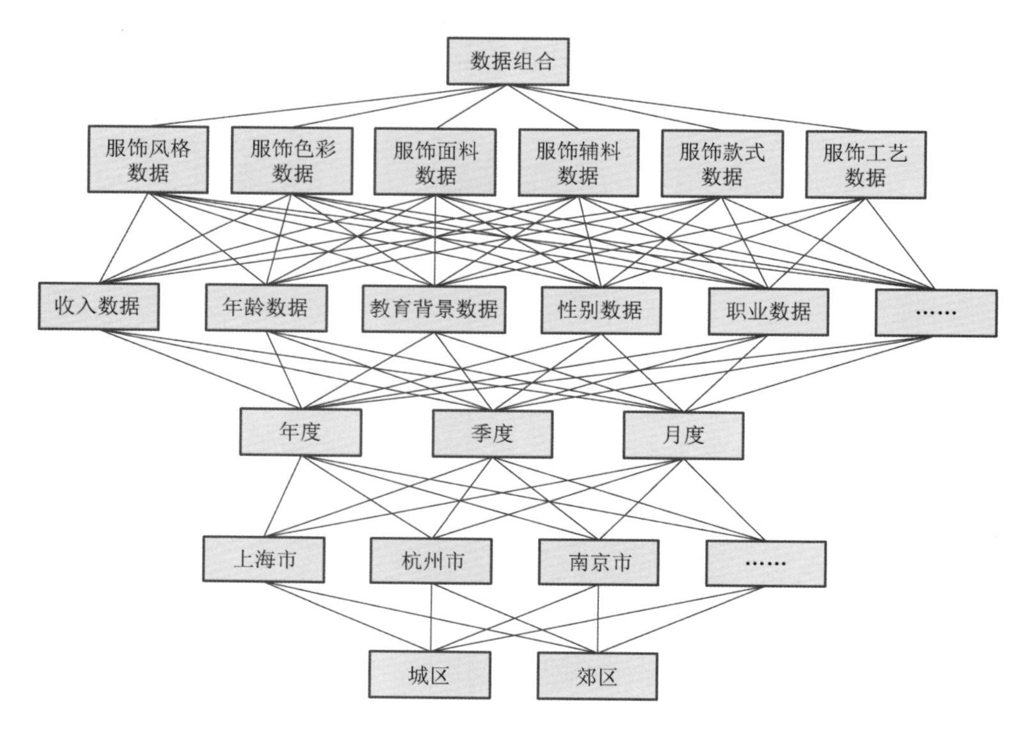

图 5-18 海派时尚数组重组方式

3. 海派时尚数据扩展

数据扩展是指对数据的潜在价值进行开发。所挖掘的数据也许不仅可做一项研究的分析，也可做其他事项的分析。促成数据二次利用的方法是在一开始便设定数据的可扩展性，也许人们在工作过程中才发现数据的多种应用价值，为确保数据使用的扩展性，最好在数据挖掘之前就设定好数据研究的方向。

海派时尚数据的扩展可从隐性数据上扩展。隐性数据对服装流行趋势的影响是多重的，例如政治因素、经济因素、文化因素、科技因素会同时对服装风格、款式、色彩多方面构成影响，因此，对政治背景数据、经济背景数据、文化背景数据、科技背景数据、生活方式背景数据的挖掘价值不能仅局限于数据的二次使用，而是四次、五次甚至更多次的使用。例如，海派时尚经济背景数据不仅关联着复古服装风格的流行与否，也关联着服装冷暖色系的变化，服装工艺的难易程度、图案题材的选取偏好。除此之外，海派时尚色彩数据、款式数据、风格数据、图案数据、工艺数据由于设计的关联性因素，也可以用来推测其他方面潜在的流行点。例如，A 型廓型女装的流行可能伴随粉红色、浅蓝色等具有少女情怀的色彩流行；波普图案的流行可能伴随嬉皮风格的流行等。总之，海派时尚数据需要灵活应用，因为它们并没有一成不变的推理公式，扩展应用或许可以发现相当重要的流行要点。

（三）差异化管理：海派时尚数据的影响因子

由于地域文化的差异，人们对社会经济、文化、科技、政治事件的关注度并不相同，这些社会背景对地域服装流行趋势的影响也呈现差异，因此，趋势预测过程中，无论是趋势来源于显性数据还是隐性数据，都应差异化处理，便于抓住影响趋势变化的主要矛盾，并投入更多的精力予以分析和细化。

海派时尚是海派文化发展到一定阶段的产物，海派时尚流行的特征和海派文化有着密切联系，海派文化的演化影响着海派时尚流行变化，因此，文化数据对海派时尚流行的影响力是不可置疑的，无论是对风格的流行、色彩的流行、款式的流行还是图案的流行等，都有相当的影响力。即使海派时尚流行趋势存在周期性的变化，但始终保持着特定的视觉特征。除文化背景数据具有较大的影响力外，经济背景数据同样对海派时尚的流行具有相当影响力。长三角地区是全国经济最为发达的地区，金融业、制造业都有着高度的活跃度，上海作为我国的经济之都，其带来的高度经济关注度不容小觑。因此，经济数据的波动对海派时尚流行具有较大的影响力，特别表现在对海派时尚风格、色彩以及工艺方面，这是由经济因素对服装流行趋势的影响决定的。生活方式数据对服装面料的流行具有较大影响力，人们对生活品质的追求反映在面料质地、风格、原材料的选择上，海派文化有着小资浪漫的格调，相对于其他地区，长三角地区的人们更注重产品品质，因此该地区人们对面料的选择也有着品质化的要求，持续追求低调雅趣的面料视觉特征。政治背景数据与科技背景数据对海派时尚流行的影响力度与其他地区相比并无典型差异，政治背景的变动对卡其色、军绿色的流行具有关联性，科技背景除了对未来风格和光泽性面料的流行具有关联性外，对其他流行要点的影响力甚小。隐性来源数据对海派时尚的影响力如表 5-6 所示，隐性数据的采集来源详见附录 4。

表 5-6　海派时尚流行趋势隐性来源数据的影响力差异

趋势来源数据	海派时尚流行风格	海派时尚流行色彩	海派时尚流行款式	海派时尚流行面料	海派时尚流行图案	海派时尚流行工艺
政治背景数据	●●●○○	●●●●○	●●●●○	●●○○○	●●○○○	●●●○○
经济背景数据	●●●●●	●●●●●	●●●●○	●●●●●	●●○○○	●●●●●
文化背景数据	●●●●●	●●●●●	●●●●●	●●●●●	●●●●●	●●●●●
科技背景数据	●●●●●	●●○○○	●●●○○	●●●●○	●○○○○	●○○○○
生活方式数据	●●●○○	●●○○○	●●●○○	●●●●○	●●●●○	●●●●○

相对于隐性流行数据，显性流行数据对海派时尚流行趋势的影响更为直接，指向性更为明显，因此，显性数据的挖掘具有相当的重要性。秀场数据作为当今时尚

流行的风向标，是重点需要管理的数据。即便这些国际一线品牌的设计出发点依旧受到社会背景的影响，但是它们具体描述了社会背景如何影响时尚潮流，并通过视觉的形式予以呈现。上海时装周则是海派时尚流行的风向标，上海时装周荟萃了东方之美与世界之美的精华，呈现海派文化的同时展现国际风尚，从某种程度而言，上海时装周是海派时尚流行趋势的映射，因此，对上海时装周数据的挖掘是极为重要的。海派时尚展会侧重于对纱线和面料的展示，因此，海派时尚流行展会的数据主要针对流行色彩和面料两方面的数据。海派时尚品牌的产品受到设计师个人行为的影响，虽然也是海派文化的产物，但设计师自我设计语言较重，他们的品牌大多有着自己显著的、稳定的、非流行性的基因元素，难免为趋势预测带来困扰，因此，海派时尚品牌在服装款式、工艺、风格上为海派时尚流行趋势带来影响力，但不会在微观设计因素上左右流行趋势。海派时尚市场数据直接反映了哪些产品受到追捧，是对海派时尚流行趋势最直接的映射，但由于品牌营销活动的影响，市场结果并不能完全作为趋势预测的依据。显性数据对海派时尚的影响差异如表 5-7，海派时尚显性数据的采集详见附录 5。

表 5-7　海派时尚流行趋势显性来源数据的影响力差异

趋势来源数据	海派时尚流行风格	海派时尚流行色彩	海派时尚流行款式	海派时尚流行面料	海派时尚流行图案	海派时尚流行工艺
海派时尚秀场数据	●●●●●	●●●●●	●●●●●	●●●●●	●●●●●	●●●●●
海派时尚展会数据	●●●●○	●●●●●	●●●○○	●●●●●	●●●●●	●○○○○
海派时尚品牌数据	●●●●●	●●○○○	●●●●●	●●●●○	●●●○○	●●●●●
海派时尚市场数据	●●●●●	●●●●●	●●●●●	●●●●●	●●●●●	●●●●●

根据不同来源数据的影响力对海派时尚流行数据合理管理，在数据资源全面优化升级的同时集中精力深入完善高影响力的海派时尚流行趋势来源数据，合理调配资源，更有助于海派时尚流行趋势的高精度预测。

三、智能升级：海派时尚数据的分析方法

大数据并非仅仅指一堆庞大复杂的数据库，它是一个包括前端数据收集、中端数据处理和后端数据指引为一体的庞大产业集合。因此，大数据的数据分析并非传统的统计思路可以胜任的，海派时尚大数据需要建立与之相匹配的数据分析方法，确保大数据资源的合理应用。首先，在大数据条件下，传统的以计算为中心的理念

要逐渐转变到以数据为中心，形成数据思维。数据可以为人们带来更为全面的认识，很多与研究对象相关的数据都可以通过大数据的相关性进行测算，取代了原来的采样方法，在数据收集上更为便捷和迅速。而且所收集的数据较之前进行样本采集所获得的数据更为精准。其次，大数据时代应该是一个互通、互容、共享的时代，但由于种种原因，社会中的大数据间存在严重的间隔，各体系数据保持相对较高的独立性。在数据的收集与整理阶段，应尽可能发挥人的主观能动性，填平各数据之间的鸿沟，使各数据之间产生联系，从而找出数据间的相关性。最后，大数据不仅仅是一串串的数字，它的主要形式是视频、图片、语音、文本这种非结构化的数据，因此，在数据收集与整理的时候，要以实用性为导向，所分析出来的数据能够指导设计和生产。工业 4.0 能够缩短制造过程，为扩大市场、满足消费者需求带来了无限的可能。工业 4.0 最重要的一环就是大数据的分析，如果没有大数据的精准分析，就谈不上后续的设计和制造。大数据之于海派时尚流行预测，需要按照相应的规则建立海量海派时尚数据的相关性，切实做到“从样本到全体数据”“从因果关系到相关关系”“从主观判断到机器学习”的方法转变，以适应智能化时代的生产力需求。

（一）海派时尚流行趋势预测大数据的分析工具

数据在具备全面性、实时性、客观性的同时，也需要可靠的数据分析工具确保数据价值的实现。海派时尚大数据的分析工具需要具备如下四个条件：①高可靠性，能够按位存储和处理数据的能力值得人们信赖；②高扩展性，能够在可用的计算机集簇间分配数据并完成计算任务，这些集簇可以方便地扩展到数以千计的节点中；③高效性，能够在节点之间动态地移动数据，并保证各个节点的动态平衡，以保证数据的处理速度；④高容错性，能够自动保存数据的多个副本，并且能够自动将失败的任务重新分配。上述四项条件是海派时尚数据分析工具的必要条件，围绕这四项条件的特征，根据国际常用的大数据分析工具和海派时尚数据的特殊性，本书梳理了如下三种主要的大数据分析工具。

1. Hadoop

Hadoop 是一个能够对大量数据进行分布式处理的软件框架。Hadoop 在执行工作期间会维护多个工作数据副本，因而确保了数据的可靠性，并能够针对失败的节点重新分布处理。Hadoop 以并行的方式工作，通过并行处理加快处理速度，这便确保了数据处理的高效性。此外，Hadoop 依赖于社区服务器，因此它的成本比较低，时尚流行趋势预测的机构以民营性质的机构为主，这为此类机构降低了运营负担。

2. Storm

Storm 是一个分布式的、容错的实时计算系统，可以非常可靠地处理庞大的数据流，支持许多种编程语言。Storm 由 Twitter 开源而来，其他知名的应用企业包括淘宝、支付宝、阿里巴巴、乐元素等。Storm 有许多应用领域，包括实时分析、在线机器学习、不停顿的计算、分布式 RPC（远过程调用协议，一种通过网络从远程计算机程序上请求服务)、ETL(Extraction-Transformation-Loading 的缩写,即数据抽取、转换和加载)等。Storm 的数据处理速度也是惊人的,经测试,每个节点每秒钟可以处理 100 万个数据元组。因此,Storm 可确保海派时尚大数据的实时性分析,以高效快捷的手段实现海派时尚流行趋势的动态化表现。

3. RapidMiner

RapidMiner 是世界领先的数据挖掘解决方案,其数据挖掘任务涉及范围广泛,包括各种数据艺术,能简化数据挖掘过程的设计和评价,强大而直观。耶鲁大学已成功地将 RapidMiner 应用在许多不同的领域,包括文本挖掘、多媒体挖掘、功能设计、数据流挖掘、集成开发的方法和分布式数据挖掘。RapidMiner 在多种领域和不同环境的挖掘功效有助于海派时尚大数据的广泛性挖掘。例如,上文中所提到的海派情感数据、海派生活方式数据等诸多隐性数据可借助 RapidMiner 展开挖掘工作。

海派时尚大数据的分析工具也并不是一成不变的,根据海派时尚流行趋势的不同内容,需要借助各种预测工具的优势,筛选合适的数据分析工具,甚至多种工具在可能的条件下综合应用,以便捷的手段达到分析目的。

(二)云计算下的海派时尚数据分析

随着互联网的发展,数据大规模爆发式的增长,但是处理海量数据缺少健全的机制,云计算是大数据发展到一定阶段必然产生的数据分析平台。对于云计算的定义,业界目前还缺少一个公认的标准定义。维基百科资料将云计算解释为,云计算是一种基于互联网的计算新方式,通过互联网上异构、自治的服务为个人和企业用户提供按需即取的计算,其特点是资源的动态易扩展和虚拟化。IBM 的技术白皮书将云计算定义为把 IT 资源、数据、应用作为服务通过网络提供给用户的服务。云计算凭借其超级的计算能力,对海量数据的分析与管理具有得天独厚的优势,因此,当大数据遇见云计算,二者的优势便可以充分体现。云计算下的流行趋势预测流程如图 5-19 所示。

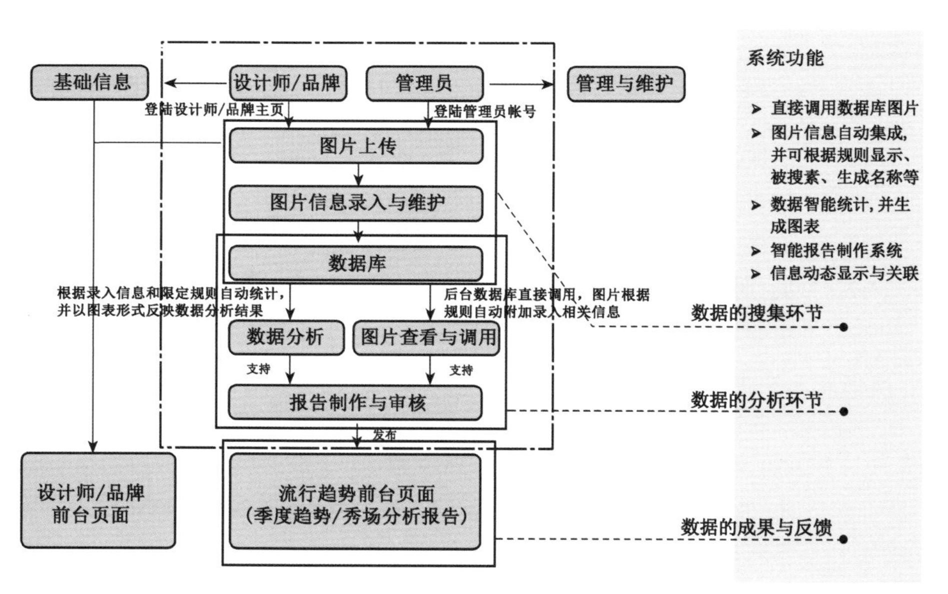

图 5-19 云计算下的流行趋势预测流程

1. 海派时尚云端数据链

大数据环境下，海派时尚依靠云计算处理和分析信息将成为必然。在开展数据分析工作之前，海派时尚数据需要系统地整理，而后将数据点进行串联，形成时尚链的海派时尚数据系统，对接海派时尚设计师、海派设计机构、海派时尚供应商以及其他海派时尚产业链，联动打造海派时尚流行趋势。为此，上海张江国家自主创新示范区专项发展资金重大项目(基于云计算的创意设计公共服务基地)对流行趋势预测拟定了数据词典，并对数据进行关联管理，形成"一站式"时尚信息服务系统。海派时尚信息的管理原理和该"时尚云"相同，不同的是数据来源有所差异。

趋势预测的结果是多方面数据汇集的结果，海派服装的流行色不仅是由国际秀场数据决定的，更受地域文化数据、经济数据、生活方式数据等多方面影响。云端时尚数据链的意义在于轻松汇集所有相关数据，并通过设定的人工智能程序实现智能化预测。因此，在需要查询某一年的流行趋势时，只要勾选相关预测内容指标，系统便可依据云端庞大的数据链智能运算出流行结果。在没有云端数据链对海派时尚数据的整合时，云计算系统在捕捉数据时便缺少"指路牌"，盲目地收集数据必然会减少数据的精度，造成预测过程中的负担。

海派云端数据链分为"时尚来源数据—时尚流行数据"和"时尚流行数据—时尚流行数据"两种类型的链式结构。"时尚来源数据—时尚流行数据"链式结构整理了海派时尚来源数据和流行数据的关系，比如生活方式与流行色的数据链，秀场色彩数据与海派时尚流行色的数据链等，该种链式结构更多的是从因果关系层面触发，服务于海派时尚流行趋势预测。"时尚流行数据—时尚流行数据"的链式结构整理了海派时尚流行数据之间的关系，从相关关系的层面出发服务于流行趋势预测，例如海派时尚流行风格数据与流行款式数据的链式关系、海派流行面料与流行图案的链式关系等。在海派时尚流行趋势预测的过程中，两种链式关系缺一不可，"时尚来源数据—时尚流行数据"链式关系实质上反映海派时尚的宏观流行，"时尚流行数据—时尚流行数据"链式关系反映海派时尚流行的具体要点，是基于前者链式关系对时尚流行大方向判断后进行的时尚链分析。

2. 海派时尚数据云端智能分析

(1) 海派时尚流行趋势云端智能分析流程

在之前的章节中已提到，实现智能分析需要构建海派时尚流行趋势的人工智能预测系统，本节内容就云端智能分析的流程展开介绍。云端时尚数据的分析追求预测内容的灵活性，根据人们需求对海量数据进行筛选淘汰，随后对选出的数据重组运算，如图 5-20 所示。海派时尚流行趋势的云端预测首先需要对预测的内容进行筛选和细分，如海派时尚风格可根据需要选择具体的风格主题，海派时尚色系可细分为各种种类的色彩等，数据种类为必选选项，数据细分内容为可选择选项。由于预测的种类繁多，时间选择上可分为时间点和时间段，时间点的分析结果为某一季度的流行比例，以饼图的形式呈现；时间段可分析某段时间某元素的流行特征以观测流行的变化规律。

图 5-20
海派时尚云端数据分析流程

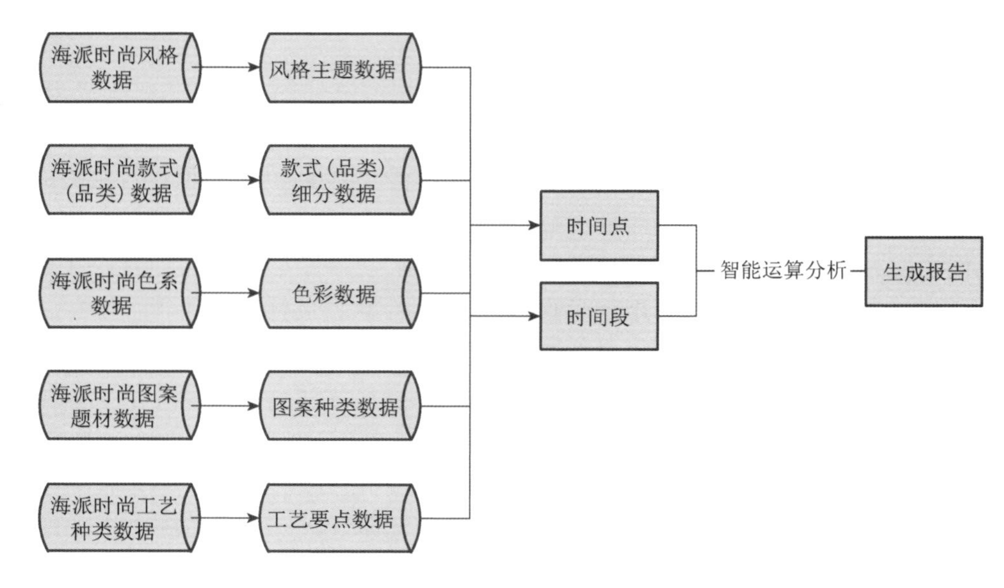

(2) 海派时尚流行趋势云端智能分析优势

海派时尚流行趋势预测与云计算结合是大数据时代的必经之路。随着时尚产业在“智能制造”的环境下发展,趋势预测也必须改革预测方法,以保持行业的指导性作用。即使云计算也会有其弊端,任何事物都是一把双刃剑,但就现有行业发展状态来说,云计算作为趋势性行业,海派时尚流行趋势与其结合是利大于弊的策略。具体来说,海派时尚流行趋势预测与云计算相结合有以下优势:

动态可扩展的海派时尚数据。云计算通过动态扩展虚拟化的层次,可达到对应用进行扩展的目的,可实时将服务器加入到现有的服务器机群中,增加“云”的计算能力。因此,海派时尚大数据库是可实现实时优化的数据库,而这一点也是趋势数据库切实需要的,任何趋势的预测都离不开新鲜的数据和不断优化的数据处理方法,云计算所具备的动态可扩展特征为海派时尚流行趋势大数据库提供了“充电式”服务。

按需部署的海派时尚数据。云计算可根据用户的需求应用不同的资源和计算方式,海派时尚流行趋势预测内容种类繁多,主要包括行业流行趋势和企业产品流行趋势。由于企业产品及其视觉系统更为丰富多样,这便对趋势预测内容及呈现形式要求多样化、个性化、特色化。按需部署的云计算特征可以满足不同企业对趋势的要求,大大减少趋势预测的工作量。

高安全性的海派时尚数据库。虚拟化技术使得用户的应用和计算分布在不同的物理服务器上面,即使单点服务器崩溃,仍然可以通过动态扩展功能部署新的服务器作为资源和计算能力添加进来,保证应用和计算的正常运行。因此,云计算平台同时也是海派时尚数据库安全运行的重要保护伞,防止了设备损耗带来的数据丢失或计算失误损失。

高性价比的海派时尚数据库。云计算采用虚拟资源池的方法管理所有资源,对物理资源的要求较低。可以使用廉价的 PC 机组成云,而计算性能却能超过大型主机，这便降低了海派时尚数据的管理成本，同时确保了海派时尚数据的正常运行。

（三）海派时尚流行趋势预测与大数据的可视化操作

人类从外界获得的信息约有 80%以上来自于视觉系统，当大数据以直观的可视化的图形形式展示在分析者面前时，分析者往往能够一眼洞悉数据背后隐藏的信息并转化成知识。可视化操作的关键点在于人机交互的理论和技术，目前关于人机交互的技术还没有更深层次的发展，而当大数据出现之后，其对于人机交互提出了更为苛刻的要求。

可视分析是一种通过交互式可视化界面来辅助用户对大规模复杂数据集进行分析推理的科学与技术。可视分析是信息可视化、人机交互、认知科学、数据挖掘、信息论、决策理论等研究领域的交叉融合所产生的新的研究方向。

大数据可视分析是指通过可视化的用户界面以及相应的人机交互技术与方式，并结合计算机的运算能力和人的认知能力，在复杂而庞大的数据库中，将用户所需求的信息通过可视形式展现给用户(图 5-21)。从原始数据到最终形成可视化图像，一共需要经历三次转换，第一次是将原始数据转换成数据列表，第二次是将数据列表转换成可视化结构，第三次是将可视化结构显示在输出设备上，形成能够被人感知和认识的图形。其中最关键的是第二个环节，将数据列表转化成可视化结构，需要人为建立可视化隐喻含义来表示数据的含义，例如，通过散点图来展示不同品类、不同款式和不同颜色的服装流行趋势，那么我们需要界定点的大小、尺寸、颜色以及点与点之间的密集程度等各自代表什么，这样呈现出来的图像才能够被人们所认知和解读。当然，这属于可视化转化技术问题。对于海派时尚的大数据应建立数据收集系统，统一制定规则进行编码，形成数据表，以便后续模型的构建和可视化展示。

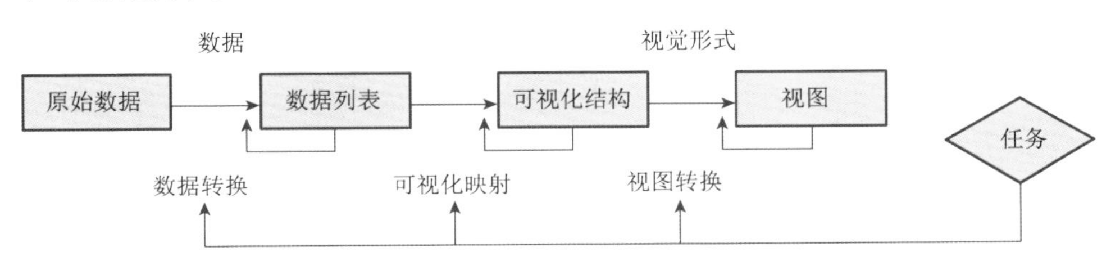

图 5-21 可视分析的运行机制

显而易见，大数据在可视化分析当中起到了决定性的作用，在未来的世界中，任何一件事物都将有一组或多组数据与之对应。通过建立以数据为导向的用户需求模型，为预测分析模块提供数据支持，并将根据用户需求建立的模型升级为可视化模块来为用户提供决策，大数据的不断更迭，在理论上为预测用户的需求提供了可能，智能硬件的快速升级则为其提供了支持。通过数据的可视化能够清楚地表达出数据之间的相关性、差别性及趋势性，从而定量的为时尚预测人员提供清晰而准确的信息。

在国际范围内，目前关于数据可视化的技术主要有针对文本的社会媒体可视分析原型系统、融合堆积图技术的时空立方体和基于三维空间的散点图等。从技术实现的机制方面来看，比较适用于时尚流行趋势预测的大数据分析方法是基于三维空间的散点图方法。基于三维空间的散点图可以表示多维数据的分布规律和模式，并能通过点的不同形状、颜色、尺寸来揭示不同维度之间的隐含关系。

通过对不同数据以时间轴和品类为序的整理，从点属性值的离散程度上可以得出在三维空间里不同品类在不同时间段内的流行程度，而且还能根据不同点的颜色、形状、大小来判断流行的原因是什么。此外，由于时尚流行存在地域性差距，每一个时尚数据背后都拥有一个地理属性与时间属性，因此，基于三维空间的散点图也可与时空数据可视化进行结合，形成多维平行坐标在时空数据可视化中应用，增加图像信息对于点属性值的承载程度，使用户在同一图像内获得更多、更全面的信息。

数据的可视化大体包括三个部分：人的感知、可视化分析、网络数据库（图 5-22）。用户通过交互引擎向数据分析引擎发出指令，数据分析引擎基于网络数据库的数据资料对用户所需求信息进行分析，包括数据的分组和推荐，然后将用户所需求的信息反馈在可视化界面上，与此同时，交互引擎也会将用户的需求信息通过可视化界面快速地反映出来，用户便可以在显示器上浏览以图像形式呈现的数据信息。

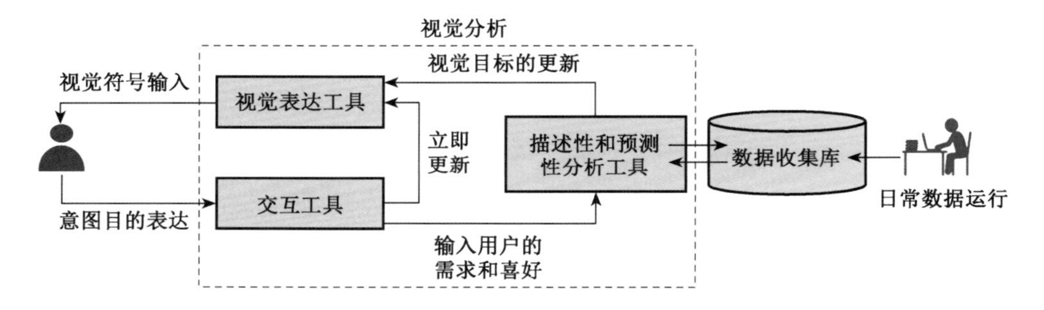

图 5-22
大数据可视化流程

大数据的分析与建模成为了预测用户需求的先决条件，而样本数量则是关乎模型有效性的一个必然因素，因此，要尽可能多地收集消费者对于时尚的偏好，拓展样本数量，也为模型的建立收集样本数据。

第三节　大数据时代的海派时尚流行趋势预测方案构建

随着互联网技术的不断发展，尤其是移动互联网的普遍运用，很多行业的结构都发生了改变，被冠以“互联网+”。而当互联网+信息时，大数据就产生了。2015年5月，贵阳成立了中国首个大数据交易所，提供大数据交易平台，截止 2016 年 4 月，交易金额突破 7 000 万元，这也意味着大数据具有巨大的经济意义。2008 年 9 月，《自然》杂志刊登了一篇文章，分析了大数据对互联网、经济、生物等各方面的挑战与影响。从文中可以发现，大数据为人们的生产生活带来了无限的可能，大数据的运用将是继互联网和移动互联网之后的一个革命性的技术革新。由于非结构化数据的多样性带来了数据分析的新挑战，基于大数据的研究工作需要一系列的工具去解析、提取、分析数据，语义引擎需要被设计成能够从“文档”中智能地提取信息，建立不同数据之间的相关性。因此，海派时尚流行趋势的预测方案相比传统的趋势预测方案从信息的采集、信息的整理、信息的分析到信息的程序各个方面都呈现出不同的思路与方法。

一、常态更新：基于大数据的海派时尚流行趋势预测原则

时尚流行趋势预测能够提高产品设计能力，有效降低产品库存，增强市场适应性。以大数据为信息来源的海派时尚流行趋势则会结合大数据所具有的特点，以及大数据所依托的互联网新信息技术的特征，使得海派时尚流行趋势的预测在新的形式和新的环境下具有“新常态”。具体来讲，海派时尚流行趋势预测在大数据环境中，应具备以下原则：

（一）广泛性

广泛性在这里包括两个方面，一个是行业的广泛性，另一个是基础数据的广泛性。行业的广泛性是指海派时尚流行趋势预测涵盖海派时尚概念、海派流行行为和海派生活方式，包含服装、配饰、平面、建筑等多个时尚领域，从文化、科技、生活哲学等不同角度阐述思想、跨界合作、研判趋势，恰恰体现了“海纳百川”的海派时尚特色，即一切符合海派文化特征，具有海派艺术风格的时尚都应在趋势预测范围内。数据的广泛性是指海派时尚流行趋势预测以大数据为基础，在数据源的选取上具有海量的特征，基于大数据的海派时尚流行趋势预测从生活方式、政治、经济、文化等多层面地展开，多平台、多途径的获取渠道弥补了传统数据预测止步于色彩、款式、风格等显性数据预测的不足。

（二）规模性

基于大数据的海派时尚流行趋势预测具有海量数据的特征，因此在数据收集方面应把握大的流行趋向。数据量大即是大数据环境的一大特征，样本等于总体，大数据的单位至少是 P(1 000 个 T)、E(100 万个 T)或 Z(10 亿个 T)。据国际数据公司(IDC)的研究结果表明，2008 年全球产生的数据量为 0.49 ZB，2009 年的数据量为 0.8 ZB，2010 年增长为 1.2 ZB，2011 年的数量更是高达 1.82 ZB，相当于全球每人产生200 GB以上的数据。而到 2012 年为止，人类生产的所有印刷材料的数据量是200 PB，全人类历史上说过的所有话的数据量大约是 5 EB。IBM 的研究称，整个人类文明所获得的全部数据中，有 90%是过去两年内产生的。在如此庞大的数据环境下，与以往采集样本不同，不需要注意个别数据，当数据样本总量达到一定规模时，预测将会符合总体流行趋势。

（三）时效性

海派时尚流行趋势的预测应根据时尚流行趋势的变化进行实时更新，尤其是在大数据时代下，信息更新速度非常快，因此海派时尚流行趋势数据的时效性往往非

常短，趋势预测应该更加迅速和精准，以实现预测数据的价值。海派时尚流行趋势预测应与时俱进，不断结合互联网新技术，实时挖掘相关流行元素，实现自动加工整合并推送相关流行数据，在秒级的时间范围内进行海派时尚流行趋势的采集、整理并发布出去，提高流行元素的预测效率，指导相关企业组织进行设计和生产，真正实现行业的带头引导作用。

（四）实用性

在互联网时代下，海派时尚流行趋势预测的使用会被大幅提高，尤其是在工业4.0时代，通过把海派时尚预测工作中的流行趋势转变成消费者行为的趋势，将设计和制造相结合时，趋势预测数据的实用性就更加凸显出来。趋势数据越贴合消费者，就越能满足消费者的实用目的，它所指导设计出的产品就越能满足消费者的需求，刺激消费者对海派产品的消费需求，减少传统海派时尚流行趋势预测局限性所带来的库存，进而提升行业领域内的生产综合效率和利润等。

（五）迭代性

由于事物的不断更新和发展，促使大数据实时更新，很多新数据不断产生并代替旧的数据，而这些新数据由于距离当前时间节点更近，对于未来的趋势预测将更具有时效性。理论上说，利用计算机运算速度快、适合做重复性操作的特点，让计算机对一组指令（或一定步骤）进行重复执行，在每次执行这组指令（或这些步骤）时，都能从变量的原值推出它的一个新值。因此，时尚流行趋势的预测数据也应该不断地更新，通过数据分析系统不断生产新的数据表并进行可视化操作。但此处的迭代并不与规律性相悖，迭代是在流行周期内的不断更新与发展。

（六）客观性

以实用为目的的海派时尚流行趋势预测，要求预测数据更加具有针对性，能够客观、准确地预测出某一设计风格的流行元素。海派时尚流行趋势以大数据为依托，以互联网技术为手段，使得流行趋势预测的客观性有了更大的可能。

（七）互通性

当今已经进入了一个万物互联的时代，根据大数据的4V特征，包括体量（volume）巨大、类型（variety）繁多、时效性（velocity）高和价值（value）高，各自独立、相互封闭的云架构难以适应趋势预测的需求，而基于大数据的海派时尚流行趋势可以实现跨行业预测，凡符合海派时尚文化内涵、海派时尚流行特征的行业，海派时尚流行趋势都涵盖，而且各品类之间的预测具有互通性，是一个开放的平台，实现了信息和数据的共享以及各个行业、品类的共赢。

（八）循环性

海派时尚流行趋势预测的大数据来源十分广泛，包括各平台的销售数据、各品牌的销售数据、秀场街头的图片视频等，这些大数据对即将发起的新一轮的时尚做出预测，待实际流行现象与预测趋势重叠后，实际的流行元素应立即进入下一轮的预测数据库，对新的流行趋势做出预测，如此周而往复。

（九）协作化

在大数据时代，每个人每时每刻都在制造数据，如卫星云图、数字照片、交易记录等，时尚流行趋势预测建立在人的感知和数据分析的基础上，让人、机、系统、物、空间更好地融为一体，将对趋势预测产生决定性的作用。基于大数据的海派时尚流行趋势应该以大数据分析结果为依据，增加人的主观能动性，利用人机合作，一方面有效避免人类思考存在的误区和计算上的难点，弥补个人主观、感情用事、内心不统一、被自我幻觉蒙蔽和智力波动衰退等不足；另一方面，协作化更符合人的感情、动机、心理，对数据分析加以处理，形成真正符合时尚流行趋势的预测报告。

（十）灵活性

传统数据库和数据仓库运行成本很高，因此DBA（数据库管理员）资源需要对数据进行扁平化和结构化处理，在大数据分析的原则性基础上，增加各预测趋势数据之间的交叉耦合，在同一市场环境下，为同一目标而采用不同类型的趋势预测数据，充分发挥数据的灵活性。通过灵活收集数据和灵活的动态数据指标，使得海派时尚流行趋势的预测足以应对用户偏好变化或市场情况变化、竞争趋势变化以及运营状态发生变化的种种情况。

二、化繁为简：基于大数据的海派时尚流行趋势预测路径

通过前文对大数据的预测总结可知，时尚流行趋势预测以数据的收集整理为首发，以满足客户的需求为目的，在人机交互技术及可视化技术的支持下，用标准化后的时尚流行趋势数据，结合企业的需求，为客户提供设计及制作的指导方针。与传统的趋势预测路径相比，基于大数据的海派时尚流行趋势预测路径与基于量化研究的趋势预测路径相似，而与基于专家经验预测方法的预测路径大相径庭。专家预测法的预测基本路径为：首先由各个国际权威机构提出预测方案，协会常务理事会进行归纳综合，各国提出建议后，对方案蓝本讨论修改，分组排列制定新趋势，最终送达相关客户（图5-23）。

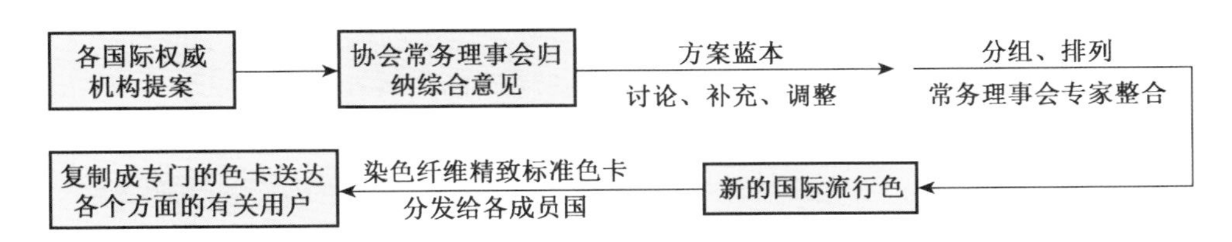

图 5-23
基于专家预测法的国际流行色预测路径

基于大数据处理技术的海派流行信息量化研究主要包括预测内容定性、数据资料收集、数据分析、预测结果发布四个阶段。第一阶段为对预测内容的定性，例如预测的类别、目的及人员构成，也可以理解为预测展开前的准备工作；第二阶段为海派时尚信息的广泛收集；第三阶段为根据合适的模型对海派时尚信息作合理分析；第四阶段为根据预测的特征，选择适合的渠道对预测结果予以发布。

（一）步骤一：预测内容定性

即使海派时尚流行预测对趋势覆盖的地域予以界定，但海派时尚流行趋势预测的内容依旧是多样的，因此，在展开预测工作之前，相关工作者需要明确：预测什么？谁来预测？何时预测？怎样预测？这四项内容构成了海派时尚流行趋势预测的前期准备工作，便于后期工作的准确执行。

1. 预测内容

预测内容可以按照品牌类型、预测对象、设计要素、出货周期、销售方式、着装人群、材质构成来划分（表5-8）。不同的预测路径，数据的预测侧重点不同，根据不同的需求和目的，在数据收集和汇编阶段将会采取不同的数据整理方法，以便数据的汇总运算。在数据预测运算过程中，基于不同目的的时尚预测将会采用不同的数据运算方法及运算方法的组合。

表5-8　海派时尚预测内容明细

划分标准	分　　类
品牌类型	常规品牌预测、快时尚品牌预测、小众品牌预测、设计师品牌预测等
预测对象	品牌企业预测、设计主题预测、品类特点预测等
设计要素	色彩预测、款式预测、面料预测等
出货周期	长期预测、短期预测、快速预测等
销售方式	线上品牌预测、线下品牌预测、O2O品牌预测等
着装人群	女装预测、男装预测、童装预测等
材质构成	梭织服装预测、针织服装预测、毛皮服装预测等

海派时尚流行趋势可服务于行业、企业等不同类型的对象，行业内又可分为针织服装、梭织服装、流行色、流行款式、流行主题、流行风格等内容的预测；以企业为对象的趋势预测以时尚单品流行趋势预测为主，根据企业的差异，又可将单品细分为快时尚单品、常规经典单品、小众特色单品等。此外，趋势预测的周期也有所差异，例如快时尚品牌的预测周期可缩短至周，普通的服装品牌的趋势预测周期为半年，相对稳定的职业服品牌趋势预测周期可达一年。对于产品的出货方式不同，趋势表现也会呈现出差异，因为产品购买方式的差异来源于消费心理，决定于生活方式，因此，海派时尚流行趋势预测同样需要结合产品的主要销售形势。

2. 预测人员

海派时尚流行趋势的大数据预测是靠一个团队来完成的，在相关企业或组织中，这个团队有可能是一个独立部门，也可能是一个部门里面的一个组织，或者是直接由某一个部门兼职担任。与传统趋势预测团队不同的是，该团队需要大数据的分析与管理人员。海派时尚流行趋势预测的团队一般有6个角色，如表5-9所示，每个角色由不同的人员来担任，表5-9中的团队人数为最低标准。在趋势预测的实操中，首先由团队负责人明确此次趋势预测的基本思路，召开项目启动会议，分配各项工作；再由市场信息调研员和网络信息调研员分别收集线下和线上的相关数据；接下来由数据整理员对海量信息予以汇总整理，并交由分析员予以分析处理，最终由团队负责人对预测结果予以审核，以合理的方式进行发布。

表 5-9　时尚流行趋势预测团队成员构成

职位	人数	职　　责
团队负责人	1	制定计划、协调、控制整体项目，跟踪并报道项目进展情况；辅助解决项目遇到的难题；指导团队成员完成各项工作
市场调研员	2	调查、收集市场上的海派时尚相关数据
网络信息员	2	调查、收集网络上的海派时尚相关数据
数据整理员	4	将市场调研员和网络信息员收集的信息进行汇总整理
数据处理员	2	对汇总的数据运用相应工具进行计算，建立预测模型
数据分析员	1	通过预测模型对海派时尚流行趋势进行预测，并将预测结果进行报道

3. 预测时间

趋势预测的目的在于指导行业或品牌的产品开发，因此，无论是基于大数据的海派时尚流行预测还是基于专家法的海派时尚流行趋势预测，其目的都是相同的，二者的趋势报告发布时间并无差异。但由于与大数据相对应的是智能化趋势预测系统，趋势预测工作者的作用主要是对各个环节的监管，基于大数据的海派时尚预测整体时间较传统的预测方式短。表 5-10 为大数据技术下的海派时尚流行趋势预测时间表，具体执行时间则需要依据客观情况。

表 5-10　海派时尚流行趋势预测时间表

时间(月)	1	2	3	4	5	6	7	8	9	10	11	12
色彩预测												
款式预测												
面料预测												
主题预测												

4. 预测规则

海派时尚流行趋势预测的准确与否，重点在于海派时尚数据的收集。因此在进行海派时尚流行趋势预测之前，对数据收集的类型应予以规范，但另一方面也要考量数据的规模性，即在海派时尚范畴下的任何文化艺术形态的数据都应在考量范围之内，都应该被收集和整理，以数据的体量来弥补部分数据的缺失值或异常值，使预测结果更加精准。

预测规则制定的重要内容便是对预测工具的选取。预测工具的准确性体现在两个方面，一是预测工具的选择，二是预测模型的选择。基于大数据的海派时尚流行趋势预测，当然属于定量分析，因此数据分析工具的选择决定了预测结果的准确性。在数据收集与整理阶段，所运用的工具离不开 Excel 等数据表格工具，但在数据的运算阶段，推荐使用 Matlab，Matlab 适合用于数据挖掘和各种算法及过程。Matlab 的基本数据单位是矩阵，它的指令表达式与数学、工程中常用的形式十分相似，因此用 Matlab 来解决计算问题要比用 C、Fortran 等语言简单得多。其次，对于模型的选择也直接关系到预测结果的精准性，建议运用预测工具进行数据分析和建模之后，要对模型进行检验，运用多种函数进行计算，对不同函数计算出来的结果进行比较，最后选择较为合适的模型。

（二）步骤二：数据资料收集

海派时尚数据围绕隐性数据和显性数据两大类别展开收集，该项内容在上文中有详细介绍。在此，主要对海派时尚数据收集的方法予以介绍。海派时尚数据的收集主要有下述三种方法，分别是系统日志采集法、网络数据采集法和机构合作采集法。

1. 系统日志采集法

很多互联网企业都有自己的海量数据采集工具用于系统日志采集，这些工具均采用分布式架构，能满足每秒数百兆的日志数据采集和传输需求。系统日志采集法作为通用的数据采集方法，同样适用于海派时尚数据的挖掘。

2. 网络数据采集法

网络数据采集是指通过网络爬虫或网站公开 API（应用程序编程接口）等方式从网站上获取数据信息。该方法可以将非结构化数据从网页中抽取出来，将其存储为统一的本地数据文件，并以结构化的方式存储。它支持图片、音频、视频等文件或附件的采集，附件与正文可以自动关联。海派时尚数据的属性是多样的，包括图片、文字等不便于用数字符号记录的信息，网络数据采集法对于数据多样性的支持恰好符合海派时尚流行趋势预测的信息需求，也是最适合海派时尚流行趋势采取的数据收集方法之一。

3. 机构合作采集法

对于企业生产经营数据或学科研究数据等保密性要求较高的数据，可以通过与企业或研究机构合作，使用特定系统接口等相关方式采集数据。机构合作采集法适合依据品牌需求定制的流行趋势预测工作，趋势预测工作者可根据企业提供的数据为企业布局更合适、更精准的产品趋势战略。机构合作采集法同样适合科研机构与拥有大数据的公司共同开展的趋势预测项目，例如东华大学与上海宝信软件股份有限公司合作的云计算创意设计公共服务基地，通过对市场、秀场各个层面时尚数据的挖掘，实现服装流行趋势的智能化预测。

（三）步骤三：数据资料分析

对于不同类型的时尚流行趋势预测，各个数据具有不同的含义。因此，为了方便数据的运算与数据的识别，需要对汇编好的数据统一进行编码，用数据符号来表示不同类型时尚流行趋势数据的含义。虽然海派时尚数据地收集需要针对不同属性的数据，但是在数据分析时，系统需要化繁为简，统一数据的记录方式，通过数据的汇编可视化各类海派时尚信息。对统一进行编码的数据运用相关的预测工具对其进行建模，建立数据与数据之间的相关关系，并通过运算得出数据的可信度和有效性。对建立的模型进行检验，利用以往的数据代入检测模型是否正确，如果检测出各预测点的离散程度较大，则需重新对数据进行汇编处理，如果预测点与实际数据的离散程度在正常范围内则通过检验。表 5-11 整理了适用于海派时尚数据分析的可视化工具，便于趋势预测者在预测环节中的监管和研究。

表 5-11　适用于海派时尚数据分析的可视化处理工具

数据资料分析工具名称	数据资料分析工具释义
Excel	Excel 是快速分析数据的理想工具，也能创建供内部使用的数据图，但在颜色、线条和样式上可选择的范围有限。此方法可以适用于单一的海派时尚元素数据分析
Google Charts	Google Charts 提供了大量现成的图表类型，从简单的线图表到复杂的分层树地图等，还内置了动画和用户交互控制，可直观多样地表现海派流行元素的变化走势和具体市场分布
D3	D3 能够提供大量线性图和条形图之外的复杂图表样式，如 Voronoi 图、树形图、圆形集群和单词云等，便于海派时尚流行趋势的研究和分析
R 语言	R 语言是主要用于统计分析、绘图的语言和操作环境，可作为海派数据的统计系统使用
Processing	Processing 是数据可视化的招牌工具，只需要编写一些简单的代码，然后编译成 Java，可在几乎所有平台上运行，便于海派时尚流行趋势的智能化分析
Leaflet	Leaflet 用来开发移动友好的交互地图，可用于分析海派时尚生活方式数据、情感数据
Polymaps	Polymaps 是一个地图库，主要面向数据可视化用户。可以将符号字体与字体整合，创建出漂亮的矢量化图标
Gephi	Gephi 是一个可视化的网络探索平台，用于构建动态的、分层的数据图表，可协助实时的海派时尚数据分析
Tangle	Tangle 是个用来探索、查看文档更新的交互式 JavaScript 库。既是图表，又是互动图形用户界面的小程序，其数据关联功能可协助相关性作用下的海派时尚流行数据分析
NodeXL	NodeXL 的主要功能是社交网络可视化，便于海派时尚生活方式和情感数据的分析
Visualize Free	Visualize Free 是一个建立在高阶商业后台集游 InetSoft 开发的视觉化软体分析工具，可从多元变量资料筛选并看其趋势，对海派时尚数据的分析具有正面作用

（四）步骤四：预测结果发布

在完成了海派时尚流行趋势的预测后，趋势预测机构需要将预测的结果进行展示和宣传，以便于企业和组织能够借鉴和采用。因为企业或组织采用了这个预测方法之后，其所形成的数据同样也会回到大数据库中，对数据库中的数据资料进行更新，从而有利于再次的利用，这是一个基于大数据分析和大数据共享的良性循环。

基于大数据的海派时尚流行趋势预测的呈现主要包含两个方面的内容：第一，对于海派时尚流行趋势预测的定性分析报告；第二，关于海派时尚流行趋势预测的相关数据的分析脚本。海派时尚流行趋势预测的定性分析报告是依据大数据的趋势分析结果感性呈现的图文并茂的趋势预测报告，定性分析和定量分析相结合，提高海派时尚流行趋势预测的精准性和可行性。图 5-24 是云端时尚流行趋势的分类报告。

图 5-24
云端时尚流行趋势分析报告

三、人工智能：海派时尚流行趋势预测的新方法

随着科技的发展，基于人工智能的预测方法将成为海派时尚流行趋势预测的基本方法。海派时尚流行趋势的智能化预测不仅是顺应时代变化的必须，更是适合未来生产力的合理预测方法。但智能预测并非绝对地隔离人们对趋势预测的掌控，趋势预测者的工作内容将由预测内容转变为规则制定，并且不断地对预测规则予以优化和更新。本章主要介绍人工神经网络在海派流行趋势预测中的基本思路，对人工智能在海派时尚流行趋势预测工作中的开启提供参考性建议。

（一）海派时尚人工智能预测的优越性

人工神经网络（Artificial Neural Network，ANN）是由大量处理单元互联而成的网络，是对人脑的抽象、简化和模拟，反映人脑的基本特征。人工神经网络是一个大规模自适应非线性动力系统，具有强大的运算能力和学习能力，同时具有很强的系统健壮性（Robustness）、容错性，善于联想、概括、类比和推广，任何局部的损伤都不会影响整体的结果。神经元是一个多输入、单输出的非线性器件，它是人工神经网络中的最基本的单元，其结构如图 5-25 所示。

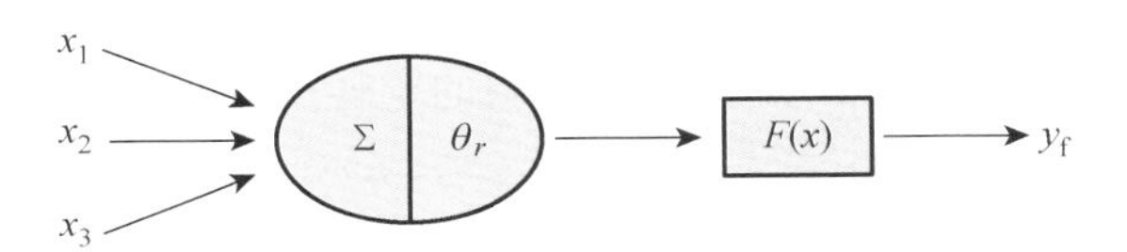

图 5-25
人工神经网络单元机构

在诸多的前沿趋势预测方法中，人工神经网络介入的预测模型被证明是精准度最高的预测方法，同时也是实现大数据智能化预测的必须。

海派时尚流行受到长三角地区政治环境、经济环境等难以量化的隐性因素的影响，因此，通过纯粹数值和逻辑运算的信息处理机制难以胜任具有形象特点的问题。人工神经网络是在分子和细胞水平所达到的微观层次的技术与通过行为研究达到的系统层次结合的基础上，通过数学和物理方法以及信息处理的角度对人脑神经网络进行抽象，并建立某种简化模型，这种简化的模型能较好地反映人脑思维的特性，如自适应性、自组织性和相当的学习能力，因而表现出良好的智能特征。以 BP 神经网络为例，BP 神经网络可以通过 Matlab 软件中的自我程序设计进行多样化的预测。一方面，BP 神经网络可以在程序设计中，通过调整训练函数类别和隐含层数从而规范预测过程中的取值范围；另一方面，人工神经网络可以通过 Matlab 来实现，通过输入、输出模型转换将实际问题的特征与数字进行转化，通过自我编程探求需要解决的预测问题，学习样本可以在程序中根据实际需要的预测结果进行设计，容易做到流行预测的全面性。另外，海派时尚流行预测系统的建立与应用软件的开发是海派时尚流行趋势预测工作的必然趋势，从流行数据的采集到预测分析并且顺应商业需求进行更细化的搭配都能够通过 Matlab 强大的处理功能实现。BP 神经网络能将训练经验保存在联接权重中的功能使得预测达到连续性要求。例如，在流行色的预测中，可以通过建立以特定年数为一个预测周期的滑动窗模型，循环学习，调整误差，在此过程中，也将前后色彩流行关联起来，能够做到从整体上连续预测。因此，采用人工神经网络参与的流行预测模型是目前定量化预测流行色的有效手段，而且人工神经网借助 Matlab 软件的强大功能，很容易根据已有的数据进行流行色科学、全面、连续的预测。

（二）海派时尚人工智能预测的基本流程

除了运用机器学习的方式进行预测外，海派时尚人工智能预测要求在每一次预测工作结束后，对模型和预测方法做修正和评估，以确保模型的不断优化，实现预测精度的逐步提升。图 5-26 展示的是海派时尚人工智能预测流程。第一，预测机构需要对海派时尚的预测内容明确分析，包括预测的项目、人员安排、注意事项等；第二，再根据预测内容规划选择合理的预测方案，与此同时，根据预测内容全面收集数据，并对形态各异的数据统一汇编；第三，根据全面、科学和连续的原则，确定海派时尚流行趋势预测的定性方案和定量预测的对象，并进行网络程序的设计和模型结构设计；第四，将所收集和汇编的数据以输入、输出矩阵的形式确定，与此同时对网络进行训练学习，调整隐藏层的数量，以合理的误差标准判断网络模型的预测效果；第五，对预测结果予以定性和定量的描述，同时检验模型的预测结果，对模型的优化提出指导建议。

图 5-26
海派时尚人工智能预测流程

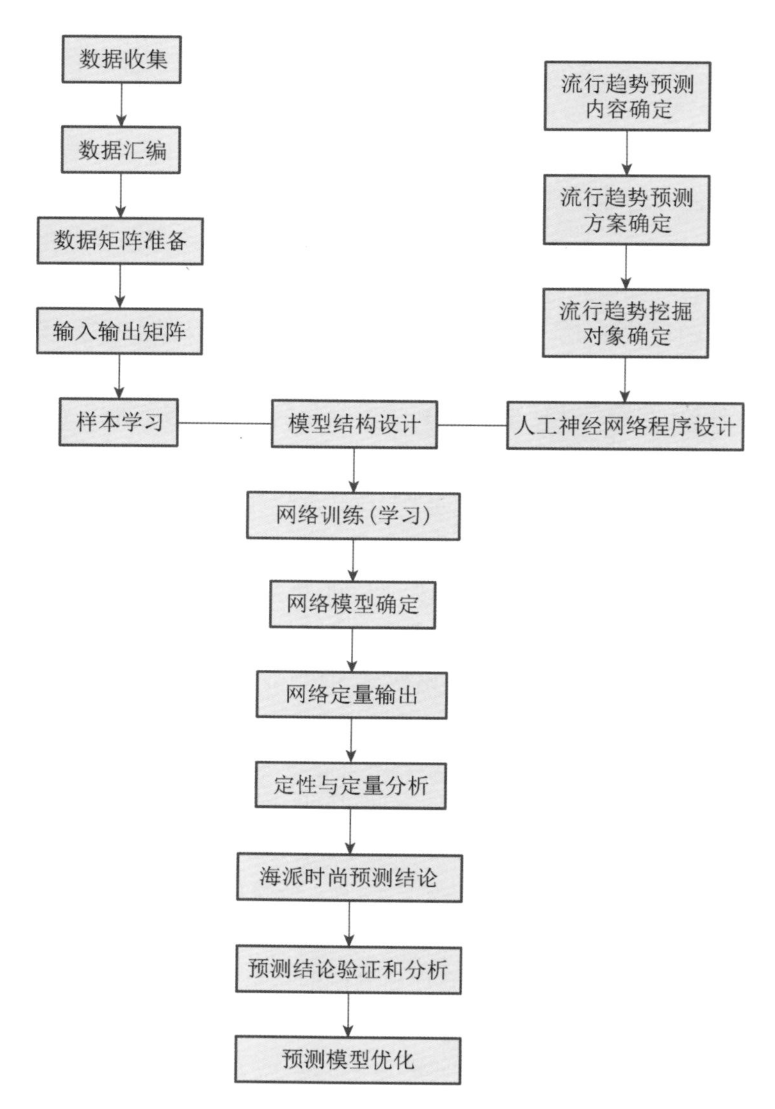

（三）海派时尚人工智能预测的模型

海派时尚人工智能预测模型可分为三个部分（图 5-27）。第一部分为海派时尚数据获取和处理；第二部分为海派时尚数据影响因子排序；第三部分为基于神经网络的海派时尚流行趋势预测。

图 5-27
海派时尚人工智能预测模型

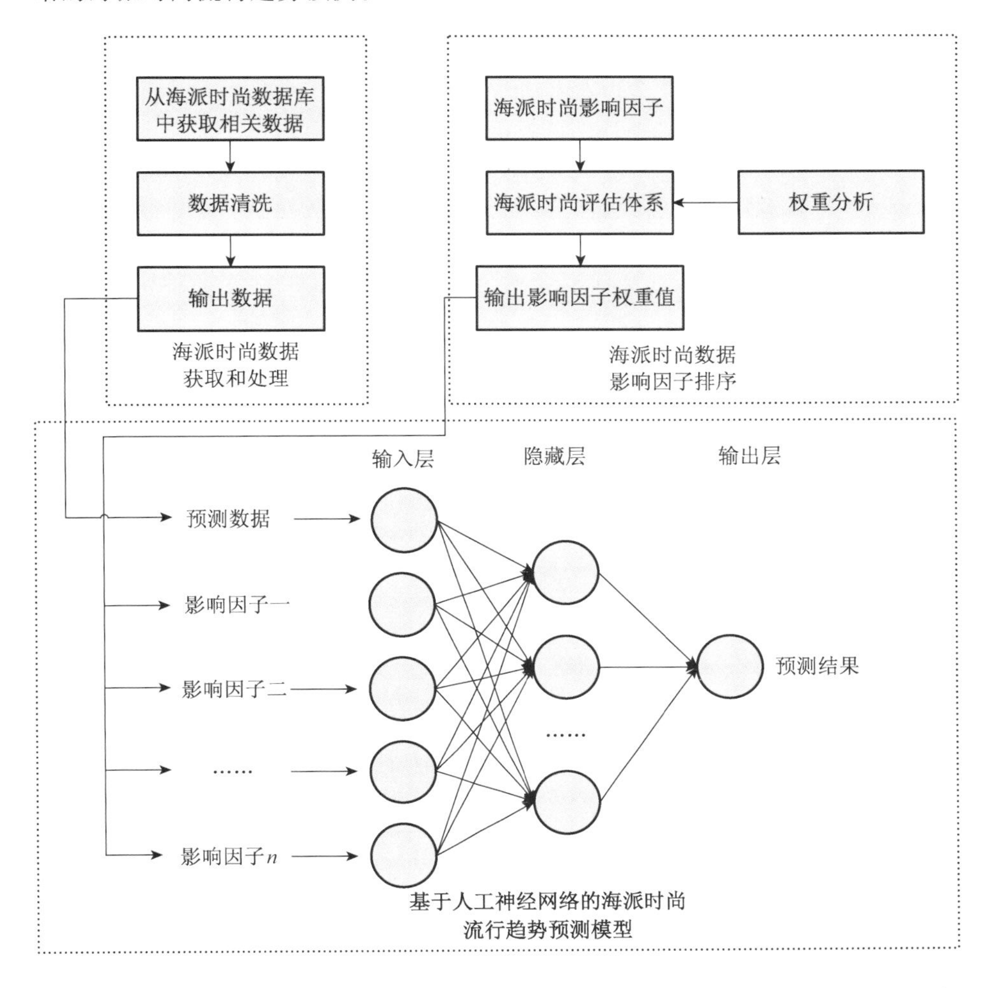

在第一部分中，首先依据预测的内容，从海派时尚大数据库中粗选出适合的预测数据；其次，由于大数据在挖掘过程中会有混杂元素的干扰，因此，数据清洗工作便尤为重要，去除干扰数据、脏数据后，将所有数据按照一定的汇编方式拟合成海派时尚流行趋势预测的预备数据，作为训练学习的基础数据。

在第二部分中，首先明确海派时尚流行趋势的影响因子，这部分内容在前面已有详细介绍，分别是海派政治影响因子、海派经济影响因子、海派文化影响因子、海派科技影响因子、海派生活方式影响因子、海派秀场影响因子、海派展会影响因子、海派时尚品牌影响因子和海派时尚市场影响因子，共计 9 项内容，并依据长三角地区人们的关注情况对上述影响因子予以影响力度打分。但影响因子是不断变化的，前面给予的分值并不能阐述所有的预测事项，只能作为普遍性的海派时尚影响因子定论，属于专家打分的权重评估方式。在条件允许的情况下，趋势预测机构可通过生活方式大数据获取长三角地区人民对上述 9 项影响因子的关注度，更为客观地对海派时尚影响因子做出排序，并且可以实时调整影响因子排序，使得该模型的适应性比其他模型更强。

在第三部分中，输入层来源于第一部分“海派时尚数据获取和处理”中输出的数据和第二部分“海派时尚数据影响因子排序”中输出的排名靠前的影响因子，以助海派时尚流行趋势预测精度的提高，最终根据设定的人工智能程序，实现理想的预测结果。

总之，基于大数据的海派时尚流行趋势预测系统是一个集合海派时尚数据收集、数据管理、数据分析和流行趋势发布的综合项目。大数据在进入时尚流行趋势预测行业时，并不是以一个纯理性的面貌呈现，而是将感性和理性相结合，综合定性与定量方法的预测手段，在智能化时代是必不可少的时尚流行趋势预测方法。本节对大数据与海派时尚流行趋势的结合做了粗略的分析，提出了大数据时代海派时尚流行趋势预测的基本框架，旨在对海派时尚流行趋势预测工作提供理论启发。

参考文献

[1] 维克托·迈尔-舍恩伯格.大数据时代[M].杭州:浙江人民出版社,2013.

[2] 王铁刚.社会媒体数据的获取分析[J].软件,2015,(2):87.

[3] 发改委信息中心."一带一路"大数据报告[M].北京:商务印书馆,2016.

[4] 上海市人民政府发展中心经济形势分析课题组.2015/2016 年上海经济形势分析报告[R].科技发展,2016(86):5-7.

[5] 吴欣.最新实用印刷色彩[M].北京:中国轻工业出版,2006.

[6] Batini C, Scannapieca M. Dataquality: Concepts, methodologies and techniques[M]. New York: Springer-Verlag New York Inc, 2006.

[7] Yu Y, Hui C L, Choi T M. An empirical study of intelligent expert systems on forecasting of fashion color trend[J]. Expert Systems with Applications, 2012, 39(4): 4383-4389.

[8] 贾文静.论个人信息的法律保护[D].兰州:兰州大学,2013.

[9] 李先涛.大数据时代定量与定性研究方法的对立与统合[J].齐鲁师范学院学报,2016,(31):93.

[10] 肯尼斯·赫文,托德·多纳.社会科学研究:从思维开始[M].李涤非,潘磊,译.重庆:重庆大学出版社,2013.

[11] Diane T, Cassidy T. Color Forecasting[M]. Oxford: Blackwell Publishing Ltd., 2005.

[12] Lin J J, Sun P T, Chen J J, et al. Applying grey model to predict trend of textile fashion colors [J]. Journal of the Textile Institute, 2010, 101(4): 360-368.

[13] 孟小峰,李勇,祝建华.社会计算:大数据时代的机遇与挑战[J].计算机研究与发展,2013,50(12):2483-2491.

[14] 陈于依澜.基于云计算的服装流行预测机制研究[D].上海:东华大学,2016.

[15] Card SK, Mackinlay JD, Shneiderman B. Readings in Information Visualization: Using Vision To Think[M]. San Francisco: MorganKaufmann Publishers,1999.

[16] Thomas J J, Cook C A. Illuminating the Path: The Research and Development Agenda for Visual Analytics[M]. Los Alamitos: IEEE, Computer Society,2005.

[17] Park H, Bellamy M A, Basole R C. Visual analytics for supply network management: System design and evaluation[J]. Decision Support Systems, 2016,91:89-102.

[18] Schreck T, Keim D A. Visual analysis of social media data[J]. Computer, 2013,46(5): 68-75.

[19] Tominski C, Schumann H, Andrienko G, et al. Stacking-Based Visualization of Trajectory Attribute Data [J]. IEEE Transactions on Visualization and Computer Graphics, 2012, 18(12):2565-2574.

[20] Elmqvist N, Dragicevic P, Fekete J D. Rolling the Dice: Multidimensional Visual Exploration using Scatterplot Matrix Navigation[J]. IEEE Trans Vis Comput Graph, 2008, 14(6):1141-1148.

[21] Slingsby A, Dykes J, Wood J. Exploring Uncertainty in Geodemographics with Interactive Graphics [J]. IEEE Transactions on Visualization & Computer Graphics,

2011，17(12):2545.

[22] 任磊,杜一,马帅,等.大数据可视分析综述[J].软件学报,2014,25(9):1909-1936.

[23] 李志刚.大数据——大价值、大机遇、大变革[M].北京:电子工业出版社.

[24] 李雪.基于AHP和BP神经网络的服装销售预测模型的研究及应用[D].杭州:浙江工商大学,2014.

[25] 韩力群.人工神经网络实用教程[M].北京:北京邮电大学出版社,2006.

第六章

海派时尚流行趋势的传播

《新闻传播学大辞典》对传播的界定是:人类信息的一种社会性行为,是人与人之间、人与其所属的群体、组织和社会之间,通过有意义的符号所进行的信息传递、接受与反馈的行为总称。传播是海派时尚流行趋势产生、发展、革新不可缺少的重要环节。只有有效的传播和推广,海派时尚流行趋势才能真正实现其应有的意义和价值。本章将围绕海派时尚流行趋势的传播展开叙述,在趋势传播的过程中,涉及趋势的传播对象、传播渠道以及传播的战略与方法。

第一节　海派时尚流行趋势的传播对象

一直以来,国内的时尚流行趋势大多受欧美时尚流行趋势的影响,西方主流时尚流行趋势传播的同时也一直扮演着西方文化的传播者。从宏观的角度讲,世界时尚流行趋势只有西方没有东方是不平衡的,无论是国际还是中国本土,各界都会有一种“亚洲时尚流行趋势”的缺失感。同时,21世纪以来,信息技术与网络虚拟技术不断发展,平民化思潮不断深化,亚文化再度复兴,创新的思维模式在世界范围不断崛起,国际时尚的传播模式不再单一,时尚产业面临着多元化和个性化的趋向。无论是具有我国本土意识的时尚品牌、热爱海派时尚和文化的普通大众,还是专业的时尚机构与协会,都希望拥有自己本国的时尚流行趋势。

一、有意识的时尚品牌:海派时尚流行趋势存在的关键核心

品牌意识(Brand Awareness)是指在消费者意识中有关产品或服务品牌图式激活的情况下,与记忆中的品牌中心点或痕迹的强度关联性,它反映了在不同条件下消费者识别与体验品牌意义的能力。品牌意识是人们对品牌或有关品牌现象的观点和态度的总体理解。

企业采取适当的经营战略将品牌融入消费者的生活,在一定意义上建立了自己的品牌意识,它是企业经营理念的核心,不论在国际或者国内市场,越来越多的商业竞争集中在品牌之间,产品市场占有率决定着品牌实力的强弱。对于拥有海派意识的时尚品牌来说更是如此。为了加强大众对品牌理念认知,产品要跟上品牌发展的脚步,以新的形象和方式面向目标客户群。品牌理念的形成随之而来的是品牌文化的逐步确立,形成自己的理念与个性。

(一)以海派文化为核心的时尚品牌

1. 受众特点

海派文化是海派时尚品牌存在的关键所在,以海派文化为核心的时尚品牌将是海派时尚流行趋势传播的主力军。这里说的以海派文化为核心的时尚品牌泛指传统的海派老品牌。

(1) 历史悠久且传统

海派老品牌的最主要特点是历史悠久,他们大多出现在一个世纪以前,更早的

历史还可以追溯到明清时期。在较为漫长的发展历史中，海派老品牌建立了固定的品牌形象。例如龙凤旗袍，以精湛的制作工艺而出名，进而将海派品牌追求精湛技艺，“精致而考究”变成了海派品牌特有的文化特点。时尚品牌的主要受众是年轻人和女性，他们喜欢新鲜的、有别于老旧传统文化的新海派时尚产品。历史悠久的海派品牌需要根据消费群体的消费特点，更新和优化自己的产品。

（2）海派时尚的创始人

以海派服装品牌为例，大部分与旗袍、西装有关。这类品牌曾经辉煌但也历经风霜，他们不仅是海派文化的传承者，也可以说是海派流行趋势最原始的创造者。以海派文化为核心的品牌大致可分为三大类：服装品牌、鞋帽配饰品牌、化妆品品牌。纵观历史，大部分原生海派的时尚品牌起源于 20 世纪，在此之前，多以中国传统作坊的形式存在。海派品牌的产生和发展是海派文化和历史的一部分，这类品牌可以说是海派时尚的一部分，正是由于他们的存在和发展，才产生了海派时尚的流行趋势。也是这类品牌设定了海派时尚流行趋势的最初基调。作为海派时尚的创始人，海派品牌的生存状况直接影响着海派时尚流行趋势的传播和发展。

（3）海派文化最坚实的支持者

以海派文化作为灵魂的时尚品牌是海派文化和海派时尚流行趋势最典型的拥趸，也是最直接最重要的受众之一。要想巩固和发展海派文化和海派风格的时尚流行趋势，脱离传统海派老品牌将使得所有的一切努力失去意义，这一批海派品牌是海派时尚的发源地，想要实现海派时尚的传播，最需要做的是在此类品牌上“生发新的枝丫”让老品牌重换新生。近些年来，国内时尚和服装市场逐渐完成转型，同时也愈发成熟。对于本土时尚的需求愈加明显，品牌为了适应市场的变化，开始减少对国际时尚的盲目跟随，转而分析国内的热点话题和消费心理，这是国内时尚品牌在成长中的进步，其中以海派文化为核心的时尚品牌是海派时尚流行趋势最典型也应是最忠实的受众。从理论上讲，其实创造完全没有的事物比较简单，而站在原有辉煌的基础上，让老事物重塑辉煌则相对较难。海派品牌作为海派文化最坚定的支持者，需要考虑如何传播自己专属的海派时尚流行趋势。

2. 传播原因

（1）转型升级，摆脱传统桎梏的关键

传统的海派老品牌随着社会经济的发展和市场的转型变革，部分已经退出历史舞台，存留下的海派原生时尚品牌大多面临转型升级的问题。20 世纪 90 年代初，上海的品牌产品受到了进入中国的国外品牌的冲击，销量明显呈现下降趋势。从 1993 年开始，上海人的品牌意识开始觉醒，提出“重振上海名牌雄风”的口号，开始一系列实施“扶强工程”“拓展工程”，开展多种形式的宣传，强化名牌意识，倡导名牌文化，传统海派老品牌的转型之路拉开序幕。上海国际时尚联合会葛文耀会长表示：“未来上海要做世界的时尚大都市，就不能仅仅只有洋品牌，不然这个时尚之都的地位随时可能易主。上海必须要有自己的民族品牌，只有品牌的集聚才能带来真正的价值。上海要做老品牌，就一定要做中高端的消费品品牌。这不仅对企业有利，对政府也有利，比如一家企业的毛利率是另一家的十倍，那么它所缴纳的增值税也会比后者多出将近十倍，所以政府要提倡发展中高档消费品品牌，毛利率高，政府的税收也会更高。”

但是转型怎么转，往哪个方向转，如何转型既可以适应市场又不会丢失自己原有的品牌特色呢？这时，海派品牌本有的海派文化内核就显得尤为重要。良好地运用海派时尚流行趋势，既可以保存原汁原味的海派风格，又可以寻找突破传统的可能。一直以来，民族品牌、民族风格或者本土风格其实并不被市场看好，消费者一想到“民族风”“旗袍”“中国风”等字眼，往往容易与“传统、陈旧、无新意、不时髦”挂钩。时尚产业界，对于这个问题也一直困惑不已，甚至有设计师觉得一提到本土设计、海派设计，就很难和“新鲜”“时尚”挂钩，遂形成“一直尝试突破却无法突破”的情况。演绎“新海派”时尚可以有效地帮助以海派文化为核心的海派时尚品牌快速复兴与发展。同时，这也为海派时尚流行趋势的传播搭建了良好的平台，在我国传统纺织服装企业转型过程中，海派时尚品牌应积极应对经济环境变化，突破传统实业发展缓慢的瓶颈，寻找线上、线下合作之路。

■ 小案例

双妹：海派老品牌的转型与复兴

诞生于1898年的上海化妆品品牌“双妹”见证了一个又一个时代。当以往的历史和荣誉变成包袱，不如将其彻底卸掉，轻装向前。上海家化集团历时近三年时间，于2010年重新推出全新升级的“双妹”品牌，这次升级，上海家化不仅将其更名为“SHANGHAI VIVE”，更在品牌价值和产品视觉设计方面做了深入研究，挖掘品牌背后的文化价值和东方韵味。在品牌视觉形象方面，将原有月份牌古典旗袍女性改为现代女性形象，虽然保留东方女性盘发、珍珠项链、正红色唇妆、缎面材质服装等元素，但是一眼看上去，兼具东方韵味与国际风范（图6-1）。这些蕴含着“新海派”的元素运用，也正是海派时尚流行趋势所一直倡导的“复兴”经典的最好诠释。

图6-1
双妹新旧品牌标识对比

（2）国际时尚流行趋势不能直接应用

目前，大部分传统的本土时尚品牌，实际上没有成熟的属于自己文化特质的时尚流行趋势可以参考。中国在时尚流行趋势方面，仍然延续着直接运用国际时尚流行趋势的方式。而单纯的依照本不属于本国文化的流行趋势，无法完美地契合自己的品牌特质，国际时尚流行趋势与海派品牌风格不匹配，不能直接用，不能体现品牌本土特色和品牌灵魂。所以，海派时尚流行趋势就显得尤为重要。再者，中国时尚市场瞬息万变，正在经历着快速成长和变革，一味地跟随国外，早就不能满足国内市场的"口味"，亚洲时尚的发展和崛起是未来的必然趋势，越早认清市场的发展趋势，越可以在市场上站稳脚跟，占据主动。随着中国时尚市场的成熟和完善，品牌会变得愈加成熟，我国拥有自己的时尚流行趋势也是大势所趋。

（二）新时尚理念下的成衣品牌

1. 受众特点

纵观中国城市发展的历史，上海已是经济发展速度最快的城市之一，影响力不止辐射本地和本国的国际大都市。时尚产业作为一支新生力量，已经成为城市发展的重要内容之一，也正是上海这种国际大都市不可或缺的创意产业之一。上海有着发展时尚产业所必需的纺织品服装和制造工业的基础，拥有与时尚产业相关的一系列产业。创意产业在上海稳健发展，文化内涵和创新正是时尚产业的核心内容。在文化创新的背景下，时尚产业是传统产业和新兴产业结合的产物，海派时尚依托国际化的经济形势和本土化的民族复兴，已成为一个蓬勃发展的创意产业。东方文化和西方文化交汇形成特有的海派文化，为时尚产业的发展提供了得天独厚的丰富土壤，正是因为它自身具有中国特色和上海特色的文化基调，上海的成衣品牌在国际潮流影响下，从众国际名牌中慢慢崭露头角，形成了基于新海派文化的设计理念与风格。越来越多的时尚品牌和服装设计师品牌在上海成立公司，将上海作为打造品牌和展示其形象的平台。

新兴的海派成衣品牌在当今时代下发展了海派文化，是海派时尚与西方时尚融合的桥梁。西方时尚对国内的服装环境影响很大，这些年来一直在主导着中国的时尚风向。新兴的本土时尚品牌虽然同样在西方设计理念影响下建立和成长，但是他们一直具有自己核心的文化内涵，以本土文化为品牌基调，顺应着国际潮流。设计师陈野槐这样形容自己的作品："那是一种在中国人看来充满西方气质的合体时装，而在西方人看来，又显而易见东方风格的服装。"陈野槐说现在尖端的时尚达人没有像以往一样热衷于国外品牌，他们更想要一些好像特别为自己个人设计的东西。设计师和消费者都在逐渐追寻自己民族的东西，只是探索的道路并不是很顺利。

2. 传播原因

对把上海时尚元素融入到产品设计中的国际时尚品牌来说，他们只是把上海时尚元素作为一个流行点或者卖点推出，本身还是国外的东西。一些本土的时尚企业虽然一直强调本土的文化特色，但是忽略了上海时尚产业所处的特殊阶段，盲目地推进其时尚创意理念，最终不受本土人士的喜爱，也不能赶上国际潮流，国内外都不得利；一些品牌在探索国际化的销售方式时，扩张过于激进，资金链比较薄弱，最终导致企业失利；还有一些本土时尚企业在走向国际化的过程中，太过重视国际时尚流行趋势，逐渐丧失了自己的“海派”文化特色，最终被贴上“山寨”的标签。基于海派时尚的成衣品牌走向国际的需要，海派时尚流行趋势作为方向性的引导，推动着成衣品牌和国际品牌有特色的成长和发展。

传播海派时尚流行趋势，我们不能把海派时尚简单地当作是服装行业的一种模式，它还是一种新的生活模式和新的流行风格。我们在传播的过程中，要明确它的文化意义和实际的内容关键。首先通过举行大型的展览、流行趋势演讲和时尚信息交流会，让品牌和大众了解海派时尚流行趋势的重要性，扩大其影响力；其次构建时尚产业文化资讯平台，普及给大众最基础的海派时尚资讯；最后把海派时尚具体流行的内容趋势传播出去，满足品牌和消费者最实用的需要。本土时尚品牌通过融合国际潮流的海派时尚流行趋势，在国际和本土潮流中找到平衡，利于他们建设和发展最符合本土特色的国际性品牌；另一些成衣品牌通过海派时尚流行趋势的指引，了解到国内的时尚发展环境和适合成衣品牌经营的模式，改变自己品牌的发展策略；至于那些迷失在国际潮流中的成衣品牌，更需要海派时尚流行趋势的指路，了解海派文化的重要性，明确本土文化是品牌的根基。新兴的成衣品牌需要海派时尚流行趋势的引导，海派时尚流行趋势同样也需要成衣品牌的支持和运用，这样才能在这个瞬息万变、张扬个性的时代更好地传播海派时尚文化。

（三）国内本土独立设计师品牌

1. 受众特点

（1）摆脱传统桎梏，开创新海派时尚

新生的海派设计力量在快速增长的过程中，既是充满热情的响应者，同时也是最新鲜、最积极的海派时尚创造者。最早一批在我国建立的独立设计师品牌，其主理人大多有国外留学背景，在国外已经成熟的设计师、买手市场影响下，这一批设计师的做法大多也就沿袭了国外的方式。从积极层面上讲，这批设计“新生儿”是离中国传统文化最遥远的一批人，他们拥有得天独厚的创新思想，不用背着沉重的历史文化包袱进行设计和创新。也正是这一可贵的品质，使得本土独立设计师品牌成为帮助我国时尚品牌摆脱传统桎梏的开拓者，植根于海派文化却脱离传统陈旧观念的海派才是真正的新海派，才是市场需要的海派。这类品牌是海派时尚流行趋势的先锋引领者，也是海派时尚流行趋势最鲜活的血液。同时，由于海派设计新生力量的国际教育背景，为海派时尚流行趋势与国际时尚流行趋势完美融合提供了可能。海派时尚流行趋势虽然要有自己的本土特色，但最终仍需要站在国际舞台上，以对等的姿态和世界对话，海派本土独立设计师品牌让这样的“对话”在未来成为可能。

（2）数量众多，风格各异且体量较小

上海国际时装周素以支持中国本土品牌和独立设计师品牌为名，举办 14 年以来，吸引了众多中国本土品牌参加。经过统计在 2003—2017 年期间，由参加上海时装周的本土品牌数量可知，我国本土设计师品牌在 2009 年以后快速增长，并且保持较高的活跃度，见图 6-2 所示。同样的，本土设计师品牌在时尚行业也是最能体现设计风格的一类品牌。可以说，本土设计师品牌是最具风格的时尚流行趋势引领者和宣传者。

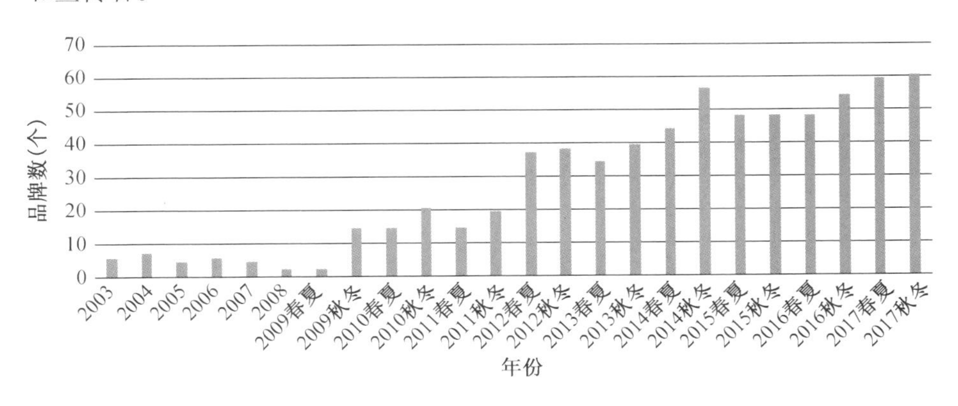

图 6-2 上海国际时装周本土品牌参加数量

（注：该图由上海国际时装周官网资料整理得出）

（3）成立时间短，运营不成熟

设计师品牌或者买手店发源于国外，近 10 年来在我国逐渐形成一定规模。我国最早一批服装设计师诞生于 20 世纪 90 年代，大部分这个时期的设计师并非服装设计专业出身，而是来自于不同专业和背景。大致可以分为两大类：一类是服装行业的从业者，大多对于制衣、裁剪打板等有着扎实的功底；另一类来自于相关艺术领域或专业，有一定的绘画功底和良好的审美，这一批人就是中国最早一代的服装设计人才。新兴的海派本土设计师品牌大都成立时间较短，在 80 年代我国改革开放后国家之间文化交流逐渐增多，由此一批国内的设计师走出国门，在吸取西方的美学和设计理念后，基于本土的文化内涵和制作工艺，形成了融入西方设计理念的新的海派本土品牌。相比较更加传统的海派本土品牌来说，新兴的海派本土品牌面临的传播环境是复杂的，究其原因是现代消费者在消费模式和消费习惯上呈现愈来愈个性化和多样化的趋势，人们对品牌的认知水平提高，不再盲目紧跟国际潮流，个性化越来越凸显，对时尚文化越来越重视。海派时尚面临着多重模式的传播，科技的发展带来了互联网的普及，海派时尚可以结合线上即看即买和线下体验式服务的模式传播流行趋势。在上海的一座老的法式花园洋房里，设计师陈野槐把展厅、图书馆、贵宾的试衣沙龙、艺术画廊、客房、餐厅集于一体，甚至还包括开放式的厨房，打造装饰艺术风格的“生活空间”，位于三层的图书馆陈列了从世界各地搜罗来的与生活方式、时尚相关的书籍，用于与来访者分享。这种时尚传播并不是直接地展示在顾客面前，而是把顾客当成体验者，给他们营造一个情境。陈野槐把品牌和顾客之间的购买关系转变成为顾客提供体验式的服务，这种生活空间丰富了时尚的传播方式。

2. 传播原因

国内本土独立设计师品牌作为最具风格的品牌，往往需要流行趋势的指导来完成对于市场的预判和把控。大多数设计师品牌主理人在品牌建设初期，由于市场预判不足，会导致销售量不好，资金无法回笼等问题，长此以往，更会导致品牌发育不良，无法成活。海派时尚流行趋势在发布之前，会参考国内外流行趋势和时尚产业市场的动向，针对性地给出下一季度或下一年度适用于中国本土的时尚流行趋势，独立设计师品牌可根据海派时尚流行趋势，如趋势中的主题板块或者概念板块，得知未来一到两年内的市场流行方向，学会更有针对性地去应用海派时尚流行趋势来帮助品牌“踩准”市场痛点，帮助品牌更快更稳健地发展。

二、海派时尚爱好人群:流行趋势的受益者和创造者

最初的社会学学者认为时尚传播是一种社会心理学现象。大众对于时尚先锋们的“模仿”与“从众”的心理动机促成了这一传播过程。在20世纪70年代，美国著名未来学者阿尔文·托夫勒(Alvin Toffler)曾预言未来社会发展面临着分众化、小众化的趋势。但是到了20世纪90年代后，现代化与科技发展迅猛，越来越多元的价值观建立，社会也呈显出了多元化和去中心化的特点。大众传播的模仿与跟随现象产生的同时，小众化传播便适时而生，表现形式是个性化与多种理念的混合。个人对自身生活状态和品质关注日益增加，各种“个性化标签”“个人价值”等词不时出现在大众视线里。

海派时尚爱好人群泛指追求时尚与新颖，有一定生活品质的人群。他们是海派时尚先锋人士和海派时尚品牌的跟随者，基于时尚跟随和从众心理，他们对海派时尚也有着敏锐的感觉和高品质的要求。不过他们没有先锋人士的特立独行和大胆尝试，相对于海派时尚先锋者对海派时尚流行趋势或资讯的主动接受，海派时尚爱好人群是被动跟风与被影响的。

在海派时尚流行趋势的传播过程中，海派时尚爱好人群起着重要的作用。他们把流行趋势从海派时尚先锋者手里接过，并用自己的理解方式演绎，从而生成最终满足大众的海派时尚流行趋势，此时的流行趋势是海派时尚传播的最终形态和反馈。有些人认为海派时尚流行趋势传导至大众就结束了，但其实不然，时尚流行趋势的传播其实是一个循环往复的过程，海派时尚先锋是海派时尚流行趋势的最先吸收者和传播者，大众对于时尚往往有深远有力的影响力，对于时尚的反馈起着重要的作用。

(一) 关键的少数派:将先锋概念变为可能的必要人群

现代人追逐时尚，他们往往表现为对“时尚先锋者”和“时尚跟随者”的模仿。时尚先锋者是指对于时尚有着反叛精神的人群，他们在追逐时尚的同时，常常敢于突破，把“反叛”表现在行为中，然后碰撞出新的时尚。经过他们的转化，先锋概念变成可以被大众接受的时尚流行趋势，最后最大范围地反映在每个人身上。时尚跟随者对时尚敏感度最高，虽然他们自身往往无法创造新时尚，但是对时尚先锋者的跟随

和反馈却是最及时的，他们能够把流行时尚元素迅速地传播到人群中，通过他们的传播，大众才能收到时尚信息，时尚传播得以完成。

1. 政商界名流：名人效应

时尚作为一种流行的美学，它需要时尚领袖的引领，时尚流行趋势不应仅仅局限在时尚圈中，真正的称之为"流行"的海派时尚流行趋势应是横跨政商娱三界的流行趋势，所以社会政要和名流的"名人效应"在海派时尚流行趋势的传播方面起着重要作用。

2. 海派时尚代言人："偶像效应"

正所谓"一人兴而一业兴"，价值能够成就一个人或者一项事业，传播者可以成为媒介品牌的象征，媒介的品牌价值也可以通过媒介传播者的品牌价值来实现。人们已经形成思维惯性，当看到著名主持人和著名演员，就会想到他们为品牌代言过的广告，或者会由于喜爱品牌代言人而选择该产品。具有海派风格的企业可以选择与其品牌风格相符的名人代言，借助名人吸引力使品牌迅速提高知名度，有助于塑造良好的品牌形象。这些名人可以成为海派风格品牌的标签或者符号，是品牌最重要的代表之一。不少企业意识到品牌效应和品牌价值可以直接迅速地从传播者开始宣传，于是纷纷寻找本身就"自带流量"的品牌代言人作为传播者。何为"自带流量"呢？即明星、品牌代言人拥有大量粉丝且活跃度高，同时粉丝具有一定的消费能力。这样的代言人备受品牌青睐，"流量"保证销量，一定程度上能以强烈的个人风格强化、甚至重塑品牌气质，定义消费人群。在符合海派风格的品牌选择时尚代言人的时候，需要选择符合自身品牌特质的明星或者代言人。同时，可以选择具有东方特质或者拥有本土风格的一些时尚名人和先锋类人物作为品牌的代言人。目前有部分品牌在产品宣传上，偏向邀请国际明星或者外国模特作为品牌形象，如果是本土特色或者海派风格的品牌，这样做则是不可取的。海派风格的品牌首先应该邀请本国的明星作为品牌形象，这样不仅可以体现原汁原味的海派时尚，也是一种民族自信心的体现，过度地使用国际代言人，不免有民族自信心不足之嫌。

3. 海派时尚群体：趋势"搬运工"

时尚群体顾名思义即一类具有一定数量的，相对大众有较高时尚素养的人群。这类人群相对"时尚急先锋"而言稍微少了些许的偏激，换句话讲就是更入时、更接地气、也更贴近生活大众。而海派时尚群体则是具有海派时尚风格，以传播海派文化和流行趋势的一类人群。在现如今 Web 2.0 时代的背景下，这类人群可以概括为知名时尚博主、网络达人、网络红人等，凡是在时尚界具有一定号召力的知名人士都可以被称为"时尚群体"。与之前政界名流或者明星偶像不同的是，海派时尚群体没有相对显赫的政治背景或亿万千万的身家，同时主要从事的行业与时尚产业、时尚流行趋势直接相关。海派时尚群体在海派时尚流行趋势传播过程中扮演着趋势"搬运工"的角色，虽然他们自身也具有高于大众的时尚审美，也在传播过程中加入个人特色，但是大部分海派时尚群体主要起到的是流行趋势传播与推广的作用。这个作用或主动或被动，相比时尚先锋人士，经过不同层级的海派时尚群体"翻译"的海派时尚流行趋势逐渐为大众所接受，也逐渐演化成真正贴近生活的为更多人所理解的时尚流行趋势。

（二）广大群众：海派时尚最终受益人群和延伸者

面对多元化与个性化的时代背景，加之信息高速流动，随之而来的是人们心态和生活方式的转变，使得流行时尚文化在全球范围内迅速传播以致泛滥。德国社会学家维尔纳·桑巴特（Warner Sombart）认为，流行文化无非是随着奢侈生活方式的传播而兴起的，作为一种奢侈的生活方式，服装这种流行文化的载体快速地改变着人们的精神状态。时尚流行趋势的预测只有建立在现今的流行文化之上，才能与大众的生活方式契合，符合时代与社会的潮流。广大群众作为海派时尚流行趋势最后一个传播层级，既是最终受益者又是其延伸者。时尚流行趋势遵循自上而下的传播，同时也拥有自下而上的反刍效应。广大群众对于海派时尚流行趋势的反馈直接影响甚至左右着趋势未来的发展。正所谓“众愚成智”，当智商平平的个体多到一定数量的时候，就拥有了“群体智慧”，这种群体智慧与个体智慧不同，这类智慧仅限于群体拥有，也正是这种群体智慧最终影响了海派时尚流行趋势后续的发展方向。

不同年龄阶段的人群，对于海派时尚流行趋势的接收和反应有所不同。一般来讲海派时尚爱好人群的年龄范围在14～55岁。

青少年：14～24岁的他们思维活跃，追求海派时尚，对未来充满希望，追求时尚时更加大胆，倾向于喜欢直接表达自己情感的元素。他们处于一个社会角色转型的阶段，试图在追求时尚与新颖的同时，力图站在人群的前列，引领大众消费新潮流。他们希望能时刻表现自我价值，在消费过程中，也表现出与这个年龄阶层相一致的特征。

中青年：分为25～30岁和31～36岁两个阶段。25～30岁这个年龄阶段的年轻人进入了一段稳定的生活状态。他们在消费过程时，既具有一般年轻人的冲动消费特点，又具有这个年龄阶段的理性情感特征。在消费需求倾向上，这个阶段的人群事业逐渐稳定，收入也非常可观，因此他们在满足物质的基本标准之后更多的是追求精神上的享受，注重档次和品质，价格因素倒放在次要位置上；到了31～36岁，这类人群进入人生中重大转折期，他们大多结婚成家，有自己的子女，因此在需求构成和顺序上，孩子的需求最重要，家庭的需求数量最大，然后才轮到穿着和食品。对品质的要求成了选购产品的第一考虑因素。在海派时尚方面，他们更多是倾向性格和喜好方面的选择。

中年人：分为36～45岁的中年人和46～55岁的中老年人。因为年龄的成熟，这一部分人群收入和身份发生明显的变化，在长期的消费生活中，他们形成了比较稳定的状态和习惯化的行为方式，因此在购买心理和行为上也与其他的消费人群存在明显的不同之处。因为消费心理的成熟，这一类人群对品牌偏好一旦形成，就很难轻易改变。他们在消费时更注重实际，以方便实用，能提供良好购物环境和服务为主要诉求。同时，这个年龄阶段的消费者对健康更加关注，对健康食品和用品的需求量大大增加，需求结构开始发生变化，反而对穿着以及其他奢侈品的需求大为减少，明显增加了健身娱乐、特殊兴趣嗜好、旅游观光等方面的消费。在海派时尚方面的考虑，他们也更加喜欢简洁、有品味、高档的产品。

三、专业时尚机构：海派时尚流行趋势的有力支持者

（一）时尚产业协会：时尚流行趋势的传播桥梁

1. 受众特点：海派时尚流行趋势传播的桥梁

对于海派时尚流行趋势而言，最有力的支持者当属时尚产业的相关专业机构，这类机构在海派时尚产业中扮演着桥梁和道路的角色，连接产业链上下游，并使产业链各个环节实现信息沟通。如果将整个海派时尚产业比喻成一个有机体，专业的时尚流行机构就是这个有机体中运送营养的各类渠道，而“营养”则是时尚产业信息。所以，专业时尚机构在海派时尚流行趋势传播的过程中扮演着至关重要的角色，他们可以从最专业的角度对海派时尚流行趋势进行推广和宣传，那隐藏在其背后的动力则是更快更好地建立和完善整个时尚产业，帮助和扶植品牌利用本土原创的时尚流行趋势适应本国市场，同时也纠正行业一味跟随国外时尚流行趋势的错误导向。海派时尚流行趋势在专业协会传播时，一是需要利用协会作为交流平台和口径对外传播趋势，而这类口径传播的对象大部分为时尚产业的业内人士，可以说是非常典型和专业性的趋势传播。二是这类对象与广大群众不同，要求趋势内容专业且可以挖掘商业价值，同时要求趋势传播的精准性和实效性。

2. 传播原因

海派时尚流行趋势的传播符合上海时尚产业转型的需要。在海派时尚产业的范畴内，相关的机构有上海服装设计协会、上海国际时尚联合会、上海设计之都办公室、海派时尚设计及价值创造协同创新中心等。这些协会拥有丰富的海派时尚产业资讯，且各具特色。在上海纺织面临转型之际，整个产业主要实施了四大重点工作：一是加快品牌发展，提升老品牌，培育新品牌，打通和建设品牌推广渠道，扩大品牌产品营销规模；二是精心策划、组织实施“一周一节”活动，丰富内容，提高档次，组织与国际大都市相匹配的时尚活动；三是加大时尚园区资源整合力度，突显三大园区鲜明主题，聚集时尚产业设计、推广、走秀、营销、服务等要素，形成名副其实的时尚平台和载体；四是完善时尚配套业务，包括展览展示、时尚教育、媒体、网上创意园区等。

（二）时尚创意园区和孵化基地：创意产业成长的摇篮

除了时尚产业协会可以作为海派时尚流行趋势推广和传播的主要手段以外，专业的时尚创意园区和创业孵化基地也是流行趋势很好的一个传播渠道。这些时尚园区和孵化基地是很多中小企业创业的摇篮，是扶植其成长和发展的关键，而这些中小企业也是最需要专业指导的群体，海派时尚流行趋势可以每年对适合的时尚创意园区和孵化基地进行巡讲，帮助其更快更好地了解市场，同时确保中小企业和创业公司对市场有良好的预判能力。要想达到联动整个行业的效果，首先需要寻找合

作伙伴，故海派时尚流行趋势开发者应与同类型文创平台、协会形成合作意向，达成合作关系，形成消息、人才、优势、资源互惠互通，捆绑式发展。流行趋势的成果包装好后，需要通过每年定时定点的“专业沙龙＋巡回演讲”作为对外发声的方式进行宣传。趋势开发者以上海为中心，辐射至长三角地区以及北京、广州、深圳等地，收集运营成熟的文创类机构，寻找合作可能，形成优势互惠，共同推进文化、创意产业整体进程。

中国时尚市场的扩大和成熟，产业自身需要专业协会以及时尚园区提供专业时尚数据。专业的时尚流行趋势研发机构每年收集大量的来自市场、消费者、文化等各方面的数据，通过对这些数据的整理归纳，以及后期的深入分析规律，最终完成面向各个地域、各个细分类别的时尚流行趋势信息报告。这些趋势研发机构提供了从时尚行业最新动态、灵感到最翔实的趋势内容，指导品牌和企业的产品开发。中国的纺织服装市场日益扩大，中国设计也越来越成熟，但是对于适合本土的时尚流行趋势需求逐渐增大，很多研发机构和品牌都在探索符合中国本土的时尚流行趋势，海派时尚流行趋势是其中必不可少的一部分。

现有具有代表性的国际时尚流行趋势预测机构 WGSN，可以为海派时尚流行趋势“入驻”产业专业协会和机构带来灵感。WGSN 作为国际上最有影响力的趋势网站，从 2011 年宣布在上海成立中国总部开始，提出全面的全球化，同时尊重地方特色，树立“全球本地化”的服务意识。为了更好地对本土流行趋势和消费者有深入的了解，除了每年固定地在国内的中国国际纺织面料及辅料博览会(Intertextile)和中国国际服装服饰博览会(CHIC 服装展)上做趋势演讲以外，还在北京、上海、广州和深圳四个城市开巡回趋势讲座。不仅如此，WGSN 每年会与时尚知名人士和公司的趋势负责人沟通交流，获得灵感或者吸取行业的经验和信息。2016 年 6 月 WGSN 专访了海宁市天一纺织有限公司总经理鲁建平。海宁市天一纺织有限公司是一家专门开发生产丝绸产品中最具民族特色的织锦缎等服装以及包装面料生产厂商。WGSN 想从这种具有本土文化的公司中提炼符合中国的流行趋势和信息。在传播和推广中，WGSN 在 2017 年 3 月联合《世界时装之苑》杂志和天猫发布 2017 年春夏新风尚白皮书《万有自然》；2017 年 4 月初，WGSN 为 2017 秋冬上海时装周主视觉提炼设计“诗意科技”。这种是最直接面向时尚行业、影响力也是最大的趋势推广。此外，WGSN 正在尝试与中国本土的专业产业协会和机构进行更为深度的合作，如在上海服装协会主办的上海国际时装周官网上专门开设专栏，定期发布 WGSN 的趋势预测报道。对于海派时尚流行趋势，也亟待与行业、产业、专业机构、协会合作，对外发布趋势信息。

第二节　海派时尚流行趋势的传播途径

在目前国内时尚流行趋势传播环境下，本土的时尚流行趋势主要通过媒体、展会和时装周形式得以传播。21 世纪海派时尚流行趋势最有效的方式首先通过最大众的公共媒体进行传播，再是通过展览展会和时装周形式进行针对性和专业性传播。公共媒体作为最广泛的大众媒体，具有广泛的传播力。专业展会对流行趋势传播的作用是至关重要的。一定规模的专业展会，连接着趋势传播的上下游产业链，而上海时装周期间的各种发布会是海派时尚流行趋势最有力的传播途径之一。流行趋势发布、国际品牌和专业展会展示以及各种赛事和活动是传播流行趋势最直接的平台。

一、传播媒体:精细雕琢的权威传播

传播媒体一般可分为传统媒体和新媒体。传统媒体泛指报刊、电视和广播，新媒体通常指网络媒体。随着科技的发展和进步，人们意识到周围的环境被大量信息包围，在传统媒体不断向网络媒体融合的同时，网络与社交媒体作为新兴传播方式，其影响力也逐步扩大，新媒体的发展进入了一个新的阶段。经美国学者弗莱德里克·杰克逊·特纳(Frederick Jackson Turner)推算，人类信息以5年作为一个周期，其信息量将翻一倍，这也意味着，在今后不到70年的时间里，人类积累的信息将会是我们今天信息量的100万倍。通过网络，人们可以观看到最新的流行趋势图片和视频，世界各地的时尚人士也可以通过网络在最短的时间内共享同一则流行资讯。在现代社会中，大部分的企业及品牌都把重心转移到了新媒体的平台上，科技与社会的发展与进步催生出一些新的媒体传播形式。

(一)复合媒体新形式

在20世纪末到21世纪初，纸质媒体和电视等传统媒体具有很强的传播能力。电视传播的优点包括其生动的画面感和便于理解的观看内容，所以易于传播。同样的，纸质媒体作为曾经最主要的流行趋势传播媒介拥有广大的受众，随着时代和科技的发展，人们生活方式的改变，其传播方式也发生了改变，从之前单一的、固定的和被动接受模式转变为面向大众的、普及的、互动的、多维度的主动认知传播模式。新媒体的发展不仅接收了大量年轻受众，还兼并了传统媒体的忠实受众。

对于日新月异的流行趋势来说，单一的媒体传播途径对大众生活已经不能全部覆盖，纸质媒体有如《外滩画报》宣布停刊仅保留了APP和微信等新媒体的业务；《上海壹周》曾作为上海最小资的一份周报，以时尚和文艺著称，十几年前，曾和金茂大厦一起作为“上海标志”入选“热爱上海的一百个理由”，也于2016年11月宣布停刊；时尚杂志《瑞丽时尚先锋》停发纸质刊。在现在新媒体霸占传播渠道的时代，传统媒体为了更好地适应现代人们的生活，应该寻求与新媒体融合之路。人们对电视上的流行趋势节目期待减少，面对日益萎缩的市场，电视行业也在寻找与其他结合的转型之路。电视更倾向于以体验与互动的形式展现，观众们不满足于单纯地看电视和听广播，还要参与其中，所以很多媒体纷纷加入了观众投票、微博话题互动等环节。要想在公共领域达到更广泛的传播，利用传播媒体复合形式可以扩大传播效果。从近几年的时尚媒体来看，电商化是大势所趋。国内先后出现了“时尚+电商”的现象。例如2014年的以电视与电商结合的网络综艺节目“女神的新衣”，节目中设计师、明星和时尚买手交流着时尚流行趋势，观众和消费者加入到节目合作的“明星衣橱”APP 的互动中，实现互动零距离，完成所见即所买的体验。电视节目在传播时尚流行趋势的同时，还在众多综艺电视节目中脱颖而出，形成了一种新的时尚传播模式。《时尚芭莎》宣布与银泰百货集团合作，打造芭莎风格的网购衣橱，同样是时尚媒体试水电商的例证。除了大量纸媒宣布停刊转型新媒体，电视节目与电商寻求结合外，一些时尚网站也似乎对电商颇感兴趣。例如，康泰纳仕集团旗下 Style.com 网站之前定位是时尚媒体资讯，旨在传播时尚流行趋势，2017 年奢侈时尚电商平台 Farfetch 与康泰纳仕集团达成长期合作关系，已买下 Style.com 域名与知识产权，将 Style.com 的媒体资源与 Farfetch 拥有的技术与用户资源相结合，把 Farfetch 打造成为创新型时尚电商。

对本土人士生活方式而言，要想通过电视和纸媒得到海派时尚流行趋势的最新讯息的可能性不是很大，传统媒体的发展已经逐渐疲软，而新媒体则方兴未艾。海派时尚流行趋势传播在当今时代下应该更多地依赖新媒体或者复合新媒体的平台与渠道，涵盖大众生活所需的各个方面。

（二）搭建自媒体平台

如果说公共媒体是社交主流媒体的话，那么自媒体在网络与社交中，对应的是小众、个人的媒体。2006 年 9 月，“直播中国”正式亮相，鼓励人们担当传统记者的角色，用相机记录下生活中的事情，到后来的 MSN、ICQ、QQ 等即时通讯过渡到博客的过程，自媒体全面进入大众生活领域，充斥人们生活的方方面面。在信息传播过程中，主流媒体具有较高的舆论影响力，起主导作用，但是在网络发达的今天，自媒体拥有的传播能力也同样巨大。不同的是它可能不像公共媒体具有较高的政治权威性，占领大众文化话语权，也不代表社会主流思想，但是在高度宣扬个性化的社会，自媒体代表着小众的思想在人群中传播，社会发现了个人媒体的价值与实力所在，使得其传播能力广泛且迅速。海派时尚流行趋势不仅依靠公共传媒的力量，而且在自媒体盛行的时代下，依靠自媒体同样也拥有着很强的传播力。自媒体中一个主要的分类即是服装搭配和时尚造型，这类人群是海派时尚流行趋势的完美结合点，他们利用微信和微博传播本土的时尚流行趋势，第一时间发布上海及周边的时尚活动。

自媒体时代，趋势的传播更多依赖的是手机。在阿里数据平台上线上购物的用户终端偏好数据显示浙江省和北京市的电商购物中近 90%的人群选择用无线客户端。近年来流行于中国社交网络的直播，依赖的是手机 APP 的运用(图 6-3)。

图 6-3
阿里数据官网显示的线上购物用户终端偏好数据

淘宝会员等级占比

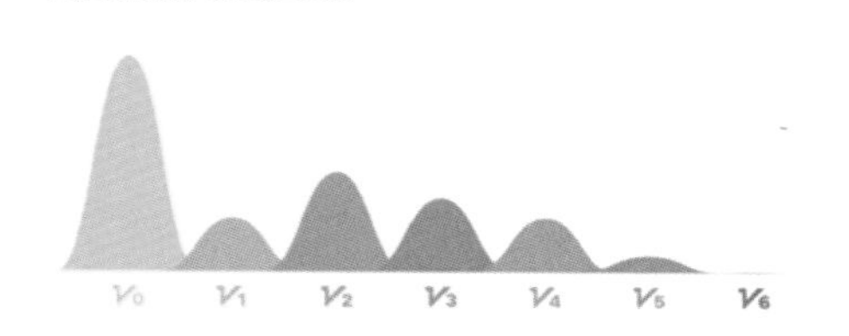

终端偏好占比

PC

无线

2016年年底，由一个叫“弄堂口”的社群俱乐部发起了“丈量弄堂口——徒步探索海派文化”的直播，这次直播活动为了让人们感受上海最初的居住环境、生活方式和文化形态，把海派文化特色通过线上直播的方式传播开来。时尚文化的趋势传播通过部分人士增加话题热度，后期通过新闻媒体和一些微博推送文章宣传。这些自媒体的话题策划具有连贯性并且有深度的互动，比如前期充分的宣传造势，与网民在社交平台上进行话题讨论，或者在直播后期利用二次传播提高产品或者趋势的曝光率和形象，则更有利于传播时尚。对于流行趋势和时尚资讯的传播，借助自媒体这种个人化平台，达到公共与个人领域、社会与生活的全方位覆盖。

（三）连接全媒体生态链

前面提到的传播海派时尚流行趋势要复合多种媒体以及搭建自媒体平台皆是为了丰富传播的形式，覆盖人们的公共与个人生活区域。这是通过涉及的广度来传播时尚流行趋势。打造全媒体生态链是为了连接整个媒体行业，通过覆盖的深度更好且全面地在大众中传播时尚流行趋势，实现传播效果的最大化。

打造全媒体生态链首先要做的是连接线上和线下。在新时代下，不同的媒体不再像前几年的新媒体和传统媒体之间水火不容，而是抱团发展，相互共生。

基于海派文化的时尚流行趋势不仅利用传统媒体，更要利用全媒体生态链传播。海派时尚设计及价值创造协同创新中心于2016年6月发布2017年春夏系列流行趋势，不仅在线下的展会及其他平台进行趋势的宣讲，还整合所包含的媒体和品牌资源，举办海派时尚流行趋势研讨活动和创意发声日活动，并在线上制作精品网络课程，增加海派时尚在大众和个人之间的多条传播渠道，使大众了解其专业度和公信力，以使海派时尚流行趋势得以更广泛的传播。

二、展览展会：传播源头的专业引领

随着科技不断进步、经济深入发展和流通规模扩大，展览业集信息和交流于一体的优势慢慢增加，为政府以及国际或者地方机构寻求合作和沟通提供了机会。在20世纪60年代，展览业在世界范围内迅速发展，使之成为了一个热门行业。国内举办大型展览展会数量最多的5个城市分别是上海、北京、广州、深圳和南京，而上海在见证着国家经济和科技发展的同时，也经历着本土各行业的兴盛与发展。根据E展网的数据显示，从2011年到2016年的5年时间内，在上海举办的展会从334个增加到524个，增加了39%。2016年与纺织、服装和时尚有关的展会有37个，占总数的7%。中国的展览展会以飞快的速度增长，对传播时尚流行趋势起到了显著的助推作用。

每一场展览展会主要由展会、参展企业和应邀观众三部分构成。展会作为活动的发起方，提供了信息传播的平台，展会的规模决定了传播的规模；参展企业是信息和趋势发布的出口，他们提供的产品就是一种信息和趋势的输出，每一个参展企业可以是一个信息的源头；应邀观众是信息和趋势的接收者和传播者，通过在展览会上的见闻与交流，作为“移动传播端”的他们直接参与了信息的传播。

（一）平台：专业展会衔接上下游产业

利用展会传播趋势和信息，是现代传播中非常快捷和显著的手段之一。展会的标准和规格决定了吸引多少参展企业和观众，这也决定了专业的行业信息传播的程度。从规模上来说，专业展会对流行趋势传播的作用非常巨大，具有一定规模的专业展会是行业信息的海洋。例如在上海举办的一年两次的中国国际纺织面料及辅料博览会，展会一共3天时间，但其能够集中几十个国家的上千家参展企业和将近10万人的观众，相比较其他活动和场合来说，就传播效果方面，这种展会的影响力非常显著，是其他活动和场合无法比拟的。时尚流行趋势一般也会选择利用这种展会传播。对于大众来说，大量的流行趋势和各类的专业讲座能够保证展会中传播最新的、国际的和完整的信息，这些信息往往形成一种趋势或者风尚，影响着大众的心理，进而引导目标市场的消费者跟风或者购买。

展会作为趋势传播的平台，不仅能给其他产业起一定的带动效应，更重要的是在专业领域，可以衔接上下游产业，形成巨大的产业规模。展会不仅与趋势研讨会、合作洽谈会等配套举办，还会把生产和消费、供应商与品牌商连接在一起，所起的作用是综合的、全方位的。

每年两次的中国国际服装服饰博览会和中国国际纺织面料及辅料博览会一起举办，且都在上海的国家会展中心，这是服装与面辅料两个大产业的沟通和联合。其次，在这两个展会中，许多做印花、染整等后期工艺的企业和公司也占一小部分，这些组合在一起就完成了服装制造的全程。另外，会场上来自国内外的趋势机构和贸易公司填补了缺失的环节，完善了服装与时尚整个行业。展会拥有强大的行业主流媒体网络，时尚、财经等各类媒体到场采访报导，最大程度增加了企业和品牌的曝光度。一场展会沟通了相关的上下游产业，汇聚了大量的趋势和信息，为传播提供了最基础和最广泛影响力的平台。

（二）源头：企业和机构发布流行趋势信息

大部分的趋势和信息都是由参展企业提供。参展企业除了提供基本的产品和服务外，还会提供行业内市场发展的流行趋势信息，他们是行业信息的意见接收者，产品是流行趋势的反馈。展会根据不同类别进行针对性的分区，同类的企业或品牌聚集在一起，趋势更加明显。

国内外很多企业重视展览的效果，著名的通用公司和福特公司每年在汽车展览会上花费很大。但是产品的传播效果和价值是由多种因素决定的，这些更需要参展企业在展会上给观众提供质量高的产品和层次丰富的形式，这些组合在一起才能提高影响力和传播效果。

时尚流行趋势机构在扩大销售过程中同样看重展会的功效，在展示时尚流行趋势产品的同时，参展企业为了充分利用展会平台作用，发挥自己的专业优势，他们还会在展会上举行很多有关时尚流行趋势的讲座和活动，吸引大量的观众前来参与和听讲。与此同时，通过微信、微博等新媒体手段与应邀观众进行现场互动，大幅增加推广频次，实现展商和观众的持续线上线下沟通，在传播海派时尚流行趋势的同时，达成了商贸合作。

■ 小案例

2017/2018 年秋冬中国衬衫流行趋势发布会

2016 年由江苏占姆士纺织有限公司和海派时尚设计及价值创造协同创新中心联合研发并举行了 2017/2018 年秋冬中国衬衫流行趋势发布会，东华大学顾雯博士对 2017/2018 年中国衬衫流行趋势进行了现场解读（图 6-4、图 6-5）。此次趋势预测立足于江苏占姆士纺织有限公司的优势产品和技术，结合国际时尚创意和本土社会环境需求研究，展现了行业前沿的设计亮点。紧随其后开始解读的是一场主题为《矛盾与和谐——2017 中国职业服定制流行趋势》趋势论坛活动。

图 6-4 2017/2018 年秋冬中国衬衫流行趋势发布会（左图）

图 6-5 2017/2018 年秋冬中国衬衫流行趋势发布会现场（右图）

另外在展览会期间，一些专业论坛和设计节同时举办，进一步丰富了海派时尚传播的形式。例如在 2015 年 10 月下旬举办的海派时尚设计及价值创造知识服务中心年度论坛上相关领导、专家学者和企业家围绕论坛主题“圆梦海派 · 智造时尚”进行了深入研讨，共同探讨在海派文化、海派时尚设计、时尚品牌传播、时尚生活与设计等领域相关问题（图 6-6）。还有 2017 年 3 月举办的“设计上海@新天地设计节”，旨在共同推动原创设计在上海乃至中国的发展，以设计为名，联动全城，让上海市民和设计爱好者们享受设计带给生活的乐趣。

图 6-6 专家主旨演讲及互动

（三）实现：应邀观众传播时尚流行趋势

对于时尚流行趋势传播来说，参加展览展会的应邀观众是最终的趋势传播者。他们来到展会进行行业趋势信息的收集与沟通，虽然给展会带来的直接效益较少，但是从整个行业来说，他们是最重要的信息传播者，趋势信息的准确与否直接影响品牌接下来的产品策略，影响行业的动态发展和产业之间的合作。对于参展企业来说，应邀观众是其客户或者潜在的客户，因此应邀观众在展会的趋势传播最后一个环节拥有举足轻重的作用。

参展商和应邀观众在良性互动的过程中，有利于比较行业内部信息、收集到高质量的时尚流行趋势信息和拓展其新的规划和思路。近年来，本土设计掀起一股热潮，许多国内外的设计师纷纷致敬中国元素，但是对于品牌来说，本土文化与自己品牌的融合却是个难题。品牌不知道该如何把握民族元素这个度的问题，所以这样的一批应邀观众前来展会，希望在展会里了解本土时尚的风向，收集行业内的本土时尚流行趋势信息。对于这样一批观众来说，他们带着收集本土时尚资讯的目的前来展会，和参展商还有其他的应邀观众交流行业意见，再吸收新的趋势资讯，回去后确定下一季的产品方向。海派时尚流行趋势要依靠这些应邀观众去推广和传播新鲜的本土资讯，普及本土时尚文化在品牌和企业内涵中的重要性。

三、秀场时装周：新鲜疯狂的华彩展示

媒体是时尚传播的媒介，展会是专业资讯的集中体现，秀场与时装周更是流行趋势的直接展示。海派时尚流行趋势的传播得益于上海时装周的呈现。时装周的定义被不断更新，它越来越多地包容国际风尚和本土文化。个性化的品牌展示及市场推广是时装周的核心，随着上海时装周的平台号召力增强，围绕着时装周集结作品发布会、商贸展会以及各种时尚活动，不少海派时尚品牌由此找到其发展之路。以海派设计为核心，时装周从流通、销售环节扩大到生产领域，从成衣发布会到高级定制周，以其平台的力量创建时尚产业。

在今天的上海，时代精神和本土文化呼声尤为迫切，多元化的价值观和生活方式渗透在每一个鲜活的当下。在上海各色的时装周中，上海国际时装周和上海高级定制周崛起发力，越来越能代表海派时尚文化，它们是海派时尚流行趋势的重要呈现和传播形式。

（一）融合“东西”：应时代所趋

一直以来，上海对大量涌入的西方文化表现出较大的包容和认同，对本土品牌也时常用西方的流行审美来评价。上海自开埠以来，经历了百年风霜，逐步认识到自己的本土文化特征。到了近几年，越来越多的设计师在国内国际时尚舞台上代表着东方演绎其独特的魅力。被聘为“上海时装周时尚大使”的意大利国际时装商会荣誉主席马里奥·博塞利(Mario Boselli)说：“如果有新兴的时装周在不久的将来能取得成功，那一定是在上海。”上海国际时装周代表着海派时尚与国际流行理念相结合的典范，海派时尚流行趋势通过上海时装周的广泛传播，每年都会吸引众多设计师、买手和媒体前来，共赏时尚盛宴。

我们从上海时装周的布局、内容到配套活动来看它是如何传播海派时尚流行趋势的。首先，作为上海国际时装周三大秀场之一的百联集团，是由石库门建筑改造衍庆里形成特有的先锋时装文化景观，充分展示了上海的文化底蕴与时髦气息，海

派时尚首先通过建筑给来宾展示本土文化带来的无限可能(图6-7)。其次,创意设计与商业并重是海派设计的理念之一,上海时装周举办地黄浦区联合周边各大城区,打造设计联动城市,先锋艺术与设计联动商业零售生态,实现从细分发布到创新模式的时尚产业全面布局。另外,与上海国际时装周配套的还有MODE上海服装服饰展。MODE上海服装服饰展致力推进海派时尚行业产业,在满足国内海派时尚零售市场需求的同时,力图整合多项优质资源,打通全方位的媒体传播渠道,为来自世界各地的买手及业内人士搭建商业平台。

海派时尚流行趋势对于大众来说还不是十分熟悉,人们仅仅能从服装上感受一点海派时尚讯息。但是海派时尚是一个庞大的产业,就像上海国际时装周展示的一样,它包含了从本土文化、时尚资讯到城市发展布局等多个方面。上海国际时装周正在崛起,加入的品牌还没那么成熟,大多相对年轻,没有很强的品牌基础和客户基础,但是年轻一代人的宣传力和影响力确是广泛的。海派时尚通过上海国际时装周等周边活动把本土文化传播到年轻一代人中,为长久建设海派时尚,引领国际风尚奠定基础。这是中国设计力量所趋,也是时代潮流所趋。

(二)继承古今:用经典发声

我国的历史文化悠久,底蕴深厚,传统的精湛手工技艺代表了中国传统手工艺人的高超技艺,在历史中的业绩可圈可点,漆器制作、缂丝工艺、明式家具、珐琅彩工艺等一大批中国传统技艺都是民族文化的精髓。中国作为制造大国,现阶段的精品制造能力已经达到了国际上最高的水平,但是在设计和品位上,还有待进一步提升。

图6-7
衍庆里国际时尚中心

海派时尚的经典之作有旗袍、顾绣等,都包括三个基本要素:手工技艺、高端设计和质量上乘的材料。女士穿着这些服饰后,会具有传统东方的江南婉约气质,兼具西方简约大气的时尚品味。代表海派时尚经典的作品集合在上海高级定制周,通过高级定制周展示了海派时尚的经典文化内涵。上海高定中心李玉麟总裁在2016年秋季上海高级定制周开幕式上提到:"高级定制是体现国家时尚产业高度的方式,也是中国时尚向世界时尚发声的途径。"上海高级定制周聚集了大量时尚艺术家和本土高定设计师品牌,是高端文化艺术与商业结合的形态。上海高级定制周培育和支持了很多本土高级定制品牌,为传播海派时尚流行趋势,将海派时尚融入本土定制品牌提供了平台。在上海高级定制周期间,上海时尚联合会和海派时尚设计及价值创造协同创新中心联合举办了“丝绸邂逅高定”2016 年秋季上海高级定制周主题论坛(图 6-8)。其目的是用海派经典文化发声,把代表海派时尚流行趋势的上海高级定制周推到中国时尚的最前沿乃至国际的最前沿,配合上海高定周传播海派时尚流行趋势。更长远地说是希望沟通时尚界内上下游专业及配套资源,在互联网大趋势下,激发新时代海派时尚的商业潜能。

上海高级定制周是一项本土化的、长期的高端时尚活动尝试,它代表的海派时尚力量不容小觑,具有不可估量的传播能力,是作为海派时尚产业的发声,更是代表中国设计的态度(图 6-9)。

图 6-8
“丝绸邂逅高定”2016 年秋季上海高级定制周主题论坛现场

图 6-9
上海高级定制中心——外滩 22 号

第三节 海派时尚流行趋势的传播战略

在海派时尚流行趋势的传播战略中主要需要厘清的是趋势传播过程中面临的主要问题,只有找到问题才可以针对性地对公关宣传战略进行布局。目前海派时尚流行趋势推广和传播方面主要存在以下三类问题:

第一点,自身存在问题。国内研究和开发海派时尚流行趋势的机构非常有限,这一时尚流行趋势的分支发展还处于起步阶段,所以该领域的资源和人数较少。虽然“海派”概念由来已久,但是主要集中于文化的研究,这样的结果就导致海派时尚流行趋势“声音”微弱,同时海派时尚流行趋势研发机构对于整个时尚产业的把控还不够成熟,海派时尚流行趋势的知名度有限。所以在推广传播方面首先要想办法提高海派时尚流行趋势发布的曝光率和普及度,这就涉及后面的“全渠道”传播,具体会在后面章节详细解释。

第二点,缺乏文化自信人才。许多海派时尚产业对于民族本土时尚和时尚流行趋势缺乏自信心，自己民族的品牌拍摄产品照片却要邀请外国模特。海派时尚界一直以来并且直到今天仍然有人认为，海派时尚是受到西方的影响，因此海派时尚设计师最重要的是争取西方的认可，这显然是本末倒置。海派时尚首先应该在中国受到普遍的认可，不受中国认可的所谓“海派时尚”即使能够侥幸取得西方的青睐，那也只不过是西方时尚体系中的中国元素而已，这样的海派时尚设计者其个人也许能够进入西方的时尚界，也绝不意味着海派时尚可以同时成为世界时尚的重要组成部分。目前大部分中国已有的本土设计师品牌的主设计师或者品牌主理人或多或少都有国外留学或者生活的经历，很多品牌更是希望在国际时装平台上发声，然后借助国际知名度，扩展国内市场和知名度。无可厚非的是，中国消费者对于国外市场持有较高的信任度，但是企图通过西方海派时尚界短时间的认可和曝光率来发展自身品牌，这并不是长久之计，不免带有“投机”之嫌。

第三点，海派时尚流行趋势受众问题。目前，中国的时尚产业对于流行趋势，还是着眼于国外，除了上述针对产业内部人员有这样的趋势发布以外，民众大部分还是更倾向于将目光放在“遥远的海岸线”以外，即便是有人问“你是否希望我们中国有自己本国的时尚和流行趋势?”，大部分人会给予肯定的回答，但是自己购物的时候依然是更趋向国外的产品。虽然这与中国生产行业以前质量不够优良有关，但总体而言，相当部分的受众依然对于本民族时尚概念和相关产业带有“先入为主”的心态，缺乏应有的信任和耐心。

对于海派时尚流行趋势的传播战略，人们经常认为趋势是抽象的、不可捉摸的。对于趋势本身而言，确实存在很多模糊边界和不可控因素，但是具体到时尚流行趋势的传播，不妨换个角度来看问题。时尚流行趋势或者具体到海派时尚流行趋势，可以将其等同为一种无形的服务，类似于咨询类的信息服务产品，其实流行趋势的受众对于趋势的需求无非依靠趋势的预测能力指导其后续设计或者产品发展方向。如果将流行趋势抽象成一类无形的产品，那么则可以将海派时尚流行趋势的传播战略概括为二个部分。首先是要包装和丰富流行趋势的呈现形式，类似于打造产品。对于趋势研究和开发者而言，由于其自身“产品”的非实物性，趋势的推广靠的是信息服务，而信息服务就是所谓的“产品”。有关信息服务类产品的推广，保证产品质量优良以外，确保“产品”的“可视化”和“易分享”至关重要。其次，有了优良易传播的流行趋势后，需要完善整个趋势的推广公关宣传战略，现在的营销讲求精准营销，在传播上也同样需要。以往认为传播就是将信息传得越远越广泛为好，“让更多人知道”成为了趋势传播至关重要的工作，但是广泛的传播并不意味着广泛的应用，如何提高传播后趋势的使用或者增加受众的使用可能才是最为重要的。那如何提高受众使用或采纳时尚流行趋势的可能呢？公众传播，有目的、有意识的传播就必不可少。

一、可视化：海派时尚流行趋势传播的前提

“可视化”一词源于英文“Visualization”，译为“形象化”“成就展现”等。事实上，将

任何抽象的事物、过程变成图形图像等形象化的表示都可以称为可视化。在引导技术中,可视化又称为“可视思考或视觉化思考”,是将声音转化成为可视的图片或文字,更简化过程,增强了可思考性。可视化另一层面可以理解为:理解、对话、探索和交流。确切地说,可视化是一个过程,它将数据、信息和知识转化为一种形象化的视觉表达形式,充分利用了人们对可视模式快速识别的自然能力,以形象化的姿态接受大众的解读。

对于海派时尚流行趋势而言,在这里提出的“可视化”概念和原始的计算机可视化或者信息可视化有着本质的区别,但是借用了“可视化”的特点,意在通过传播战略让时尚流行趋势在传播过程中更便捷、更易理解。

时尚品牌、专业机构、时尚人士或者大众对于海派时尚流行趋势的需求和目的不尽相同,各方站在自身的视角和从自身利益出发,对于流行趋势的需求各有权重。比如品牌,更加注重流行趋势背后可挖掘的经济价值,流行趋势对于未来市场走向的精准与否是企业和品牌最为在意的。而专业机构除了向品牌传播趋势以外,还有传播海派文化的责任。针对企业和品牌,趋势预测机构除了为其提供海派时尚流行趋势手册以外,更多的应该为企业提供除了概念趋势以外的产业上下游的信息,比如趋势手册中应包括新趋势面料的供应商或者经销商等。而对于专业机构、时尚人士或者大众,为了传播海派文化则可以侧重通过网络媒介制作线上趋势信息,用微信、微博、趋势官网或者专业时尚机构的官方网站对海派时尚流行趋势进行报道和普及。

AR、VR 技术的不断完善使得“体验式营销”时代已经到来,体验式营销将是现在以及未来颠覆原有传统营销模式的另一种销售和传播手段。对于海派时尚流行趋势,除了传统的趋势手册、微信、微博宣传,在专业的时尚流行趋势发布会上,趋势传播者应该改变以往单纯演讲的趋势信息推广形式,这种类似于授课形式的推广形式,非常考验演讲者的表述能力,一旦其宣传的趋势过于抽象或者概念化,听众很难理解,从而无法达到最佳的传播效果。在 Web 2.0 的时代背景下,信息的传播应该把握住快速、直接、容易理解的特点,就是在有限的时间内,让受众最快最大程度地理解所传播的内容。在 VR 虚拟现实发展如此迅速的时期,时尚流行趋势可以通过虚拟现实手段进行传播。2017 年 2 月,WGSN 与天猫联合发布了 2017 年春夏家居流行趋势。在活动现场,智能功能的相框、花盆以及 VR 眼镜讲述着现代科技与智能结合的趋势,虚拟现实的呈现方式创造出更具有触感和沉浸感的消费体验(图 6-10)。

同样的,2016 年科切拉音乐节与 Vantage. tv(第一个虚拟现实音乐会公司)联手,发放给参加音乐节的观众们每人一个纸板观看器,并与腕带配套使用,从而为其带来虚拟现实体验。科切拉 VR 虚拟现实 APP 应用为粉丝们带来 360 度全景的沉浸式体验,让其在远离音乐节现场时也能欣赏到顶级艺术家们的精彩演出。场外的粉丝们只要自备 VR 观看器,就能够参与其中(图 6-11、图 6-12)。科切拉音乐节对于 VR 技术的应用只是最基本最浅层的一类。为了庆祝连续七年担任科切拉音乐节的赞助商,H & M 推出了自己的数码游戏,利用 Reborn 装置带来改良版的视频体验。风和光线让 360 度沙漠场景更加逼真,视频里 15 秒的沙漠之旅可以在社交媒体上进行分享。此外,H & M 还展示了自己的 H & M Loves Coachella 设计系列,而海

图 6-10
WGSN 携手天猫美家权威发布 2017 年春夏家居流行趋势——沉浸式戏剧现场

图 6-11
2016 年科切拉音乐节活动现场(1)

图 6-12
2016 年科切拉音乐节活动现场(2)

莉·鲍德温(Hailey Baldwin)和马尔塔·阿吉拉尔(Marta Aguilar)等时尚达人整个周末都穿着这些单品。而 WGSN 已经在近几年的趋势发布会上开始尝试使用 VR 技术,可以细想,不远的未来,VR 技术将会更多地渗透到时尚流行趋势传播中来。对于 VR 应用在时尚流行趋势传播的原因,也许有人会认为虚拟现实发展如火如荼,所以各方都想借助该手段来发展自身,但为什么海派时尚流行趋势必须应用 VR 的展现形式来传播呢?首先,时尚流行趋势是一个类似于概念性的信息传播,本身就抽象难懂，对于抽象事物每个个体又有自身的理解结果，以往趋势机构通过图片、文字或者趋势专家口口相传，趋势信息的准确性难免会受到影响。VR这种虚拟现实的展现手段十分符合抽象信息具象化的需求，同时也符合海派时尚流行趋势“可视化”的需求。

其次，海派时尚流行趋势可以借助自媒体的“东风”丰富传播渠道。进入Web 2.0时代后，自媒体的迅速增长从形式上和内容上丰富了这个时代的网络讯息传播方式，同时也影响了当下信息传播的特点。对于流行趋势和时尚资讯的传播，同样需要借助自媒体这艘大船，而且这二者的结合存在得天独厚的条件。

目前，“网红经济”与“时尚行业”相结合的一个事例是“美丽联合集团”的出现。随着“直播+电商+网红”相结合的新风尚的发展，时尚平台开始走“社区+内容+电商”的路径。其中的重点环节是打造“网红”生态链。美丽联合集团旗下的红人工作平台引力(UNI)平台已经包容3万红人，未来有希望吸引将近100万的红人加入到平台中，并实现从网红个人品牌到一系列个人设计师品牌的转换。以上这个将直播、电商和自媒体相结合的道路，对于海派时尚流行趋势也是可行的。比如目前正在发展的裤兜创新设计学院，它是中国文创领域首家集线上线下为一体的一站式教育创新平台，主要教授时尚、设计以及创意方面的课程。趋势传播也可以借鉴这样的形式，在网上进行类似于微信课堂或者线上论坛的方式对外传播。综上所述，对于海派时尚流行趋势的传播如图6-13所示，图中三类传播形式：实物类、虚拟类以及专业群体类传播，这些传播形式是海派时尚流行趋势的载体和呈现形式，极大地丰富了传播途径。

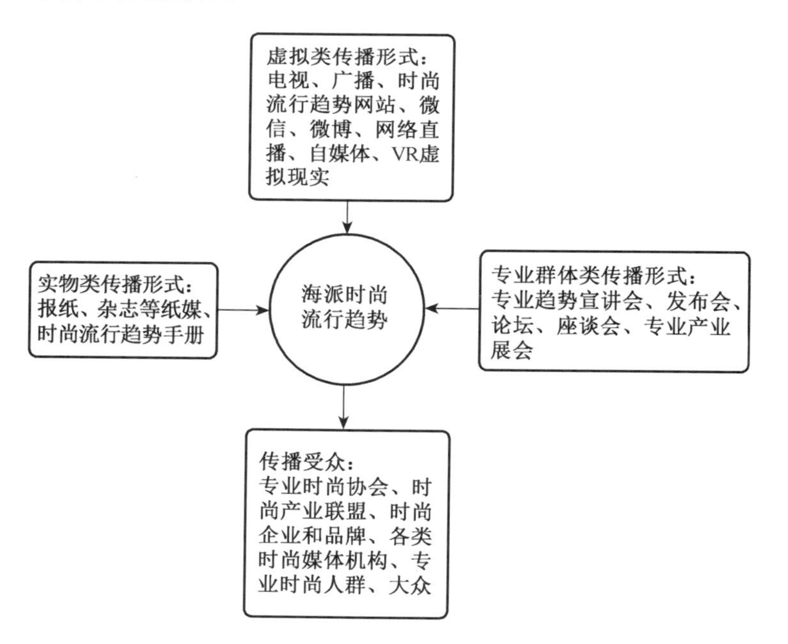

图6-13
海派时尚流行趋势传播形式与受众关系图

二、易分享：海派时尚流行趋势传播的条件

分享是现在交流信息最直接的方式之一。在Web 2.0的时代下，每个人都是内

容的生产者和消费者，Web 2.0 的参与性、交互性等特性给当下的分享提供了方便。互联网内容的分享与直接从互联网获取信息相比更加体现参与感和互动感。易分享的模式也更加适用现代人的互联网生活。网络内容的易分享行为与即时通讯的社交媒体相比扩大了范围，而且在私有化方面同时增加了公开性，更加凸显出现代社会化的媒体性质。易分享是互联网的自然属性，同线下的共享行为相比，互联网内容借助了网络内容可以跨越地理和空间限制的优势，通过互联网设备在任何时间、任何地点进行内容分享，而且任何互联网内容分享不论是发布还是获取大部分都是免费的，增加了易分享的优势。反观线下的分享行为大多是占据了原有的事物，受众的数量和范围都会受到限制，互联网的可复制性使得分享行为的受众可以没有限制地增加，凭借各种平台和媒体的传播，受众可能是任何人。

当海派时尚流行趋势满足了第一个传播的先决条件，即丰富的可视化展现形式后，第二步要做的就是实现趋势传播过程中的“易分享”。这一点直接关系到趋势传播的速度和难易程度。未来海派时尚流行趋势传播在于凭借便捷的网络环境和各种技术发展，使得传播更加简化和容易，传播的范围更加扩大和迅速。新的驱动战略是一个动态的体系，它包括组织的合作能力、举办活动的能力和传播推广的能力。如何做到易分享涉及以下各个方面：

首先，从海派时尚流行趋势的内容入手，要做到趋势中的内容和概念表述清晰、直白。以往有很多趋势在“主题”和“概念”板块用词抽象，无非是为了用模糊的语言叙述和概括更为宽泛的流行趋势发展方向。但是这样做的弊端在于太过抽象的形容词汇会让人摸不到头脑，很多国内的服装设计或者时尚设计从业者就表示，对于趋势平台的选择，更倾向于使用“碟某网”而非“W 某网”无非是因为前者信息提供得更直白更“傻瓜”，基本属于上手就可以直接使用，而后者虽然是国际领先的趋势预测机构，拥有更为强大和全面的资讯信息，但其实用性却不如前者。对于海派时尚流行趋势而言，在内容上需要避免求大求全，反而应该做到精准、清晰、明了即可。

其次，时尚流行趋势主要的对外宣传手段是趋势发布会。发布会可伴随每年的专业产业展会同时进行一对一、或者一对多地针对企业和从业者进行宣讲，这种形式多以时尚流行趋势预测专家在台上讲解为主。这个形式类似于“教师—学生”的授课形式，如果趋势内容不够吸引眼球，往往会让宣讲变得枯燥无味。为了达到更好的趋势传递效果，除了单纯讲解以外，可以丰富趋势的表现形式，除了图片文字，还可以加上声音、音乐、视频等多种形式。同时还可以加入 VR 虚拟现实技术和网络直播，让受众更直观地了解未来趋势的发展，同时线上线下一齐互动。

最后，时尚流行趋势的发布除了宣传手册，还可利用微信、微博等线上媒体和社交媒介，多频次、短篇幅地将趋势拆解成短小精炼的报道对外发放，这样不仅符合线上用户的浏览喜好，也可以确保“用户黏度”。

三、分众传播:海派时尚流行趋势的精准营销

所谓分众,需要具备三个特点:首先,分众是在某一时间段内有共同信息需求的群体;其次,分众是有相同的接收信息习惯的群体;最后,分众是具有相同社会信息环境的群体。分众传播的根源来源于大众传播,对于始于20世纪四五十年代的传播学来说,大部分的研究重点在大众传播方面,而分众传播是来源于人们注意到媒介与受众关系的变化。由于网络的出现,20世纪70年代到90年代,人们由单一路径的报媒纸媒到广播电视最终转到通过电脑、宽带进行信息传播,可以说这时的传播进入了大众传播的黄金鼎盛期。到21世纪以后,信息爆炸带来了世界范围内信息传播的变革,也影响了人类的生活。20世纪90年代中期,每个人一天要被动接受的信息达到了近两千条。对受众个体来说,由于绝大多数的信息都是无用或不被需求的,所以,“地毯式”轰炸的大众传播在20世纪90年代末已经达不到从前的效果,并且使多数受众产生了信息屏蔽的习惯。在浪费了巨大的媒介资源和信息资源之后,信息传播的从业者中有一部分人开始对信息价值、媒介价值、受众需求进行更深层次的思考。分众传媒、聚众传媒等一些以有着共同属性的受众为目标群体的专业媒体公司在广告领域中首先诞生了。

谈海派时尚流行趋势为什么要谈分众传播,首先是因为分众传播更符合现在受众的信息接收习惯;其次海派时尚流行趋势与其他流行趋势不同的是,它带有强烈的本土文化特色,是区别于一般统领国际潮流趋势的“小众”趋势,这其实并不意味着其市场受到限制,反而应该抓住这个独特的特点将海派时尚流行趋势包装得更有特色,更具有自身特点;第三,海派时尚流行趋势预测发布现在处于刚刚起步的发展阶段,不要急于将名声或认知度范围做得太过广泛,虽然在发展初期,提高知名度很重要,但是要避免急功近利的心态,找到真正合适的受众,建立长期稳定的客户关系至关重要。可以先从具有海派特色的品牌企业和专业机构开始入手,循序渐进。

所以,在海派时尚流行趋势公关宣传时,不要先将推荐的面铺得太广,可以先从对于本国时尚流行趋势有信心的品牌和企业入手,这样的企业对于海派时尚流行趋势会更有信心也更容易接受。除了每年积极参与时尚产业三大展会,在专业展会上发声以外,更多的可以以类似“直销”的方式去和企业洽谈,这样可以一定程度地减少推广成本,同时提高推广的成功率,也回避了产业对于本国时尚流行趋势信心不足的情况。至于广大受众对于本国时尚流行趋势和时尚产业的部分负面主观情绪,则需要整个时尚产业同仁共同努力,再加上一定时间的沉淀,就会有明显的改善。

四、全渠道:海派时尚流行趋势传播范围

在传播过程中引入“全渠道”概念,全渠道最早应用于零售行业,成为全渠道零售。清华大学李飞教授将全渠道零售定义为:企业采取尽可能多的零售渠道类型进行组合和整合(跨渠道)销售的行为,以满足顾客购物、娱乐和社交的综合体验需求,这些渠道类型包括有形店铺(实体店铺、服务网点)和无形店铺(上门直销、直邮、目录、电话购物、电视商场、网店、手机商店)以及信息媒体(网站、呼叫中心、社交媒体、

Email、微博、微信)等。具体全渠道的销售模式见图 6-14。“全渠道”这个概念在零售行业较为新颖,出现在近十年间。对于一个零售行业的概念,为什么会和海派时尚流行趋势的传播战略相关呢?

首先,对于海派时尚流行趋势传播的战略而言,推广海派时尚流行趋势的实质含义就是一种信息服务产品转化成商业价值的过程。既然谈到售卖产品,那么必然绕不过成功的销售模式,而全渠道就是时下零售模式的一个重大变革。海派时尚流行趋势多种呈现形式就是为了后续其能够更好地适应全渠道新模式。

其次,“全渠道零售”概念的产生不仅是零售行业的一次变革,也意味着线下实体经济与线上经济、还有移动客户端销售三者终于“握手言和”,这从本质上改变了原有的零售模式。而对于流行趋势,一定会因为产业模式的升级而受到影响。在未来,“全渠道”的应用范围将会更为广泛,不会仅仅局限于零售行业,在传播方面,也一定会出现类似“全渠道传播”的概念。对于海派时尚流行趋势,现在需要做的是深刻理解“全渠道”的概念和特点,运用“全渠道”的精神去增加与受众的接触频率,从而提高传播效率。

图 6-14
全渠道销售模式图解

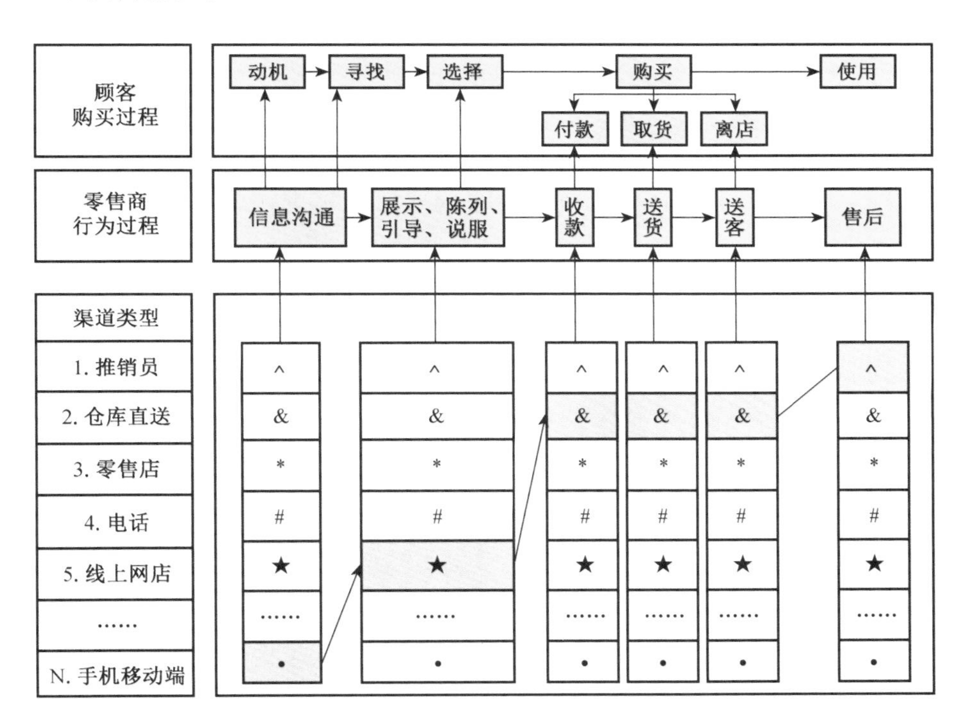

五、品牌形象:海派时尚流行趋势的公信度

完善了海派时尚流行趋势的呈现形式和公关宣传后,趋势机构会吸引到合适的合作伙伴和客户,但是这并不意味着传播的结束,保持稳定的客户群并培养与其更为牢固的合作关系非常重要。这一步的工作非同小可,其重要程度甚至大于前二者的总和。其背后主要有三部分含义:首先,稳定的客户群意味着海派时尚流行趋势拥有了较为持久的传播渠道;第二,良好的、长时间的合作会给企业与趋势机构双方

带来默契感，有效建立企业对于海派时尚流行趋势的信心和信任；第三，海派时尚流行趋势服务的客户群良好的发展有助于趋势自身的发展，这一点类似于营销学中的“口碑营销”。

培养稳定的客户群可以从以下几方面入手：

1. 放下“顾客就是上帝”的执念

大数据时代的来临，让销售者占领了信息的主动权，不再一味地秉承顾客第一、顾客就是上帝的理念。销售者或者说营销链上游开始有目的性地培养顾客的消费习惯，成为了顾客购物的引导者和“智能管家”。对于海派时尚流行趋势的传播也拥有异曲同工之效。趋势机构在传播趋势的过程中，更多的是扮演受众的指导者，在传播过程中提高海派时尚流行趋势的“权威性”，从“客户告诉趋势预测者其需要什么”到“趋势预测者指导客户发觉其真正需要什么”，具体操作是倚靠大数据等相关领域的数据挖掘技术，提高海派时尚流行趋势预测精准度，并通过“机器学习”理论辅助预测。良好的趋势预测信息服务提高受众的满意度，超越受众期望让受众惊喜，从而获得更高层次的满足，让受众认可趋势机构，逐渐成为忠诚客户。

2. 提供产业链全程预测服务

除了提高海派时尚流行趋势预测“权威性”以外，另一个需要引入的概念是“全程预测”。以往预测机构只是负责在产品开发阶段，告诉设计师或者设计部门和产品部门外来产品的走向，基本企业用到时尚流行趋势预测的阶段仅局限于产品开发阶段。但是由于“全渠道”营销模式的产生，整个销售模式发生了变革，整个产品供应链效率增加，所以单一时间点的趋势预测已经不能满足企业需求，“跟踪性”的时尚流行趋势预测机制开始产生，理想情况是海派时尚流行趋势预测可以做到覆盖整个产业链，在原有基础上不断调整和改变，以期待更好的适应市场变化。

参考文献

[1] 王梅芳.时尚传播与社会发展[M].上海:上海人民出版社,2015.

[2] 沈唯.社会变迁中的上海设计研究[D].上海:上海大学,2013.

[3] 丁家永.女大学生对护肤品品牌意识的调查[J].销售与市场(管理版),2010,(03):36-37.

[4] 李昭庆.老上海时装研究(1910—1940s)[D].上海:上海戏剧学院,2015.

[5] 汤卫玲.海派文化的传承者与传播者——上海广播电视台、上海东方传媒集团(SMG)媒介运营管理分析[J].新闻传播,2013,(12):183-184.

[6] 张志炎.百年老产业转向新时尚——上海纺织转型发展纪实[J].上海企业,2011,(06):17-19.

[7] 李晓君.追溯海派服饰源流"上海摩登——海派服饰时尚展"举行[J].上海工艺美术,2014,(02):114-115.

[8] 卞向阳,张琪.中国近现代服装的演变特征以及海派时尚的地位与特点[J].服饰导刊,2012,(01):6-13.

[9] 花建.海派文化:上海的文脉传承与时代创新[J].江南论坛,2007,(12):11-14.

[10] 马艳,张竞琼.海派旗袍对现代服装设计的启示[J].丝绸,2010,(03):49-52.

[11] 刘晓翠.如何让老品牌重焕生机?——访上海家化董事长葛文耀[J].上海国资,2012,(08):32-33.

[12] 张昆,刘旭彬.中国国家形象传播的思考[J].理论月刊,2008,(09):95-99.

[13] 张昆.中国究竟需要树立什么样的国家形象[J].中州学刊,2014,(11):5-9.

[14] 陈兵.媒介品牌论[M].北京:中国传媒大学出版社,2008.

[15] 高宣扬.流行文化社会学[M].北京:中国人民大学出版社,2006.

[16] 郭庆光.传播学教程[M].北京,人民大学出版社,2012.

[17] 谭姝.浅谈新兴媒介与受众的互动[J].中国广播音像出版社,2012:39-40.

[18] 赵莉.互动传播的思维[M].北京:中国轻工出版社,2007.

[19] 罗云.浅析女神新衣的商业模式及数据面纱下隐藏的消费市场[J].现代商业,2014:83-84.

[20] 魏武挥.看媒体电商化的几种玩法[J].中国报业,2014,(19):23-25.

[21] 周晓虹.自媒体时代:从传播到互播的转变[J].新闻界,2011:20-22.

[22] 柳恋.纺织服装专业展会价值三角的研究[D].上海:东华大学,2006:18-19.

[23] 葛浩.如何运用新媒体推行企业品牌的传播战略[J].传媒观察,2013,(07):38-40.

[24] 苏宗伟,赵渤.东方管理文化与中国文化传播战略浅析——海派城市人文品牌识别体系建设试点研究[J].上海管理科学,2010,(02):1-5.

[25] 范红,胡钰.国家形象与传播战略[J].新闻战线,2016,(01):74-76.

[26] 吕永峰.读图时代可视化及其技术分析[J].现代教育技术,2015,(02):19-25.

[27] 周宁.知识可视化与信息可视化比较研究[J].情报理论与实践,2007,(2):178-180.

[28] 杨彦波,刘滨,祁明月.信息可视化研究综述[J].河北科技大学学报,2014,(01):91-102.

[29] 赵冠闻.论分众传播的产生和发展[D].长春:吉林大学,2007.

[30] 赵冠闻,郭玲玲.论分众传播的产生及发展——从媒介的演变看传播的发展[J].理论界,2006,(11):136-137.

[31] 李飞.全渠道零售的含义、成因及对策——再论迎接中国多渠道零售革命风暴[J].北京工商大学学报(社会科学版),2013,(02):1-11.
[32] 品牌“全渠道化”营销[J].成功营销,2013(03):22.
[33] 王宝利.整合营销传播理论及其应用[D].天津:天津师范大学,2004.
[34] 白晓娟.网络时代企业如何培养顾客的忠诚度[J].现代经济信息,2015,(19):97.
[35] 丁乃鹏,段敏.客户关系管理发展综述[J].经济经纬,2005,(02):127-129.
[36] 李洪明.培养客户忠诚度的服务质量管理[D].北京:对外经济贸易大学,2005.
[37] 田恬.浅析消费者品牌忠诚度的培养策略[J].东方企业文化,2014,(01):297.
[38] 王莹莹.新媒体时代数字音乐平台音乐精准推送问题探析——以网易云音乐为例[J].新媒体研究,2016,2(10):55-56.

第七章

海派时尚流行趋势预测的评估与验证

时尚的范围非常广泛，从建筑、舞蹈、体育甚至人类的思想和意识形态领域都包含了时尚，因此时尚预测在人类文明的进步中具有较大的导向性，海派时尚流行趋势预测结果的正确性显得尤为重要。我们出门的时候要看天气预报；买足彩的时候要看赛事预测；银行给借款人发放信用卡时要预测借款人的信用；有些公司通过对员工数据的收集，预测员工的离职率；从事时尚行业的人员要通过观看时装周的表演来预测服装流行趋势等。可以说，预测跟我们生活已经分不开，生活中处处存在着"预测"这一行为，它指导我们工作、生活和学习。在本书前面我们已经系统全面地讲解了什么是时尚流行趋势预测，如何进行海派时尚流行趋势的预测，以及在大数据环境中，如何建立有效的时尚流行趋势预测机制。在本章中，我们将对前述所建立的海派时尚流行趋势预测体系进行验证，检验海派时尚流行趋势预测机制建立的原则、过程、方法与结果是否符合真正的流行趋势，检验海派时尚流行趋势预测是否能够为消费者提供实际需要的产品和服务。

本章从海派时尚流行趋势预测验证的内容开始，详细阐述对趋势预测进行验证时所要检验的内容，以及每项检验内容所代表的含义；其次，介绍海派时尚流行趋势预测验证的标准、流程与方法，从实际操作层面展示如何进行趋势预测的验证工作；最后，为了使验证工作能够持续、循环、高效地为趋势预测所服务，介绍了如何建立海派时尚流行趋势预测体系，阐述了验证体系建立的指标及其运行机构。

海派时尚流行趋势预测的评估与验证作为趋势预测工作的补充和校对环节，在时尚流行趋势预测中起到了非常重要的作用。基于大数据、云计算、智能设备的广泛应用，人们的生产经营活动能够以更加精准的数字方式所展现，在虚拟的云端形成一个镜像世界。由于大数据的特性，以及海派时尚独特的形式，我们无法准确地预知趋势预测结果产生的最终综合效应，因此，需要对海派时尚流行趋势预测体系进行检验，以数量统计方法为手段、以预测结果的实用性为导向、以趋势预测流程为逻辑顺序，以检验指标点和验证评估面相结合的方式验证海派时尚流行趋势预测的内容、方法、流程及结果。

任何一种体系或多或少都存在某些方面的漏洞或不足，作为一个兼具定量分析和定性分析的海派时尚流行趋势预测体系更是如此。要想一个体系能够稳固运行，接纳不同的外界信息，同时能够适应各种不同的环境，该系统就应该时常地进行修复。同理，对于海派时尚流行趋势预测的系统而言更是如此，海派时尚流行趋势预测系统也同样需要收集不同的流行讯息，加载不同的流行元素，同时面对不同的趋势预测报告的需求者时还需要适时地做出调整，那么，海派时尚流行趋势预测的评估和验证系统就必不可少。海派时尚流行趋势预测评估与验证系统的意义在于：首先，评估和验证系统在海派时尚流行趋势预测系统工作的过程中能够保证预测系统工作的稳定性，它能够根据以往的趋势预测的数据对当前的预测结果进行适时的调整；其次，评估和验证系统能够优化预测流程，使得预测过程中的任何一个环节都能够被市场所检验；最后，评估和验证系统能够提高预测结果的认可度，使得以描述形式为主的趋势预测更加具有说服性。

第一节　海派时尚流行趋势预测评估与验证的内容

海派时尚流行趋势预测评估与验证的内容是在预测结果不太理想的前提下，对预测结果进行分解检验得出来的评估要点，见图 7-1。

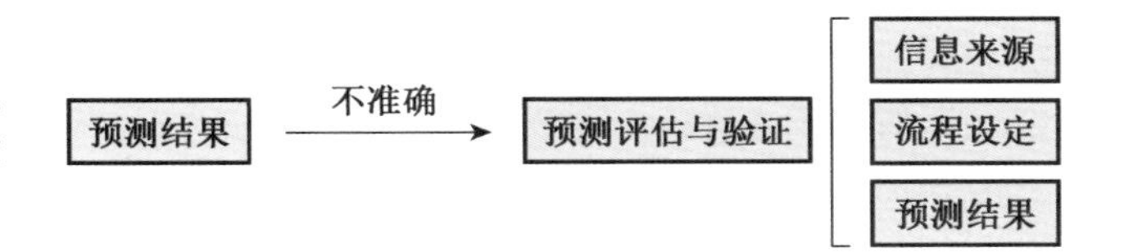

图 7-1
海派时尚流行趋势预测评估与验证的内容

验证的内容主要包括三个方面：第一，作为前提的时尚流行趋势信息，这是海派时尚流行趋势预测的基础，所有的预测内容都基于对时尚流行趋势信息的整合和分析，本书在前述中已经详细阐述了如何获取及整理时尚流行趋势信息，在本章中将阐述如何对所获取的时尚流行趋势信息进行检验，使所获得的时尚流行趋势信息更加准确和有效。第二，作为保障的趋势预测流程，在预测系统当中，流程的标准化将会减少预测的误差值，同时也会提高预测的效率。流程的标准化意味着使用同一种编码方法，同一种预测手段，同一种信息传递方式，以保证趋势预测流程的可复制性。第三，作为导向的趋势预测结果，流行趋势预测最终检验的标准就是看趋势预测是否能够提供给消费者最需要的产品，能否在市场上得到认同，对时尚流行趋势信息来源的检验和对趋势预测流程的设定都是为了保证有良好的趋势预测结果，在逻辑关系上前二者与趋势预测结果构成了因果关系（表 7-1）。

表 7-1　海派时尚流行趋势预测评估与验证的内容

类　型	项　目	评估与检验要点
趋势信息	广泛性	信息渠道、信息成本、信息范围
	准确性	数据整合、信息汇编、模型预测
预测流程	标准性	操作流程、编码规则
	耦合性	内部与内部以及外部与外部之间的信息对接
预测结果	销售数据	总销量、盈利、市场占有率等
	应用指导	对时尚机构的影响、对时尚企业的影响

一、时尚流行趋势信息的来源

时尚流行趋势的信息主要包括两个方面：第一是流行时尚的历史信息，即已经发生过的时尚信息，主要有各品牌的市场营销数据、产品设计数据、秀场及各大发布会数据、权威预测机构数据等；第二是时尚流行的实时数据。以往这方面的数据很难获取，即使获取了也不能快速地对数据进行详细的分析，在建立了预测系统之后，时尚流行的相关实时数据从数据抓取系统直接进入数据整合编码系统，按照一定的编码规则进行编码后可直接导入预测模型进行预测，更关键的是，这一流程不再需要人工操作。因此，对于时尚流行趋势信息要有所保障，主要从两个方面来验证时尚流行趋势信息的来源，即时尚流行趋势信息的广泛性和准确性。

（一）相对广泛的数据源

在大数据时代，信息的广泛性意味着结果的准确性，也就是说，对于某类信息获取得越多，就越能看清某类事物的全貌，信息的广泛性与事物的准确性成正比关系。对于信息的广泛性主要检验三个方面：第一，信息获取的类型及渠道；第二，信息获取的成本；第三，信息获取的程度。

首先，在确定某类趋势预测对象后，要设定所获取的时尚流行趋势信息类型，即时尚流行趋势的数据应包含哪几个类型，根据所预测对象的属性来确定信息获取的类型。但每一类数据都有一定的局限性及不同的获取渠道，只有融合各方面的原始数据，才能反映事物的全貌。检验信息获取的类型及渠道主要参考预测对象的预测结果效益，即预测结果效益高，信息获取的类型及渠道就广。其次，获取信息是需要成本的，时尚流行趋势的预测具有数据复杂、计算复杂、系统复杂的特点，要考虑到时尚流行趋势的数据成本与利益之间的关系，获取信息成本的参考标准是时尚流行趋势预测的战略，即采取何种预测战略，想达到何种预测结果，决定了信息获取成本的高低。最后，对于广泛性存在一个度的问题，即时尚流行趋势信息获取到什么样的程度才算广泛？同样，时尚流行趋势信息的获取程度与预测对象的预测结果效益相关，预测结果效益高，时尚流行趋势信息获取程度就宽，反之就越窄。

（二）信息整合的准确性

有了大数据及云计算后，可以保证时尚流行趋势信息在收集和传递上的准确性，因此，时尚流行趋势信息的准确性主要涉及的是信息的整合问题。但趋势预测的准确性是相对的，时尚流行趋势预测受多方面影响，准确性只是一个相对的概念。从预测流程上就可以看到，时尚流行趋势预测的第一个流程是数据的收集，其次就是数据的汇编，根据不同的预测对象采取不同的汇编方法。时尚流行趋势信息的准确性检验的就是汇编规则是否一致。对于时尚流行趋势信息在收集阶段所采取的编码规则和在数据整合以及数据描述阶段所采取的编码规则要保持一致，对每一类数据都要有详细的编码规则及编码方案，以便数据汇编工作人员能够进行标准化的操作，使各类数据能够快速、精准地导入预测模型。

二、趋势预测流程的设定

作为检验内容的第二个方面，合理的趋势预测流程是得到准确、有效的趋势预测结果的保障。检验趋势预测流程的设定有两个方面的内容：第一，预测流程的标准性，即预测流程中各环节操作的标准化；第二，预测流程的耦合性，主要指预测系统中各环节之间的信息对接和传递。

（一）预测流程的标准化

趋势预测流程的标准化意味着每一个环节都能够形成独立的运作体系，每一个环节有详细的操作规范及操作标准，避免了由于人为因素而导致的预测流程的不确定性。例如，在进行服装款式信息汇编时，要求对所有的款式进行明确细致的编码，制定详细的编码规则，对所有录入的款式都有明确的编码对应，避免了由于员工按照个人的意向来汇编数据而带来的不准确性。

趋势预测流程的标准化也意味着预测环节的完整性，在时尚流行趋势预测数据收集完毕后，就要对数据信息进行分析整合，其中每一个环节都不可缺失。例如，在预测模型导出数据后，要对预测结果进行检验，看预测数据是否合理，只有符合预测趋势的预测结果才可编入预测报告。对于异常值要进行检验，分析异常值产生的原因，并在趋势预测报告中详细阐明异常数据形成的原因及其所表示的含义。

（二）预测环节的耦合性

耦合性是通信工程、软件工程、机械工程等工程中的相关名词术语，在海派时尚流行趋势预测中指的是各预测环节之间的关联程度，包括逻辑关系、调用关系、数据传递关系。环节与环节之间的耦合性越强，表明环节之间的联系越紧密，同时也表明其独立性越差。检验趋势预测环节的耦合性主要考量数据的传递关系，因此主要指数据耦合。检验环节与环节之间的数据传递是否采用统一的编码规则对数据进行编码和解码，这是保证数据耦合性的基本条件。时尚流行趋势预测流程的耦合性还体现在预测系统内部与系统外部数据的对接上。由于时尚流行趋势信息来源广泛，不同渠道的时尚流行趋势信息会采用不同的表达方法，因此针对不同类型的信息渠道，如何有效、统一、标准地收集信息也是需要考虑的一个方面。

三、趋势预测结果的检验

海派时尚流行趋势预测检验的最终标准是看预测结果能否为消费者提供最需要的产品以及是否能够指引使用者进行有效的产品规划。这一检验原则已重复过多次，在此要深入阐述检验趋势预测结果时需要考量哪几个方面的因素，即预测结果的检验有哪些标准。

（一）销售数据的比对

各品牌的销售数据无疑是最有说服力的验证标准。一个预测系统做出的预测结果最终都要在市场中进行检验，销售数据不仅反映了商家的销售状况，同时也反映了消费者对于时尚流行趋势的选择态度。因此，一份完美的趋势预测报告不仅要符合品牌商家对销售利润的追求，也要符合消费者对产品和服务的追求。

在进行销售数据检验时，首先面临的问题是获取销售数据的类型，即寻找哪些销售数据作为检验的标准。检验的标准就是同一预测类型对应同一销售市场，即选取与预测对象类型相同的市场销售数据。例如，对某海派女式连衣裙这一预测结果进行检验时，在销售数据的选取上主要集中在海派女式连衣裙这一销售市场的数据。其次，在获取数据时要按市场类别来进行划分，比如有些海派品牌是做线上销售的，有些品牌是做线下销售的，而有些则是线上线下都做的，因此可以根据实际需要，对所要获取数据的市场类别进行划分，可以按照年总销量划分、品牌定位来划分、或是销售渠道来划分等。在此，以某海派淑女装为例，对这一品牌的预测结果与销售数据的对比将会采用三个方面的数据，见表 7-2。

表 7-2　销售数据的比对类型

比对数据类型	整体销售情况	品类销售情况	退货情况
比对数据项目	总销量及总销售额	各品类销售占比、SKU动销率、SKU售卖比	退货率、退货额

注:SKU(Stock Keeping Unit)是库存量单位,即库存进出计量的基本单元。

(二)应用指导的效果

海派时尚流行趋势预测结果的第二个主要作用就是对时尚流行趋势做出指导,即把预测结果应用在时尚产业的各个方面。时尚流行趋势是由一个团队共同完成的,在这个由少数人组成的趋势预测团队的精心计划下以及大多数人无意识地推动下,海派时尚才不断地向前推进,而流行趋势预测机构在其中起到至关重要的协调作用——应用指导。他们将得出的预测结果应用到生产商、设计公司、零售商、消费者以及时尚娱乐业,将他们的预测知识及成果转化成无形的力量促进时尚流行的前进。

趋势预测结果的应用指导还包括预测的结果应该对下一轮的时尚流行趋势预测具有指导作用,即本次的预测结果在下一轮的时尚流行趋势预测中应作为一个基础,作为流行趋势原始数据的一部分。因此,对于海派时尚流行趋势预测结果的应用指导性,其考量依据是该预测结果的预测范围内的影响力。影响力的大小可以用影响力指数来衡量,即该预测结果与实际市场销售规模的比值。

第二节　海派时尚流行趋势预测的验证标准、流程与方法

海派时尚流行趋势预测的验证对于完善预测结果、更准确地指导市场行动有着深远的意义。因此,明确海派时尚流行趋势预测的验证流程很有必要,能够给趋势预测验证者一个明确的"查漏补缺"的行动方案,做到标准操作、重点检验、灵活有效地完成趋势验证工作。

在上一节中讲到了海派时尚流行趋势预测评估与验证的内容,分析了海派时尚流行趋势预测的验证作为趋势预测的"补充"环节,在海派时尚流行趋势预测中所占据的不可替代的作用。海派时尚流行趋势预测最终的作用是要将预测结果运用到品牌市场,指引品牌公司或工作室提供真正符合消费者需求的产品和服务,满足消费者的心理需求,同时也满足供给端对利润的追求。本节将从海派时尚流行趋势预测的验证标准、验证流程与验证方法这三个方面进行详细阐述,讲解如何执行验证的标准,如何把控验证的流程以及如何使用验证方法,见表 7-3。预测的验证标准、流程与方法对于进行海派时尚流行趋势预测的验证有着明确的指导性作用,能让趋势预测的执行者清晰地知道如何完善预测流程和方法,从而作出更加贴合实际市场需求的趋势预测报告。

表 7-3　海派时尚流行趋势预测验证的标准与方法

检验类型	检验项目	检验要求	检验方法	适用对象	检验规则
准确性	数据化	信息整编的数据化，预测的数据化	观察法，定性分析法，定量分析法	针对时尚品牌公司的预测报告，针对成衣批发零售型公司的预测报告	1. 是否建立完整的预测体系 2. 预测流程及预测方法的使用是否正确 3. 对于准确性的检验，数据化是必要条件，可视化与非模式化是非必要条件
	可视化	流行元素的可视化，预测数据的可视化	观察法，定性分析法，对比法		
	非模式化	是否以结果为导向，是否抓住主要流行元素			
适用性	预测思维	信息的广泛性，预测目标的精准性	观察法，定性分析法	针对时尚品牌公司的预测报告，针对时尚产品设计公司的预测报告，针对时尚品牌咨询公司的预测报告	1. 适用性在适用的对象中才有效 2. 收集的时尚信息允许包含多个行业的数据 3. 预测结果具有宏观指导性
	预测过程	流程是否专业，预测手段是否专业	定性分析法		
	预测结果	是否具有市场指导意义，对市场是否具有预判	定性分析法，定量分析法		
转化率	销售数据	数据的收集在预测结果中的转化，预测结果在实际销售中的转化	定性分析法，相关性分析法	针对时尚品牌公司的预测报告，针对成衣批发零售型公司的预测报告，针对时尚产品设计公司的预测报告，针对时尚品牌咨询公司的预测报告	1. 市场的转化率根据不同的预测对象而有所不同 2. 转化率的考量要从数据收集的转化率开始 3. 生活方式的转化率参考当地城镇居民的服饰类产品消费价格指数(KPI)，或是参考《阿里品质消费指数报告》
	咨询信息	设计理念在预测结果中的转化，品牌风格信息在预测结果中的转化	聚类分析法，定性分析法		
	生活方式	生活观念在预测结果中的影响，生存环境在预测结果中的影响	聚类分析法，定性分析法，定量分析法		

一、验证的标准

时尚流行趋势的预测经常存在着诸多的不确定性因素，而时尚流行趋势预测的结果往往取决于这些不确定性的因素。例如，1940 年时尚之都巴黎沦陷，物资的短缺导致以奢华为主的时尚品牌逐渐趋向于简洁实用，宽肩、收腰、窄身的二战风格套装成为女性日装的主流风格。时尚流行趋势预测的信息来自方方面面，预测过程亦是千差万别，通过对相关信息的收集与整理制作的趋势预测报告不一而同。而海派时尚流行趋势的预测在信息的采集范围上就比较小，在当今大数据、云计算、互联网的环境下，预测手段更加现代化，因此，在时尚发生之时，即是预测检验之时。海派时尚流行趋势预测的评估与检验并不是对趋势预测流程的重复性操作，而是对海派时尚流行趋势的预测从不同的维度对其进行评定和检测，评估海派时尚流行趋势预测的信息来源、预测过程、预测结果以及呈现方式，判断其是否符合当前的潮流风尚。

海派时尚流行趋势预测作为一种预测体系，从前沿时尚信息收集整理到预测报告的制作是一整套有规则、有次序、有关联的统筹协同的运作系统，要想检验这种系统，就必须对其关键节点予以评判，判断这一关键节点是否够准确，在流程上是否有价值，其最终成果的转化比率是多少，通过这三个方面的测评，就能清楚明白地了解海派时尚流行趋势预测最终的有效性是多少，从而也就能更进一步地对下一轮时尚流行趋势预测做出合适的建议，使得海派时尚流行趋势预测能够进入一个良性的循环。作为趋势预测验证的方向指引，验证的标准在验证流程中起到了标杆作用，使检验有方向、查漏有目标、验证有重点。因此，海派时尚流行趋势预测评估的标准主要包含三个方面：海派时尚流行趋势预测的准确性，海派时尚流行趋势预测的适用性以及海派时尚流行趋势预测的转化率，评估海派时尚流行趋势预测是否有效，主要是从这三个方面着手。

（一）准确性：不可能转瞬即忘的预测结果

增强海派时尚流行趋势预测的准确性能够从根本上稳固海派时尚流行趋势预测的权威性，使海派时尚流行趋势预测能够进入到一个良性循环。而目前普遍的情况是用叙事的方式来讲述趋势预测，在预测的描述上比较宏观、概念、抽象，大都偏向定性描述，缺乏与之相匹配的数据支持，导致时尚流行趋势预测缺乏说服性。叙述性的趋势预测方式讲述的是过去发生的事情，无法真正说明这些事情为何发生，以及这些事情背后所发生的联系。因此，为了让时尚流行趋势预测更加准确，能够让人一眼记住，海派时尚流行趋势的预测应该具有以下三个特征：

1. 海派时尚预测的数据化

数据可以为人们带来更为全面的认识，很多与研究对象相关的数据都可以通过大数据的相关性进行测算。随着互联网、云计算、大数据的广泛应用，海派时尚流行趋势预测也应具备数据化特征。检验海派时尚流行趋势预测是否具有数据化特征主要从海派时尚流行趋势预测的预测路径入手，在海派时尚流行趋势预测的路径中数据化体现在两个关键环节，如果具备这两个关键节点，则说明海派时尚流行趋势预测具有数据化特征。首先是海派时尚流行趋势的信息收集与汇编，其次是建立有效的趋势预测模型。

（1）信息的收集与汇编

数据便于储存和传递，任何事物的运转过程都可以转换成数据，海派时尚流行趋势的预测更是离不开大数据的支持。海派时尚流行趋势预测的大数据包括数据收集、数据整理、数据运算、模型的建立以及模型的检验。

例如，武汉纺织大学的陈鄂运用 Hadoop（一个能够对大量数据进行分布式处理的软件框架）分布式并行计算平台，依靠 HDFS（Hadoop Distributed File System）实现海量数据的存储，利用分布式计算框架 Map Reduce 进行分布式计算。在大量家纺产品数据的基础上，通过 Hadoop 平台和 Eclipse 开发工具，进行家纺数据的预处理，在以“. txt”为文本的数据中，主要包括流行趋势时间、色彩编码、提前发布时间、材料、风格等信息，通过对所要研究的数据进行处理后，将源数据整理打包，整合在一个文件当中以便后续导入预测模型中使用。

在海派时尚流行趋势预测的时尚信息收集与整理阶段，数字化主要体现为两个方面：第一，时尚信息的数字化转换；第二，时尚信息数字化的整理和分类。第一个方面的工作的目的在于将纷繁复杂的时尚信息转换为数字信息系统能够识别的语言，在转化过程中，数字信息系统有其自身一套完整和标准的解码和编码流程。第二个方面的工作是基于时尚信息数字化转换的基础上对信息进行整理和分类，这一过程我们简称为信息整编，这一过程的主要目的在于将时尚信息进行分类，以便后续的预测模型使用。在信息整编过程中，根据不同时尚流行趋势预测的目的需要制定不同的信息整编标准。例如，某时尚流行趋势预测机构对男士衬衫的信息进行整编，由于该机构的趋势预测针对的是某男士职业装销售企业，因此，在信息整编过程中，以衬衫穿着场合为一级目录则更为合适，编码为“CS-OC-1-1-1”，将场合排名到代码的首位，即“occasion”。

（2）模型的建立与检验

海派时尚流行趋势预测与其他传统的时尚流行趋势预测的不同就在于，海派时尚流行趋势的预测主要依靠的是预测模型对时尚流行趋势进行预测，这里所建立的模型是依据数理关系建立的一种数学运算方法，因此，预测模型本身就带有数字化特征。根据预测的类型采取不同的预测方法，有根据时间进行预测的方法，称为时间序列预测法，有根据因果关系进行预测的方法，称为因果关系预测法。

在海派时尚流行趋势预测当中，常用的方法主要集中在因果关系预测法当中，其中包括回归方法、灰色预测法、人工神经网络预测法等。在模型建立之后，将海派时尚流行趋势数据导入计算，最后要对海派时尚流行趋势预测的预测结果进行检验，将预测结果与市场销售数据进行比对，检验结果是否准确。因此，判断海派时尚流行趋势预测是否具有数字化特征的另一个标准便是看预测过程是否建立了有效的数学预测模型以及是否对模型进行了特征值的检验。

海派时尚流行趋势预测的数据化体现为海派时尚流行趋势预测全流程，作为海派时尚流行趋势预测的参考和依据，服务各个预测环境的同时也为时尚流行趋势预测数据化本身提供循环支持，因此，其潜在的逻辑为：时尚信息的收集—信息的转化—数字化计算—预测模型的建立—时尚流行趋势的预测—预测结果的检验。可以说，数字化是海派时尚流行趋势预测最明显的一个特征，也是趋势预测准确性的核心。

2. 海派时尚流行趋势预测的可视化

验证海派时尚流行趋势预测结果准确性的第二个方面是检验其是否有可视化效果。海派时尚流行趋势预测的可视化包括时尚流行元素的视觉呈现以及趋势预测数据的可视化表达。海派时尚流行趋势预测的可视化能够直观地向人们传达时尚流行趋势预测从源头到预测结果的全过程，在逻辑关系上能够更清晰地展示流行时尚演化的路径及其背后所存在的相关关系。海派时尚流行趋势预测的可视化是海派时尚流行趋势预测准确性的保障。

（1）时尚流行元素的视觉冲击

在自媒体环境下，人们能够更加方便地获取图片信息。诚然，图片在时尚领域历久弥新，时尚本身便是由图像来呈现，因此，它和图像之间更是剪不断的关系。在传统的时尚流行趋势预测中，主要就是靠图片来传递时尚信息，通过图片旁边的配文来阐释设计工作者对其内涵的解读。

不论是在过去还是在当代数字信息媒体时代，时尚流行趋势预测也永远离不开图片。图片是对时尚流行元素最直接的解读，其间所包含的信息不仅有表层的，而且还有深层意念的表达。图片由风格、颜色、形状等以点线面的形式构成，往往不同的人对其有不同的解读，尤其是一些不规则的几何形图案，其所包含的时尚信息更加丰富（图 7-2）。因此，在时尚流行趋势预测的可视化特征中，图片形式的时尚信息是不可或缺的内容。

图 7-2
时尚印花图案预测

对于海派时尚流行趋势的预测，图片里包含的信息量可能要由多于它好几倍存储容量的数字信息来描述，图片能够直接地表达出时尚信息，但为什么人们还要如此费力地把这些图片信息转换成数字信息呢？原因有两点：第一，人类的科技技术还不足以能够让机器完整、准确地识别和判断图片所蕴含的信息；其次，并不是所有的人都能够准确、全面地读懂图片所要表达的含义。在海派时尚流行趋势预测中，以图片形式展示出的流行时尚元素能够从视觉上弥补数字结果所表达的含义。

（2）趋势预测数据的直观表达

人类是视觉动物，相比其他的感官，一个正常的人更依赖视觉所接收到的信息。

各种图像要素以符号的形式经过人的视觉神经传达至人的大脑，由人的大脑对其进行解读。因此，对于海派时尚流行趋势的预测，即使有数据的支持，也依然要把数据转换成人们容易识别的图像形式，使人们能够更加直观清晰地了解海派时尚流行趋势的演变路径及其构成要素（图 7-3）。

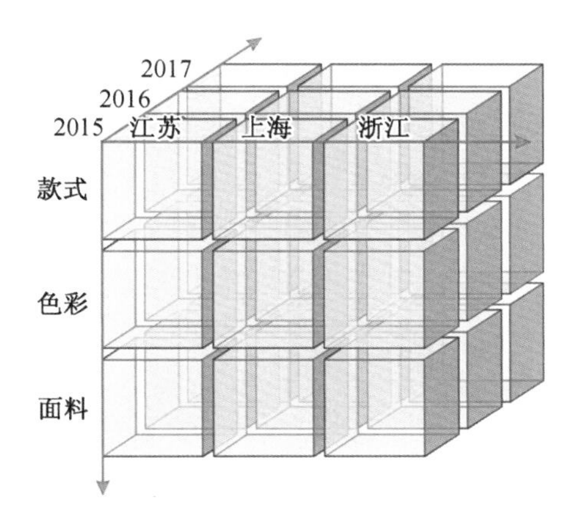

图 7-3
数据的可视化表达

海派时尚数据可视分析的运行过程可看作数据→知识→数据的循环过程，中间经过两条主线：可视化技术和自动化分析模型，从数据中洞悉知识的过程主要依赖两条主线的互动与协作。数据的可视化从理论到技术已经发展得相当成熟，其基本逻辑结构在本书第五章已经介绍过，这里所要强调的是，在检验海派时尚流行趋势预测结果时，海派时尚流行趋势预测数据的可视化表达在判断其准确性方面是一个非必要条件，其存在的目的在于协助人们对海派时尚流行趋势预测数据的解读。

3. 海派时尚流行趋势预测的非模式化

海派时尚流行趋势预测的非模式化是指预测结果的非模式化运用，与海派时尚流行趋势预测流程的标准化并不是同一指代。海派时尚流行趋势预测的非模式化是验证海派时尚流行趋势预测准确性的第三个方面，是检验时尚流行趋势预测准确性的必要条件，它是指海派时尚流行趋势预测在预测结果及预测方式上应该摒弃固有的思维逻辑，从流程形式中将预测结果及预测方式剥离出来，直接面对趋势预测的需求者。第一，时尚预测结果的非模式化对于预测结果的非明确性指代表明了海派时尚流行趋势预测结果具有导向性；第二，预测结果的非模式化对于预测结果的灵活性表明海派时尚流行趋势预测结果具有延展性。

（1）从一开始就具有的导向性

消费者心理的需求影响时尚产品能否流行，从长期来看群体消费行为具有一定的规律性，而短期消费行为由于受诸多不确定因素的影响表现出极大的不稳定性，这给流行元素的短期预测带来了很大的困难。时尚流行趋势预测不同于产品企划，后者作为具有操作性质的企划方案，其更具有具象及实操性。从产业流程的角度来讲，时尚流行趋势预测位于时尚制造业的上游，而企划方案处于整个时尚制造业的中游，后者在前者的指导和引领下进行规划和操作；从产业结构来讲，时尚流行趋势预测对整体时尚产业具有指导性，而企划方案服务于某一企业或时尚创意组织，结合了这一企业或组织的实际情况，因而更加具有实操性。海派时尚流行趋势的预测从最开始的信息收集到最后的预测报告，每一个环节都应该具有导向性，其导致的结果就是海派时尚流行趋势预测的结果具有明显的导向性。

（2）预测结果所具有的延展性

海派时尚流行趋势预测的结果在时间和空间对象上应该具有一定的延展性，延展性依据的是流行趋势元素的相关性分析，是时尚流行趋势预测结果导向性的延伸。根据流行范围，判断影响流行趋势元素的各个要素都有哪些，再将这些要素与流行元素进行相关性分析，进而得到时尚流行趋势预测的延展性分析。海派时尚流行趋势预测的延展性结果在一定程度上掌握了大部分的时尚流行趋势，在预测结果上显示出长尾优势。例如，对于色彩流行趋势的预测，不能仅仅停留在对色彩的概念性描述上，而应根据相关的影响因素预测出一个系列的色彩趋势。WGSN 关于色彩的预测——粉红一代主题当中，红色在年初偏向于珊瑚色调，在夏天偏向于不同程度的粉红或橘红，而到了秋冬则变成了较为浓烈的正红或大红，见图 7-4。

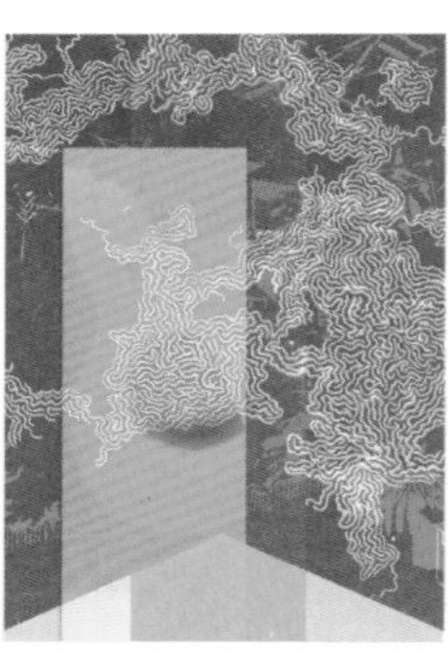

图 7-4
2016 年春夏至秋冬关于红色系的预测

海派时尚流行趋势预测结果的延展性是海派时尚信息数据分析的特有结果，同时也展示出了海派时尚流行趋势预测结合大数据挖掘的特征，其在预测结果准确性上占有很重要的位置，可以说，在一定程度上，海派时尚流行趋势预测结果在款式、面料、色彩、风格等要素上的延展代表了海派时尚流行趋势预测的准确度。

（二）适用性：几乎所有的趋势都可以带来潜在的商机

预测就是对未来出现的发展趋势提前进行认识，对未来有可能出现的事件提前进行准备，根据预测所得到的结果对未来即将采取的行动进行调整。在这一过程中，背后的逻辑点主要有三个：知道如何对发展趋势提前进行了解的预测思维；以专业化的操作方式对信息进行采集整理的预测过程；根据预测结果面对市场采取的有针对性的行动。海派时尚流行趋势预测在准确性的基础上，延伸出来海派时尚流行趋势预测具有普遍的适用性，即以系统化、流程化、标准化为代表的趋势预测具有作为预测系统的通用性能，它表现在海派时尚流行趋势预测流程中的三个逻辑点上。以理性为导向的预测思维、以专业为导向的预测过程以及以市场为导向的预测结果在适用性上都能够产生商业价值，即平衡市场需求的不均衡，在市场上进行创新，满足人们的需求，为企业带来价值。

1. 以理性为导向的预测思维

预测思维最重要的是信息收集的思维，它以理性思维为工具，以既定的预测目标为导向，对收集的信息进行处理，预测信息收集与处理的程度直接影响着预测结果的准确性。因此，保证预测信息收集的广泛性和准确性的前提是保证以理性为导向的预测思维。

（1）以信息性为前提的预测思维

人的思维能够同时处理来自各方面的信息，对信息进行加工处理，提炼出有效信息，这反映的是人的思维的主观能动性。但人的思维对信息的处理量有一个上限，当信息量达到这个上限后，仅凭人的大脑是无法快速、准确地处理信息的。预测思维是一种理性思维，人的主观能动性里不仅有理性思维，还有感性思维，显然，在进行预测的时候，理性思维更能帮助我们寻找到事物的本质和规律，这也是我们进行预测的诉求所在。预测思维的信息性就体现在通过建立一套完整的预测体系，对收集的信息进行分类、归纳、比较、演绎和综合，寻求事物的本质和规律，从而沿着本质和规律对当前的事物进行预判。

最著名的一件预测信息交易案例便是1950年初欧洲“德林软件公司”对中国是否出兵朝鲜进行预测。在该事件中，由于德林软件公司以丰富的历史材料和数据作为支撑，详细地分析了当时的中国国情和国际局势发展态势，因此，对中国是否出兵朝鲜做出了正确的预判。然而当时的美国人对此一笑置之。当美军在朝鲜战场节节败退之时，才有人想起德林软件公司的研究成果，结果美国仍以280万美元的价格买下了德林软件公司这项只有七个字的研究成果——“中国将出兵朝鲜”，而这份研究成果则附有一份长达三百多页的分析资料，这份分析资料就是德林软件公司通过大批在中国问题上极有造诣的国际问题专家进行分析的结果。最后，德林公司不仅收回了280万美元，而且使自己的品牌价值迅速升值。

这个案例重点在于，德林软件公司之所以成功地预测了结果，其原因是它雇佣了很多国际问题专家对从各个渠道收集的信息进行了深刻的分析解读。由此可以说明对大量信息采取一定的分析方法就能得到一个正确的结果，信息的多少以及信息的准确性直接导致预测结果的准确性，信息性是预测思维的一个重要特征。在对海派时尚流行趋势进行预测时，预测结果是否准确，建立在预测思维当中信息的广泛基础之上。

（2）以目标性为导向的预测思维

预测思维思维的第二个特征就是目标性。任何一个预测方案都是建立在既定的目标对象之上的，只有目标明确，才能做出正确的预测。预测思维的目标性指引着我们要以预测对象为中心，所有的信息收集，预测规则的制定，预测流程的执行都要有明确的目标，它是保证预测思维有意义的基础，同时也是预测思维创造价值的前提条件。

2012年，奥巴马在选民预测系统的帮助下再次当选总统，时隔四年之后，一个名为“MogIA”的人工智能（AI）系统再次受到关注，因为它成功预测特朗普将击败希拉里，赢得美国总统大选。2016年3月，谷歌围棋人工智能阿尔法狗（AlphaGo）战胜李世石，总比分4∶1，标志着人机围棋大战最终以机器的完胜结束。这两个案例都是人工智能机器对人的思维进行预判的案例，很明显人工智能在进行预测时，不断地以人的思维为导向，即以人的思维为预测目标从而做出预测，然后根据预测结果做出选择。如果在预测思维中没有预测对象，只是泛泛地进行预测，那将不可能有预测结果。预测目标的细分程度也决定了预测结果的准确性，预测目标越小，预测结果越准确。

海派时尚流行趋势预测根据实际需求设定预测目标，在预测目标的基础上来收集信息，这是预测思维首要解决的根本问题。例如，根据某海派时尚女装企业的要求，对海派女装市场未来三年的销售状况进行预测，那么，首先要对预测目标进行分解，将"未来三年海派女装销售状况"这一目标分解为"未来一年内海派女装上装流行趋势""消费者对未来一年内海派女装裙装的接受程度""未来两年内海派女装品牌发展状况"……这些预测目标共同组成最终的预测大目标，而且这些小的预测目标还可以根据实际情况继续进行细分，因为目标越小，所需要支持的信息量就小，也意味着预测干扰项越少。

2. 以专业为导向的预测过程

确保时尚流行趋势预测适用性的第二个关键点就是使预测流程专业化。所有的预测过程都建立在标准化流程上，趋势预测的每一个过程都由专业的机构负责，以此来保证所有环节的准确性，减少预测结果在预测流程上产生的误差，"术业有专攻"说的就是这个道理。例如，在时尚信息收集环节中，市调、拍图、秀场跟踪、消费者调查以及在数据预处理过程中的报告分析、数据收集、数据挖掘、数据分析等都由专业机构来负责，各个专业机构在自身业务范围内拥有最优质的资源和最高效的工作流程，从经济效益上来讲，时尚流行趋势预测的专业化能够分摊预测成本，提高预测效率。

（1）专业的预测流程

市场的自由导致竞争的加剧，竞争的加剧又导致市场的细分，从而出现专业化的领域。在这些专业化的领域里，某些时尚流行趋势预测机构可能从时尚产业链上的某一个环节中剥离，在产业当中实现由主到次的转型；还有某些时尚流行趋势预测机构可能从趋势预测受众逐渐演变成为趋势预测者，实现由次到主的升级。在他们手中往往掌握了很多有关时尚流行趋势的资源，经过市场长期的打磨，预测流程不断地优化，预测效率也在逐渐提升。

（2）专业的预测手段

海派时尚流行趋势预测是建立在定性分析和定量分析相结合的基础之上的，对于某一细分领域需要更多预测者的从业经验，而对于另外一些新兴的领域则需要更多的定量分析，所以如何把握这两种预测手段的选用程度就是一个首先值得考虑的问题。其次对于在定量分析中使用到的预测模型如何进行训练，以提高模型预测的精准性，是需要专业的数据统计分析技能的，掌握了这些专业的数据分析能力则意味着掌控着趋势预测结果的精准性。

海派时尚流行趋势分析在时尚信息收集阶段可以委托专业的时尚预测机构，他们有专业的时尚流行趋势分析专家和时尚工作团队，能够获得时尚讯息领域里的第一手资料。例如，东华大学服装学院职业服研究所擅长于职业服分类调查与研究以及职业服流行趋势和职业服文化的研究，对于以职业服为主营业务的公司来讲，委托这样的专业机构对职业服市场发展状况进行预测是一个不错的选择。

3. 以市场为导向的预测结果

这里所说的市场指的是自由经济市场，只有在自由经济市场中，生产要素才能得到市场的调配，才能利用竞争机制来配置稀缺资源。以市场为导向的预测结果是时尚流行趋势预测适用性的第二个关键点，只有在市场的指引下我们才能知道我们需要得到什么样的预测结果。因此，以市场为导向的预测结果包含两个方面的含义：第一，预测结果具有市场指导性；第二，预测结果具有市场预判性。

(1) 预测结果的市场指导性

时尚流行趋势预测根据预测模型得出预测结果，如果不对预测结果采取任何有效行动的话，那么预测实际上没有任何意义，它只不过是一堆信息而已，预测分析在本质上注重实际运用，它不仅要预测未来，更要指挥行动。对于时尚预测的结果应该立即结合相关时尚品牌，将预测结果表现到时尚品牌的市场动向中，指引品牌进行产品结构调整、产品品类完善、品牌模式创新或是品牌形象维护等工作。在时尚流行趋势预测上要对市场有整体的把控，包括对市场信息的收集、市场形势的变化规律以及预测对象自身与市场的关系等方面，这些是时尚流行趋势预测是否具有市场指导性的最基本的要求。

(2) 预测结果的市场预判性

海派时尚流行趋势预测结果对于时尚市场的预判性则表现在时尚品牌品类的细化预测。不同品类的销售状况是不一样的，但不同品类的产品之间是有关联的，透过这些品类之间的关联度可以预测整体时尚市场的发展状况，并及时在品牌经营上做出调整。作为大型零售商的ZARA和H&M，他们有着庞大的零售数据，这也意味着他们能够在第一时间嗅出时尚的走向。对于这些大型的零售商，他们并不热衷于创造时尚，他们只是对时尚潮流做出快速的反应，然后把他们从时尚潮流中识别到的元素搬到消费者面前，他们所做的就是根据时尚品类的销售状况来预判流行趋势，从而指导自己进行产品销售。

(三) 转化率：从海派时尚流行趋势预测到海派产品和畅销品

作为海派时尚流行趋势预测评估与验证标准的第三个方面，转化率代表了收集的时尚信息的有效性，在时尚流行趋势预测过程中转化率的高低意味着预测流程的优化程度。首先，流行趋势从概念转化为产品设计，这是第一次转换，代表了品牌对趋势预测服务的认同。其次，从产品设计转化为畅销品，这是第二次转换，代表了市场对趋势预测服务的认同。在这两次转换过程中，有三个关键点需要在流行趋势预测的评估与验证中关注，即第一次转换过程中流行趋势概念信息的整合，第二个是海派时尚产品的设计研发，最后是海派时尚畅销产品的品牌经营，见图7-5。这三个关键点的概念、信息、设计之间的相互作用与转化关系构成了海派时尚流行趋势预测结果的最终产出率，是考量趋势预测效果的一个重要指标。

图 7-5
趋势预测过程中的信息转化

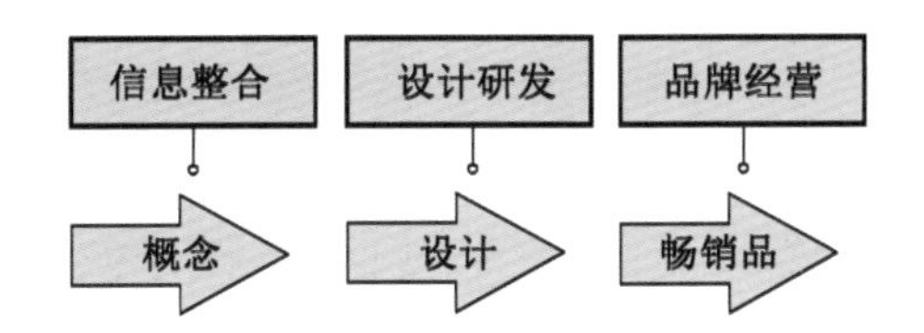

信息的转化包括内部信息转化和外部信息转化。内部信息转化是指预测系统内部信息的提取和剥离，外部信息转化是指预测系统外部相关信息的收集与整合。外部信息转化是预测系统正常运作的支撑和条件，内部信息转化是预测系统正常运作的根据和保障，海派时尚流行趋势预测评估的转化率在很大程度上取决于外部信息转化和内部信息转化的完整性和协调性。

1. 市场交易信息之于流行趋势概念的提取整合

服装市场的容量在逐年扩大，交易额在逐年增长，交易频次不断加大，市场交易量呈几何倍数增长。传统的时尚流行趋势预测对流行时尚信息的提取仅限于发生过的市场交易信息以及那些对于流行趋势预测机构触手可及的市场交易信息，对于那些长尾尾部的市场交易信息及传统预测机构无法及时获取的信息则避而不谈。互联网、大数据让市场实时信息的获取变为了可能，而且变成人人都可触及的现实。然而，巨大的信息量也给人们带来了巨大的麻烦，首先是市场交易信息速度变快，人们对于时尚概念的转换也逐渐加快，如何在快速更新的市场交易信息当中获取有价值的信息从而作为流行趋势概念的参照变成了问题；其次，市场交易信息获取的范围有多大也是需要考虑的一个问题。

（1）获取有价值的市场信息

传统的时尚流行趋势预测所获取的市场交易信息是已经发生过的市场信息，因此预测本身的过程就已成为过去式，其预测的结果是站在过去式的基础上进行的预测，而现在的海派时尚流行趋势预测所获取的市场信息是滚动的、实时发生的，因此将实时发生的市场交易信息提取后所进行的预测将会更加的精准，市场信息对于时尚流行趋势预测的转化率就更高。

对于海派时尚来讲，最有价值的市场信息主要有四个方面：第一，本土的消费市场信息；第二，本行业的交易市场信息；第三，产业链上相关企业的信息；第四，本品牌消费主体的信息。海派时尚流行趋势预测的市场信息主要从这四个方面着手，确保信息的真实性和有效性。

（2）获取范围内的市场信息

我们已经知道了进行海派时尚流行趋势预测需要获取哪些类型的市场信息，接下来就是要确定在这些类型的市场信息当中要获取多少才能够满足趋势预测的需求，或者说这些类型的市场信息的获取范围有多大。

我们都知道二八定律，即20%的产品占据了80%的市场，80%的资源给了20%的企业。因此，对于市场信息的获取我们也遵循这个规律，但这里值得注意的是，我们讲的是海派时尚流行趋势预测结果的验证，也就是说获取20%的市场信息是最低要求，在获取信息时我们可以把这个范围控制在20%左右。同时，也要获取相关市场信息中的特殊信息，比如在获取产业链上的信息时，如果处于被预测对象上游出现了一家实力较强的新企业，但从市场占有率上看，其还并未获得一定的市场地位，但在产业链上的信息调取时，也应该包含这家企业的市场信息。

2. 时尚资讯信息之于海派产品设计的分解转化

对于产品设计，如果当我们没有更好的设计思路时，一般从思维导图的形式进行切入，以一个已知的设计概念通过不断地分解从而产生另外新的概念，就这样一级一级地往下分，直到再也分不下去（受到思维的限制），此时从这些被第一个概念分解出来的概念中寻找符合设计意图的概念进行深度挖掘或再创造。这一产品设计过程我们称之为思维导图设计模式。

在大数据的环境下，我们能够更加便捷地获取时尚资讯信息，往往一场时尚秀结束后，各大媒体争相报道，发生在欧美等地的时尚事件，我们能够第一时间知晓。现如今，VR 等技术的运用更是能让人们身临其境，亲身感受秀场气氛。

对于如此繁杂的时尚资讯信息，作为海派时尚流行趋势预测机构来讲，如果直接去获取的话成本太高，从那些专业的时尚资讯机构获取经过他们整理的时尚资讯信息不失为更划算的办法。关于海派时尚流行趋势预测如何获取这些时尚信息，在本书的前几章已进行详细阐述，在此仅介绍如何考量时尚资讯信息的获取率，主要从两个方面来衡量：第一，产品设计理念的分解与提取；第二，品牌风格定位的转化与应用。

（1）产品设计理念

在时尚产品设计领域，有很多产品的设计风格相仿，设计的产品相似，但深挖其设计理念后，才发现他们根本不是出自同一设计理念，即设计者最本质的设计意图不相同，虽然导致最终的设计成果很相似，但他们所要表达的意思却相差千万。在海派时尚流行趋势预测评估的转化率方面，对于设计理念相仿品牌的信息提取和转化上与海派时尚流行趋势预测结果成反比。

在进行趋势预测时，如果过多提取相似品牌的设计理念会导致品牌同质化，从而使产品趋势预测无限接近大众品牌风格，导致趋势预测不准确。在趋势预测验证中，关于设计理念转化率的问题是所有评估验证内容中唯一一个以反比例为标准的检验指标。

（2）品牌风格分解

在时尚流行趋势预测的时尚资讯信息提取中，要着重提取品牌风格相近的品牌定位数据，这些数据对于提高趋势预测结果的转化率有很重要的参考意义。

在品牌管理中，有一个概念叫做次级品牌联想。所谓次级品牌联想，指消费者在日常生活中对某品牌及其对应的产品实体所形成的联想，会在该消费者关注其他产品实体时，认为原产品实体的特性同样适用于其联想的产品品牌。消费者都知道日本生产的汽车有经济省油的特点。当消费者看到广州本田生产的雅阁汽车时，他们会认为，该汽车也同样经济省油，因为这是日本品牌。名创优品的品牌形象和品牌风格仿照优衣库和无印良品，给消费者的印象就是品质优良，有设计感的“高端”品牌，而名创优品通过供应链的优化，使得价格很低，靠着“价廉质优”的品牌定位，很快便吸引了一大批忠实粉丝。品牌风格的数据同样也需要进行分解，在此列举作为参考品牌的几个主要定位数据以供参考，见表 7-4。

表 7-4　品牌风格分解相关数据指标

数据类型	产品定位	目标消费者	营销模式
相关数据指标	产品风格、品类规划、系列主题	基础属性、人群特性、消费行为	营销战略、定价策略、核心价格带

在海派时尚流行趋势预测中，预测那些与预测对象品牌风格定位相似的品牌，在风格定位的数据收集上要全面，深度挖掘品牌风格定位的数据，使其在预测中能够凸显其参考价值。

3. 社会生活方式之于海派畅销产品的导向作用

作为外部信息的社会生活方式的数据是预测系统运作的支持和前提条件，所有的预测都是以消费者的生活方式为引导，从而做出消费者心中所希望的产品，然后通过对消费者所希望的产品进行再次预测和分析，又为预测做出了导向。在这样一个无限次的循环当中，需要抓取的便是消费者的生活方式的数据，它包括消费者的生活观念和消费者的生存环境。

（1）生活观念

生活观念包含诸多方面，例如人们的就业观、教育观、家庭观、交友观等，这些观念的状况和变化导致人们采取不同的消费行为。例如，在教育观上，现在许多家长不停地给孩子报各种辅导班，这折射出的是人们对于知识的渴望，希望自己的孩子长大之后能够过上有文化有体面的生活。当孩子们逐渐长大后发现，原来世界远比他们想象的要丰富多彩，于是基于不同的性格和兴趣的孩子对生活逐渐有了自己的看法，他们知道哪些是奢侈品牌，哪些是潮流品牌，哪些品牌适合自己，哪些品牌是自己的追求。这些观念的养成并非一朝一夕，深究其原因，我们也只能暂且把这些现象归于他们所接受的不同的教育水平以及成长环境。

人们生活观念的数据是预测系统所要提取的外部信息当中很重要的一项内容，这些信息可以从政府相关的官方网站上查询，例如国家统计局等，当然也有专门的机构从事人们生活观念的调查。这些数据在欧美等国家做得比较完善，我国在类似国民生活基础数据上的工作还有待提高。

（2）生存环境

当今人们的生活环境得到了很大的改善，这是毋庸置疑的，人们的生活环境总是朝着人们向往的无限美好的方向发展，在科学技术突飞猛进的今天，人们生存环境的改善速度更是走上了快车道。生存环境在根本上决定着人们生活观念的变化，根据时尚流行趋势预测所要提取的信息来定义，生存环境指的是政治环境、经济环境、文化环境、科技环境、自然环境等。作为外部信息的大环境，它的变化随时都在影响着人们的生活观念。在时尚流行趋势预测中，生存环境数据的提取也要占到一定的比率，它对于人们生活方式的选择在宏观概念上起到了积极的引导作用。

二、验证的流程

海派时尚流行趋势预测的验证是对预测流程各个节点的核验和校对，验证的内容主要包括数据的完整性、操作的规范性以及方法的匹配性。趋势预测的验证一共分为三个阶段：准备阶段、实施阶段、总结阶段。其中，验证的实施阶段是从对原始样本数据的校对开始，到预测结果的正式发布，一共分为七个步骤（图 7-6），在每个检验步骤里根据验证的依据来对验证项目进行核验。趋势预测的验证流程能清晰地指导验证人员根据实际预测系统制定符合需求的趋势验证流程，以确保预测结果的完整性和准确性，同时也能提高预测机构的权威性。

图 7-6
海派时尚流行趋势预测验证流程图

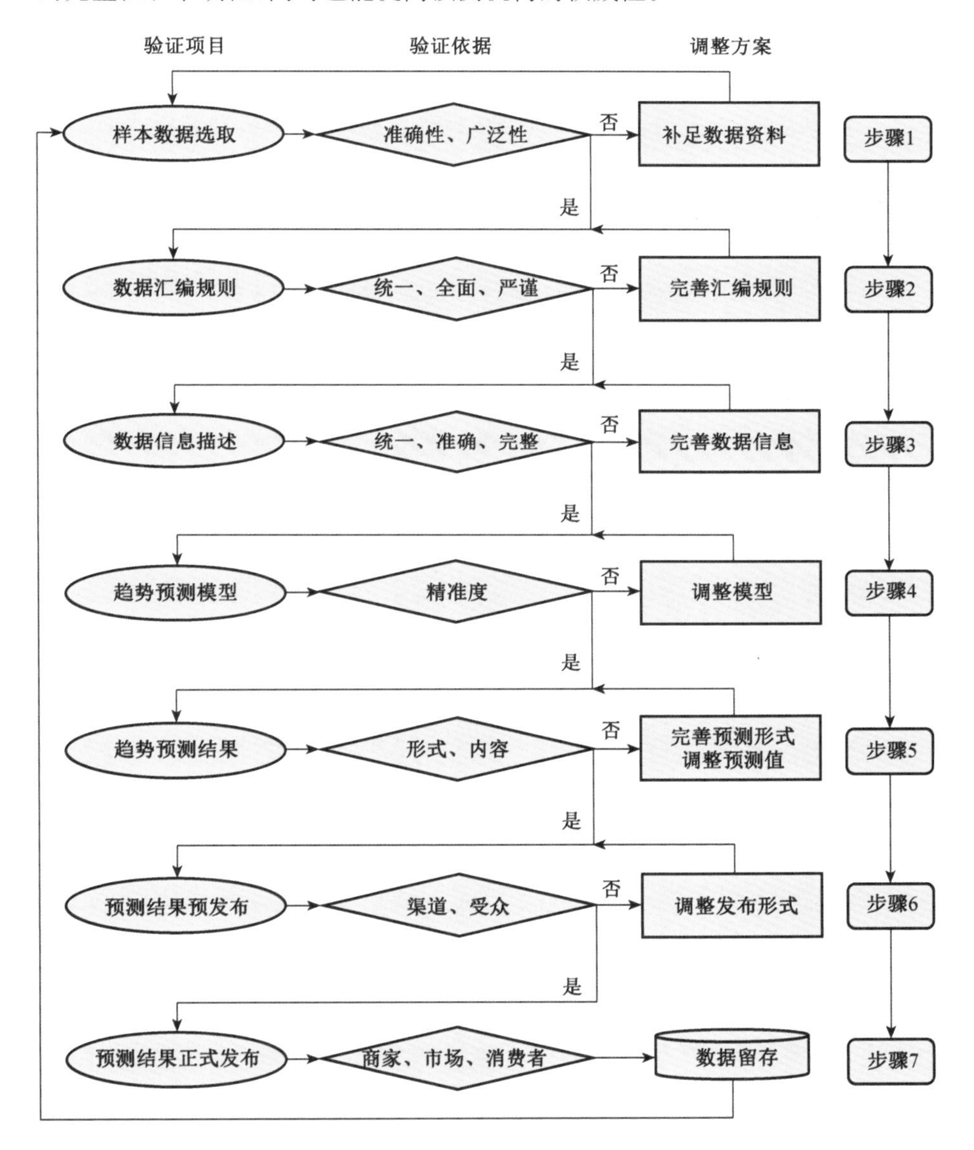

海派时尚流行趋势预测的验证主要对每个步骤中的验证项目进行说明，根据验证的依据来对预测系统进行调整。由于预测不可能避免地会产生预测误差，在预测过程中有许多因素都可能对预测准确度产生影响，影响因素在本书前述当中已阐

明，在此主要详细阐述如何调整验证项目中的误差，调整的关键点是什么，以及如何分析预测值的权重比例等。

（一）验证的准备阶段

在对趋势预测进行验证前要有一个详细的计划，需要验证什么、验证的先后顺序是怎样的、验证的重点在哪里等，因此在验证开始之前要做好验证的准备工作。

由于海派时尚流行趋势预测是基于大数据的预测，在预测过程中会涉及数据挖掘、数据编码、数学模型等，对于时尚信息的数据格式资料要注意留存和备份。在验证开始前需要检查的数据资料包括原始数据资料、数据编码汇总表、预测方程、预测报告。对于原始数据资料要全面、完整，以便预测出现误差时可以随时调用原始数据资料；数据编码表是对样本数据按照一定的编码规则编制完成的时尚信息数据表，表内应包含时尚信息的编码、数据，以及编码和编码之间的数理逻辑关系；预测方程即在预测模型中输入的预测执行代码，预测模型的选取以及模型和模型的组合直接关系到预测结果的精准度；预测报告是指最终的图文结合的预测结果的展示，包括对原始数据的解读以及预测结果的分析。

在这些准备工作完成后，就可以按照验证流程开始对趋势预测系统进行检验。

（二）验证的实施阶段

验证的实施阶段包括七大步骤、三大方面，按照流程导图逐项进行验证，每一步都有各自的验证依据以及调整方案。由于考虑到不同的预测对象会有不同的预测系统及预测方法，因此对于有数据调整的部分并未给定验证依据及调整方案的具体参考值，各预测系统可参考预测对象的预测值与预测结果的比值进行设定，常用的方法是通过均方误差（*MSE*）、绝对平均误差（*MAE*）以及相对平均误差（*MAPE*）的绝对值来度量，各公式如下：

$$MSE = \frac{1}{N}\sum_{i=1}^{N}(y_i - \hat{y}_i)^2$$

$$MAE = \frac{1}{N}\sum_{i=1}^{N}|y_i - \hat{y}_i|$$

$$MAPE = \frac{1}{N}\sum_{i=1}^{N}\left|\frac{y_i - \hat{y}_i}{y_i}\right|$$

其中，N 为预测样本总个数，y_i 为第 i 个预测样本的数据。通常情况下，均方误差（*MSE*）能够较好地计算出参考值。对于不需要参考值进行调整的验证项目，则结合验证结果进行具体调整。

1. 验证数据

由于对大数据的分析包括大数据的获取、传输、存储和分析，而验证数据反映在验证流程图上是步骤1、步骤2、步骤3，即样本数据的选取、数据汇编规则、数据信息描述。

对于样本数据选取的验证主要参考的依据是样本数据选取的是否准确、广泛，什么样的数据是准确的以及数据选取广泛的程度应该如何把握等这些内容在前述已进行了阐述。对于不符合验证依据的样本数据要补足数据资料，重新对样本数据进行检验，直到样本数据达到合适程度为止。

数据的汇编规则对于趋势预测有着至关重要的作用，因此在验证过程中对于数据汇编规则的校对也是重要的一环。检验汇编规则时，要考虑规则的制定是否统一、全面、严谨，在预测系统内以及系统与外部信息接触过程中，信息的汇编规则是否存在不一致的情况？对于不同品类的时尚产品，汇编规则是否制定得全面？对于汇编规则的制定是否有前后相冲突的情况？这些将对汇编规则的校对起到参考作用。

数据信息的描述包括两个方面：第一，时尚信息的整合，检验时尚样本信息是否存在错录、漏录的情况；第二，对时尚信息整合形成的数据进行基本描述，基本数据是否描述得全面、完整。

2. 验证模型

模型的验证主要包括校对预测方程和检验模型的选取与组合。首先，要验证预测模型的精度，就是要对预测方程进行检查，例如，利用人工神经网络模型进行预测时，由于人工神经网络的工作原理就是让网络进行学习，改变网络节点的连接权的值，使其具有分类的功能从而识别对象，因此，对模型进行检验就是要验证模型的精度是否逼近预测函数。其次，验证模型的选取与组合，对于不同的预测对象通常要选取一到两种预测模型组合进行预测，但往往由于预测环境的偶然因素或是预测方法不恰当导致预测值产生随机的波动，从而产生误差。因此，在验证预测模型的选取与组合时，选用与预测系统不相同的预测模型对预测对象进行再次预测，检验其预测结果与原本预测结果的精准度，从而判断原本预测模型选取和组合是否得当。对于不恰当的预测模型以及模型组合需要根据检验结果进行再次调整，直到符合验证依据为止。

3. 验证结果

对于预测结果的验证反映在验证流程图上是步骤 5、步骤 6、步骤 7，所对应的验证项目依次为：趋势预测结果、预测结果预发布以及预测结果正式发布。对于预测结果的验证主要考量的依据是预测报告的形式和内容、预测结果发布的渠道及预测结果的受众感受以及商家、市场和消费者对预测结果的接纳程度。在这个过程中没有固定参考值可供参考，因为物理测量并不总是精确的，我们对于一套系统所要表达的信息进行阐述时，其实跟系统从接受初始信息开始到预测既定事实是没有关系的，真正影响事物发展进程的是当系统预测到事物大体发展的信息时我们所不能预测到的事情。换言之，但凡预测系统对事物进行预测时，都不得不考虑事件的不确定性和偶然性。因此，在预测结果的验证上应站在预测结果受众的角度上进行考量。

（三）验证的总结阶段

趋势预测验证的原理是根据预测系统运行的数据记录，采用一定的方法对数据进行识别，将识别的结果与验证依据进行匹配，从而对于匹配不成功的数据进行调试，其背后的潜在逻辑就是数据信息的分类。对于符合验证依据的数据要进行留存，以便作为下一轮预测的原始数据，对于不符合验证依据的验证项目要及时总结原因，为新的趋势预测作出参考，以此逐渐完善预测模型，提高预测精度。

三、验证的方法

海派时尚流行趋势预测验证方法的类型分为两种：定性分析和定量分析，见表7-5。不同的验证类型有不同的验证方法，不同的验证方法有不同的特点，针对预测对象的实际情况来选择不同的验证方法，验证方法的组合使用能将验证方法的多样性和差异性综合在一起，克服单个方法本身的弱点。因此，对于海派时尚流行趋势预测的验证要采取两种或两种以上的方法，通过两种方法的组合来共同验证趋势预测结果，这其中有定性分析法也有定量分析法。

表 7-5 海派时尚流行趋势预测验证方法

验证类型	验证方法	定义	适用对象	特点
定性分析	外观验证法	根据行业标准或相关技术准则，依据验证人员的经验对预测结果的展示形式及展示内容进行检验	定性验证方法是根据各种外在的表现或经验对预测系统的预测结果与实际市场反响之间的一致性进行主观上的判断	主要适用于对预测结果的表现形式进行验证
	主观判断法	根据行业的从业经验（包括对预测对象及预测系统的了解），在相关数据基本描述性统计的情况下对时尚流行趋势预测的结果进行判断		适用于对预测内容的验证，但前提是需要相关数据的支持
	图灵法	通过将时尚流行趋势预测系统预测的结果与实际市场的数据进行比较的方式进行，以此判断预测结果的可信度		依赖于图表形式的数据表现，验证相较于主观判断法准确性高一些
定量分析	静态性能相容性检验法	检验静态性能参数的一致性。静态性能相容性检验方法包括：参数检验法、非参数检验法、分布拟合检验法和其他方法	静态检验方法针对系统的静态性能进行仿真验证，相对来说适用范围较窄	对于呈正态分布的海派时尚流行趋势原始数据的检验可以用静态性能相容性检验法
	动态性能相容性检验法	动态性能相容性检验主要是检验动态性能参数的一致性。动态性能相容性检验方法一般可划分为时域法、频域法和时频域分析法	能够对海派时尚实时数据进行检验	对于动态相容性检验法主要使用时频域分析法来检验动态数据信息

合适的趋势预测验证方法有利于完善预测系统，提高趋势预测系统的预测精准性。海派时尚流行趋势预测常常会涉及数据的运算与模型的使用，定量验证的方法可以帮助我们解决系统在数据运算过程中的准确性，而对于海派时尚流行趋势预测结果，往往会以图文相结合的形式进行展示和传播，因此，定性分析法中的主观判断法也起到了非常重要的作用。

在本节当中，将会列举出不同的验证方法及其适用情况和特点，在验证流程的指引下，针对不同的预测对象选取不同的方法进行验证。

（一）定性分析

采用定性分析法来验证时尚流行趋势预测结果时，对预测验证者的要求是从业经验以及预测经验丰富，且对预测对象及预测系统有充分的了解，能够清晰地解读预测结果所表达的含义，准确地处理异常预测值的涵盖范围。对于预测过程则不需要详细地进行展示，但预测过程中所必备的预测条件则需要说明。对于预测结果则需要以图文结合的形式展示出来，以便验证者能够清楚地判断预测结果的准确性并提出相应的修改意见。

基于海派时尚的特殊属性，在主观层面上存在一定程度的臆想性与不确定性，在客观层面上由于环境条件的不断变化使得时尚在时间序列上呈现出周期性的规律。对于海派时尚的不确定性和规律性的组合，在传统的趋势预测方面，多根据主观经验来判断趋势发展的态势（图 7-7），预测结果的准确性取决于预测者的个人经验以及工作团队的整体素质。对于预测结果的验证往往更是不断地调整预测参数值来附和实际市场数据，使得具有提前预判性质的预测数据成为了实际市场的一个参考值。

季度数据解读：

季度总览 日期1.1-3.31　　店铺名称：　　类目：女装/女士精品

成交金额	42,114,630	访客数	17,040,773	转化率	0.57%	客单价	435
参考值	60,258,011	参考值	20,583,820	参考值	1.12%	参考值	261
类目排名	49	类目排名	75	PC端	0.59%	PC端	471
无线占比	86.3%	无线占比	87.8%	无线端	0.57%	无线端	429

季度总览 日期10.1-12.31　　店铺名称：　　类目：女装/女士精品

成交金额	131,894,793	访客数	40,401,509	转化率	0.61%	客单价	534
参考值	94,797,388	参考值	29,395,802	参考值	1.06%	参考值	304
类目排名	18	类目排名	33	PC端	0.68%	PC端	531
无线占比	81.3%	无线占比	83.1%	无线端	0.60%	无线端	530

季度总览	店铺名称：			类目：	女装/女士精品
广告总消耗	2,431,024	直通车消耗	589,353	钻展消耗	1,841,671
点击量	2,825,946	点击量	749,973	点击量	2,075,973
		回报率	4.16	回报率	6.09
店铺总成交	42,114,630	参考值	3.01	参考值	5.39
广告消耗占比	5.77%	点击单价	0.79	点击单价	0.89
		参考值	0.63	参考值	0.64
		投放占比	24.24%	投放占比	75.76%
		参考值	44.96%	参考值	55.04%

日期1.1-3.31

季度总览	店铺名称：			类目：	女装/女士精品
广告总消耗	9,319,656	直通车消耗	1,923,513	钻展消耗	7,396,142
点击量	9,288,263	点击量	1,493,528	点击量	7,794,735
		回报率	3.96	回报率	5.29
店铺总成交	131,894,793	参考值	2.90	参考值	4.78
广告消耗占比	7.07%	点击单价	1.29	点击单价	0.95
		参考值	0.88	参考值	0.83
		投放占比	20.64%	投放占比	79.36%
		参考值	41.05%	参考值	58.95%

日期10.1-12.31

图 7-7 某海派女装品牌网络店铺销售数据

在对销售数据进行分析时，目前普遍的做法是提前设定一个参考值，参考值是依据公司上年度的销售状况以及本年的销售计划而设定，而销售计划的制定在某种程度上依据的是公司高层决策者的营销经验和对公司自身销售状况的掌控。参考值的作用在于对当前销售状况的检验，验证其是否符合提前制定的销售计划。因此，定性验证分析在销售预测验证上主要起到对上季度或上年度销售状况的评价以及作为对当前销售状况的评判标准。

定性分析验证实际是对定量分析验证的一个补充，在定量分析验证结果的基础上，根据验证者的主观经验和背景知识对验证结果提出调整意见。对于详细、完整、准确的趋势预测报告来讲，趋势预测结果的验证离不开定性分析，而定性分析的验证又离不开定量分析的验证，定量分析验证是基础，定性分析验证是补充。

（二）定量分析

定量分析验证是对趋势预测结果的数量特征、数量关系与数量变化进行分析验证的方法。定量分析验证的基础是时尚流行趋势预测的数据结果，按照某种数理方式对预测结果进行加工整理，得出验证结果，将验证结果与验证依据进行比对，从而得出调整方案。定量分析验证是定性分析验证的主要判断依据，在时尚流行趋势预测的评估验证中起到至关重要的作用。

定量分析需要对预测系统有一定的要求，例如，时尚信息数据的汇编以及预测模型的建立等都要符合趋势预测的规则，这样在验证时才能方便、准确地对预测结果进行检验。同时，定量分析验证也需建立一套完整的趋势预测验证系统，从而全面、准确地对趋势预测进行验证，趋势预测验证系统作为海派时尚监测体系的核心部分，在监测体系运行方法、监测指标的选取上起到决定性的作用，这一部分将在本章后续部分详细介绍。

根据验证方法的数理逻辑关系以及数据呈现的状态，定量分析验证主要分为两类：静态性能相容性检验方法以及动态性能相容性检验方法。每种检验方法有各自的适用范围及使用特点，根据时尚流行趋势数据的不同特性选取不同的验证方法。

1. 静态性能相容性检验方法

静态性能相容性检验方法适用于基于对时尚历史数据进行预测而产生的预测结果进行检验，当然，任何的实时数据在经过预测之后同样也变成了历史数据，因此在对预测结果进行检验的时候，对最终的预测结果进行检验也可完全使用静态性能相容性检验方法。静态性能相容性检验方法的原理是从预测所使用的数据中选取样本数据，计算样本数据的统计量，由样本观测值去了解总体。它是统计学的基本任务之一，根据经验或某种理论，在验证之前就对预测结果作一些初步的判断，在这里我们称之为假设，这些假设可以提高验证的效率。假设是一个取值范围，如果由样本数据计算出来的统计量在这个取值范围内，说明趋势预测结果在统计上没有显著性差异，是同一参数估计值，排除预测结果在统计上存在错误的可能性；若统计量值落在取值范围外，即在显著性水平拒绝域内，则说明预测结果在假设范围下，在统计上有显著性差异，预测结果存在不准确的可能性，需要对趋势预测进行调整。在这一过程中，我们能够清楚地知道，使用静态性能相容性检验方法时，关键在于对预测结果的预判，或是对时尚流行趋势的假设，如果我们对时尚流行趋势知之甚少，以致于在验证之前不能对总体作任何假设，或仅能作一些非常一般性（例如连续分布、对称分布等）的假设，这时如果仍然使用参数统计方法，其统计推断的结果显然是不可信的，甚至有可能是错的。因此，在对总体的分布不作假设或仅作出非常一般性假设条件的统计方法称为“非参数统计”。显然，对于时尚流行趋势我们或多或少都能做出一定的假设，但这些假设必须建立在通过数理统计得出的预测结果之上，否则就会出现不同的预测系统针对同一预测对象而做出截然不同的预测结果的现象。

2. 动态性能相容性检验方法

动态性能相容性检验方法包括时域法和频域法，在对时尚流行趋势预测检验的过程中不能单独地使用时域法或是频域法，要把两种方法结合起来使用，我们可以称其为时频域分析或时频域方法。其验证的原理是，我们把实时的时尚信息出现看做是一个个动态信号，时频域分析则是观测信号的两个观察面，观察信号出现的时间和频次，通过与预测结果进行比对，从而检验预测结果的标准性，如果信号出现的时频值的统计分布与预测结果的样本统计值的分布状态相一致，则说明预测结果符合验证标准，如果不符合，则不能排除预测模型的非准确性。动态性能相容性检验方法可以作为判断模型有效与否的准则。时域方法包括特征比较法、误差分析法、TIC 不等式系数法、灰色关联法和时序建模等多种方法，频域方法中主要包含有经典谱估计、最大熵谱估计、瞬时谱估计、交叉谱估计、演变谱估计等。时频域方法包括短时傅立叶变换，wigner 变换等相关检测法。

3. 定量分析的操作方法

由于预测对象的不同，采取的预测方法也不尽相同，因此，检验的方法也有所区别，在这里主要列举一些常用的定量分析方法以供参考。

对于使用定量分析进行检验的预测内容大致分为两类，一种是历史的和实时的数据，另一种是预测模型，见表 7-6。

表 7-6　定量分析法的检验内容

检验对象	检验方法	检验的原理
历史数据	卡方检验	检查观察值与理论值之间的偏离程度，通过偏离程度的大小来验证数据的有效性
实时数据		
预测模型	灰色模型精度检验（此方法并不唯一）	通过对样本数据重新建模得到新模型的方差，将之与原模型的方差进行比值计算得到方差比，以求得误差概率，通过灰色模型精度检验表与误差概率进行比对来判断模型的精准度

（1）卡方检验

卡方检验的基本原理是通过计算观察值与理论值之间的偏离程度，来检验预测值是否精准。卡方统计量最初是由英国统计学家 Karl Pearson 在 1900 年首次提出的，因此也称之为 Pearson 卡方，其计算公式为：

$$\chi^2=\sum\frac{(A-E)^2}{E}=\sum_{i=1}^{k}\frac{(A_i-E_i)^2}{E_i}=\sum_{i=1}^{k}\frac{(A_i-np_i)^2}{np_i}\quad(i=1,2,3,\cdots,k)$$

其中，A_i 为 i 水平的观察频数，E_i 为 i 水平的期望频数，n 为总频数，p_i 为 i 水平的期望频率。i 水平的期望频数 E_i 等于总频数 $n\times i$ 水平的期望概率 p_i，k 为单元格数。当 n 比较大时，χ^2 统计量近似服从 $k-1$（计算 E_i 时用到的参数个数）个自由度的卡方分布。由卡方的计算公式可知，当观察频数与期望频数完全一致时，χ^2

值为0;观察频数与期望频数越接近,二者之间的差异越小，χ^2 值越小;反之,观察频数与期望频数差别越大,二者之间的差异越大，χ^2 值越大。换言之,大的 χ^2 值表明观察频数远离期望频数,即表明远离假设。小的 χ^2 值表明观察频数接近期望频数,接近假设。

(2) 灰色系统预测模型精度检验

灰色预测是通过建立微分方程模型来预测事物的未来发展趋势,对于预测模型的检验在这里以常用的GM(1，1)模型为例,来验证原有的预测模型的精准性。灰色模型精度检验的步骤参照喻琳艳、周英的灰色模型预测步骤。

第一步,通过对原始样本数据的重新排列组合得到新的数据序列:

$$x(1) = (x^{(1)}(1),\ x^{(1)}(2),\ \cdots,\ x^{(1)}(n)),$$

其中，
$$x^{(1)}(t) = \sum_{k=1}^{t} x^{(0)}(k),\ t = 1,\ 2,\ 3,\ \cdots,\ n$$

第二步,对 $x^{(1)}(t)$ 建立 $x^{(1)}(t)$ 的一阶线性微分方程,即:

$$\frac{\mathrm{d}x^{(1)}}{\mathrm{dt}} + ax^{(1)} = u \qquad \text{(一式)}$$

其中，a，u 为待定系数,分别称为发展系数和灰色作用量，a 的有效区间是 $(-2,\ 2)$。记 a，u 构成矩阵 $\hat{a} = \begin{bmatrix} a \\ u \end{bmatrix}$,在此的检验逻辑是,只要求出参数 a，u,就能求出 $x^{(1)}(t)$,进而求出 $x^{(0)}$ 的未来预测值。

第三步,用最小二乘法求解灰参数 $\hat{a}$。

第四步,将灰参数 $\hat{a}$ 代入“一式”中,求解可得:

$$\hat{x}^{(1)}(t+1) = \left(x^{(0)}(1) - \frac{u}{a}\right)e^{-at} + \frac{u}{a} \qquad \text{(二式)}$$

第五步,对 $\hat{x}^{(1)}(t+1)$ 及 $\hat{x}^{(1)}(t)$ 进行离散,并将二者作差来还原原始数据列,得到近似数据序列 $\hat{x}^{(0)}(t+1)$ 如下:

$$\hat{x}^{(0)}(t+1) = \hat{x}^{(1)}(t+1) - \hat{x}^{(1)}(t) \qquad \text{(三式)}$$

第六步,对建立的灰色模型进行检验:

① 计算 $x^{(0)}$ 与 $\hat{x}^{(0)}(t)$ 之间的残差 $e^{(0)}(t)$ 和相对误差 $q(x)$:

$$e^{(0)}(t) = x^{(0)} - \hat{x}^{(0)}(t) \qquad \text{(四式)}$$

$$q(x) = \frac{e^{(0)}(t)}{x^{(0)}(t)} \qquad \text{(五式)}$$

② 求原始数据 $x^{(0)}$ 的均值及方差 s_1;

③ 求 $e^{(0)}(t)$ 的平均值 $\bar{q}$ 以及残差的方差 s_2;

④ 计算方差比 $C=\frac{s_1}{s_2}$；

⑤ 求误差概率 $P=P\{|e(t)|<0.6745s_1\}$；

⑥ 根据灰色模型精度检验表(表 7-7)，评估模型精度等级。

表 7-7　灰色模型精度检验对照表

等　　级	相对误差 q	方差比 C	小误差概率 P
Ⅰ级	<0.01	<0.35	>0.95
Ⅱ级	<0.05	<0.50	<0.80
Ⅲ级	<0.10	<0.65	<0.70
Ⅳ级	>0.20	>0.80	<0.60

在实际的操作过程中，将与之对应的数据代入相应的方程式中进行计算，以最终的市场交易数据作为观察值，以通过模型预测得出的数据作为理论值，将二者进行比较来判断预测模型的精准性。由于此方法是建立在数理方程式的基础上，未完全考虑到市场的其他变量，对于参照值应酌情判断。

（三）验证方法的选取原则

海派时尚流行趋势预测验证的方法多种多样，在对预测进行验证时要根据实际情况来选取合适的验证方法对预测结果进行验证，否则将会出现对正确的趋势预测做出错误的验证，更为糟糕的局面是对错误的趋势预测结果做出更加错误的验证结果。由于对“实际情况”无法做出准确的描述，在此确定三项验证方法的选取原则，以供预测结果验证者在选取验证方法时作为参考。

1. 以定量验证方法为基础

数据的统计在不出现人为失误的情况下，其统计结果一般具有一定的代表性，在对趋势预测结果进行验证之前，要充分了解趋势预测的数据统计结果所代表的意义，在通过预测模型得出的预测结果的基础上来判断趋势预测的准确性。此外，在进行验证之前，要做好预测对象的实际市场数据的统计工作，以便为后续设定预测值做出参考。

2. 以定性验证方法为辅助

时尚流行趋势预测的验证离不开验证者的工作经验和专业知识背景，在对验证者自身能力严格要求的同时，验证者的验证工作要以趋势预测的结果以及预测参考值为基础来进行验证。在排除趋势预测值及预测参考值出现明显失误的情况下，预测验证者要根据实践经验对验证结果的异常值寻找到依据，以便对预测结果做出有针对性的修正。

3. 正确看待预测估计值

预测估计值是在预测系统之外，在预测对象的实际市场数据的基础上，根据验证人员的经验做出的估计性的预测范围。在设定预测估计值的取值范围时，要参考趋势预测结果的取值，使预测估计值与预测结果的取值具有一定的相关性。预测估计值的取值范围具有一定的参考性，由于它无法估计突发事件发生的概率，因此在进行定量验证时要辩证地看待预测估计值。

第三节　海派时尚流行趋势的验证体系

对于大多数的海派时尚流行趋势预测机构来讲，他们主要负责对数据情报的收集、整理以及基础性的数据分析，形成的预测报告在内容的深度方面有待挖掘，在范围的维度方面有待扩展。在预测的流程以及预测方法的选取上都大同小异，但在时尚资讯信息获取的渠道上却千差万别，因此这种信息源所导致的趋势预测结果的不准确性对于趋势预测机构来讲在很短的时间内将会得到巨大的改善。

随着信息化的快速发展，人们获取信息的渠道越来越多，获取的信息的范围也越来越广泛，这些信息只是对我们当前所处的环境的一个描述，对于其内核我们并没有窥见得更深。换言之，数据信息的确让我们了解到很多我们从前未曾认识到的事物，但大多数事物在我们了解到它以前，其实它早已存在，只不过现在的信息传播方式发生了改变，缩短了我们认识到它的时间。信息是以数据形式传递的，信息只是对事物的描述，它不是真实的存在。因此，最让人兴奋的不是数据的数量，而是其增长速度。

海派时尚流行趋势最大的特点就是其时尚信息的数据化，基于其独特的区位优势以及海派时尚的历史渊源，海派时尚的信息化得到了充分的体现。对于海派时尚流行趋势预测机构信息来源的多样性以及当前时尚信息内容的扁平化，在趋势预测的验证环节应该充分发挥验证系统的指标量化特征，以验证系统的数据源的广泛性，根据量化指标寻找时尚信息与时尚信息之间、时尚信息与外围信息之间的联系，并对这种联系进行充分解读，为趋势预测结果提供参考。

海派时尚流行趋势预测验证系统建立的最终目标就是对时尚流行趋势预测进行及时的修正。首先，对于趋势预测过程中有可能产生的任何问题都有与之相对应的解决方案，我们对验证系统所拥有的这种能力叫做验证系统的纠错性能。但海派时尚流行趋势预测的验证系统作为一个对趋势预测进行检验且在很长一段时期内必须是有效的系统，其纠错性能就存在面对不同的预测对象以及不同的预测系统时，其纠错方案也有所不同，验证系统的这种属性叫做动态纠错性能；其次，验证系统对趋势预测进行检验的关键点，我们称之为验证指标，验证系统的验证指标是验证系统纠错性能的具体表现。验证指标的来源有三种，但它们的选取都必须遵循一定的原则，即验证系统的验证指标在检验性能上有共同的属性。

一、设立验证体系的指标

（一）设立验证指标的原则

由于验证指标可选取的范围比较广泛，因此在选取上要遵循一定的原则，使所有的验证指标都能为同一个目的而工作，使之形成系统化、程序化，增加对综合评判项目的适用性。

1. 程序化

对于海派时尚流行趋势预测的验证包括了对预测全流程的验证以及趋势预测结果的验证，为了方便对验证流程进行操作，需要将验证流程程序化，使得验证更加方便快捷。在验证指标设立之前，要考虑到总体的验证项目，对所验证的项目进行总体规划，寻找到验证的关键环节，有针对性、有次序性地设立验证指标，以免产生重复性工作。

例如，对某趋势预测的预测模型进行验证时，首先要对样本数据及数据汇编进行检验，如果样本数据出现了问题，或者是汇编规则前后不一致，即使预测模型是准确的，其产生的预测结果也是毫无意义的。因此，在对此类趋势预测进行检验时，验证指标的设立要遵循验证流程，使所有的验证指标都要具备程序化原则。

2. 协同性

验证指标设立的第二个原则是指标与指标之间要具有高度的协同作用。对于同一个验证对象，各验证指标之间不存在重复验证或出现验证"真空"的情况，各验证指标共同构成了统一的验证结果，各个指标缺一不可，且验证体系中任意一个验证指标至少能够成为其他验证指标中某一个指标的合理性的证明。

例如，某趋势预测结果显示，在未来的 6 到 18 个月内，"百合花"的图案会在女装设计中广泛应用。在对这一结果进行检验时，验证系统所设立的验证指标应至少包括以下三个：

① "百合花"图案这一元素的使用与权威流行趋势预测机构的预测结果的拟合度；

② "百合花"图案这一元素的使用与当地市场发展状况的拟合度；

③ "百合花"图案的解构元素与当地生活方式的拟合度。

当然，对于这一预测结果仅凭这三个验证指标是远远不够的，还需要其他的数据来充分说明这一预测结果的准确性。对于这三个验证指标来讲，如果指标①的拟合度在一个合适的范围的话，那么指标③也应该在一个合理的范围。

3. 类推性

全球化、可循环的时尚流行趋势预测检测体系在运用方法上应该具有类推性，用牛顿的物理哲学思想来讲，就是同样的物理定律也可以应用到从不同位置出发并具有不同动量的不同物理系统。由于验证系统需要的验证数据比预测系统要多很多倍，其操作流程也比验证流程更加的复杂，因此在指标的选取上要注意指标的类推性原则，使各个指标能根据不同预测目的都能起到相同的作用。

4. 容差性

容差性是相对的，任何一个预测都不可能做到百分之百的准确，那么对于这样一个不可能是百分之百正确的预测结果进行验证时，其验证结果也不可能是百分之百的准确，这一点体现在验证指标的容差性上。而容差性的具体体现方式是验证结果与预测值的拟合度范围，拟合度范围大，容差性就大；反之，容差性就小，容差性的大小根据支持预测对象的数据数量与质量来决定。

（二）验证指标的选取

验证指标的选取大体上有三个来源，在遵循前述验证指标设立原则的基础上，验证体系可以根据趋势预测的特性来选择验证指标，验证指标一旦选择，在验证过程中将起到非常重要的作用，因此，除非取消验证，否则要按照验证指标执行完整个验证流程。

验证指标的三种来源为：参考其他验证体系、预测系统的弱势环节、预测结果受众的关注点。

1. 参考其他验证体系

时尚流行趋势预测的验证体系虽有其自身特性，但作为验证系统来讲，验证所需要的核心元素以及验证系统的最终诉求基本上都是一样的，因此，在验证指标选取的来源上可以参考其他验证系统的验证指标，将其他验证系统的验证指标核心元素进行提取，结合时尚流行趋势验证系统的特征来设立自己的验证指标。

罗希特（Rohit）列出了量化趋势需要回答的5个问题（表7-8）。趋势验证指标的选取并非易事，虽然我们知道有些验证结果缺乏实际意义，但我们仍然不得不去做这样的预测，因为我们最终的验证正是以这些验证结果为基础的。

表7-8 如何量化一种趋势

序号	问　项
1	这个趋势观点是否独树一帜，是否能够以新颖或全新的方式进行表达？
2	他人是否曾在相关领域发表过研究成果？
3	媒体是否已经开始揭露事实或专注于此类话题的报道？
4	跨行业语境下是否有足够的案例凸显其变通性？
5	这种趋势是否能在可预见的未来持续存在并获得长远发展？

2. 预测系统的弱势环节

任何一个预测系统自身都存在不足，在验证环节要对这些不足的地方进行严格的检验。例如，时尚流行趋势预测系统中相对来讲比较薄弱的环节是模型预测环节，由于模型预测实质上是根据对预测模型的训练来达到预测方程逐渐逼近预测值的目的来实现的，在这个过程中，很容易由于模型训练不到位（缺乏更多数据的支持）导致预测结果产生偏差，因此在验证过程中，可以利用验证系统更加强大的数据资源对预测模型进行再次检验，以确保预测结果的准确性。

3. 预测结果受众的关注点

在前述已经讲到过，海派时尚流行趋势预测是以结果为导向的，因此对于趋势预测的验证仍然要以预测结果的受众为主，以他们关注的焦点来设置验证指标。

例如，对某一海派高档新中式女装市场进行预测时，在验证过程中，要重点检验其预测结果中消费者对服装舒适性品质的预测值大小，因为根据这一品牌定位，此类消费人群多为收入水平较高、有一定的品味、对中式服装感兴趣、且又紧随潮流的中年女性，那么她们的最基本的诉求就是服装穿着的舒适性以及服装的质量，在趋势预测的验证过程中要着重检验这两个指标。

4. 通用的验证指标

海派时尚流行趋势预测的验证指标虽然根据不同的趋势预测会有不同的验证指标，但根据海派时尚流行趋势预测的共性，总结了三个通用的验证指标，为海派时尚流行趋势预测验证系统设立验证指标时提供参考。

① 预测结果与市场趋势的拟合度；

② 预测模型与预测函数的拟合度；

③ 样本数据与大数据的拟合度。

第一个指标是对趋势预测结果的检验，第二个指标是对趋势预测流程的检验，第三个指标是对趋势预测数据源的检验。这三个指标都是对预测值的取值范围进行验证，只要预测值落在预先设定的取值范围区间，则表示该预测项目符合验证指标。当然，这三个指标并不能完全构成验证系统的验证指标体系，完整的验证指标体系需要根据不同的趋势预测系统来完善，或是根据这三个指标进行演化或延伸而得到。

（三）指标体系的建立

由于预测对象的不同，所采取的预测方法也有所差别，因此，所建立的检验指标体系也有所不同，在这里，以定量分析为基础，建立一个相对来讲较为通用的指标体系（表 7-9），供读者参考。

表 7-9 海派时尚流行趋势预测评估与验证的指标

一级指标	二级指标	指标代码	评价对象	指标类型
准确性	样本数据的准确率	ACC1	样本数据	对内
	预测结果的准确率	ACC2	预测结果	对内
转化率	样本数据的转化率	CR1	样本数据	对内
	预测结果的转化率	CR2	预测结果	对内
拟合度	预测模型的拟合度	DOF1	预测模型	对内
	数据编码的拟合度	DOF1	数据编码	对内，对外
匹配度	预测结果与市场数据的匹配度	MD1	预测结果	对外
	预测模型与预测对象的匹配度	MD2	预测模型	对内

此评估与验证的指标主要包含四个一级指标和八个二级指标，对于评估与验证主要执行二级指标。从指标类型中可知，验证主要针对预测体系内部进行检验；对于评价对象的分类可以看出，评估与验证的主要对象基本上都集中在样本数据、预测模型、预测结果上面。

二、验证系统运行的机构

海派时尚流行趋势预测的验证机构在信息源的获取、数据分析技术以及数据效应的获取上都应该优于趋势预测机构。趋势预测验证机构不仅能寻找到时尚信息之间的“合乎情理”的关系，而且能够综合各种预测变量，使得最终的某些结论看上去不符合逻辑，甚至有些出人意料，往往这些验证结论都是有利于趋势预测结果的。

对于这些不符合逻辑的预测变量，一般趋势预测系统都无法察觉，即使察觉到了，由于样本数据量或预测手段的限制，也不能够与预测结果建立联系。因此，对那些在数据挖掘深度或是数据预测精度上要求很高的趋势预测来讲，选择一家合适的趋势预测验证机构是一个不错的选择。

（一）验证机构的特征

在挑选趋势预测验证机构时，验证机构必须同时具备以下两个特征，以确保验证结果的准确性，以及能够为趋势预测有针对性地提供优化方案。

1. 具备强大的数据建模能力

与趋势预测机构相同，对于数据建模要有很高的要求，而且在模型的训练以及模型的组合使用方面验证机构要优于预测机构。对于数据建模能力的要求主要体现在对模型的训练上，预测方程的精准性主要取决于模型对于数据的理解能力，即模型的训练程度，而模型的训练程度又取决于数据的数量及质量。因此，我们会发现，数据建模能力主要受两个方面的因素影响，即模型的训练能力以及数据的规模。

在预测模型验证方面，我们可以采用人工神经网络验证法来验证，通过学习不同预测模型的行为模式来选择最优的模型预测方案。此外还可以通过最大熵谱估计验证法来验证模型，通过相关系数法计算出人工神经网络输入到输出之间的权重以后，就可以利用最大熵谱估计值进行相容性分析，判定预测结果输出序列谱密度和实际验证输出序列谱密度是否相容，以此来判断趋势预测结果与验证结果是否一致，从而达到对趋势预测进行验证的目的。

2. 能同时方便地获取大数据和小数据

这一个特征主要体现在数据获取的便捷性以及数据的广泛性上。数据的便捷性要求验证机构在数据获取的渠道上不存在障碍，而目前很多的趋势预测机构或验证机构往往就是因为这一点而在数据的获取上不占有优势，这主要是跟当前的制度有关。政府不同部门公布的信息不统一，或是有些信息不公开，使得各行业的数据不联通、不统一、各自为政，而根据麦肯锡预测，美国政府公开的大数据能够为美国医疗服务业带来每年3 000亿美元的潜在价值，为位置服务产业带来 6 000 亿美元的潜在收入。要想便捷地获取大数据，可以通过与那些权威的大数据中心合作来实现，比如百度的“百度大数据＋”、阿里巴巴的“阿里云大数据服务”等。

其次，数据的广泛性在这里指权威的大数据和实用的小数据。大数据在这里特指宏观数据，包括社会经济发展数据、行业市场发展数据等，但与我们百姓生活息息相关的主要是那些小数据，包括消费者的消费习惯、消费者家庭特征、个人的生活习惯和生活方式等。而这些数据的收集并非某一个机构或某一个单位能够完成的，它需要国家政策方面的引导、法律方面的完善以及社会方方面面的支持等，而目前最有可能的解决方案就是通过市场化的手段来完成这项任务，贵阳大数据交易中心的挂牌，就是在这条探索的道路上迈出的第一步。

（二）验证机构的类别

目前，全球各国的互联网数据分析能力都在迅猛提升，这与各国的信息化产业快速发展有着密切的联系。根据国家信息化发展指数，中国的排名从 2012 年的第 36 位迅速攀升至 2016 年的第 25 位。中国信息化发展在产业规模、信息化应用效益等方面取得长足进步，已经位居全球领先位置。北京、上海、广东、浙江、江苏、福建、山东和天津等省市始终居于我国信息化发展的领先位置。

此外，由于数据的获取成本、存储成本以及分析成本都在急剧下降，很多服装公司或时尚专业工作室都开辟了时尚流行趋势的预测和验证业务，但单独的对海派时尚流行趋势做预测和验证的只有东华大学的海派时尚设计及价值创造协同创新中心。他们主要结合了当前大数据分析和潮流趋势资讯信息这两方面的内容，对海派时尚流行趋势在大数据的基础上做出预测。专业的趋势预测验证机构则主要分为两类：时尚流行趋势预测验证机构以及互联网大数据分析机构。

1. 时尚流行趋势预测验证机构

这类验证机构主要从事的是时尚流行趋势预测的工作，对于趋势预测的验证工作大都是他们为客户作某一趋势预测之后所提供的附加服务。这类机构在国内主要有 WGSN、蝶讯服装网、POP 服装流行趋势等。他们提供的趋势预测验证报告仅仅只是针对某一领域进行的调研，缺乏外围大数据的支持和验证；同时，在数据收集及数据建模方面不够完善，对于数据的解读也缺乏实操性；另外，由于时尚资讯信息调研的成本较大，导致最后的趋势预测报告成本偏高，因此很难被一些中小型服装公司或者服装工作室所采用。

由于公司的需要，有些公司在内部设立了企划部或品牌部，他们所从事的也是时尚流行趋势研究的工作，但他们只对自己所在的公司负责，收集的信息也都偏向于公司品牌的定位，因此在整体的趋势预测方面此类机构对趋势预测的验证所做的贡献较小。

2. 互联网数据分析机构

互联网数据分析机构主要从事对某一行业或某一领域进行数据的分析，同时也拥有趋势预测验证的能力，因此在这里单独来讲述。他们一般拥有大型的数据存储中心和数据运维中心，能够监测到普通预测机构无法监测到的领域，在数据规模上比一般的预测机构大几十亿倍，而且由于高度的实时性能和强大的数据分类能力，因此对趋势预测的验证能够提供有针对性的建议，特别是对细分品类的市场数据能够针对特定消费人群的消费习惯做出建议。

海派时尚流行趋势预测的评估与验证是建立在时尚流行趋势预测的结果之上的，对于趋势预测的结果进行校对性质的评估与验证是确保趋势预测有效性的最便捷的方法，它可以使时尚流行趋势预测进入到一个良性循环当中，通过对预测系统的不断查验与校对，修复预测过程中的预测漏洞，使得预测体系不断地优化，从而能够更加精准地预测海派时尚流行趋势。

在对预测系统进行验证和评估的过程中，我们通常会采用一些方法，设立一些标准，通过标准的验证流程快速、高效地完善预测系统。这些验证的内容作为趋势预测的对象来讲同样也是预测的重点所在，验证的标准同样也是趋势预测的导向所在，因此，海派时尚流行趋势的预测与趋势预测的验证可以说是“一脉相承”“不分伯仲”。海派时尚流行趋势预测的验证通过对时尚信息在纵向程度上的拓深与在横向上的拓宽，依据市场信息的大数据以及消费者的消费习惯的小数据，调整预测对象的预测值，优化预测模型的预测精度，以便在海派时尚流行趋势预测的结果上给予更多的参考和衡量，从预测系统中影响因子的最大影响因素入手，依据预测对象的属性，逐渐地、全面地更新预测系统，使得海派时尚流行趋势预测系统能够形成一个良性循环。

参考文献

[1] 吴晓菁.服装流行趋势调查与预测[M].北京:中国纺织出版社,2009.

[2] 吕本富,陈健.大数据预测研究及相关问题[J].科技促进发展,2014,10(1):60-65.

[3] 陈鄂.基于大数据的家纺流行趋势预测研究[D].武汉:武汉纺织大学,2016.

[4] 任磊,杜一,马帅,张小龙,等.大数据可视分析综述[J].软件学报,2014,25(9):1909-1936.

[5] 郑爽.互联网时尚产品流行趋势预测研究[D].大连:大连理工大学,2015.

[6] 涂兰敬.大数据与海量数据的区别[J].网络与信息,2011,25(12):37-38.

[7] 李学龙,龚海刚.大数据系统综述[J].中国科学:信息科学,2015,45(1):1-44.

[8] 王子才,王勇.复杂系统仿真概念模型研究进展及方向[J].宇航学报,2007,4(28):784.

[9] 廖瑛,邓方林,梁加红,等.系统建模与仿真的校核、验证与确认(VV&A)技术[M].长沙:国防科技大学出版社,2006.

[10] 刘庆鸿,陈德源,王子才.建模与仿真校核、验证与确认综述[J].系统仿真学报,2003,7(15):925.

[11] 李姝.导弹系统仿真模型验证方法研究[D].长沙:国防科技大学,2003:15-16.

[12] 陆运清.用Pearson's卡方统计量进行统计检验时应注意的问题[J].统计与决策,2009,(15):32-33.

[13] 温忠麟,侯杰泰,马什赫伯特.结构方程模型检验:拟合指数与卡方准则[J].心理学报,2004,36(2):186-194.

[14] 崔立志.灰色预测技术及其应用研究[D].南京:南京航空航天大学,2010:55-57.

[15] 喻琳艳.需求随机型服装产品的灰色预测模型[J].国际纺织导报,2006,(8):78-80.

[16] 周英,卓金武,卞月青.大数据挖掘:系统方法与实例分析[M].北京:机械工业出版社,2016.

[17] N.维纳.人有人的用处[M].北京:商务印书馆,1978.

[18] [美]罗希特·巴尔加瓦(Rohit Bhargava).隐秘的商机:如何预测和整合未来趋势[M].北京:中国人民大学出版社,2017.

[19] 郎咸平.郎咸平说:新经济颠覆了什么[M].北京:东方出版社,2016.

附　录

附录 1

海派时尚风格与海派时尚主题

海派时尚风格	海派时尚主题	主题释义
海派经典风格	海派古典主题	“古典主义”一词最早出现在文艺复兴时期，是对古罗马、古希腊文学、艺术和建筑的模仿。海派古典主义除了代表对世界历史经典服饰艺术的模仿外，更强调对中国风格，特别是近代上海服饰风格的模仿。代表服装为旗袍和中山装
	海派复古主题	复古主题的艺术创作是以特定的时代的批判眼光诠释过去，充分考虑社会和时代的需要后对旧的服饰形制进行再造。海派复古主题是针对近代、现代长三角地区的主流服饰进行再造，也可结合近现代国际经典的服装形制，在海派时尚审美的基础上进行再造
	海派浪漫主题	海派浪漫主题表现海派审美风格下的自由、奔放、即兴、激情、感性、动态的服饰艺术形态，多为女性主义题材的设计，如柔和回转的线条设计、蕾丝花卉图形的设计、色泽淡雅清新的设计等
	海派装饰主题	海派装饰主题通过繁复的细节设计表现精致、高贵、奢华的风格倾向，如巴洛克、洛可可、迪考艺术等富有装饰意味的艺术流派和海派审美特征的结合
海派自然风格	海派乡村主题	海派乡村主题通过对乡村质朴服饰风格的塑造，以原生态的口吻阐述生态、环保的精神，以白垩色、浅米色为代表的棉麻质地面料为主要服饰特征
	海派田园主题	海派时尚田园主题通过对清新、乐活生活的描述，传达慢生活的思想和情结。代表元素为碎花、淡雅格纹、牛仔拼接、草编元素等
	海派仿生主题	仿生设计表现对大自然敬畏崇敬的情结，海派仿生主题通过对自然界生物造型、色彩等因素的模拟，强调“师法自然”的理念。例如自然山水、虫鱼鸟兽的图案通过刺绣、印花等多种方式呈现在服装上
	海派哲学主题	海派哲学主题主要表述禅学意味的时尚化设计，通过对东方哲学精神的阐述，以简约、大气、无束、质朴的设计手法传达皈依自然，亦奢亦简的服装特色
	海派民族主题	海派民族风格通过对少数民族地区的服饰形态再造，以时尚的口吻对民族艺术进行传承。民族元素在我国丰富多样，多以图案的形式呈现在海派服饰的设计中
海派都市风格	海派中性主题	中性主题的设计由来已久，海派中性主题通过对男女性特征的同化设计表现叛逆的精神，例如摈弃女性线条美的职业套装设计，摈弃男性阳刚之气的极度修身服装设计
	海派嬉皮主题	嬉皮主题是平民化的设计风格，注重思考贫穷和时尚之间的关系。海派嬉皮主题通过刻画具有洋派特征的“垮掉的一代”的叛逆精神，表现无性别化的怪诞服饰，织物多花哨、题材组织无序

续表

海派时尚风格	海派时尚主题	主题释义
海派都市风格	海派雅痞主题	海派雅痞风格重点表现在商务休闲服装的设计上，以“纨绔贵族”的姿态表现阳春白雪的服饰艺术
	海派朋克主题	海派朋克主题通过经典海派元素和摇滚风格元素的结合，用全新的材质和设计手法重塑海派经典，达到新中式趣味设计的效果
	海派波普主题	海派波普主题指将阳春白雪的经典海派设计元素与通俗的、大众的设计元素相结合，在矛盾的状态下寻求幽默的、新鲜的视觉趣味
海派未来风格	海派简约主题	海派时尚简约主题秉承“少即是多”的理念，用简洁、利落、光洁的设计元素诠释“奢简”的概念，多用几何形表达复杂的灵感元素
	海派结构主题	结构主义发源于西方的“立体主义”，凭借长方形、圆形、直线构成的抽象的造型突出某种形式和结构。海派结构主题旨在灵活把握几何构成的基础上，结合海派文化的艺术情愫，表现新海派时尚的概念
	海派解构主题	解构主义与结构主义相对，解构主义旨在用破坏的手法重塑服装，寻求新的结构趣味，是当今海派时尚设计师品牌酷爱的设计风格
	海派宇航主题	海派宇航主题指在材料的选取上，注重科幻感的表达，例如冷色系的使用和光泽感面料的使用
	海派科技主题	海派科技主题指服装的设计融入前沿的科技理念，例如可穿戴设备的植入，高性能面料的开发，多功能服装结构的开发等。海派科技主题常用于原材料企业和职业服企业的设计中

附录 2

海派时尚流行参与者的构成

参与者类型	人员/机构	对其进行研究的途径与方法	备注
海派时尚创造者	时尚流行资讯服务商与趋势机构	搜集并分析其发布的趋势资讯与报告	潘通公司(美国) Cotton Incorporated(美国) WGSN(英国) Promostyl (法国) WOW - TREND 热点趋势(中国) POP 服装趋势(中国) 蝶讯服装网(中国) ……
	国内外有影响力的时尚品牌及其创意总监	搜集最新发布的产品并进行分析 对品牌人员进行访谈,了解趋势动向	国际一线品牌 本土有影响力的时尚品牌 ……
	焦点人物	通过访谈和搜集媒体资讯,重点发掘这类精英人物背后的生活方式	商界、政界、艺术界领袖
海派时尚引导者	时尚杂志	挖掘时尚杂志(包括数字版)发布的报告	《智族》 《世界时装之苑》 《服饰与美容》 《周末画报》 《外滩画报》 ……
	时尚节目	挖掘时尚节目中的潮流热点	“时尚大师” “Project Runway” “我的新衣” ……
	时尚媒体人	挖掘媒体人的着装造型特征及生活方式、访谈	知名栏目主持人,时尚传媒编辑、记者
	明星艺人	挖掘明星艺人出席公众场合的形象特征以及其影视栏目中的造型服装设计	国内著名艺人
海派时尚追随者	广大消费者	抽样调研	社会中等收入群体、时尚院校师生、白领、时尚行业从业人员、海派时尚品牌的消费者等

附录 3

各类流行趋势预测方法的优势与劣势

预测方法	优　势	劣　势
专家会议法	通过专家们交换意见、互相启发，弥补个人意见的不足；通过内外信息的交流与反馈，产生“思维共振”，进而将产生的创造性思维活动集中于预测对象，在较短时间内得到富有成效的创造性成果，为决策提供预测依据	受心理因素影响较大；易屈服于权威或大多数人意见，易受劝说性意见的影响；或不愿意轻易改变自己已经发表过的意见等
时间序列预测法	根据客观事物发展的连续规律性，通过对过去的历史数据的统计分析，推测未来市场发展趋势；适合中短期的预测	因突出时间序列暂不考虑外界因素影响，因而存在着预测误差的缺陷，当遇到外界发生较大变化，往往会有较大偏差
灰色预测法	灰色预测模型所需要的数据量比较少，对于不确定因素的复杂系统预测效果较好；样本分布不需要有规律性，计算简便、检验方便	基于指数率的预测没有考虑系统的随机性，大样本的中长期预测精度有时较差
回归预测法	回归分析法在分析多因素模型时，更加简单和方便；可以准确地计量各个因素之间的相关程度与回归拟合程度的高低，提高预测方程式的效果	回归方程式只是一种推测，影响因子的多样性和某些因子的不可测性，使得回归分析在某些情况下受到限制；样本需求量大
情报预测法	定性与定量分析相结合，使预测对象的各方面因素融合在预测结果之中，从而提高情报信息预测的精确度	对分析师的综合能力要求高，能灵活地应用辩证逻辑方法、数学分析法和主观经验
分解分析法	将大系统分解为具体的组成要素，从中分析可能存在的高强流行因子	局限于一次性的短期预测
干预分析法	从定量分析的角度来评估干预或突发事件对流行趋势的具体影响	仅判断突发事件对趋势造成的影响，需要和时间序列法搭配使用

附录 4

海派时尚隐性数据采集来源

数据类型	数据分级	代表事件举例
政治背景数据	政局稳定	区块链技术的跨机构工作组的建立，包括联合国粮食计划署（WFP）、联合国开发计划署（UNDP）、联合国儿童基金会（UNICEF）、联合国妇女署、联合国难民署（UNHCR）和联合国发展集团（UNDG）
	政局异动	萨德事件
	政局动乱	伊拉克战争、叙利亚战争
经济背景数据	经济复苏	2015 年恐怖主义威胁让全球经济复苏缓慢
	经济高涨	2007 年我国国内股市高涨
	经济萧条	2007 年美国次贷危机
科技背景数据	航天科技	“天宫二号”“神州十一号”的发射成功
	生物科技	屠呦呦获得诺贝尔医学奖
	军事科技	2015 年抗战胜利 70 周年大阅兵
	纺织科技	“十二五”期间，国家方针政策提出纤维创新领衔“新穿着体验”
	信息科技	可穿戴设备，VR、AR 技术的风靡
文化背景数据	传统文化	苗绣作为非物质文化遗产得到传承
	当代文化	代表青年“潮文化”的草莓音乐节持续升温
	未来文化	2017 年上海双年展突出表现了艺术与科技相结合的主题

附录 5

上海重要的纺织服装面辅料展会

中国国际服装服饰博览会(春季)	
展品范围	男装、休闲装、牛仔街头装、时尚运动装、户外运动服装、时尚女装、羊绒时装、家居服、成熟女装、个性前卫女装、针织服装、丝绸服装、少淑女装、婚纱、礼服、内衣、童装、婴幼儿装、孕妇装、童鞋、婴幼儿用品、皮革、皮草服装、羽绒服、时尚饰品、首饰、帽子、手套、箱包、手袋、鞋袜、围巾领带、家饰玩偶等
中国国际针织(春夏)博览会	
展品范围	内衣居家、针织时装、时尚袜品、针织纱线、功能性针织品
中国国际纺织面料及辅料(春夏)博览会	
展品范围	正装面料、时尚女装面料、休闲装面料、功能/运动装面料、牛仔面料、衬衫面料、内衣/泳装面料、辅料、其他相关产品及服务等
上海 SPINEXPO 国际流行纱线展	
展品范围	面料:针织用纱、针织面料、圆筒形针织品、织造用纱、织造面料、装饰面料用纱 成品:袜、花边、标签、工业纺织品及针织品和圆筒形针织物
上海国际职业装博览会	
展品范围	行政职业装、职业工装、行业制服、职业装面料、职业装辅料、职业装商务配饰、商务休闲装

参考网站

[1] 北京服装学院民国服饰研究数据库 http://rs.bift.edu.cn
[2] FEIYUE 官网 https://www.feiyue-shoes.com
[3] 恒源祥集团官网,http://www.hyx1927.com
[4] 培罗蒙官网,http://www.baromon.com.cn
[5] 亨生西服官网,http://www.humsuit.com
[6] 盛锡福帽业官网,http://www.cnsxf.com
[7] 双妹官网,http://www.shanghaivive.com.cn
[8] 外滩画报官网,http://www.bundpic.com
[9] PANTONE 官网,http://store.pantone.com
[10] 贝可莱尔·巴黎(PeclersParis)官网,http://www.peclersparis.com
[11] 娜丽罗获设计事务所(NellyRodi)官网,http://nellyrodi.com
[12] 法国 Promostyle 设计工作室官网,http://www.promostyl.com
[13] 蝶讯服装网官网,http://www.sxxl.com/Women.
[14] POP 服饰流行前线官网,http://www.pop-fashion.com
[15] 西蔓色彩官网,http://www.ximancolor.com
[16] 看潮网官网,http://kanchao.com
[17] Weartrends 官网,http://www.weartrends.com
[18] 中国流行色协会官网,http://www.fashioncolor.org.cn
[19] 海派时尚设计及价值创造协同创新中心官网,http://www.fdvc.sh.cn
[20] 世界品牌实验室官网,http://www.worldbrandlab.com
[21] WGSN 官网,www.wgsn.com
[22] ZUCZUG/素然品牌官网,http://www.zuczug.com
[23] 街拍搭配网站 ShanghaiExpress,http://www.theshanghaiexpress.com
[24] 例外品牌官网,http://www.mixmind.com
[25] 百丽品牌官网,http://www.belle.com.cn
[26] 淘宝官网,https://www.taobao.com
[27] 沃斯全球时尚网(WGSN)官网,https://www.wgsn.com
[28] 潮流观察(TREND WATCHING)官网,https://trendwatching.com
[29] 七匹狼服饰官网,http://www.septwolves.com
[30] 朗丽姿服饰官网,http://www.linniez.com
[31] 海派时尚设计及价值创造协同创新中心官网,http://www.fdvc.sh.cn
[32] 美特斯邦威企业官网,http://corp.metersbonwe.com

[33] 江南布衣 JNBY 官网,http://www.jnby.com
[34] 搜狐新闻网:http://star.news.sohu.com
[35] 上海国际时尚联合会:http://www.shiff.cn
[36] 海派时尚设计及价值创造协同创新中心:http://www.fdvc.sh.cn
[37] 豆瓣网站:https://site.douban.com
[38] 阿里指数:https://alizs.taobao.com
[39] 好奇心研究所:http://www.qdaily.com
[40] 上观新闻网;http://www.shobserver.com
[41] 中国服装时网:http://fashion.ef360.com
[42] 中国新闻网:http://www.chinanews.com
[43] 新浪网:https://news.sina.cn
[44] 凤凰网:http://fashion.ifeng.com
[45] WGSN 官网:http://www.wgsn.com